本书是 2019 年国家社科基金重大项目"语用逻辑的深度拓展与应用研究"（19ZDA042）阶段性成果

THE COLLECTED TRANSLATIONS
OF WESTERN CLASSICS ON LEGAL LOGIC

西方法律逻辑经典译丛

熊明辉 丁利 主编

Pearson

〔英〕斯蒂芬·图尔敏 著　Stephen Toulmin
〔美〕理查德·雷克　　　Richard Rieke
〔美〕艾伦·亚尼克　　　Allan Janik
　　　李继东　李佳明 译

An Introduction to Reasoning（Second Edition）

推理导论（原书第二版）

中国政法大学出版社
2023·北京

推理导论

Authorized translation from the English language edition, entitled An Introduction to Reasoning, 2nd Edition, ISBN: 9780024211606 by Stephen Toulmin, Richard Rieke, Allan Janik, published by Pearson Education, Inc, Copyright © 1984, Macmillan Publishing Company, a division of Macmillan, Inc.

All rights reserved. No part of this book may be reproduced or transmitted in any form or by any means, electronic or mechanical, including photocopying, recording or by any information storage retrieval system, without permission from Pearson Education, Inc.

CHINESE SIMPLIFIED language edition published by CHINA UNIVERSITY OF POLITICAL SCIENCE AND LAW PRESS CO., LTD., Copyright © 2023.

Authorized for sale and distribution in the People's Republic of China only (excludes Hong Kong SAR, Macau SAR and Taiwan).

本书中文简体字版由 Pearson Education（培生教育出版集团）授权中国政法大学出版社在中华人民共和国境内（不包括香港、澳门特别行政区及台湾地区）独家出版发行。未经出版者书面许可，不得以任何方式复制或抄袭本书中的任何部分。

本书封底贴有 Pearson Education（培生教育出版集团）激光防伪标签。无标签者不得销售。

著作权合同登记号：图字 01-2023-2592 号

出版说明

"西方法律逻辑经典译丛"是由教育部普通高校人文社会科学重点研究基地中山大学逻辑与认知研究所、中山大学法学院以及广东省普通高校人文社会科学重点研究基地中山大学法学理论与法律实践研究中心共同策划,由中国政法大学出版社出版的系列图书翻译项目。"译丛"所选书目均为能够体现西方法律逻辑的经典著作,并以最高水平为标准,计划书目为开放式,既包括当代西方经典法律逻辑教科书,又包括经典法律逻辑专著。第一批由广东省"法治化进程中的制度设计与冲突解决理论:理论、实践与广东经验"项目资助出版,到目前为止已出版:《法律与逻辑:法律论证的批判性说明》《法律逻辑研究》《法律推理方法》《论法律与理性》《前提与结论:法律分析的符号逻辑》《建模法律论证的逻辑工具》《虚拟论证:论法律人及其他论证者的论证助手涉及》《对话法律:法律证成和论证的对话模型》

推理导论

《平等的逻辑：非歧视法律的形式分析》《法律谈判简论》《诉答博弈——程序性公正的人工智能模型》等。他山之石，可以攻玉，相信本译丛之出版不仅有助于推动我国法律逻辑教学和研究与国际接轨，而且为法治中国建设提供一种通达法律理性和实现公正司法的逻辑理性工具。

熊明辉　丁　利
2014 年 5 月 31 日第一版
2018 年 1 月 1 日修订

总 序

法律逻辑有时指称一组用来评价法律论证的原则或规则,其目的是为法律理性和法律公正提供一种分析与评价工具;有时意指一门研究法律逻辑原则或规则的学科,即一门研究如何把好的法律论证与不好的法律论证相区别开来的学科。

自古希腊开始,法律与逻辑就有着密不可分的联系,甚至可以说,逻辑学实际上就是应法庭辩论的需要而产生的,因为亚里士多德(Aristotle)《前分析篇》中的"分析方法"后来演变成"逻辑方法",它实际上是针对当时的智者们的论证技巧而提出来的,这些智者视教人打官司为基本使命之一。亚里士多德把逻辑学推向了对普遍有效性的追求,这导致了这样的结果:论证的好坏与内容无关,而只与形式有关。19世纪末,亦即在弗雷格(Frege)发展出了数理逻辑之后,"形式逻辑"一度成为"逻辑"的代名词。法律与逻辑的关系似乎渐行渐远。因此,有人说逻辑就是形

推理导论

式逻辑,根本不存在特殊的法律逻辑,故法律逻辑至多是形式逻辑在法律领域中的应用。事实上,法律推理确实有自己的逻辑,并且这种逻辑指向的是与内容相关的实践推理。正因如此,如佩雷尔曼(Perelman)所说,在处理传统上什么是法律逻辑的问题时,有人宁愿在其著作中使用"法律推理"或"法律论证"之类的术语,而避免使用"逻辑"一词。

20世纪50年代,以图尔敏(Toulmin)和佩雷尔曼为代表的逻辑学家们开始把注意力转向实践推理,特别是法律推理领域,开辟了法律逻辑研究的新领域。特别是非形式逻辑学家与论证理论家们把语境因素引入到日常生活中真实论证的分析与评价上来,这为法律逻辑研究找到了一个很好的路径。如今,法律逻辑研究需要面对"两个大脑":一是"人脑",即法官、律师、检察官等法律人是如何进行法律论证的;二是"电脑",即为计算机法律专家系统中法律论证的人工智能逻辑建模。前者的逻辑基础是非形式逻辑,而后者的逻辑基础是形式逻辑。如果说形式逻辑对论证的分析与评价仅仅是建立在语义和句法维度之上的话,那么,非形式逻辑显然在形式逻辑框架基础之上引入了一个语用维度,因此,我们不再需要回避"法律逻辑"这一术语了。

熊明辉　丁　利

2014年5月31日

前　言

近年来，实践推理与论证的学习开始在大学课程中发挥更大的作用，尤其是在入门阶段。从这一层面看，不仅哲学系讲授实践推理与论证，而且传播学系和英语系，以及专业的法学院和商学院也讲授这些内容。由此产生的分析和指导领域在不同的语境下有不同的名称："非形式逻辑"和"修辞学"等。《推理导论》的编写着眼于目前所有类型课程的需要，并被设计为这些课程的一个概述。这本书预设读者并不熟悉形式逻辑，目的是在不需要掌握任何特定逻辑形式主义的情况下，介绍有关理性和批评的思想。

本书第二部分和第三部分中阐述的"分析的基本模式"适用于所有类型和所有领域的论证。相比之下，第六部分各章分别讨论了法律、科学、艺术、管理和伦理等不同领域中实践推理的特点。第四部分和第五部分涉及从哲学、传播学以及其他学科的角度讨论与论证的理性批判有关的一些一般性问题。其中包括对谬误的讨论，认为谬误是推理过程中的非正规失误，而不是论证机制的

推理导论

错误。

  在为特定目的规划课程时，教师可以方便地选择书中最适合所教班级学生兴趣的部分进行讲授。所有学生都需要对书中第二部分和第三部分的内容有基本的掌握，第四部分、第五部分和第六部分的各章可看作"选修内容"，视时间和兴趣而定。

  教材中给出的课后练习旨在测试读者对材料的掌握程度。当然，一方面，对论证的实际评判与形式逻辑有很大的不同：它不存在像代数中那样对问题唯一的"正确"或"错误"的解决方案。这就使得设计选"真或假"选择题的测验成为不现实的事情。而且，我们选择提供的是让读者的判断和理解力得到锻炼的问题，而不是假装在形式上超出我们主题性质允许的范围。

  最后，在本书中我们试图讨论的是广泛的不同领域和学科中的实践论证。在准备第二版修订版的过程中，我们从在不同课程中使用过这本书的教师们的评论和批评中获益匪浅，我们也将欢迎同事们的进一步反馈。在一个快速发展的教学和研究领域，如果我们要形成一个良好的教学传统，形成一个通晓实践推理和论证的共同体，我们就需要汇集各方经验。

斯蒂芬·图尔敏

理查德·雷克

艾伦·亚尼克

译者引言

本书是由英国学者斯蒂芬·图尔敏、美国学者理查德·雷克和艾伦·亚尼克共同撰写的，其中为中国读者所熟悉的作者图尔敏是现代著名的哲学家和思想家，推理和论证领域的杰出人物，非形式逻辑最重要的理论先驱和现代论证理论的创始人。图尔敏于1958年出版的《论证之用》(*The Uses of Argument*) 一书被国际学术界称为现代非形式逻辑和论证理论的奠基之作，在该书中，他从"可能性"概念出发，揭示了形式逻辑过于抽象和面对复杂的科学与社会问题时存在的局限，主张用"实践逻辑"弥补形式逻辑的不足，开创性地提出后来闻名于世的"图尔敏论证模型"。该模型由主张（claim）、依据（data）、保证（warrant）、支撑（backing）、限定词（qualifier）和反驳（rebuttal）六个基本要素构成，强调语言、语境和推理模式在现实论证中的重要性，为理解和评估论证提供了一种实用的、操作性极强的方法。图尔敏的开创性思想不仅挑战了传统方法，而且重塑了论证领域，并为推理的本质及其

在人类话语中的作用提供了新的见解，因而在哲学、法学、传播学、修辞学和批判性思维等各个领域得到了广泛的认可和应用，产生了深远的影响。

《推理导论》一书虽然以"推理"为名，但却可以被看作是《论证之用》的扩展版或加强版。本书的写作初衷尽管就像作者们在前言中所写的，是为了当时的大学的逻辑学教学提供教科书，实际上可以被称为"图尔敏论证模型的理论与应用手册（或大全）"。书中贯彻了图尔敏有关推理的一贯主张，强调推理在日常生活中的实用性和相关性，认为推理不仅仅是一种智力活动，也是处理复杂问题、解决冲突和在人类活动的各个领域做出决策的重要工具。与《论证之用》相比，《推理导论》全书都是围绕"图尔敏论证模型"展开的，或者说，是"图尔敏论证模型"的应用和体现。书中更为全面和细致地界定和分析了该模型的六个基本要素，并对其中的某些要素进行了修改（如，把"data"改为了"ground"），以使该模型更具普遍性和适用性。在此基础上，从哲学、传播学和其他学科的角度探讨了与论证的理性批判有关的一般性问题，具体分析和讨论了法律、科学（主要是指自然科学）、艺术、管理和伦理等不同领域中实践推理的特点。

图尔敏模型与传统形式逻辑和其他论证理论的区别在于它的实用性和灵活性。其模型考虑了现实世界中论证的复杂性和细微差别，现实世界中的论证不仅依赖于各种不同的具体情境，而且往往是混乱的和不确定的。模型的关键概念，如主张、理由、保证、支撑、限定词和反驳等，为分析不同背景下的论证提供了一个全面且适应性强的工具集。该模型在各种学术和专业领域也有着广泛的应用性。例如，在哲学领域，它可以用来分析和评价哲学论证和主张；在传播学和修辞学领域，它可以帮助分析广告、政治话语或社交媒体中的说服性信息；在法律领域，它可以帮助理解法律推理和构建有说服力的法律论证；在管理领域，它可以用于分析和评估政

译者引言

策的效力和管理的结果；等等。此外，该模型也可以用于日常生活中，作为艺术鉴赏、影视评论、演讲辩论、论文写作和批判性思维的重要工具。

当今世界，信息多、节奏快，以推理和论证为核心的逻辑思维能力比以往任何时候都更为重要，《推理导论》一书不仅为理解推理的原理、技术和应用提供了一个全面的框架，而且为如何有效分析、评估和构建论证提供了实用的指导。无论你是学生、研究人员、专业人士，还是想提高逻辑思维，特别是推理和论证能力的人，这本书都堪称是一部全面、细致而实用的宝贵资源。

译 者

目 录

出版说明 ·· 1
总　序 ·· 3
前　言 ·· 5
译者引言 ·· 7

第一部分　概　述

第1章　推理及其目标 ·· 3

第二部分　第一层分析：论证可靠性

第2章　导　论 ·· 27
第3章　主张与发现 ·· 31
第4章　理　由 ·· 39
第5章　保证与规则 ·· 48
第6章　支　撑 ·· 66

第 7 章 论证链 ·· 80

第三部分　第二层分析：论证强度

第 8 章　导　论 ·· 89
第 9 章　限制性主张与初步发现 ································ 93
第 10 章　反驳与例外 ·· 104
第 11 章　推定与困境 ·· 113
第 12 章　相关性及论证语境 ····································· 124
第 13 章　总结和结论 ·· 136

第四部分　谬误：论证何以错误？

第 14 章　导　论 ··· 145
第 15 章　理由缺失谬误 ··· 148
第 16 章　理由不相干谬误 ······································ 153
第 17 章　理由缺陷谬误 ··· 166
第 18 章　无保证假设谬误 ······································ 172
第 19 章　歧义谬误 ·· 183
第 20 章　谬误总结和练习 ······································ 194

第五部分　批判性实践

第 21 章　语言和推理 ·· 223

第22章 论证的分类 ································ 237
第23章 讨论的领域 ································ 261
第24章 历史与批评 ································ 286

| 第六部分　特殊推理领域 |

第25章 导　论 ···································· 301
第26章 法律推理 ·································· 311
第27章 科学论证 ·································· 348
第28章 艺术之辩 ·································· 388
第29章 管理推理 ·································· 410
第30章 伦理推理 ·································· 436

索　引 ··· 472

第一部分
概 述

第 1 章　推理及其目标

"保时捷比美国制造的任何跑车都好,"汽车销售员说:"没有别的理由,因为德国汽车公司是世界上最好的,这是众所周知的事实。"这位销售员这样说合理吗?

"在选举日那天,选民们应该再把我送回办公室,"政治候选人说:"在我现在的任期内,通货膨胀率已从11%降至6%,实际国民生产总值增长了5%,就业人数比以往任何时候都多,而且没有发生战争。"这位候选人的话讲得通吗?

"如果你知道什么对你有好处,你就会主修商科,"一位大学辅导员这样说:"雇主们正把目光从文科专业转向有良好技能的毕业生。"辅导员的这个建议合适吗?

"禁止18岁以下的人购买避孕药具,这条法规太扯了,"一位年轻人给一家报纸的建议专栏的信中写道:"孩子们无论如何都会发生性行为,而这项法律只会意味着更多的意外怀孕。"这位年轻人提出了一个好的论点吗?

"你应该研究你的家族病史,"医生说:"因为流行病学研究表明,有肺癌、乳腺癌或腹部癌症家族史的人患这种癌症的概率会增加2倍到4倍。"医生的论证合乎逻辑吗?

如果问一个人,他的陈述、论证或者建议是否合理有据、可靠或者具有逻辑性,这意味着什么?我们会不会是期望人们说的或做的所有事情都要是合理的?这些对于"好的理由"或者"可靠的论证"的

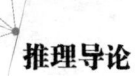

需求意味着什么？而我们要如何判断这种"好"和"可靠"？这就是本书要讨论的。

如果你认真倾听身边人的评论或者仔细阅读那些所看到的书面材料，你就会发现这样的术语被广泛地使用着。除了它们，还有其他的词和短语，比如：**因为，所以，由此可见，有理可得，因此，我的结论是**，等等。显然，推理——或者至少是给出理由——在我们的社会中是普遍存在的。为我们所做的，所想的，或告诉我们相信的人的行为提供理由的做法，牢牢地建立在我们所接受的行为模式中。这也恰好印证了，在有些情况下当人们没有主动给出我们所期待的理由时，我们会感到吃惊或觉得好笑。比方说，一个客座教授正在主持一个研讨会，有位学生问他，"布莱克教授，您刚才所作的陈述与您早上所说的很不一样。您不是自相矛盾吗？"教授只回答了声"不"就又继续点他的烟斗。学生们等待着，期待烟斗被点燃后他能继续对这个否定回答给出理由。相反，教授只是抬头看了看，并没吭声，像是在等待下一个问题。学生们紧张地骚乱起来，最后发出尴尬的笑声。后来，有人听到那个提问的学生说，他觉得教授使他很难堪，因而很生气。这个教授违反了一个强烈的社交需求：为他不同意提问者的观点提供理由。

语言的各种用法

对于语言，人们有无数的使用方式和目的，但并不是所有的方式和目的都与"理由"的提供和评估相关。我们通过语言来感动、说服他人或使彼此信服；来交换和比较看法、信息或反应；来下命令、打招呼、追求异性或侮辱他人；来起诉他人以获得补偿，或与他人协商以达到谅解；来卸下心中烦恼或取悦他人；等等。

日常生活中存在着不计其数的这样的人类事务——早上互相打招呼，闲谈一下天气，或者交流日常事务中的各种消息；唱歌，大声地说出白日梦；跳舞，一起听唱片，讲讲一天中有趣的事，或者评论一下昨晚的电影。所有这些都往往很少（如果有的话）注重理由的提出和评估。而人们常常不会想起在这其中忽略了对"理由"和"推理"的关注。

所以尽管我们出于多种目的对能够为主张提供理由给予高度重视，但是很多情况下这样的要求还是被置之一边。如果有人得知我在冥想而问我为什么这么做，我可以简单回答，"这似乎对我有帮助。"这并不算是理由。如果他们继续追问，我可以回答，"通过冥想，我发现了一条通往健康和幸福的道路。"如果他们要我证明冥想确实像所说的那样，我可能会拒绝进一步的论证："我相信就足够了，你信不信我并不在意。"我们以类似的方式应对许多敏感的话题。通常我们不会问两个朋友为什么相爱。只要他们幸福，这才是最重要的：他们的爱不需要理由的进一步支持。对别人在这样的场合提出的理由要求不予理睬有很多为人熟知和接受的方式，比如，给出一个不置可否的回应——"我没法说"或"我不知道"或"没有特别的原因"。

首先，我们可以区分语言的**工具性**用法和**论证性**用法。**工具性**用法，是指那些无需其他附加"理由"或"支持性论证"，仅凭自身就可以直接用来达到目的的话语。我们给出指令，高兴地叫，问候朋友，抱怨头疼，要一磅咖啡，等等，我们在这些情形下所说的话，要么起作用要么不起作用，要么达到它们的目的要么完全失效，要么有预期的效果要么偏离目标，都不会引起任何辩论或争论。相比之下，**论证性**用法，是指那些只有可以被论证、理由、证据等"支持"才成功或失败的话语，和那些只因为自身有这样的"合理根据"因而能够吸引读者或听者的话语。

例如，一个指示或命令，如果被服从了就起到了预期的作用，而如果没有被服从或者被无视的话就不起作用。它只给了所施对象两种选择：要么接受并附和它，要么拒绝和/或无视它。他们对它的理解和认可，可以从直接的反应中表现出来。一个命令代表着通过使用语言而行使权力，并把拥有这种权力的权利当成是理所当然的。命令本身是不需要"证明"的。

6　在什么时候一个论证不是论证？

我们听到和读到的大多数语言根本不包含任何**论证**。这些语言不是用来**说服**我们相信什么；而是用来描述一种情况，报道一件事，讲述一个故事，或者表达一种个人态度。因此，我们首先要学会的是识别什么时候人们通过语言想要说服我们，也就是说，基于我们已经认同的事实，想要告诉我们也应该接受其他的主张或断言。

这并不总是容易做到的。一些小词通常可以作为我们理解讲话者或作者意图的线索，其中包括：**所以**，**因为**，特别是**因此**。让我们看看这句话，"他出生在国外，**所以**他可能不是本国公民。"但是这些线索并不是百分百可靠的。再来看这句话，"他感觉可能要头疼了，**所以**吃了一片阿司匹林。"说服和令人信服之间也没有严格的界限。一个朋友可能说，"要来参加聚会啊！饮料很多，音乐很棒，人都很好，**所以**你会玩得很嗨。"这种情况下，我们并不完全清楚他是想要让我们相信我们应该跟他一起去给自己一个开心的机会呢，还是说他只是在忽悠我们。

相比之下，当人们提出大多数的断言或主张时——关于科学的，政治的，道德的或艺术的——他们并不期望别人会直接信服。相反，他们常常通过为原始主张提供附加"支持"而求得听众的理解和认同，并通过这种方式来努力争取他人的自愿同意或顺从。当情况需要时（即，当想要达成的认同没有马上达成时），就必须通过进一步的交流对最初所说的给予跟进和加强。只有通过提出更多的考虑、论证或其他"推理"得到进一步解释和证明，最初的主张才能被认同。

后一种（即论证性）主张和断言引出了"系列推理（trains of reasoning）"问题，其本质和批判是本书讨论的中心议题。我们的目的是实现一个或另一个涉及改变别人想法的目标，例如：

　　——传递一条新闻。
　　——提出一项法律主张。
　　——反对公司的某项新政策。
　　——评论一场音乐表演。

——提出一个新的科学假设。

——支持一位求职者。

这类目标通常不能通过一个纯粹的断言或"无支持的"主张来达成：

——我们提出理由。

——我们被反复询问这些理由的强度和相关性。

——我们收到反对意见。

——我们可能对原始断言进行修改或限定。

只有在这样的交流之后——经过这样一系列或一连串的推理——我们通常才能完成起始于原始主张的任务。（当然，我们也许无法圆满成功：我们的论证可能不够强因而达不到目的。但是通过尽可能提出我们所能提出的最有力案例，我们已经完成了"论证"情景中合理要求我们所做的事情。）因此，也许只有经过这一系列的推理之后，说者和听者之间最初的观点分歧才能得到解决，或者得到足够明确的解释，使之清楚地表明这种分歧实际上是不可调和的。

实际上，我们还会发现话语是处于**纯粹**工具性和**纯粹**论证性之间的范围当中。即使一个命令偶尔也可能会引起争论，如果被命令的人准备质疑说话者的权威或目的的话——例如，通过问"你是什么人，凭什么这样命令我？"或者"你以为你是谁？这么命令我？"（极端情况下，这被称为"拒不服从"）。这样一来，基于"有根据的"权威假设，原初作为无争议权力的语言行为，就可能变成了一个论证。面对这样的挑战，即便是这种所谓的权威，在行使其权力之前也可能需要被"合理地证明"。它的"根据"现在必须受到严格审查，而不是被视为理所当然。

主张和发现

论证有几种目标。通常，一个人会通过论证来说服另一个人相信自己之前明确相信的事情。在这些情况下，就像我们所说的，第一个

推理导论

人提出一个**主张**，随后他通过论证去证明或确立这个主张。其他情况下，人们从他们一开始就没有明确答案的问题开始，然后将论证作为一种得到答案的方式。他们从**问题**开始，而论证则使他们获得"**发现**"。

在这里，我们将区分**追问**（inquiry）和**辩护**（advocacy）两种推理，前者旨在获得全新的发现，而后者旨在支持之前的主张。

再次，这两种推理之间的界限实际上并不总是严格的。有时候，我们提出主张，随着对话的进行，我们的论证变得比我们想象的还要弱，以至于开始作为辩护的论证最后变成了追问。我们不必为此担心。如果在论证进行到一半的时候，你准备承认你的推理并没有你刚开始想得那么有力，这是一种理性诚实的标志。

更一般地说，在下文中，我们主要关心的是这些问题：

——**理由**是如何支持主张的？
——这些理由本身如何被评估？
——什么原因使得某些论证（比如，系列推理）更好，而使得其他论证更差？

我们将看看，"论证性"话语是如何引发系列推理的；这些后续的论证是如何成功地支持或无法充分地支持原始主张的；以及在人类活动不同领域中提出、评估和判断论证的方法是如何被编成可以用来教学的常规程序的（例如，在专业培训过程中）。这样，我们将从简单的日常开始转移到了解"推理"和对推理的批判是如何在法律、科学和商业管理等事业（enterprises）中起核心作用的。

不同情况下的推理

不同情况下，适合使用的系列推理是不一样的。从午餐柜台转移到行政会议桌，从科学实验室转移到法院，论证的"论坛"发生了深刻的变化。在不同情况下，参与者对推理结果的参与程度是完全不同的，检验和判断论证可能结果的方式也是完全不同的。

要注意的是，一个乍看上去像单一不变的问题，是如何随我们所处情境的转换而发生变化的。一个朋友在一次闲谈中告诉我，我们的熟人亚里克斯·艾弗里决定从大学辍学去参加空军。尽管我不是很了解艾弗里，但我还是问了他为什么这么做。得到的答复是："艾弗里上学是赚不到钱的，但他们会付钱让他在空军学一门手艺。"我最多就是扬了下眉毛。"这样的话，"我朋友继续说道，"他就有钱买得起车和新衣服，同时还能接受教育。"

我的总体反应可能是"是吗？"，我几乎没机会花时间和精力去认真检验艾弗里的计划；这与我无关。但是，如果我的朋友接着提出一个更一般的主张，例如，"这样看来不上大学也有道理，让山姆大叔安排你的事业。"我可能多少会更有兴趣对这个说法进行检验。实际上，我可以回复我朋友说，他这种说法很蠢，我们可能会用剩下的闲余时间来辩论这个问题，结果到了晚上就把它忘得一干二净。

情况的进一步变化可能会以另一种方式再次对我提出同样的问题。让我惊讶的是，我被布置作业去写一篇学期论文，内容是评估各种形式的职业生涯准备的相对优势，包括上大学和参加军队训练。现在，我的处境已经在几个方面都发生了变化。我需要对教授而不是朋友构建我的论证；我的论证将会被仔细审查，缺点也会被公开曝光；我的课程成绩也会受到这个考核的影响；我要把我的论证写下来，并且在没有机会听到批评意见并对其进行修改的情况下就要交上去。我必须尽最大努力一次成功。

再后来，在收到学期论文的成绩后，我的家人可能会和我进行一次谈话。而现在，这个问题已经直接变成了个人问题：我自己是不是应该从大学退学去参军。情况又发生了变化。我更了解自己在大学里取得成功的能力；我的推理涉及各种各样的考虑和动机，这些考虑和动机与当时写学期论文时的背景不相关，但是现在却可能高度相关；而且，最重要的是，没有立刻结束推理的最后期限——我和我的家人可以就这个问题反复讨论，并随时修改我们的论证。

推理导论

然而，所有这些不同的讨论，在所有这些不同的情况下，确实有某些共同的一般特征。**主张**本身并不是"独立的（freestanding）"或自立的（self-supporting）。当我做出一个断言、提出一个假设、陈述一个法律主张、表达一个道德异议，或者冒失地发表一个美学观点时，我的读者或者听众在他们决定是否同意之前，总可以提出进一步的问题。他们同意与否将反映并取决于我是否有能力提供与这种情况相关的"理由"来支持最初的主张，并将以他们对这些理由"可靠性"的承认或质疑为条件。仿佛最初的主张本身就像一种"建筑"，其可靠性取决于它是否有足够坚固和可靠的"基础"作"支撑"。

在所有这些不同的情况中，在处理不同类型的问题时，可以提出同一组问题：

——**给出理由**达到的目的是什么？
——任何系列论证中包含的不同陈述是如何相互**支持**的？
——是什么使得某些理由或考虑因素与支持特定的主张**相关**，而其他的考虑因素则是**不相关的**？
——为什么有些支持理由是**强有力的**，而其他的理由却是不可靠的？

这一系列问题界定了本书所涉及的论证或推理的批判性研究所涵盖的主题。我们的任务是了解什么样的特征使得一些论证有力、有根据并有说服力，而其他的则是无力的、没有说服力或毫无根据的。我们还会问，我们应该如何着手开展这项任务，提出任何这样的"论证"来进行分析，以便我们自己能够认识到：

它是如何形成的——它是由哪些元素组成的，或者，这些不同的元素是如何相互联系的；以及这些联系对整个论证强度或者对受到批评的主张的可接受性有什么影响（如果有的话）。

作为关键事务的推理

请注意，在我们看来，推理从本质上讲是公共的、人际的或社会的。无论一个观点或想法来自何处，只要把它放在公开的、可接受集体批评的位置上，就可以用"理性的"标准对其进行"理性的"检验和批评。通常，推理并不是一种可以**产生新想法**的方式——产生新想法需要的是发挥我们的想象力——而是一种**对想法进行批判性检验和筛选**的方式。它所关注的是，人们在提出观点和想法是否值得分享这个问题的情况下如何分享这些观点和想法。它是一种集体的、持续的人类事务（human transaction），在这种事务中，我们在特定的情况或背景下，向特定的人群提出想法或主张，并提供适当类型的"理由"来支持这些想法或主张。

因此，推理涉及从主张提出的背景、与其对立的主张，以及持这种主张的人三个角度来处理主张。它要求以共同的标准对这些观点进行批判性评估；随时准备修改主张以回应批判；并对暂时接受的主张和随后可能提出的任何新主张进行持续的批判性审查。因此，一个"合理的（reasoned）"判断就是有充分和适当的理由为之进行辩护的判断。

然而，说所有这一切的目的，并不是理所当然地认为，用来判定这些理由的适当性和充分性的标准是普遍的和永恒的。我们整个调查（inquiry）的核心问题之一是，到底在多大程度上，以及究竟在哪些方面，我们可以希望通过一般或普遍的判断标准来说明"理由"或"论证"的有效性、相关性、优点或不足；这些标准到底在多大程度上，以及究竟在哪些方面，将不可避免地因时而异，或根据判断的语境和环境而不同。

当然，我们的判断标准在某种程度上的多样性和差异性在日常生活中是很常见的。例如，在我们成长过程中需要做出的一系列类似的判断，比如关于我们应该遵从何种性别角色的判断。最初的时候，我们通常会把父母的话当成我们接受这个角色的特定观点的充分理由，例如，"你是个男孩儿——男儿有泪不轻弹。"如果父亲向我们保证这一点，那肯定对我们大多数人来说就足够了。但后来，成为大人的我们对男人的眼泪可能会有相当不同的看法，因而我们可能最后会说，

"在我们的社会中,一个男人要用真实的眼泪来表达自己的悲伤,是需要真正的勇气的。"这个时候,我们将不再把父亲的话当成最终的或权威性的来接受,而是会着眼于更复杂的经验和观点对其进行重新评估。

不同成人群体的情形也和父母孩子之间的情形一样。对于一个群体来说,看起来相当可接受和适当的理由和论证,在其他群体中讨论时可能会被彻底质疑。想一下一个群体的文化常识受到外界挑战时会怎样。例如,我们的很多社会和宗教信仰可能被我们的直系亲属和社会群体的每一个成员虔诚地坚持着,但是这些信仰可能会被在其他方面与我们非常相似的其他社会群体的成员所排斥。也许,我们都同意相信以下行为是正当的和合理的:每次饭后都应该刷牙,相信上帝,以及在公共场所要用衣物遮挡身体的某些部位。但正因为这些观点被那些我们直接接触的人所强烈地接受,我们可能不需要提出任何非常充实的理由来支持它们。只要我们所尊敬的人拥护这些观点,那就足够了。心理学家要问的是,那些人离开了这个有着同样观点的保护性团体的庇护后,进入一个陌生的环境,例如离家去上大学,会怎样?

研究人员发现这类集体性常识很容易受到攻击。如果一个室友质疑其中一个常识,我们会发现我们没办法提出支持它的可靠理由——在此之前我们也从未跳出"每个人都这么认为"的事实范畴。由于我们的室友会发现这个说法既不真实也不充分,我们需要其他的但可能不容易找到的理由支持。根据社会心理学家的观点,其结果就是,我们可能要么因为缺乏适当的理由而马上放弃这一立场,要么回到某种僵化的固执己见的立场。如果我们想要以一种批判性的正当方式坚持这些信念,我们现在就必须为自己提供一种新的更适合当下时间和背景的"理由"。事实上(心理学家建议),通过一个合适的"培植(inoculation)"过程,我们将最珍贵的观点暴露在系统性攻击下,并且在严峻的挑战面前开始建立一个更为充分的理由体系,可能会让我们以一种做好准备去更加稳健地应对我们的信仰所受的未来攻击的方式,培养出自己的批判性能力。

这样,当我们的想法受到质疑和批判时,推理就成了一种为我们的想法提供支持的手段。这并不是说推理的程序在时间上总是出现在引发推理的观念形成之后。由于推理（或者说提供好的理由）在我们的文化中起着如此重要和广泛的作用，我们经常在我们一开始拥有这些想法的时候，就开始用批判的方式对它们进行检验并思考出支持或反对它们的可能理由。通过一种可能被称为"**内生沟通**（intrapersonal communication）"的思考方式，我们想象自己和其他人分享一个想法，并且对他们可能提出的问题，以及他们对我们的支持性理由可能会提出的质疑进行排练。

在这个排练过程中，我们也许能够改进和完善支持这一想法的理由，最后我们相信自己有能力证明它，达到可以"公之于众"的地步。或者，我们可能发现我们认识到有太多的反对这个想法的论证，所以决定完全忘记它或者永远不将它公之于众。在任何一种情况下，推理的"**交互性**（transactive）"性质都得到了保留，至少就我们考虑到它在集体论辩中的"**生命力**（viability）"对它所进行的批判来说——就某些具体的人对它如何反应，或者，就可能攻击这一想法的那类人的某种更全面的形象而言。（我们的论证必须提交给陪审团，一群专业科学家，一个政治会议，或者其他什么人吗？）再次，即使是用来判断这种"内生"推理的标准也要尊重论坛的主张，在论坛中它将最终找到自己的出路。

论证的结构

这里我们的首要任务是要认识到**论证**，或**系列推理**，是如何由**主张**、**理由**和其他组成部分构成的。例如，看一下下面的例子。两个职业橄榄球迷正在讨论下个赛季的前景：

其中一人说，"我今年看好达拉斯队：牛仔队肯定能拿超级碗冠军。"

他的同伴扬了扬眉，"你为什么这么说？"

第一个人摆出一副非常自信的样子："看看他们的实力吧——

无论是防守还是进攻,他们这两个阵容都很强。"

他的朋友还是没有被说服:"他们有这么独特吗?"

第一个人坚持道:"哈,但是看看那些对手们!突击者队在上两个赛季已经崩溃了;匹兹堡钢人队防守脆弱;海豚队正要茁壮发展,但是在压力之下也会崩溃;维京人队防守很强,但是进攻力不行——拿掉他们的第一个四分位队员,会出现什么情况?我就是看不出来谁能够动得了牛仔队。"

"好吧,"他的同伴承认,"我知道你的意思了。但我只是不确定可以这么依据过去的表现来进行判断。"

通过考虑这个对话的连续性步骤或程序,我们可以明确交流中每个阶段的有关问题。简要地概括如下:

——达拉斯牛仔队球迷一开始提出了他的中心主张,即牛仔队一定能获得超级碗冠军,他将对他们的胜利下重注。

——他的听者在回应时开始对这个主张的根据追根究底。通过一连串问题,他发现了其他更具体的相关信念,通过诉诸这些信念,达拉斯队粉丝对其最初自信的主张给予了支持和辩护。

——对话的最后,双方可能带着未解决的意见分歧各自离开。但无论如何,他们现在可以更清楚了解这些分歧之所在,例如,他们对其他职业球队的不同评估,以及对过去的表现作为推定职业球队成绩指南的可靠性相信程度的不同。

当我们就这些条件来分析一个对话时——通过探究意见的理由来交流意见——我们能够对所提出的论证的**理性优点**(rational merits)进行审查和批判。通过这种方式,我们考察每一方在对话中的任何特定点提出的考虑因素的相关性、充分性和可靠性,并将其看作他对他们之间论证性交流所做的贡献。

显然,我们所举例子的对话中所遵循的理性程序经过了一系列不同的阶段:

——首先，达拉斯队的支持者提出他对超级碗决赛的最初主张。

——然后，他的朋友问了他能够给出的"合理支持"这个预言的"理由"。

——通过这种方式，我们发现了两点：第一，这一主张是基于对赢得超级碗冠军球队的**一般类型**的一种信念，第二，对于所支持球队主要竞争对手的**具体优势**和劣势的一系列详细判断。

——然后，对信念的坚固性、可靠性和相关性依次分别进行检验。

——等等。

参与者是一步一步进入到对话过程中的，这些连续步骤的"理性优点"既与作为对论证贡献因素的事实、理由、证据和证词等的可靠性和可信度有关，也与论证中这些不同元素之间的联系有关。在一个组织良好（well-conducted）的论证中，我们不仅要提出足够的"理由"，如果要让它们按要求发挥作用，我们还必须在论证的正确时刻提出这些理由。（我们都知道有些人没有办法把想法整合起来，他们总是在谈话中零散地补充一些事后想到的东西："哦，还有一件事……！"）因此，在论证中任何时刻都起作用的考虑因素，不仅取决于正在讨论的一般性问题，而且也取决于理由的交流进行到了什么程度。

一些定义

是时候来解释一下出现在本书中的几个关键术语的用法了：

——术语"**论辩**（argumentation）"用于指提出主张、质疑主张、提供支撑主张的理由、批判这些理由以及对批判进行反驳等的整个活动。

——术语"**推理**（reasoning）"更狭义地用来表示提出理由来支持一个主张的核心活动，以说明这些理由是如何成功地赋予这个主张以力量。

——一个**论证**（argument），从**系列推理**的意义上说，是指一系列相互关联的主张和理由，这些主张和理由之间确立了某一特定说话人所主张的立场的内容和效力。

——参与论证的人是否具有**合理性**，是通过他们对于支持或反对主张所提供的理由的应对和反应方式表现出来的。如果他"愿意论证（open to argument）"，那么他或者承认理由的效力，或者试图去回应理由，而无论是哪种方式他都是以"合理的"方式对待理由。相反，如果他"不愿意论证（deaf to argument）"，那么他或者无视反面的理由，或者给予武断的回应，而无论哪种方式他都没有"合理地"处理问题。

对于大多数这些术语，我们基本采用的是它们的日常用法。但有一个例子需要特别关注。"Argument"这个词有两种不同的口语含义：它可以指"系列推理"（比如在这里），也可以指争吵或人类的其他争论。例如，我们可能谈的是毕达哥拉斯在古典时期提出的支持他关于直角三角形不同边的平方的著名定理的**论证**（即，组成其"证明"的理性步骤）。或者，我们可能谈的是当毕达哥拉斯向他的同事们提出他的定理时，他和他们之间的**意见交换**（exchange of views）。而后者，有时在日常英语中也指"**争论**"：

当毕达哥拉斯提出他的定理时，有很多**争论**吗？还是他的学生们马上就理解了这个证明？他的学生们对他的声明反应如何？有争议吗？这个发现让他们生气还是开心？还是未能激起他们的兴趣？

在第一种意义上，毕达哥拉斯的"论证"是几何学上的问题，我们今天仍然可以用与他当时可能发现的几乎相同的形式建立这种论证。然而，在第二种意义上，我们对于毕达哥拉斯的"争论"几乎一无所知。历史没有留给我们任何记录，所以我们不知道任何关于这位大师和他的学生们之间发生的人类互动交流的可靠信息。

在第一种意义上,"论证"是从原初的人类背景中提炼出来并被认为脱离了人类背景的**系列推理**。在第二种意义上,"争论"是**人类之间的互动**,通过这种互动,人们可以形成、思考和/或研究这样的系列推理:

——在第一种意义上,我们可以说论证是强的或弱的,站得住脚的或站不住脚的,完全令人信服的或最初难以置信的,简明的或复杂的;但是我们不能说它们本身是友好的或暴力的,安静的或吵闹的,醉得和蔼可亲的或隐含恶意的。

——在第二种意义上,争论是人们卷入其中、坚持不懈、顽强进行、无法忍受,有时甚至奋力摆脱的东西。

后一种意义上理解的"争论"可能包括:安静小心的讲话,大喊大叫,或轻声耳语;黑板上复杂的计算,拍打背部,或鼻子流血;令人信服的协议,苦涩的分手,或疲惫的让步——和前一种系列推理意义上的典型"论证"形成了对照,它们包括:可靠或不可靠的推论,有效或错误的演绎,严谨或有漏洞的证明,强大或微弱的理由。

我们总是能区分这两种意义上的"争论(arguing)"吗?一方面来说,可以。系列推理总是可以被设定为一系列合理地联系在一起的陈述,如证据、理由、规则等。相比之下,一个完整的个人意见交换,一轮讨价还价的谈判会议,或者一场喧闹的争吵,不能仅仅通过报告在其过程中所作的陈述来完整地呈现。因此,在某个层面上讲,系列推理和争论式的人类互动之间的区别是十分明显的。然而,实际上人类论辩的某些情形存在模糊不清的风险,这与说服与令人信服之间的区别是一样的。我们可能一开始试着让一个朋友相信她的理发师给她剪了一个很糟糕的发型,但结果可能是她自己故意选择了这种风格;而且,我们可能会发现自己陷入了一场争吵,而不是让步和收回最初的主张。也就是说,一开始作为"论证"(第一种意义上的)提出来的事情可能逐渐变成一种令人不快的"争论"(第二种意义上的)。

当这种情况发生时，过后冷静坐下来，弄清楚到底发生了什么，这是有帮助的——在理智上也是诚实的。然后我们可以确定，我们最初推理的弱点是如何使我们容易陷入口头施压，甚至是人身攻击的。

论辩的论坛

在我们开始对论证结构进行基本分析之前，有必要进行最后一项介绍性评论。论证（系列推理）是被提出来进行讨论和批判性审查的，而辩论（人类互动）相应地被启动，并在各种不同的场合或论坛进行直至完成。这可能发生在酒吧或早餐桌子上；在街角或法院；在科学会议上或医院病房里；在电视脱口秀或国会辩论中。（名单很长。）此外，评判论证的方式总是要求参与者注意它们发生的"论坛"，从这个意义上讲，"argument"这个词的两个意思（系列推理和人类互动）的分离永远不会是绝对的或彻底的。

典型的"论辩论坛"包括：

——法院
——专业科学会议
——公司董事会
——医疗咨询
——大学研讨会
——国会委员会的听证会
——工程设计会议

每个论坛都有自己的讨论类型。组织和开展这些活动，是为了确保相关论证（无论是法律或科学上的，金融上的，还是医学或政治上的）得到明确的陈述和公开的批评。由于在每个论坛中提出的问题种类各不相同，因此，在由此产生的讨论中所采用的程序也不同，提出的辩护主张与论证方式也不同。这些不同论坛之间的变化是相关事业（例如，法律或科学，商业或医学）的需求之间**功能性**差异的直接结果。

例如，法院的工作就是做出**判决**。对立的双方来到法庭，提出他们各自的"案件"（即，主张和支持性论证），并依赖法官或陪审团在他们之间做出决定。科学会议的工作是讨论**学术问题**（intellectual problems）。通常一个科学家提出假设或者实验研究，并提出观点和论证以供同事之间进行批判性论辩。他一般并没有预期马上得到他们的赞成或反对；个案的需要并不是马上做出这样的评判；有机会让自己的观点得到传播，对他来说可能就足够了。董事会或医疗咨询的工作通常是制定政策。这可能和投资的可能性有关，或者和治疗病人的可能方法有关，但在任何一种情况下，事情通常都不能等。

因此人类的论辩具有一整套不同的功能。例如，法律推理的质量是由它的相关性和它支持某项指控或辩护判决的能力来判断的；商业推理的质量是由它指导政策讨论的能力所决定的；等等。

当"合理程序"的某些非常宽泛的规则应用于所有这些论坛中时，支配某个领域论证的许多更具体的程序规则（或"正当程序"）只与，比方说，法庭程序而不是科学会议程序有关，或者相反。事实上，本书的主要目的之一就是为了展示以下两者之间的不同：

——那些适用于所有领域和论坛中理性批判的通用〔"领域不变（field-invariant）"〕程序规则。

——那些适用于法律、科学或商业领域，但并非处处适用的特定〔"领域依赖（field-dependent）"〕程序规则。

学科不同和推理不同

大学或院校里的每个人都有机会了解这些相同点和不同点。想想你在所学科目中被要求用不同的方式来提出你的论证（即，通过系列推理）。在英语文学课上写一篇关于莎士比亚《威尼斯商人》的论文是一个例子；在化学课上写一个实验报告是另一个例子；而解决一个三角学问题则是第三个例子。

推理导论

在接下来的几章中,我们将考察一系列观点和特点,这些观点和特点将不同学校学科的知识和实际关切,以及以这些关切为准备的更大的人类活动关切联系在一起(但同时也帮助我们将这些关切区别开来)。很多人发现,使用我们将在这里阐述的分析模式,作为他们澄清自己的推理的一种方式,甚至作为设计论文和规划其他学校科目中论证的一种方法,都是有帮助的。跟随我们的分析进程,值得你花时间思考一下的是,如何将这些分析方法应用到你的其他学习中去。例如,问问自己,**哪种谬误**是科学、历史或文学推理中最常见的;或者,根据哪些规则或规律证明不同学科中的主张和发现。

结　论

我们说过,推理因情况而异,因论坛而异。此外,并不是所有的情况都需要推理。在本书的主要部分中,我们将展示系列推理或论辩是怎样在现实生活中被应用和批判的。我们将描述出现在日常应用中的实践推理,以期更好地理解它的实际假设和潜力。我们与其因一时冲动、权力或无理劝说(unreasoned persuasion)的影响而放弃决策,不如描述在相互竞争中审查思想并根据相关标准进行判断的关键程序,以便使我们有可能做出合理的选择。

最后,不可能把对**推理**和**决策**的批评与对提出理由和做出决定的人的理解完全分开。做出选择的是人,他们的参与无法消除。理由和决定必须从人们使用语言来表达他们的理由和证明他们的决定的方式来考虑。

站在后面,直视我们不假思索就去做的事情,是有一定好处的。通过反思这些"显而易见的"事情,我们可以逐渐理解自己和自己的行为,从而帮助我们避免某些困惑。莫里哀戏剧《资产阶级绅士》中的主人公惊奇地从他的语法老师那里得知,他已经"讲了四十年的散文"。在今天的成人生活中,开始学习逻辑、论辩或修辞的人也一定经常会有同样的惊讶。然而,事实上,为了推理和辩论的目的而使用语言在我们的生活中扮演着主要的角色,我们开始试着理解语言的这种特殊用法,并由此而理解说话与写作、沟通与表达自己、提出"主张"并用"论证"支持这些主张的艺术,不仅是自然的,而且也是应该的。

一则寓言故事

让我们以一个故事做结尾。这个故事的目的是提醒我们,在现实生活中,追问和辩护、主张和发现、劝说和说服行为是如何在一起工作的,也就是说,**推理**是如何为人类的目的服务的。

几年前,在纽约有一个广告专家,总是靠折纸飞机来打发时间。这是他的爱好,并且他十分擅长。有一天,他折了一只新的纸飞机,这只纸飞机飞得比他之前折过的所有纸飞机都好。特别是,它不会停在空中。不像大多数的纸飞机——不管是纸模型还是完整的纸飞机——当他们上升角度太倾斜的时候会突然掉下来,这只特别的纸飞机不会这样。相反的,当机翼在空气中的"仰角"达到一个最大值的时候,这只纸飞机会调整成水平角度继续飞行,而不是像一般机翼那样常常会失速掉下来。这个广告人的朋友是一个飞行员,对这只纸飞机印象深刻,他说服那个人为此申请了专利。因此,所谓的克莱恩-福格曼(Kline-Fogleman)机翼就被发明出来了。

然后这两个人给各种机构和公司写信,希望可以让其他人相信这一新型机翼的重大发现。直到一档网络电视节目报道了他们的想法,他们才得到回应。然后他们收到了一些对此感兴趣的信,其中包括来自玩具制造商和国家航空航天局的。

现在开始了一些重要的测试。测试的问题形形色色,从这种机翼是否可以用来制作孩子们会喜爱并愿意购买的玩具,到如果战斗机上安装了这种机翼是不是可以更好地参与到战争中,到用于往返太空和地球之间的火箭助推飞行器有了这种机翼是否能更好地完成任务,等等。在每一种情况中,都有相当不同的标准,对于机翼的主张必须根据不同的需求来给予证明。因此,这项发明是否被接受为"好的",取决于进行推理的人以及他们所处的环境。

推理导论

玩具制造商很快认为这项发明是"好的",并且开发了一条新的玩具飞机生产线。(如果这些玩具飞机飞得不好,将卖不出去,公司也会亏钱。根据销售情况,他们要么继续生产要么停产。)国防部还在进行秘密测试,并不得不向精打细算的国会说明一条新型战机生产线的成本,也要向将会冒生命危险试飞的飞行员说明这个创新设计的新颖之处。(如果飞机不能按照预期的效果飞行,人就会死,国家也会遭受战争带来的损失。无论哪种情况,都会花费大量金钱。)国家航空航天局也在测试这种机翼是否有助于太空飞行。与玩具制造商和战斗机生产商不同,他们必须解决在地球大气层内外飞行的问题。如果被证明在大气层以外使用有缺陷,那么这种"防失速"的机翼对他们来讲可能会也可能不会是一个不错的选择。

这是一个不寻常的故事吗?一位曾工作于国家航空航天局现任教于大学的航天专家说,不是。这类技术想法常常来自非常意想不到的源头,比如一个成年人玩纸飞机。新思想的起源并不是关键。从理性的角度看,重要的是,我们应该接受新思想并对其进行批判性检验。推理(他可能会说)不能创造想法,也不能一劳永逸地回答这些想法是好的还是坏的,是对的还是错的。事实上,在每种情况下进行推理的任务是能让提问者在特定的场合、特定的论坛和事业中对特定的问题做出最好的决定。我们现在必须转向的问题是,基于所涉及的论坛和语境,如何才能最好地分析和理解不同系列推理的重要功能。

练 习

一、举出一个你遇到的推理的例子,并说明推理与"日常话语"的区别。

二、下列五段内容中哪一段或哪几段包含论证?讨论一下每段内容中包含的推理。

第 1 章 推理及其目标

1. 罗妮：给我提供些新资讯吧，宗克！这些天我一直在忙于做这件事！鲁恩很担心 ABC 新闻会弄出一些新花样，这就是我希望你能给我提供你们领域中的一些新资讯的原因。

宗克：我不确定我是否能帮上忙。

罗妮：事实上问题在于新资讯过多。这些天有很多潮流横扫全国，但很难找到属于你自己的。拿杂志来说，在同一周内，最近《时代》和《新闻周刊》都刊登了烹饪热和节食热的封面故事……换句话说，根据我们主要的新闻周刊，国内最热门的两大趋势是吃和不吃！所以，谁知道呢？最近我一直在想自己闯一闯。

宗克：好想法，最近我听说越来越多的人在这样做。

G. B. 特鲁多，《杜恩斯比利》漫画

2. 新款雪佛兰

它的美在于观者的眼睛、腿、手和心灵。

新款雪佛兰在很多方面能给你带来美好的体验，这大概就是购买它的人络绎不绝的原因吧。干净、清爽的造型，使其个性突出；内部宽敞明亮，与它所替代的拥有较大空间的 1976 款雪佛兰相比，头上空间和后座供伸腿的空间更大。（后备箱空间也更大。）当你驾驶时，你会体验到那种美妙的"雪佛兰感觉"。我们强烈建议您亲自去体验一下超强的内部静音效果。另外，如果您理性的一面对我们这种快乐的说法感到畏缩，请记住：新款雪佛兰是为效率而设计的。一辆拥有如此宽敞空间的车辆在里程方面也表现不凡。标准 250 立方英寸发动机和自动变速箱的油耗，环保署估计是高速每加仑 24 英里，市内每加仑 12 英里，加州的估计会低一些。实际行车里程可能取决于你开车的方式和地点、车的状况和装备。（新款雪佛兰配备了通用汽车公司生产的发动机。详情请见经销商。）正如我们所说的，这是一辆能在很多方面给您带来美妙体验的车。亲自试驾一次将很快证实这一点。

雪佛兰汽车广告，《商业周刊》

3. 约书亚问老师南森："正道是什么？"

南森回答道："日常生活的方式就是正道。"

约书亚继续问："我能学习它吗？"

南森回答道："你学得越多，就离正道越远。"

约书亚问："如果我不学习它，我怎么可能知道它呢？"

南森回答说："道不属于所见的，也不属于所不见的。它不属于已知的事物，也不属于未知的事物。不要寻找它，不要学习它，不要说出它的名字。要找到自己，就要像天空一样敞开胸怀。"

《禅宗佛教》（彼得·普尔出版社）

4. 迎春花凋谢了。树林边缘外的地面变得开阔起来，顺着斜坡向下，有一处略显陈旧的篱笆和布满荆棘的沟渠，在篱笆和沟渠外，依稀还有少许几块斑驳的浅黄色在宿根山瞤和橡树根之间若隐若现。而在篱笆的另一边，田野上满是兔子洞。在草消失的地方，到处都是干粪团，在这里，只有美狗舌草能够生长。一百码外的山坡底部，一条不超过三英尺宽的小溪缓缓流淌，在小溪周围驴蹄草、西洋菜和椴树肆意生长。一条小径穿过砖涵延伸至坡的另一面，直达有五道栅栏的荆棘篱的门前。继而，这道门通向一条小巷。

理查德·亚当斯，《沃特希普荒原》

5. 真理需要被发明。

惩罚是用来威慑那些无意犯罪的人的。

药物："你的金钱和你的生命。"

如有疑问，就决定支持正确的东西。

诊断是最普遍的疾病之一。

卡尔·克劳斯（佐恩翻译，荣格德拉出版社）

三、用口语化的形式表达你对推理的理解。你通常会在哪里遇到推理、劝说以及使人信服的情况？推理、劝说以及使人信服是同一种东西，还是它们彼此不同？

四、讨论一些我们彼此有分歧的语境。推理在解决分歧中有什么作用？当我们确实改变想法时，我们是如何改变它们的？

第二部分
第一层分析：论证可靠性

第2章 导 论

首先，为了能够对论证的优势和缺陷进行辨识与描述，我们必须提供一套与此相关的分析模式和词汇，这将成为我们理解对论证的理性批判最为基础的工具。在这个过程中，考虑如下这些问题将是十分必要的：

——论证的自然"起点"是什么？
——它的真正"目的地"是什么？
——它必须遵循什么样的程序？
——论证要经过哪些阶段序列？连续阶段之间有什么关系？
——为了检验某个特定的论证是否完全合理，我们必须提什么样的问题？进行什么样的测试？

论证的基本要素

在第3~6章中，我们将依次讨论四组问题，连续考察任何完全明确的论证中都包含的四个要素，即①主张与发现，②理由，③保证与规则，④支撑。现在，我们简要地解释一下这四个要素的内涵以及它们相互之间的关联方式。

1. 主张。当我们开始进行一个论证的时候，我们总是预设了某个将要达到的"终点"，也就是我们在论证之后获得的发现或

者对那些由其他人发起的论证所进行的认定；对于某个论证进行分析或者批判的第一步就是了解这个论证的确切目的是什么。我们要回答的第一组问题是：

我们到底在讨论什么？我们在这个问题上的立场究竟是什么？作为论证的结果，我们必须考虑同意什么立场？

2. 理由。阐明了主张之后，我们必须考虑，如果这一特定类型的主张被认为是确实的和可靠的，那么需要什么样的基本根据？因此，下一组问题与这些根据有关：

你掌握了哪些信息？你的主张基于哪些理由？如果我们想知道我们是否可以采取你建议的步骤，并通过同意你的主张而结束讨论，我们自己必须从哪里开始？

根据所讨论的主张的种类，这些理由可能包括实验观察、常识问题、统计数据、个人证词、先前被认定了的主张，或其他类似的"事实数据"。但在任何情况下，所讨论的主张都不可能比为之提供基础的理由更强有力。

3. 保证。然而，知道了主张的依据是什么，只是判断其确实性和可靠性的第一步。接下来，我们必须检查这些理由是否确实为这一特定的主张提供了真正的支持，而不仅仅是与所涉主张无关的不相干信息（例如，旨在"蒙蔽我们眼睛"的信息）。下一组问题是：

给定起点后，你如何证明从这些理由推出这一主张是正当的？从问题的开始到最终要达成的目的，你选择的是怎样的路径？

同样，我们可能期待的关于这组进一步的问题的答案类型将取决于所讨论的主张的类型。从理由到主张的步骤，在法律、科学、政治或其他领域是以不同的方式"得到保证的（warranted）"。

这些保证往往以自然规律、法律原则和法规、经验法则、工程公式等形式出现。但在任何实际情况中，如果从理由到主张的步骤是可靠的，那么某种适当的保证就是必需的。

4. 支撑。保证本身并不是完全可信的。一旦我们知道了在任何论证中所依赖的是哪些规则或规律，公式或原则，就可以提出下一组问题：

（从理由到主张的）这个推导过程真的可靠吗？这条进路是否能够将我们安全可靠地引领到预期的终点？你还需要哪些其他的一般信息来支持你相信这个特定的保证？

需要进行推理的领域不同，相应地，为不同领域中的论证提供权威性根据的保证也要求不同种类的支撑：法律法规必须通过正当的立法程序来有效确立；科学定律必须得到彻底检验；等等。因此，除了作为任何论证中的理由的特定事实外，我们还需要找出被论证中所要求的保证所预设的一般信息或支撑。

因此，只有当论证的支撑能够提供适当和相关的充足理由时，那些包含在日常生活论证中的主张才能很好地建立起来。这些理由必须通过可靠的、适用的保证与主张相联系，反过来又能够通过相关种类的充分支撑而得到证明。在第二部分的后几章中，我们将更为详细地阐述这些问题和定义。

第一个论证样例

为了总结主张、理由、保证和支撑进入我们论证之中（并且"结合在一起"）的一般方式，我们看一下以下陈述：

今天已是周一，上个周四是感恩节。根据法律，感恩节不可能早于 11 月 23 日。因此，我们还有不足 30 天来进行圣诞购物。

这里，最终的**主张**——也就是，

我们还有不足 30 天的购物时间——

首先，是通过指出与它相关的具体事实，或者说理由，来获得支持的——例如，

今天是感恩节之后的一个周一——

其次，通过提出一个将这些理由与主张联系起来的一般命题，并且将其用作**保证**来支持其他命题——

感恩节永远不会出现在 11 月 23 日之前——

最后，通过指出一般性保证的可靠性所依赖的根本基础，或**支撑**——

感恩节的日期是由国会法案确定的。

在接下来的四章中，我们将依次考察上述要素（主张、理由、保证和支撑），以分析它们是如何联系在一起，形成可以被接受为**可靠的**论证的。

第 3 章　主张与发现

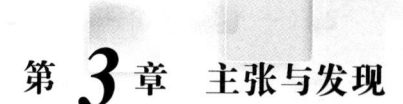

"旧金山49人队今年肯定能拿冠军。"
"这个新版的《金刚》比旧版加入了更多的心理感受。"
"这种传染病是由病房间餐饮设备上携带的细菌传染引起的。"
"公司最好的阶段性政策是将这笔钱投到短期的市政债券上。"

上述这些都是"主张",即一些公开提出以期得到普遍认可的断言。它们隐含着一些根本性的"理由",这些理由能够表明它们是"有充分根据的"因而是能够被普遍接受的。

在任何一个论证中,我们能够确定的第一个要素就是我们称之为主张的要素。当我们分析任何一个论证的力量(force)和程序的时候,相关的主张就决定了我们程序的起点和终点:

——在一开始,一个**断言者**或者说**主张者**(我们称之为 A)的任务是提出一个定义明确的观点以供听者考虑和讨论。通过这样的方式,A 为听众或者**质询者**(我们称之为 I)提供了一个机会来引出一些额外的材料,这些材料是他人对这一主张的正义性和/或可接受性进行判断、并且接受这种主张的正确性的前提条件。

——接下来,当所有必须的材料都被提出,I 和 A 之间就会达成一个经过充分推理的主张。这个主张或**假设**原本只构成了那

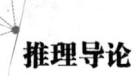

些未经证实的讨论的起点——经由批判性分析之后——现在就变成了一个或多或少得到了充分支持的终点、发现或者结论。

虽然 A 一开始提出的主张仅仅是其个人的意见，但是这一意见要么被确立要么被推翻，由此产生的实践或理论后果也会依据这个具体主张的确切性质而呈现出来。如果这个主张是法律上的，那么最初的请求现在就变成了一个判决，而其结果将会以一种裁决令或判决的形式出现。如果这个主张是医学上的，那么最初的假设现在就变成了一个确定的诊断，其结果将会成为某种具体疗程的建议。如果这个主张是关于商业决策的，那么 A 的最初观点可能会成为公司一致同意的政策。如果这个主张是关于科学的，那么最初的建议一旦被正确地确立，就有资格在这一科学分支的知识库里占有一席之地。

主张的性质

"主张（claim）"这个词有很长的历史，它的主要用途之一是指法律上的权利和权益——特别是在产权纠纷中。回想一下，在淘金热的时代，矿工们都坚持以"立界来表明所有权（stake a claim）"。这意味着划出一块区域，在这块区域内，他们的独家挖掘权将得到尊重。当然，他们不希望其他矿工对这样的要求置之不理，所以他们认为有必要公开为这些要求进行辩护。通过对某一地区确立适当的"所有权"，他们可以确立一个法律地位。结果，其他矿工不得不避免在该区域内挖掘。对一个主张进行"辩护"意味着要做任何需要的事情——在地方法官或所有权登记处提供书面证据和口头证词——将对权利的简单要求转变为一种得到确认的、可执行的、其他矿工不得不承认的所有权。

就我们这里的目的而言，即在这种法律的意义上"为一个主张进行争辩"，是我们将要审查的论证范围中的一个极端情况。如果我们考虑到一些实用性不那么强的案例，所关注的问题就会变得更抽象、更具理论性。试想你在科学领域的同行们承认你为某个科学假设提出了一个"有充分根据的"论证并进而将你的观点纳入他们对甲壳虫、冰河或介子问题的思考方式中。这一情景的后果,不会像说服育空警方(Yukon police)保护你专属的开掘区域不被他人非法侵入那样有明显可见的利益收获。但是,就其自身的财产而言,"知识产权"具有和不动产权或开采权同样稳固的地位。在科学论坛中,确立"知识产权主张(intellectual claims)"的工作与在法庭上确立财产权的工作同样严格和重要。

当然,在具体的实质内容上,我们在提出不同种类的好的主张时需要遵循的程序是十分不同的:

——确立失窃自行车的财产权。
——成功预测超级碗冠军的归属。
——说服别人尊重我们对电影特征的评论意见。
——为我们对极光成因的想法提供坚实的基础。

不过,支持这些主张所遵循的一般程序并没有太大的差别。对每一种情况来说,我们的工作都包括三个方面:

——提请注意主张所依据的普遍接受的和相关的事实(理由)。
——指明是哪些一般规则、规律或原则(保证)使这些事实与主张相关。
——阐明现有的理由和支持是如何为本主张而不是为任何其他或与之对立的主张提供基础的。

含糊或不清楚的主张

要使我们确信一个主张在一开始就能得到恰当的陈述,并不总是一件简单的事情。通常,断言者(A)用来首次陈述一个主张的特殊词语不会完全清晰。所选词语可能包含未经解决的歧义并且有可能导

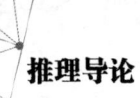

致人们对其有别的解释。这些歧义必须在对有关主张可能的批评开始之前得到解决。

设想在一次日常谈话中，A 随意说了句他的兄弟吉米"疯了（mad）"。一开始，我们可能并不清楚这个断言到底是什么意思：

> 他说的"疯了"只是通常口语上的意思吗？他是想说吉米这会儿气得要命，所以我们应当小心与他相处，让他冷静下来，或者试着安慰他吗？
>
> 还是他想更严重地表示吉米的行为已经变得非常混乱，以至于已经不再能管理自己的生活和财产，到了需要法律监护的地步呢？
>
> 又或者他的意思是吉米正在犯精神病，需要在精神病院待一段时间？

一个主张提出时的现实环境——在法官的会议室，医生的办公室，还是其他地方——往往能够帮助我们在不同的解释之间进行抉择。当一个人与法官交谈时，疯了可能意味着"法定无能力（legally incompetent）"。当与精神病医生交谈时，它可能意味着"精神失常"。只有当有关主张在没有任何明确背景的情况下（即在缺乏所有情景线索的对话中）被提出时，这样的歧义才是严重有害的。当这种情况发生时，我们首要的关键任务——甚至先于我们追问"理由"——就是清除最初的歧义。这意味着我们要追问一些额外的问题来找到这个主张的合适背景从而阐明它的含义：

> 你究竟在说什么？你的意思是，吉米没有法律承担能力，还是正在心理诊所接受治疗，或者只是在生气？先和我说清楚，免得我一开始就抓错了方向！

我们主张中存在的这些歧义与我们之前注意到的一些其他歧义有关：存在于言语说服和令他人信服之间的那些歧义，以及两种"论证"之间的那些歧义。一个主张或假设在一开始表达得越清楚越明确，就越容易避免其成为一系列令人混淆的分歧性意见。在日常讨论中，我们的论证如何出错是很清楚的。但值得注意的是，即使是在更严肃和更专业的辩论中，同样的事情也可能会发生。例如，在当前的这个例子中，存在于像"疯了"这个词中的歧义不会只对普通人带来困扰。当律师和精神病医生在讨论精神失常与刑事责任问题的相关性时，也经常会因为词语歧义而相互误解。想一下欣克利判决（Hinckley Verdict，一个刺杀里根总统的年轻人最终被送进医院而不是监狱）所引发的激烈争论。

练　习

下列各题中，学生应当选择以下 a、b、c 哪种情况：
a. 将主张与支持它的理由区别开来。
b. 确定论证想要解决的问题。
c. 在可能的情况下，重新更具体或更精确地表述理由。

1. 安德森是个好邻居，因为他认真地维护自己的财产。

2. 查尔斯王子是英国王位的第二顺位继承人，因为他是在位君主的长子。

3. 红雀队的投球手队伍很弱，因此，他们进入季后赛的机会渺茫。

4. 七月不适宜捕捞鳟鱼，因为这个月鳟鱼以其他鱼苗为食。

5. 世界上咖啡种植地区的霜冻，最大消费国的供应短缺，以及生产商收缩经济力量的愿望，将会导致接下来六个月世界市场上咖啡价格翻倍。

6. 考试作弊有时候也是合乎情理的，因为并非所有课程都是学生主要学业的一部分，也与他们的职业规划无关；此外，拿到高的 GPA 和在某个专业领域具有竞争力一样重要。

7. 米切尔犯了谋杀罪。毕竟，凶器上有他的指纹，他有充分的机会在别人不注意时溜进房子，而且大家都知道他与受害者积怨多年。

8. 并不是琼斯不够诚实，不能担任我们俱乐部的财务主管，而是

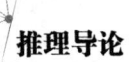

他太不可靠,不能胜任这个职位。

9. 今天应当在我们的越野滑板上使用"红"蜡,因为气温是36度而且雪是粉状的。

10. 节约能源的一条途径是对汽油征收高税。美国人消耗的能源中有很大一部分是汽油,对汽油高征税将会大大减少他们的消费。

11. 健康和营养一样,可能是青少年缺课和学业失败的一个因素,这一观念意义重大,因为它指出了一条能够解决这些深刻的社会问题的新途径。提升人们的健康条件要比改善其他的环境条件容易得多。如果每个因素(通常结合其他因素)都有可能会导致反社会的行为,那么仅仅提升健康条件和减少营养不良就能够深刻地改变美国的社会问题。

《新英格兰》(《波士顿环球星期日》杂志)

12. 尽管所有的混乱和激烈的个人冲突使得洋基队没能在去年八月底之前的比赛中发挥出最佳水平,他们仍旧以100:62的战绩设法夺得了分区冠军。有了更好的投手队伍,哥赛奇又将莱尔补充到了候补队员里,再加上更衣室内的祥和气氛,洋基队应当能够在1978年的赛季抵挡住波斯顿红袜队的强力挑战。

《棒球预测》

13. 企业没有与政府订立合同;它试图在一个日益强制的社会中达成最佳交易。不存在自愿规划这种东西。它强迫人们去做一些他们原本或许不会做的事情。

[来自《怀疑论者》杂志记者的反对意见]:如果我们投票支持将会怎样?

这仍然是一种强制。你们投票剥夺了我作为少数群体的反对权利;除了强制,我没发现任何别的东西。如果多数决定原则践踏了少数人的权利,那它就是强制。

《巴伦》杂志编辑布莱伯格在接受《怀疑论者》杂志采访时说

14. 男孩子通过许多方式为自己的职业生涯接受训练;其中最重要的一项就是参与艰难的(锻炼男性气概的)团队运动。他的成就和明星身份是团队成功的一部分。他在很小的年龄就知道需要和其他人组成团队，而队友的价值不在于私人关系，而是在团队获胜的需要上。他还明白并不一定要求所有的队友都出类拔萃，但他们也不应成为整个团队的拖累。这种超脱情感的选拔标准成为后来他管理企业的原则……对小女孩来说，情况就截然不同了。对于那些鼓励女孩们参加的运动和活动（通常是个人比赛而不是团队比赛）来说，重要的不是获胜，而是在活动中的表现质量。如果把这些模式带到职场生活，就会阻碍女性的进步。

《女士》杂志

15. 为什么心理学界没有挑战伯特充满矛盾的研究观点（该研究认为遗传仍然是迄今为止决定智力的最重要因素，并且在证据被证明是"操纵的"之前，该研究观点有极大的影响力）？因为，心理学家们承认，伯特"非常强大"。简言之，他们害怕他。

但是卡明说，还有另外一个原因。伯特的数据之所以没有被挑战[原文如此]，是因为，"每个教授都知道他的孩子比那些挖下水道工人的孩子更聪明，所以还有什么可挑战的呢？"

卡明说，这个故事的寓意在于："相信社会科学的人应当谨记，那些收集数据的人可能是藏有私心的。"

更应当记住的是，这样的寓意既适用于心灵学家（parapsychologists），也适用于那些批评他们的人。

《命运》杂志

16. 除非政府把事情搞砸（这总是有可能的），否则今后二十年将像以往任何时期一样具有革命性。整个时期，技术将突然出现在我们面前，汽车也将发生深刻的变化。

我们已经有燃气活塞发动机的替代品，柴油型的肯定是最普及的，更不用说涡轮增压型的。当未来二十年过去后，还会有其他选择提供给公众。

这场革命也将延伸到其他的汽车系统，包括：电子产品、燃料输送系统、悬浮，甚至基本结构材料。

乔治·威尔，《四轮》杂志

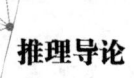

17. 家长每缴纳 1000 美元，财务委员会就会给他们一半的税收抵免。这 500 美元的税收抵免和现金补助是一样的。补贴数额之大，足以促使各类私立学校的迅速发展。卡特政府指出，相比之下，联邦政府为公立学校每位学生的补贴只有 128 美元。政府坚决反对这一信用的整个想法，其他任何重视公立学校的人也会反对。

阿尔伯特·山克尔，纽约《每日新闻》

18. 尽管金洛斯空军基地事件的证据令人印象深刻，但许多 UFO 研究人员在讨论这件事的时候都深感不安。事实上，有许多 UFO 的案例都明显地显示出 UFO 对人类的敌意，甚至到了造成伤亡的地步！

我们可能甚至不想考虑这种可能性，但我们可能会与外星人打一场我们无法理解的战争。

《阿尔格西》杂志，UFO 版

19. 无论是由早期巴比伦人和原始巫医从事的，还是中世纪的女巫和术士所使用的暗黑者神秘仪式（darker occult rituals）都有一种奇怪的相同之处。令人担忧的事实是，他们常常能够通过乔装偷偷潜入我们的社会——最终扰乱那些不够谨慎的人们的心理与精神平衡。对后一种人来说，最初的幻觉是美好的，但不可避免的风险也是很高的。

《阿尔格西》杂志，UFO 版

20. 我们的研究表明，生活在阳光地带、休闲环境和南加州的女性处境要比男性差。她们缺少权威，男性普遍凌驾于女性之上。

在传统的严格环境中——世界上最为保守的、穿着黑色西装的波士顿银行业内——强势的女性则比软弱的男性更具有利地位。我不确定所有的原因，但我认为部分原因涉及"非语言沟通因素（non-verbal communicant）"——衣着和外表。而所有关于语言和非语言沟通因素的研究都表明，非语言因素更强。这些领域中的女性倾向于保守的外表，并承担一部分与此相配的权威。

《环球航空大使》杂志

第 4 章 理 由

"旧金山49人队肯定是今年超级碗的冠军。"
"你为什么这么说?"
"只要把他们与对手比较一下!没有任何其他队伍同时拥有如此强的进攻能力与防守能力。"

"这个新版的《金刚》至少让人们产生了一些心理感受。"
"你为什么这么认为?"
"那个女孩不只是尖叫然后逃跑:她与金刚有某种互动,对他表现出了真实的个人感情。"

"传染是由餐饮服务设备造成的。"
"你是怎么知道的?"
"我们的检验排除了其他因素,最终锁定在了餐厅洗碗设备上的漏洞。"

"最好的阶段性投资是短期市政债券。"
"为什么呢?"
"它们便于交易,收益可观,而且收入是免联邦税的。"

这里,每个主张都是由理由(即,关于某个情境的特殊事实的具体陈述)所支持的。这些事实已经被接受为真实的,因此能够成为阐明或改进前述主张的基础,或者——在最好的情况下——能够依次确

立主张的**真实性**、**正确性**或**可靠性**。

假设 I 确信他已经消除了一切混淆，从而理解了 A 提出的主张的性质和意义。接下来该怎样呢？在这个阶段，他的第一个任务是询问 A 提出主张的那些"理由"的性质。这个阶段的问题是：

你还想说什么？

作为确立其主张的第一步，A 现在需要对以下内容进行讨论，这些内容是其主张所依赖的直接支持，包括：事实、观察结果、统计数据、以前的结论，或者其他具体的信息等。

"理由"这个术语指的是那些支持一个给定主张的**具体**事实。例如：

你哥哥究竟是怎样的行为使你认为他疯了？

49 人队的哪些具体优势和劣势使你如此确信他们今年能够夺冠？

新版《金刚》中哪些特别的细节让你觉得比旧版在心理上更微妙？

对于细菌在医院传播途径的哪些特殊观察结果让你觉得问题出在餐具设备上？

在每一个案例中，I 所需要的理由都不是一般性理论。这种一般性考虑我们将在后面的阶段提到。这里需要展示的是那些能够将**这个**确切场合从其他场合中区别出来从而直接指向**这个**主张或结论而不是其他主张或结论的具体特征。更确切地说，需要 A 对"案件事实"进行讨论，这些"案件事实"是指双方达成共识能够作为可接受的安全起点因而不会"引发争论"的事实。

作为共同理由的事实

如果两个人想要进行有效的争论，他们需要做的第一件事就是找出他们共享了多少理由：也就是，哪些事情至少对当前的论证来讲是

第 4 章 理 由

他们双方都已经接受且没有必要再去质疑的。事实上，只有对当前的"事实"达成这种最初的共识，他们才能进行清楚的论证。

引用一个引人注目和众所周知的例子：在对约翰·欣克利企图刺杀里根总统的审判过程中，人们对案发当天确切发生的事几乎没有争议。公诉人和辩护人都承认欣克利确实持枪出现在犯罪现场，也正是他用枪射伤了总统和其他三个人。所有这些陈述都被双方接受为"事实"——就像律师所说的，事实是"确凿的"因而是没有争议的。这样，这个审判的焦点就集中在了一些更具体的问题上，比如欣克利在开枪时的精神状态如何，以及这种精神状态与其行为的刑事责任之间有何关联。

请注意，这个初步的程序——对哪些内容是**没有**争议的取得一致意见的程序——使我们能够清楚地确定争议的焦点。通过这种方式，我们确立了双方都承认并且都肯将此作为争论起点的共同理由。这不仅是一个有用的程序，而且也是任何可靠论证中的一个必要程序。因为，一旦论证在进行中，如果不承认当前我们正在讨论的，反而回去重新质疑在开始论证之前已经确定的事实，那就是一种欺骗行为。如果我们在论证的过程中发现原始起点（或"共同理由"）并不像我们一开始认为的那样可靠，我们只能通过改变主题，从而开始一个新的不同的论证来解决。

这个程序的必要性与推理作为确立真理的手段的功能有关。推理的目的旨在将我们从那些我们已经接受的真理引向新的真理。如果我们对作为起点的"事实"真理产生了质疑，这就会影响我们从这一起点出发随后可能得出的任何结论。电脑工程师们有一句口头禅："无用输入，无用输出。"与此类似，我们可以说，"谬误开始，谬误结束。"

当然，并不是 A 一开始作为"理由"提出的所有陈述都需要被视为无争议的"事实"。A 为了证明自己的主张而向 I 提出的理由中有一些具体条目也是可以被质疑的：

迈阿密海豚队的防守真的那么不堪一击吗？

医院的洗碗机完全通过食品设备检验了吗？

你存放在办公室中保障你采金权利的地图显示出你计划开采的确切边界了吗？

因此，对于任何一个主张，在早期阶段都需要花费大量时间去详细检查 A 提供的那些作为支撑的"事实"材料，I 必须确定 A 提出的哪些理由是能够作为资料而被接受的；也就是说，确定哪些理由在他进一步行动之前是不能存在争议的。因此，这里要考虑的问题是：

使一系列特定的理由或事实为这个或那个具体主张的目的所接受并与此相关的东西是什么？

第一种分析模式

在建立一个用于分析论证的整体模式时，让我们用 C 来表示一个主张，用 G 来表示支持这个特殊主张的理由（G），用箭头来表示它们之间的关系（图4-1）。

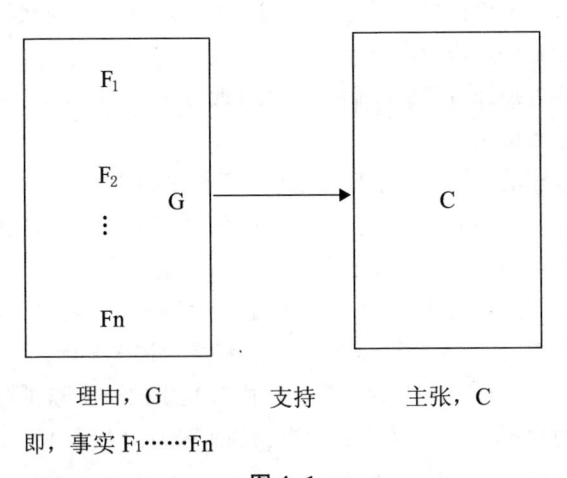

```
┌─────────┐          ┌─────┐
│  $F_1$  │          │     │
│         │          │     │
│  $F_2$  │          │     │
│    G    │ ──────>  │  C  │
│   ⋮     │          │     │
│         │          │     │
│  $F_n$  │          │     │
└─────────┘          └─────┘
 理由，G        支持      主张，C
即，事实 $F_1$……$F_n$
```

图 4-1

提出了一个主张 C，就意味着断言者 A 迈出了确立这一主张的第

第 4 章 理 由 ▲

一步。A 通过讨论一系列具体的事实理由 G 做到了这一点，而这些理由是 A 用来证明其主张的基础：

"G，因此 C。"

相应地，在对 A 的主张进行理性批判时，I 的第一步是评估这些理由的相关性和/或充分性：

也许，A 提供的作为理由的事实太少或者太薄弱。在这种情况下，I 有权去反对 A 的主张——用通俗的话说——理由太"微弱"了。

或者，A 的理由是否真的如他所宣称的那样相关也可能是令人怀疑的。在这种情况下，I 也可以反对 A 的主张——用通俗的话说——理由太"不靠谱"了。

如果 A 的论证既微弱又不靠谱——如果那些作为理由的事实让 I 觉得既不够充分又没有相关性——那么 I 甚至可以在这个开始阶段就不理会 A 的主张并且直接评价它"不成立"！这种情况在法庭上经常发生。在原告或起诉人的开场陈述结束后，辩护律师可以说服法官整个诉讼程序应当立刻结束。为了做到这一点，他必须让法官相信充当断言者的反方律师提出的主张不成立：

原告律师声称，我的当事人指控原告商业欺诈并且怀疑他们的父子关系是对他的诽谤。诚然，我的当事人脾气急，很可能在他们单独相处时或在电话里对原告说了一些冒犯性的私人言论。但没有任何迹象表明有第三方听到了这些对话，因此原告的公共声誉并没有受到任何损害。被告对原告的单独诽谤是不可诉的。

因为缺乏证据证明诽谤性语言曾被"公开"，因此我认为"诽谤"无从谈起因而被告无案可辩。

类似的情况也出现在不那么庄严的辩论场所。在任何一种论证中，

推理导论

断言者必须首先为其主张提供一系列没有争议的事实作为最低理由，这些理由既不是特别微弱的也不是绝对不靠谱的。除非他能满足这个初步的要求，否则他就无法满足所谓的"举证责任"的要求。我们将在第 11 章讨论这种要求。论证在这一点上可能会突然停止，因为断言者根本就没有提出一个值得继续讨论和批评的开放性主张（opening claim）。因此，他的最初观点可能会因为站不住脚而被驳回，而不是一个合理的可辩护的主张。

"今年的春天来得早。"

"是吗？"

"是啊，今天下午我看到三只松鼠在雪地里蹦蹦跳跳。它们一定知道一些我们不知道的事情。"

"恐怕不是。松鼠并不会完全冬眠——在一月份解冻的好天气，它们会四处游荡几天。但是下一个极地寒流到来时，它们就又会睡觉了，你等着瞧吧！"

理由的种类

在不同的事业（enterprise）领域，A 必须提供什么样的信息或"事实"来支持主张？这取决于有关事业的性质和这些主张自身的特定背景。我们给出以下一些样本：

乔出生在辛辛那提，而且他的父亲肯定是个美国人；因此，他应该是美国公民。

风从西南转向了西北，而且雨也停了；因此，我们可以预计明天会更晴朗、更凉爽。

海豚队和牛仔队中优秀的四分卫队员都退役了，因此，49 人队的机会比以往任何时候都要大。

本周检查时，洗衣房的设备没有受到污染，因此，食品服务设备仍然是头号嫌疑。

第4章 理　由

伍迪·艾伦的电影《安妮·霍尔》拥有绝对的可信度，而且避免了他早期作品中的讽刺感；因此，这是他迄今为止最成功的电影作品。

按顺序考虑这些例子：

1. 对法律地位的要求，取决于是否满足了相关的预期条件。一个人的合法公民身份是由包括出生地、父母身份和后来的生活历程在内的一系列要求决定的。这些要求部分由美国宪法决定，部分由现行的立法状况决定。如果这些关于个体的事实没有争议，那么关于公民身份的问题可以很快并且确定无疑地得到解决。

2. 一个简单的预测需要完全不同的理由，无论它是与天气这样的自然现象有关，还是与橄榄球这样的人类活动有关。无论是哪类预测都需要有其他事实信息支持，这类事实信息可以用来作为预测未来特定事件的指针。如果风向变了，雨停了，这就表明有一股"冷锋"经过，因此才会有天气预报。同样，有天赋的四分卫队员离开两个竞争对手的球队，无疑会增强另一支强势橄榄球队的夺冠前景。

在后面的两个案例中，理由和主张并不是以法律规定的形式（像公民身份问题）联系在一起的，而是基于累积的经验，也就是我们对冷锋的路径和橄榄球运动的了解。

3. 一部电影的美学价值还需要被一些其他类型的事实说明。要想令人信服地提出观点，我们必须对导演打算传达什么，她选择使用什么手段，以及她如何成功地表达自己的想法有所了解。如果我们了解了一部电影已经得到他人认可的那些特点，我们就能够在考虑到这些特点的基础上更好地进行批判性评价。

这并不是说，与所有法律主张相关的理由只有**一种**，与所有美学

主张相关的理由也只有**一种**，等等。实际情况远比这复杂得多！有许多不同类型的科学论证、医学论证、商业论证或其他任何论证，在这些论证中所提出的主张都需要不同类型的支持事实才能成立。（我们将在第六部分再次回到这类多样性和可变性问题的讨论。）

从一开始就要注意，一个讨论的主张也可能会变成另一个讨论的理由。在说服 I 相信了一个主张（C_1）是正确的和有充分的根据后，A 可以立即提出下一个相应的主张：

"那么，在这种情况下，C_2。"

当 I 惊讶于这第二个新提出的主张时，A 就可以用 I 刚刚接受的主张（C_1）作为他的新主张（C_2）的基础（G_2）：

毕竟，你也同意，49 人队的两个主要对手都失去了他们最好的四分卫队员：所以……

你同意洗衣设备上周都已经检查过了而且发现未被污染：所以……

图 4-2 表明了这个过程。

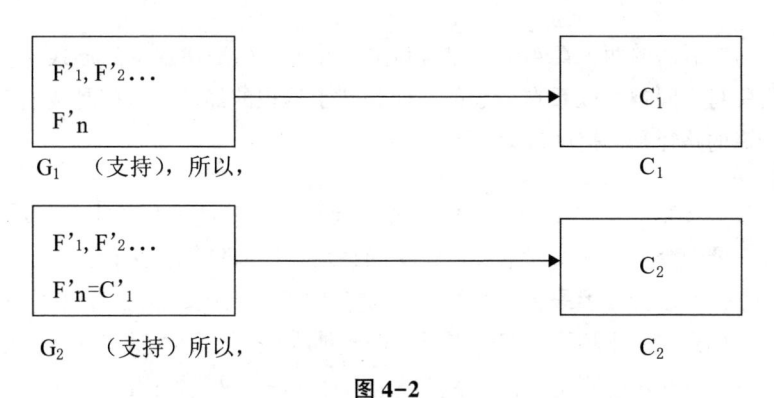

$F'_1, F'_2 \ldots F'_n$	→	C_1
G_1　（支持），所以，		C_1
$F'_1, F'_2 \ldots F'_n = C'_1$	→	C_2
G_2　（支持）所以，		C_2

图 4-2

这样，大量的论证链就可以以这种方式联系在一起，使那些大的、

第4章 理由

困难的和最初令人难以置信的主张变得让人信服。接受这些较大主张理由的案件被分成若干部分，听者通过一系列较小的步骤而了解整个案件。比如，想想律师通常是如何向陪审团陈述她的案件的。她为陪审员们提供一系列论证步骤，每一步都很容易理解，而它们"加在一起"就会构成一个支持宏观结论的有力论证。

我们所提供的作为理由的信息也不是只包含新确立的事实证据，即新发现的"事实"。有很多种不同的信息能够支持某种特定类型的主张：口头证词，常识性事件，众所周知的真理或常识性观察，容易被忽视的事情的提醒，历史报告，准确的法律先例陈述，等等：

> 如果你想让你的孩子接受一流的私立教育，你就最好不要从事全职的公共利益法律工作。（问：为什么？）嗯，因为这年头没有多少生财之道了，所以如果从事商法工作你的生活会更富裕些。
>
> 我们不能忽视杰克可能是这个案子的嫌疑人，因为我们知道他晚上早些时候在玛丽家。（问：你是怎么知道的？）嗯，玛丽和我们说他到过她家，而且她没有明显的说谎动机。
>
> 比尔似乎开始考虑放弃他的工作了。（问：你为什么这么说？）嗯，你一定也注意到了，他最近变得焦躁不安，心不在焉的。我一直就说，无风不起浪。

尽管在极少数情况下，全新的和新发现的"证据"可能会对一个论证产生巨大的影响，但大多数主张其实还是被那些人们习以为常的事实理由支撑确立的。（从这个方面来说，佩里·梅森的最后一分钟"神秘证人"对于人们理解一个**案件获胜**的关键产生了误导。）

第5章 保证与规则

"我现在明白你对49人队的看法了，而且确实有一些道理。但是进攻和防守的结合真的是决定超级碗冠军的关键因素吗？"

"金刚和这个女孩之间也许真的有一点情感上的关系。但是这一点又怎么与影片后半段那些难以置信的反商业废话相抗衡呢？"

"你难道不需要告诉我们更多餐饮服务的问题吗？有缺陷的洗碗设备能解释如此比例的传染病吗？"

"我对此没有太大的争议——当然，我们可以在不损失太多流动性的情况下，从私人债券中获得更高的利率。"

现在，提问者要求提供保证，保证就是那些表明我们一致同意的事实是怎样与现在提出的主张和结论**联系**在一起的陈述。这些相互关联的陈述引发我们去关注那些在特定案例中采用的一般性论证方式，这些方式是**先前一致认可的**，因此隐含地被视为其可信度得到充分确立的方式。

假设 A 已经提出了大量重要的事实材料作为理由（G），并将此作为确立其原始主张（C）所需的全部"支持"。一旦到了这一阶段，I 的主要注意力就从理由本身转移，进而开始关注从 G 到 C 这一步的性质；换言之，转向了隐含在"G，因此 C"中"因此"一词背后的东西。

通俗地说，现在的核心问题不再是"你还要做什么？"取而代之的是"你如何到达那里？"质询者 I 现在必须询问断言者 A 在提出从 G 到 C 的步骤时所依赖的一般规则或程序是什么，因为只有这一步可靠，我们才可以放心地随他前行。这里要注意两点：

1. 断言者的任务通常是说服我们，不仅**他本人**接受其提出的原始主张的合法性，而且**我们**也应当分享并因此依赖他的主张。总之，他为自己的主张辩护是因为他希望我们**与他站在一起**。

2. 尽管他提出的主张（C）和一系列用来支持其主张的理由（G）都是非常特殊和具体的——例如，他谈的是某支具体的球队今年的现状和夺冠机会——但是通常情况下，他必须提出一些更一般的考虑，以证明"从 G 到 C"的步骤是合理的。例如，不仅是**今年**，而是**任何一年**，球队的总体情况是如何发展的。

保证的性质

这个时候，让我们来看一个新术语——**保证**，我们将在这里用它来讨论从理由到主张的步骤。看一下下面这段简单的对话：

A：今天应当由我决定冰激凌的口味！
Q：为什么这么说？
A：昨天是杰克决定的，前天是吉尔决定的。
Q：所以呢？
A：大家应当轮流决定。

在这段对话中，断言者 A 首先通过提出她的事实理由 G（昨天是杰克决定的，前天是吉尔决定的）来支持她的原始主张 C（今天轮到我了）；接下来，当质询者表示疑问时，A 接着提出了一个更具一般性的附加陈述："大家应当轮流决定。"最后这句话的作用是为从 G（轮流）到达 C（选择）这一步授权。事实上，我们可以将其理解为"轮到谁，就该由谁决定"。这样一种一般性的、为步骤授权（step-authorizing）的陈述被称为"保证"。

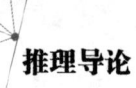

保证的种类

在不同的讨论领域，我们的论证所依赖的保证的种类是不同的，并且使用不同的名称。在实际问题中，我们可以把它们称为"经验法则"，例如"要估算出在城市中心租赁办公空间的成本，你可以依照每平方英尺 100 美元这个经验性价格"。在更多的理论领域，我们提到原则，或者在有些情况下提到自然法则。在其他地方，我们则诉诸公认的价值观、习惯或者程序。

作为第一个提示，如果一个完整的论证是为了产生某个特定的结果，那么这个论证中包含的事实或理由就像蛋糕或砂锅的**食材**，而保证就是将这些食材组合成成品的通用**配方**。

这种比较有两个优点。第一，它帮助我们认识到，每当我们提出一个论证时，都要求助于一种我们已经确信其普遍可靠性的程序或论证方式。我们论证的保证是使我们有资格相信，在当前这个特定的案例中，从理由到主张的过程是一个普遍可靠的步骤。在这一点上，它就像配方中的说明一样，适用于**任何**一批鸡蛋或**任何**一袋白糖。

第二，这种比较有助于我们认识到，我们对用于支持一个特定主张的理由的事实的选择总是有选择性的。正如我们所说，事实如果要支撑一个主张就必须与主张**相关**的。因此，当我们准备建构一个论证时，我们已经知道的东西就像我们厨房橱柜里的东西。在决定将哪些事实挑出来作为理由来使用之前，我们必须知道要建构的是哪种论证。也就是说，我们依赖的**一般性**论证方式的特征决定了特定事实与特定主张之间的相关性。

作为一般程序的保证

那么，我们如何能够成功地进行论证，取决于我们在相关讨论领域已经掌握的一般思想。我们在处理各种情况时，对要处理的事情都要有一个事先的认识：关于我们如何论证、思考、解释和/或解决这些事情。我们通常采用的一般思维和行为方式在新情况下要求我们接受某些保证，以此作为我们在这些领域进行论证的既定方式。

换言之，理由和保证（事实和规则）之间的区别是一种**功能上的**

区别。这种区别有时候是隐蔽的，因为我们在这两种不同的语境中都使用"所有"这个词，而且使用的方式也大不相同。例如，在学年开始时，就会出现这样的问题，即进入一年级的学生是否都已经接种了必要的疫苗。我也许会报告说，事实上，我家**所有**孩子都已经注射过疫苗了，也就是说，**每个**孩子都已经接种了疫苗。而学校的护士关心的是——作为一个普遍问题——所有的新生都要接种疫苗，也就是说，**任何**孩子必须接种疫苗后才能入学。毫无疑问，适用于任何儿童的一般规则也应该适用于**每个特定的**儿童。但是，我们在一般规则下理解"所有"这个词的方式，和我们在一份关于集体成员的报告中理解这个词的方式之间，仍然存在着功能上的区别。

在考察理由这个概念时，我们已经发现，在建构一个有效论证的过程中，至少为了这个论证的目的，事先决定我们需要准备哪些事实是十分必要的。作为论证构成要素的特定事实如此，为了达到论证目的而采用的一般程序也是如此。只有当我们已经知道在这种特定情况下，我们将依赖和使用什么样的一般论证方式时，我们才能构建一个有效的论证。

作为许可、授权的保证

与**主张**和**理由**一样，本书中所使用的**保证**也是一个自然而熟悉的术语。从历史上讲，这个术语一直与**许可**或**执照**的概念，以及**授权**或**担保**的概念有着紧密的联系。当中世纪的君主授予其下属某种高贵的职衔或权力地位时，授权这个人履行其职责的文件被称为"皇室授权书"。而法官以国家的名义向警方下发的"逮捕证"，是"warrant"这个术语在相近意义上的继续使用，也是这种古老用法的残余。在这方面，这个词的意义，就像在警察工作中使用的那样，在于表明从 G 到 C 的步骤是有正当理由的，因为它的作用就是指出这个步骤是"被授权的"或"合法的"。（"既然有烟，你就**有权**推出有火。"）

注意我们口语化的表达方式已经使用了一些相关的词汇。例

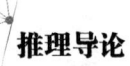

如，人们在反对一个主张的时候经常说它是没有根据的（unwarranted）*。

> 妻子对猜疑的丈夫说："你只看到我与一个男人从办公室走到公交站，然后马上就得出结论认为我们有不正当的关系。这个推论是完全没有根据的。"

在这里，妻子以缺乏令人满意的"保证"作为反驳她丈夫论点的理由。他的一个理由 G（她正和一个我不认识的男人一起在街上走）完全不足以使结论 C（她与这个男人有不正当的关系）成立。因此，从 G 到 C 的步骤即使不是完全不合理的，也是非常"没有根据的"。因为当我们分析这个论证的实际内容时，我们发现它是依赖于一个隐含的但却明显不合情理的保证：

> "如果看到一个女人和一个她丈夫不认识的男人在街上走，就可以断定她和这个男人有一腿。"

为什么我们说丈夫的隐含保证是**明显**不合情理的？或者更笼统地说，我们如何区分出从 G 到 C 的过程中所依赖的保证，哪些是可信的和可靠的，哪些是不可信的和不可靠的呢？这个一般性的问题将会在下一章得到回答，我们将在下一章讨论到"支撑"这个概念。而我们当下的任务是考察不同种类的保证在不同的人类事业和论证领域是如何发挥其在实际论证中的作用的。

扩展的分析模式

通过在上一章中介绍的初步分析模式中增加一项特征，我们可以非常清楚地确定在论证框架内保证的基本任务是什么。在那个模式中，

---

* "Unwarranted" 此处是"没有保证的"意思，但为了符合汉语的表述习惯，这里翻译为"没有根据的"，下同。——译者注

第 5 章 保证与规则

我们只是将断言者的主张 C，与其理由 G，用一个简单的箭头连在一起。现在，我们还可以指出从 G 到 C 的步骤是按照保证 W 所授权的方式进行的（图 5-1）。

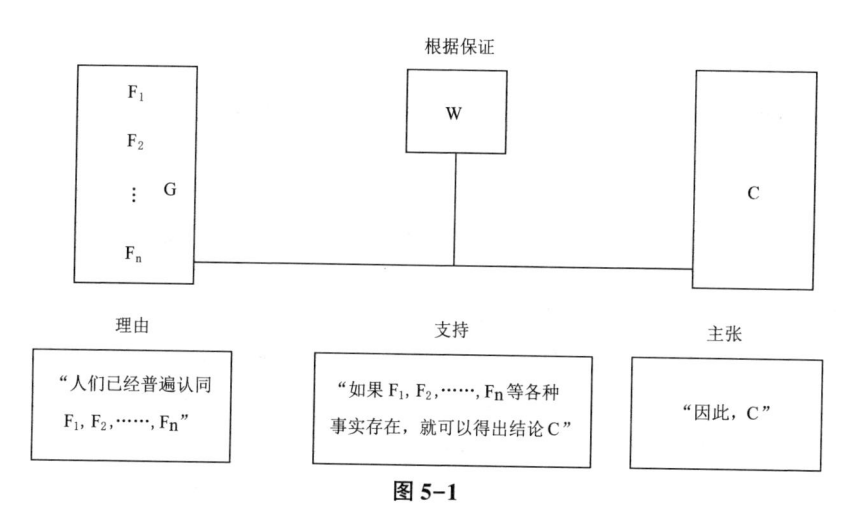

```
                     根据保证
  ┌─────────┐         ┌─────┐
  │  $F_1$  │         │     │
  │  $F_2$  │         │  W  │
  │    :  G │         │     │        ┌─────┐
  │  $F_n$  │         └──┬──┘        │  C  │
  └────┬────┘            │           └──┬──┘
       │                 │              │
       └─────────────────┴──────────────┘

   理由                 支持                 主张
 ┌────────────┐     ┌──────────────────┐   ┌────────┐
 │"人们已经普遍认同│     │"如果 $F_1, F_2, \ldots, F_n$ 等各种│   │"因此，C"│
 │ $F_1, F_2, \ldots, F_n$"│     │ 事实存在，就可以得出结论 C"│   │        │
 └────────────┘     └──────────────────┘   └────────┘
```

图 5-1

现在的问题是：在不同人类事业的各种背景下，什么样的一般性陈述能够作为将任何具体的理由 G 与相关的具体主张或结论 C 连接在一起所需要的"理性权威（rational authority）"？一旦我们的断言者 A 提出了一套具体的理由 G，如果要证明他的结论 C 是有保证的，那么他还必须提供哪些东西来回应批判性质疑呢？

一些常见的保证

让我们看一下保证在不同的论证领域发挥作用的方式。我们前面已经考察了在日常对话中使用这种保证的口语用法。

"轮到我了。"（A）——"轮到谁就应当由谁来定。"（W）——"所以应当由我定。"（C）

当然，这类保证只是给了我们一个大致的和现成的规则或程序；

我们可能会在其他情况下发现更有效的规则和联系。认清了完全可靠的、一般性保证与近似的、大致和现成的概括性说法之间的区别，就能够帮助我们进一步去考察诸如**很可能**、**多半可能**和**大概**等限定词的效力。这是我们将在第三部分中讨论的问题。

在科学与工程领域

我们先从那些保证既可靠又准确的案例讲起可能更方便些。这样的例子最容易在诸如自然科学和法律这种专业的论证领域中找到。例如，科学家和工程师经常会使用一些精确的和具有普遍性的数学公式，借助这些公式，他们从已知的其他相关变量的值来计算未知的数值：

假设一位工程师正在设计一座桥梁，这座桥必须能够承载20吨重的卡车。他需要计算出支撑桥梁路基所需的给定材料的大梁的尺寸是多少。为此，他已经建立了一些公式，将不同形状的钢梁尺寸与它们的抗折强度或剪切力联系起来。

因此，当工程师提出他的结论 C——"我们必须使用至少3英尺高的标准工字梁"时，他会以两种不同的方式来支持这一主张。他会引用桥梁的具体位置和它的建筑材料等相关的特定事实作为理由 G，同时利用计算钢梁抗折强度和钢梁形状与尺寸之间关系的通用公式，将这个公式作为保证（W），来论证从 G 到 C 的过程。（见图 5-2）

已知变量的值	→	相关公式	→	未知变量的值
G;		W;		所以，C

图 5-2

在法律和伦理领域

法律领域中出现的情况给我们提供了类似的例子。假设某一特定案例中的"事实"不存在争议：

> 你把车停在停车计价器旁边的车位上，然后去商店买牛奶。但是你没往计价器内投币，只是打开了双闪灯。商店里结账的人很多，而你花的时间比预期的要长得多。结果，等你从商店出来的时候，交警已经在给你开罚单了。

你问一位律师朋友，是否有必要为罚单进行抗辩。他遗憾地解释说，那肯定是徒劳的：

> 你没交25美分的停车费是一种错误的节省。鉴于这些事实，任何交通法庭都会判你有罪。

如果你进一步逼他，他可以在这个阶段向你展示有关违规停车的法规，并指出相关条款的措辞是相当明确的：

> 法规中并没有为那些将无人看管的车停在车位的车主设置例外，即便是停的时间非常短并且开着双闪灯。
>
> 如果你只是进商店换了1美元钞票，花了一些时间然后马上出来，并且手拿硬币准备向计价器投币，那么你可能会免于受罚。因为法庭必须允许你有合理的时间和机会去投币。然而，就目前的情况看，所有的事实都对你不利，所以你没有办法反对这张罚单。（见图5-3）

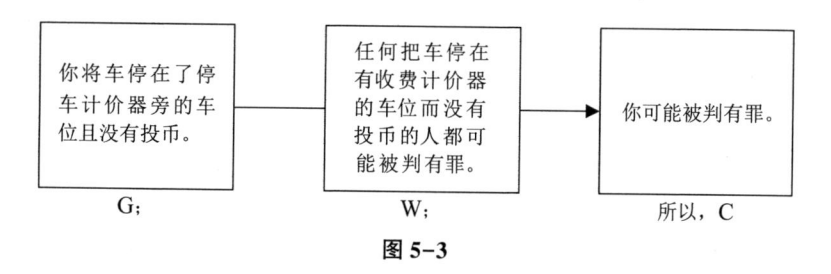

你将车停在了停车计价器旁的车位且没有投币。	任何把车停在有收费计价器的车位而没有投币的人都可能被判有罪。	你可能被判有罪。
G;	W;	所以，C

图 5-3

更准确地说，这个例子中的论证可以写成："G；W；所以大概C。"正如你的律师朋友解释的那样，如果你离开车的时间只够换回零钱并把钱投到计价器里，那么这个假设可以成立，也可以被反驳。但在你的实际情况中，没有这样的反驳条件或"借口"可以作为辩护。

当法律框架完善并且司法系统运作正常时，在最常见的情况下，哪些法律结论是有保证的通常是非常清楚的。事实上，法律专业学生在他们的专业训练中所掌握的大部分知识都与以下学习有关：在给定一系列特定的具体事实G的情况下，哪些一般性法律陈述可以作为令人满意的保证，使某个特定的法律主张C成立，或者推翻这一主张。

同样，在某些简单的日常案例中，"道德原则"在伦理讨论中的作用类似于法律法规在司法辩论中的作用。（见图5-4）

比尔习惯晚上去吉米的酒吧，而希望他的妻子琼待在家里照看孩子。	希望妻子在家放弃休闲时间来照看孩子，而自己却什么也不做是不公平的。	比尔对他的妻子琼不公平。
G;	W;	所以，C

图 5-4

当然，在这样一个案例中，结论C只是"推测性的"。如果比尔和琼之间的关系没有更多其他的东西，那么引用的事实就表明比尔的行为是极不公平的。但是如果对比尔和琼选择一起共同生活的方式有了更深入的了解，就可能会"推翻"这一推测。

对于这个有关道德的案例，我们需要注意一件事情。就目前的情况而言，其结构和程序与法律、科学或其他领域中的论证没有任何区别。在这方面，道德问题和主张涉及"价值"这一事实本身并不能使它们脱离合理地辩论问题和合理地辩护主张的范畴。"G；W；所以，

C"这一基本模式,在这里和在其他任何地方一样适用。

保证的范围

在人类活动和调查的某些领域,有准确和可靠的决定程序,可以根据某些特定的无可争议的数据或理由来验证结论或为主张辩护。法律、科学和工程学是三个常见的领域,在这些领域通常都是这样,但是它们不是唯一如此的领域。只要存在一套完整和清晰的知识体系,老师就可以通过学徒制将其传授给初学者(就像艺术和科学领域中普遍存在的情形),我们通常会发现这类被认可的保证并付诸运用。

然而,在其他领域,以明确的法律、规则或原则的形式阐明论证中所使用的所有保证可能会比较难。让我们看一下与这种难度有关的两个非常不同的例子。

在医学领域

临床医学中的技艺不像土木工程那样容易简化为公式。站在病人床边,医生可能会捕捉到一些细微的迹象或指示,并有理由据此来判断病人的病情。然而医生可能无法将这些小信号的含义与医学手册或教科书中可能出现的任何一般原则联系起来。在这种情况下,医生可能会说,"以我的经验,太阳穴周围出现的这种苍白症状**可能意味着**某种病毒感染,在这种特殊情况下,我倾向于认为是这样的。"至于他提到的"这种"苍白症状和"这种"情况究竟指什么,医生可能无法进一步解释;因此,从这个意义上说,这个论证可能是不完整的。

医生只是简单地依赖于他个人积累起来的"经验"进行判断,缺乏有力解释和检验来将由病毒感染造成的苍白与其他原因造成的苍白区别开来。(见图 5-5)

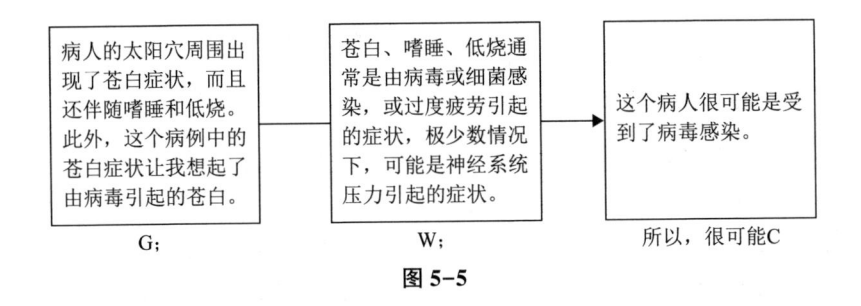

病人的太阳穴周围出现了苍白症状，而且还伴随嗜睡和低烧。此外，这个病例中的苍白症状让我想起了由病毒引起的苍白。	苍白、嗜睡、低烧通常是由病毒或细菌感染，或过度疲劳引起的症状，极少数情况下，可能是神经系统压力引起的症状。	这个病人很可能是受到了病毒感染。
G;	W;	所以，很可能C

图 5-5

在这种情况下，有些人当然会质疑医生是否真的有"好的"理由——更不要说"可靠的"论证——来得出这个病人是病毒感染的结论。当然，如果两位熟悉特定病人的医生对太阳穴周围的苍白症状做出不同的"解读"，那么他们可能无法说服对方改变想法。而且很多时候，个别医生可能会承认，他们的诊断确实是基于直觉——鉴于他们对病例的"嗅觉（smell）"——因此，我们可能更倾向于有保留地对待这些诊断，而不是让自己仅仅被这种模糊的对太阳穴周围苍白现象的分析所劝服。

如果伯纳德医生的直觉认为这是一种由**病毒**感染而不是**过度疲劳**引起的苍白，那么**你可以认为**这种苍白很可能是由病毒造成的。

这样的保证尽管不像我们在法律或工程领域中所习惯的那些保证有说服力，但它可能也足够说服我们去接受相关结论了。（见图 5-6）

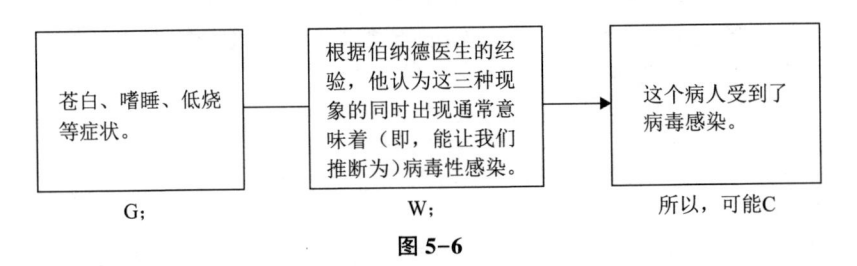

苍白、嗜睡、低烧等症状。	根据伯纳德医生的经验，他认为这三种现象的同时出现通常意味着（即，能让我们推断为)病毒性感染。	这个病人受到了病毒感染。
G;	W;	所以，可能C

图 5-6

第 5 章　保证与规则

在美学与心理学领域

在其他一些讨论和论证领域，制定确切的保证的空间甚至就更小了。例如，在美学讨论中，我们不会利用一些无可争辩的数据、事实或理由来支持我们的美学主张，也不会期望通过任何严格的公式或计算来推导 G 到 C 的过程。在对艺术作品进行评论时，我们的目的更倾向于澄清主张本身的含义。我们可能希望以这种方式通过展示我们的主张是如何建立在对作品本身的相关细节的有辨别力认知之上来证明我们的主张是合理的。

例如，如果有人声称，1976 年版的《金刚》对金刚和被绑架的女孩德万之间心理关系的处理比旧版电影更微妙、更令人信服，那么他就可能会受到"为这一判断提供理由"的挑战。例如，有人可能会说：

> 在旧版电影中，女主角对金刚的反应都很简单、很老套。每当他出现时，她都是又叫又跑。在新版电影中，德万对金刚的反应却是各种各样的——最初当然是惊恐，但是后来却充满了调皮和同情，有时甚至还会扮演一个心爱的女儿的角色。
>
> 因此，随着电影情节的发展，主人公之间的关系进展得相当真实可信。特别是当金刚最后被杀的时候，以女主人公的悲痛作为整个故事的结局就是可以理解的。

对原始主张（"新版电影在人物心理方面更加微妙"）的基础进行解释，在这里意味着**展现出**而不是**推断出**这些微妙之处。因此，在美学讨论中，A 所提出的理由或原因的正常任务并不是提请 I 去注意其先前不知道的有关电影的特征（事实）。相反，这些理由通常会让 I 想起其已经知道的东西，即使 I 可能认为它们并不重要。因此，在接受有关特征成为支持原始主张的理由时，I 可能会回应说，不是"我先前不知道"，而是"我现在明白了你的意思"，不是"我现在明白你的主张**是有道理的**"，而是"我现在明白了你的主张**是有充分保证的**"。

推理导论

一些日常的心理学主张与论证与那些美学的主张和论证共享某些特征。试想 A 做出了一个关于某人性格、意图或者心理状态的断言。那么，I 可能会对这个断言进行挑战——"是什么理由使你认为他是自私、懒惰的？" A 通过提醒质询者去回顾这个人过去的行为、当前的态度这类相关特征（或"事实"），并以此作为"原因"来满足 I 的要求。在美学评论中，这些特征也会被引用来支持讨论中的主张，通常需要举出它们在具体应用中的实例。

例如，考虑一下如下的场景：

A：杰克尽职尽责的姿态真的有点让人怀疑。

Q：你怎么能称之为一种"姿态"呢？毕竟，他在过去的几个月甚至几年的时间内工作都非常认真。

A：我同意你的观点。但是难道你没有发现他是有选择性地努力工作吗？他所做的总是一些能够让他获得某种特殊荣誉或荣耀的事情，而不仅仅是工作的实际满足感。让他从事一项必须由他负责所有细节的工作——更不要说真正的苦差事了——那就是另一回事了。比如说，你什么时候看到过他在其他同事压力很大的时候主动提出帮忙？他当然不是一个喜欢偷偷做好事的人。

Q：好吧，我明白你的意思了。也许，他欺骗了我而我又一直对他太过信任了。（见图 5-7）

杰克一次又一次地选择在众目睽睽之下努力工作，而从来不会在独自一人的情况下这样工作。	任何一个只为了回报而工作的人都不算尽心尽责。	杰克的努力工作和尽职尽责都只是一种表现姿态。
G：	W：	所以，C

图 5-7

在这段对话中，A 提请 I 去关注的一些事实先前可能并没有被认

第 5 章　保证与规则

识到，但论证的力量并不取决于这种情况。相反，在这种情况下，A 的首要任务是确定在杰克的行为中存在一种系统**模式**并指出表现这一模式的事实：他用这个模式给所有有关的事实赋予了新的意义。因此，即便 I 先前已经知道了全部事实，A 仍然有可能以一种新的方式将它们联系在一起。通过强调所讨论的模式，从而使原始主张更有说服力。既然如此，I 就会再一次自然地承认原始主张（就像在美学领域中一样），I 不会说"我不知道"或"这是一个有效的证据"，而是会说"现在我明白你的意思了"或"这很有道理。"

总　结

最后，我们可以简明地总结一下关于保证的初步讨论。在从一种理性的事业和推理论坛转到另一种，或者从一种类型的论证转到另一种论证时，我们可以发现很多不同种类的一般性陈述都起着保证的作用。也就是说，许多种类的一般性陈述授权于推论，通过这些推论，提出各种不同的特定信息（数据、相关事实、已知变量、重要的特征等）作为对主张的合理支持。

在自然科学领域中，这种功能是由一般的自然规律等来实现的。在法律背景下，它是由法规、先例和规则来执行的。在医学领域中，它是通过诊断说明来完成的，在其他领域也是如此。在第六部分，我们将会研究不同事业和论坛中使用的保证的最显著特征。

目前，我们关注的是它们之间的相似性，也就是说，这些不同类型的一般性陈述在一种或另一种类型的论证中所起的共同作用。它们都许可或要求我们接受从最初收集的信息中推出的具体种类的主张（如 C），或至少从最初收集的信息中得到支持（如 G），作为主张的理由或依据。

练　习

一、识别下列论证中所使用的保证。这些保证在论证中并不都是明确的。

推理导论

1. 对某些人来说，工作越辛苦，收获的可能越少。这不是公理，而是事实。就像你看到的许多尽职尽责、充满活力、渴望成功的人，他们最终并没有挣很多钱，或者刚够满足生活的需要，或者还处于经济崩溃的边缘。

世界上一些伟大的思想家一直在思考这个问题，但却无法想出一个具体的方案来帮助勤奋的工人拥有一种万无一失的财务能力。问题在于，社会和经济方案都无法考虑到人类灵魂结构的复杂性，但占星术却可以。如果让占星术去解决当今世界上的一些社会和经济难题，那么这些难题可能就会少很多。

几乎任何问题的答案都是写在天上的，在找到更简单更准确的方法之前，为什么不根据占星术来分析你的问题呢？

《星座指南》杂志

2. 骑士折（Knight Fold）是一个傻瓜证明系统，能够有效提升你在那些通常由慈善机构主办的抽奖活动中获胜概率。自从完善了我的技术后，我赢得过一箱酒（两次）、一瓶酒、一场儿童游戏，最近还赢了一张50美元的钞票。用棒球术语来说，我是5：7……折叠的技巧比抽签的数学计算还简单。你只需要将票按对角线折叠然后将它放进盒子里，之前你已经打包好行李，为最受欢迎的巴黎旅行做好了准备，希望能赢两张机票。骑士折的原理在于你的票比其他票在箱子中占据更多的空间，因此更可能会被抽中。

小托马斯·奈特，《货币》杂志

3. 虽然大多数经济学家都预测今年美国将会遭遇更严重的通货膨胀，但并非所有迹象都支持这种可能性。圣路易斯联邦储备银行经济学家克利夫顿·卢特瑞尔和尼尔·史蒂文斯就对通货膨胀持乐观态度，他们注意到1978年的剩余时间里农产品批发价基本稳定。他们认为，尽管食品生产和销售成本大幅上升，但食品产量的剧增将使超市价格的涨幅保持在接近去年4%的水平。

通过指出结转库存处于十年最高水平，圣路易斯的经济学家预测谷类价格今年将保持稳定。而加州水库的蓄水将会在未来很长一段时

第5章 保证与规则

间内抑制蔬菜价格上扬。

《商业周刊》杂志

4. 公交司机利用生物节律后，交通事故显著减少。一家大型航空公司已经在飞行员身上使用生物节律来提高效率。职业运动员运用这种节律极大地提高了他们的比赛水平。生物节律甚至还能够预测孕妇所怀胎儿的性别，准确率为75%。如果妇女怀孕时身体处于兴奋状态，那么她生男孩的概率为75%。如果她在分娩时情绪高涨，那么她很有可能生的是个女孩。

凡事都要做到有备无患：当你知道哪些日子你的状态不佳，你就要格外小心，避免代价高昂的错误。而到了那些状态较好的日子，你就可以集中去处理那些重要的问题，获得成功的概率也更大。生物节律可以普遍地为学生、企业高管、猎人、运动员、家庭主妇、工厂工人、司机、雇员、儿童甚至老人所用。每个人都会从自己的生物节律图中获益。

生物研究所广告

5. 这个赛季卡鲁的表现惊人。他不仅比之前赛季多获得了24分，击球率达到0.400，而且还成功跑垒100次，得了128分。他获得了空前最高纪录的38次双垒打和16次三垒打。

《棒球画报》杂志

6. 俄克拉荷马州阿尔特斯市的拉里·希利斯向国家公路交通安全管理局报告说，他的新车在20 623英里内，轮胎就钉过11条"永耐驰"钢带。他买车后三天就发生了一次爆胎；12 000英里内换了两个；四个轮胎在侧壁和轮辋上破裂。

希利斯写道，"这些轮胎一直存在同样的问题，轮辋周围不断发生裂化，边缘也发生了不正常的磨损。"

他说自己为这些轮胎进行了保养，"适度充气、轮胎调换、四轮平衡与定位。"我们觉得是轮胎的某个地方有缺陷。

《波士顿环球报》汽车版

7. 瑞士滑雪胜地的经营者，注意到了美元最近的疲软，他们告诉

推理导论

美国人来瑞士滑雪的最佳时间是春天——那时白天更长，而且汇率更低。

从3月中旬到滑雪季结束，除了复活节假期之外，所有的套餐价格都比初冬价格低15%到20%。今年复活节之后，阿尔卑斯山的滑雪活动将会很火爆。

《商业周刊》杂志

8. 超级油轮是20世纪最后二三十年的典型象征。它们是对全球能源需求扩张必然的和不可避免的回应。日本的情况最为糟糕，它自己没有石油，必须从几千英里外的波斯湾进口运输使用。油船是唯一能够实现这种运输的工具。因此，超级油轮对工业化石油消费国的重要性不亚于它们对百万富翁船东的重要性。与我交谈过的环保人士也承认油轮是必要的。这使得安全和环境问题变得更加需要解决。

《怀疑论者》杂志

9. 很少有人在大哭一场之后情绪还得不到缓解，因为这是自我表达的基本方式之一——无论是快乐还是悲伤。心理学家告诉我们，那些持续压抑自己哭泣欲望的人实际上会因此患上疾病。一些精神病学家说，经常被告知不要哭的儿童可能会出现哮喘和其他过敏性反应。

《魅力》杂志

二、讨论下列保证。它们通常与哪些话题有关？根据这些保证构建论证。

1. 信守承诺是伦理行为的第一要求。

2. 美国战略力量的存在是为了制止战争。（这句话在讨论发展昂贵的新型武器系统时有何作用？）

3. 在一个民主国家里，一切宗教信仰都应当拥有自由表达的权利。（在讨论月亮教堂的活动时，这条规则是如何发挥作用的？）

4. 俱乐部的泳池只限会员及其客人使用。

5. 自由就是人们能够选择自己的生活方式。

6. 那些情绪异常而想杀人的人是不会因为手里没枪而被制止的。

7. 上帝让人有了孩子；因此拥有孩子是很自然的。
8. 左撇子投手能有效应对右撇子击球手。
9. 惩治罪犯的目的是威慑犯罪。
10. 人口稠密区域的时速限制是每小时 15 英里。

第6章 支撑

"你对49人队的犹豫态度表明你没有从历史中学到经验;事实上,**每一个超级碗冠军都有**一个良好的进攻和防守组合。"

"我不是在说德·拉伦提斯的政治或社会思想;我想说的是,他确实很关注金刚和女主人公的心理关系。"

"当然,我可以给你一个更全面的解释来支持我们关于食品服务设备的结论;这是细菌学和微生物学的**技术问题——但是这里……**"

"你如何选择一项投资取决于你**在什么时候、想以怎样的方式**收回你的资金;如果你需要在很短的时间内拿回它,你就必须做好准备损失1~2个百分点利息。"

这里,断言者通过表明其"支撑(backing)"而做出了回应,也就是说,一般化的过程使得依赖经验而确立起来的有效的论证方式能够应用于一切特殊的事例中。

我们现在进入了论证的下一个阶段。假设我们的质询者I,要求断言者A不仅要为自己的主张提出理由(G),还要给出将G与C联系在一起的保证(W),由此以保证从G到C的过程是合法的。并且假设I很清楚地知道,关于目前情况的哪些具体事实会充当A的理由,以及A打算以怎样的合法方式从这些事实中推导出结论。即便如此,也还有一些其他的事情需要做。提出某个保证是一回事,但要证明这个保证是可靠的、相关的和有分量的因而是可以依赖的,则是另一回事。特别是,如果存在着几种连接G和C的路径,而这些路径最终指向的

第6章 支 撑

却是相互冲突的主张。那么，A 如何才能和 I 一起克服这个障碍呢？尤其是，A 如何证明他的保证（W）要优于其他相互冲突的保证呢？

支撑的本质

这个阶段面临的问题与 A 为主张 C 提供的事实基础（G）的真假无关，而是与支持其论证方式的事实有关，也就是我们所说的保证 W：

"好吧，轮到你了。没有人对此有异议。但你一定要坚持由你选择吗？"

"轮到我，就应该由我选"这样一个一般性保证真的为你提供了唯一可靠的论证方式吗？

简单地说，**保证并非自我证成的**（self-validating）。保证及其所担保的推理模式的强度和可靠性通常都是从进一步的、实质性支持考量中获得的。因此，不能让 A 的保证（W）毫无疑问地通过，而是应当让这种保证同样接受 I 的质询和进一步的检验和审查。也就是说，I 现在可以继续提出如下两个进一步的问题：

1. "这个保证可靠吗？"
2. "这个保证真的适用于当前的具体案例吗？"

在论证过程中，只有我们所依赖的保证既可靠（即真实可信）又切中要点（即与讨论的特定案例相关），这个论证才会有真正的分量并且能够为其结论提供强有力的支撑。

为了标明 I 进一步质询的新阶段，我们又引入了一个专业术语。如果 I 要求 A 提供"进一步的实质性支持以及所有的考虑因素"——从而证明他的保证是可靠的和相关的——那么 I 实际上是要求 A 为自己的保证提供一种支撑。我们可以通过在我们前面的基础图中再添加一个元素来说明支撑 B 的作用。（见图 6-1）

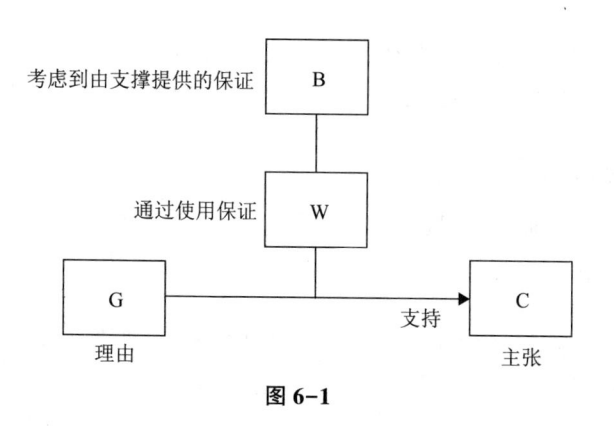

```
考虑到由支撑提供的保证    [B]
                          |
通过使用保证              [W]
                          |
        [G] ──────支持──→ [C]
        理由                主张
```

图 6-1

一些支撑的样本

如果我们对不同种类的事业进行比较——从自然科学到体育预测、从医学诊断到法庭审判、从艺术评论到商业决策等——当这些领域中我们所诉求的不同保证的可靠性和相关性受到挑战的时候，它们是怎样得到支撑的？尽管这些领域和论坛之间存在差异，但在这些支撑发挥作用的方式上存在着哪些总体相似性（overall similarities）呢？

1. 让我们从先前使用过的科学方面的案例开始。在医院对传染病源进行调查之后，可能还会有人质疑调查报告的可信度。真如他说的是新近的洗碗设备传播了细菌吗？他在报告中所提供的保证（即科学概括）真的像他认为的那样真实、可靠、切中要点吗？

面对这进一步的质疑，调查员可能不得不进一步陈述他先前的考虑。他可能必须讲清楚他的理论依据和假设，而这些理论和假设是其保证所依赖的更深层次的根据（foundations）。他可能还需要总结出一些科学证据来证明我们接受这些理论和假设的合理性。

这样一来，调查员的论证所依赖的特殊保证通过被置于一个更广阔的科学背景中从而得到了它们所需要的理论与实验基础，而这些保证因此也便得到了它们所需要的**支撑**。（见图 6-2）

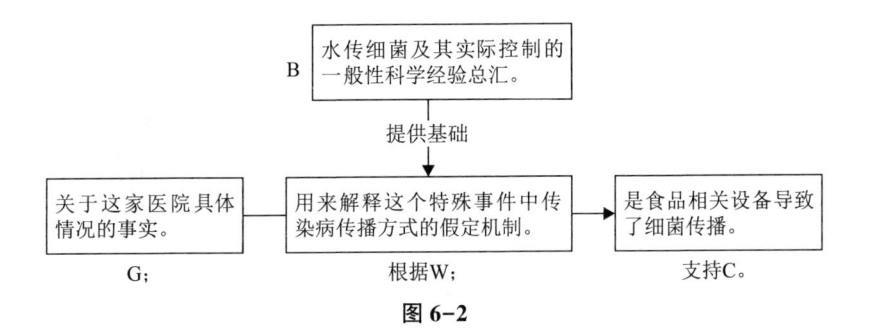

```
                  ┌─────────────────────┐
                B │ 水传细菌及其实际控制的 │
                  │ 一般性科学经验总汇。   │
                  └─────────────────────┘
                          提供基础
┌───────────────┐ ┌─────────────────────┐ ┌───────────────┐
│关于这家医院具体 │ │用来解释这个特殊事件中传│ │是食品相关设备导致│
│情况的事实。    │ │染病传播方式的假定机制。│ │了细菌传播。    │
└───────────────┘ └─────────────────────┘ └───────────────┘
      G；                根据W；                支持C。
```

图 6-2

2. 作为对比，我们来看一个法律领域中的案例。在诉讼过程中，一方当事人的律师可能会引用一个法令或先例作为代表当事人进行辩护的保证。另一方当事人的律师可能会质疑这个保证，要么追问有关的法令或先例目前是否仍然具有约束力，要么提出它无法涵盖类似当前这个案例的情况。

如果她的保证受到这样的质疑，第一位律师现在就必须进一步斟酌她原初提出的、未经支持的根据，同时考虑引入额外的证据建立起法规和先例与当前这个案子的联系。她通常会通过做一份历史报告来做到这一点——引用正当的立法机构的相关法案，或者在本案中对法院有约束力的先前的司法裁决。

如果她以一种证据充分的方式完成上述工作，那么她的保证就得到了适当的支撑。在给予法律或其他必要支持的情况下，她就这样反驳了另一方的反对意见，被质疑的保证所依赖的根据也因此得到确认。（见图 6-3）

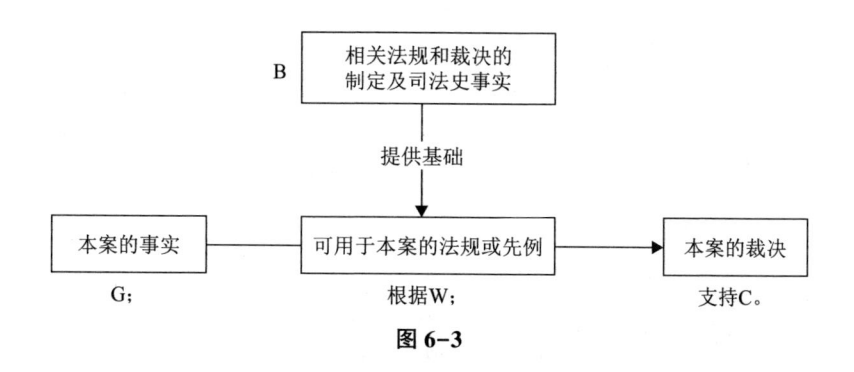

```
         ┌─────────────────────┐
      B  │ 相关法规和裁决的    │
         │ 制定及司法史事实    │
         └─────────────────────┘
                   │
                提供基础
                   ↓
┌───────────┐  ┌─────────────────────┐  ┌───────────┐
│ 本案的事实│→ │ 可用于本案的法规或先例│→ │ 本案的裁决│
└───────────┘  └─────────────────────┘  └───────────┘
    G;              根据W;                  支持C。
```

图 6-3

举个具体的例子：理由 G 可能是一系列事实，说明原告作为一个黑人妇女是如何受到歧视的；保证 W 是美国宪法第十四修正案；结论 C 是原告有权获得法律赔偿的主张。与此相关的支撑 B，是使用第十四修正案解决类似案件的全部司法历史。请注意，从本质上说，对支撑的充分陈述总是比简单的理由陈述或本论证所依据的规则陈述更长、更复杂。事实上，关于第十四修正案在性别和种族歧视案件中如何应用的司法历史可以写成一部书了。

3. 类似的模式也适用于其他不太正式的场合。我们的球迷一开始都理所当然地认为在超级碗比赛中，只有攻守兼备的职业橄榄球队才能被看作是有力的对手；他起初认为这是一个不需要理由强调的事实。

在进一步质疑的压力下，他可能不得不重新考虑这一假设并且更严格地检查这一假设的基础。他可能会被迫回去查看实际记录，以了解超级碗以前的表现在多大程度上能证实他的假设。

这种对以往赛事的分析真的能够证实他的假设，即任何一支在防守或进攻方面实力薄弱的球队总是在超级碗比赛之前就早早被淘汰出局了吗？在这个案例中，我们同样可能需要花费很长时间去汇总全部相关的支撑材料。而像希腊人吉米（Jimmy the Greek）这样的人可能会通过拥有一本比和他打赌下注的人更全面更完整的"资料汇编集"来挣钱。如果最终的结果真是这样的

第6章 支撑

话，那他就成功地为他的保证提供了所需的支撑。（见图6-4）

```
                    ┌─────────────────────┐
                    │ 职业球队历史上的表现，特别是在 │
                  B │ 超级碗比赛中的表现。        │
                    └─────────────────────┘
                              │
                           提供基础
                              ↓
┌──────────────┐    ┌─────────────────┐    ┌──────────────────┐
│ 今年领先球队们  │    │ 只有攻防兼备的球队才 │    │ 只有49人队能够夺得  │
│ 攻防优势的事实。│    │ 可以被视为超级碗冠军 │    │ 今年超级碗冠军。    │
│              │    │ 的有力争夺者。     │    │                  │
└──────────────┘    └─────────────────┘    └──────────────────┘
      G;                  根据W;                   支持C。
```

图 6-4

在所有这些例子中，"G，因此C"这一形式的保证起初都没有给出明确的根据。如果被质疑的有关保证的可靠性和相关性是"显而易见"的"常识"因此无需详细说明，那就当然无人反对。但是，一旦原始主张遭到质疑时，就必须要提供一些额外的信息来确定这个主张所依赖的保证（以及其他一切建立在这个保证之上的论证）是否有充分的根据。

理论的普遍性

任何特定的科学理论体系，任何特定的体育记录，任何特定的法律法规都不仅为一个，而是为许多不同的保证和论证提供支撑。在这方面，作为我们保证的支撑或根据的信息种类比单个的保证本身更广泛和更普遍：

> 一个完整的科学理论可以普遍而全面地涵盖物理学的整个分支。这样，它就与许多不同种类的、有着不同背景的具体科学论证相关。
> 一个完整的法律法规可以全面处理各种商业交易，因此它能

够为许多不同种类的具体论证提供合法性……

因此，随着我们从一些与某个论证相关的特殊事实转向那些能够为我们的主张提供基础的更具普遍性的经验汇总，我们经由两个连续的步骤从特殊过渡到一般。首先，我们看看有哪些更普遍的保证或论证方式（W）涵盖了我们从这组特定的理由（G）到这个具体的主张（C）的步骤。例如：

"任何父母是美国人而出生在美国的人，通常都是美国公民。"

然后，我们再进一步，更普遍地问，这种保证本身依赖于哪些更广泛的基础？任何接受这个保证为论证中可靠指南的人，应该拥有哪些更广泛的知识和经验（例如，有关公民身份的法律和宪法规定）？

在保证间进行选择

在很多情况下，我们发现自己不得不在许多不同的论证方式之间进行选择，每种论证方式都有自己的保证，将我们引领至不同的结论。正如我们提到过的，我们必须在相互冲突的论证之间进行"权衡"。例如，近年来美国法律一方面更加注重人们获取各种信息的权利，同时也更加注重人们的隐私权。因此，法庭一直在尝试同时保护我们的两种能力。一种是保护我们发现政府机构或者私人团体何时在做影响我们利益的事情的能力，另一种是保护我们的个人、家庭和私人事务不受他人侵犯的能力。这种平衡是很难达到的。一个人的知情权就意味着对另一个人的无端侵犯。在这种普遍性的案例中，我们的问题不是找到一个普遍可靠的保证，而是在<u>几个</u>这样的保证之间进行选择。

我们该怎样做呢？在任何一个特定的案例中，保证本身都是不能自证其权威的。我们只能通过进一步研究这些保证所依赖的基础来进行选择。比如，在法律论证中，我们必须说明每一种相互冲突的保证各自背后的普遍性支撑是什么（例如，隐私权和自由获取信息权）。只有这样，我们才能开始判断在一个特定的案例中哪些保证更为重要。

在正式的法律案例中，这是一个相对简单的任务。在日常生活中的不那么正式的论证中，要做到这一点就不那么容易了。我们的价值观、态度和期望，总是会受到我们成长过程中特定文化的影响。这种文化影响了我们的思维和推理方式，而这种潜移默化的支撑性基础又往往并不总是明确的。因此，我们有时候会发现自己被卷入了一些看上去简单实则复杂的论证之中。比如不同的人都一致同意个人行为应当考虑"共同利益（the common good）"或者"国家安全"，可是他们对这些概念的内涵则持有不同的看法。尽管他们都接受了同样的词汇，但是他们却不见得共享同样的观念：共同利益包括一个人的需求，而这个需求却是他/她的对手所不能接受的。因此，仅仅因为相互间的误解，政治性论证可能会从理性的交流变成激烈的争吵。每一方都理所当然地认为对方理解的词汇和短语是相同的意思；而这些词汇和短语的模糊性使得各执己见的双方看上去都非常顽固。

因此，可靠推理的一个重要组成部分就是"批判性思维"，而这就意味着要去追问我们的文化灌输给我们的、通常被视为理所当然的思维和推理方式背后的根本性支撑是什么。被口号和标语迷惑是没有用的。即使是那些意图最好的短语，如"生存权"，也会有一些在它们日常被使用的经验之外的效力和相关性；只有当我们以人文关怀的方式而不是鹦鹉学舌的简单重复方式来使用它们时，这些词汇才会给我们的论证提供力量。在这里我们要提到一对将会在第六部分进行仔细考察的区别性概念：一个是"常规"论证，这种论证所使用的一般是那些已经被接受的规则、保证和程序；另一个是与它相对的"批判性"论证，这种论证所使用的规则本身也是要被质疑和改进的。

最后，在任何特定场合，我们要使用什么样的支撑都将取决于我们与谁进行论证。如果我是与一位朋友就超级碗冠军打赌的话，我支持49人队的论证只需要笼统陈述即可。但是，如果我是与希腊人吉米打赌，那我就需要让自己的理由变得更加充分和确定，因为希腊人吉米手上有全部球队过去比赛的完整记录——毕竟，他一直都在写有关他们的"书"。

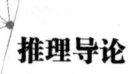

支撑的不同种类

在许多不同的辩论环境下,保证及其支撑是以非常相似的方式联系在一起的。但是,在论证的不同的事业和领域中——在科学、医学和法律论证中,在关于体育、艺术或商业的讨论中,在纯数学的抽象讨论中,以及在日常生活的实际判断中——实际支持我们保证的实质性考虑因素非常不同。在所有这些领域中,我们的保证从不同种类的支撑中获得了自己的根据和权威。所以,我们经常会说:"就这件事的性质来说"。

例如,在司法背景下,基本问题是:

> 我们能否从普通法、成文法、行政法规和法典等这些目前在相关管辖范围内被公认为有效的、有约束力的和权威的法律中为我们的保证找到适当的支持?

而在科学背景下,基本问题就成了:

> 我们能在目前所接受的理论中找到支持这种论证方式的理由吗?这些理论建立在充分的实验证据或其他观察的基础之上,并且与我们确立已久的关于自然的一般运作方式的观点相一致。

在法律案例中,我们最终不得不回到关于某些人类决定的具体历史事实上来。我们必须确定是通过某个特定法规的立法机关的正式法令,还是按特定的法律先例而确立的法庭裁决。在科学案例中,我们必须要揭示出那些使我们的理论观念和假设与观察和实验的结果相符的经验体。

因此,某些类型的保证(比如在成文法中)依赖于人们深思熟虑的集体决定,另外一些保证(比如在自然科学中)依赖于我们对自然界的一般模式的认识,还有一些保证(比如我们日常对人类行为和动机的理解)依赖于人类事务中熟悉的和公认的规律。最终,任何特定类型的论证在多大程度上依赖于某种或另一种支撑——在多大程度上依赖于集体决定,在多大程度上依赖于对自然的发现,在多大程度上依赖于对人类事务的熟悉程度——这在不同的论证背景下是有很大差异的。

支撑和经验

我们用来理解事物的思维和推理方式取决于我们拥有的经验,以及我们对这些经验的反思程度。在进入任何一个专业领域前——比如科学、工程、法律或者医学,我们首先要精通的重要事情之一就是认识这个专业的思维方式是怎样的,每种保证应用的特殊情境以及这些保证所依赖的支撑。

要理解科学,我们就需要理解那些普遍性的理论是怎样为特定情境下的特定论证方式提供合法性的。正是这个过程验证了我们关于科学的解释。要理解法律,我们就需要理解普遍性的行为、裁决、立法机关和法庭的决定是怎样在不同的法律背景下判定出哪些论证可以经得起批判的:这个过程为我们的法律判断提供了一个坚实的基础。同样,在商业和医学领域中,通过仔细反省、思考在一些新情境之下(经济学或者心理学的)理论与实践经验的关联度,我们能够为那些指导日常行为的规则提供合法性:这种反思使我们意识到我们在做决定的时候需要理性的支持。

在每一个案例之中,专业的训练和经验帮助初学者积累到许多资源,正是这些资源使专业的推理方式能够具有效力。比如,我们关于自然界的一般理论是怎样支持那些关于特定现象的特定解释的?这就是一个人在接受科学训练的过程中逐步学到的。那些立法行为和司法判例会如何影响未来的法律裁决?这是在法律专业学习和在早期参与法律实践的过程中学到的。因此,任何一个领域中的专业知识都与对特殊技能的普遍性理解密不可分。那些经验丰富的专业人员必须**同时**掌握当前的普遍性原则**以及**这些普遍性原则是怎样应用于新情境、新问题的。

练　习＊

一、下列断言可以被视为保证。哪类信息能够支撑它们？

1. 在一个民主国家，所有的宗教信仰都有自由表达的权利。
2. 那些情绪异常而想杀人的人是不会因为手里没枪而被制止的。
3. 美国有在世界范围内维护人权的义务。
4. "唯一能够使你与其他音乐家平起平坐的东西就是你的音乐才能。除此无他。"

琳达·朗斯塔特，《新女性》杂志

5. "除了最有经验的司机，对所有人来说，前驱车可能比后驱车更安全。"

《货币》杂志

二、在前面章节中讨论过的能够支撑这些论证的考虑因素有哪些？在某些场合，在找出合适的支撑之前我们必须提供一个可能还不太明显的保证。

1. 无论是由早期巴比伦人和原始巫医从事的，还是中世纪的女巫和术士所使用的暗黑者神秘仪式（darker occult rituals）都有一种奇怪的相同之处。令人担忧的事实是，他们常常能够通过乔装偷偷潜入我们的社会——最终扰乱那些不够谨慎的人们的心理与精神平衡。对后一种人来说，最初的幻觉是美好的，但不可避免的风险也是很高的。

《阿尔格西》杂志，UFO版

2. 尽管所有的混乱和激烈的个人冲突使得洋基队没能在去年八月底之前的比赛中发挥出最佳水平，他们仍旧以100∶62的战绩设法夺得了分区冠军。有了更好的投手队伍，哥赛奇又将莱尔补充到了候补

＊ 这些练习中的一些例子已经在先前的章节中被使用过了。在这里建议**首先**就本章讨论的观点给出你的答案，**而后**再回头看看前面的章节，并思考支撑与主张、理由和保证之间的关系，这对处理这些问题是有帮助的。

第6章 支撑 ▲

队员里，再加上更衣室内的祥和气氛，洋基队应当能够在1978年的赛季抵挡住波斯顿红袜队的强力挑战。

《棒球预测》杂志

3. 企业没有与政府订立合同；它试图在一个日益强制的社会中达成最佳交易。不存在自愿规划这种东西。它强迫人们去做一些他们原本或许不会做的事情。

[来自《怀疑论者》杂志记者的反对意见]：如果我们投票支持将会怎样？

这仍然是一种强制。你们投票剥夺了我作为少数群体的反对权利；除了强制，我没发现任何别的东西。如果多数决定原则践踏了少数人的权利，那它就是强制。

《巴伦》杂志编辑布莱伯格在接受《怀疑论者》杂志采访时说

4. 为什么心理学界没有挑战伯特充满矛盾的研究观点（该研究认为遗传仍然是迄今为止决定智力的最重要因素，并且在证据被证明是"操纵的"之前，该研究观点有极大的影响力）？因为，心理学家们承认，伯特"非常强大"。简言之，他们害怕他。

但是卡明说，还有另外一个原因。伯特的数据之所以没有被挑战[原文如此]，是因为，"每个教授都知道他的孩子比那些挖下水道工人的孩子更聪明，所以还有什么可挑战的呢？"

卡明说，这个故事的寓意在于："相信社会科学的人应当谨记，那些收集数据的人可能是藏有私心的。"

更应当记住的是，这样的寓意既适用于心灵学家（parapsychologists），也适用于那些批评他们的人。

《命运》杂志

5. 我认为死刑是一种野蛮和不道德的制度，它破坏了一个社会的道德和法律基础。一个国家，以其公职人员的名义，像所有的人一样，倾向于做出肤浅的结论，并且其行为受权势、关系、偏见和利己主义动机的影响，那它就有权采取最可怕且不可逆的行动——剥夺一个人的生命。这样一个国家不能指望本国的道德氛围得到改善。我反对死

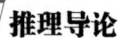

刑对潜在的罪犯有重要威慑作用的观点。我相信，事实恰恰相反——野蛮招致野蛮。

安德烈·萨哈罗夫，《火柴盒》（《大赦国际》杂志）

6. 我们绝大多数的大学放弃了培养学生的道德责任。

猖獗的作弊行为就是一个典型的例子——从抄袭答案到购买学期论文。许多教育工作者不愿意惩罚作弊者，也不愿意要求学生努力学习并取得优异成绩，他们认为考试并不重要。因此，他们降低了分数，先是随意给出 A 分和 B 分，然后是完全取消真正的评分。

因此，许多学生都宣称他们不能或不会达到过去要求的标准。许多成年人说，不应该让这些学生坚持好好学习，而应该让这些学生成为标准。我们将降低标准并放弃考试。与此同时，接受政府提供的助学贷款的大学生中，有六分之一成为赖账一族，靠纳税人的钱过活。

杰克·安德森，《大观》杂志

7. 第二次世界大战《退伍军人权利法案》为退伍军人支付了学费，无论他们想要学哪个方面的内容。除此之外，还为他们提供每个月的生活津贴。越战时期的法案则只提供一个固定的月供，这有效地阻止了除了富裕的越战退伍军人以外所有人进入昂贵的私立学校就读。一次性的支付支持了那些来自像加利福尼亚等州的退伍军人，因为这些州的公开课学费往往比较低。来自南方和西部的退伍军人使用的《退伍军人权利法案》资金比从那些来自以"高学费"著称的中西部和东北部退伍军人多出近 50%。时机也会产生影响。琼斯作为一个助手在 1977 年收到的补贴至少与二战老兵获得的福利大致相同。但在 1966 年，当约翰逊总统勉强地签署了越战时期的《退伍军人权利法案》使之成为法律时，以绝对美元计算的福利数额低于朝鲜战争结束后的水平。从 1966 年到 1974 年，在越战中服役的男性最需要接受教育援助，但是当时出台的《退伍军人权利法案》所提供的援助完全比不上二战时期。此外，政府管理不善。在整个 20 世纪 60 年代和 70 年代早期，退伍军人事务部因错误填写《退伍军人权利法案》而出名。一些退伍军人因为缺钱而不得不辍学，因为他们的补助没有按时到账。

究竟有多少人是出于这个原因或其他原因退学尚不清楚。退伍军人事务部的公共发言人指出只有64%的越战时期的退伍军人拿到了《退伍军人权利法案》规定的42个月的津贴,比二战时期的兑现率高出10%,但是这种增长是毫无意义的,因为退伍军人事务部不知道究竟有多少退伍军人真正完成了他们的学业。

《大西洋月刊》

8. 花小钱办大事的新技术

贝尔系统实现节能的另一个领域是开关和传输设备的电力。新的节能技术被不断地添加到系统中。项目:20多亿个节电晶体管、二极管和集成电路已投入使用。项目:发光二极管(LEDs)正在取代配电盘和电话中的白炽灯泡,并节省了90%以上以前所需的电力。一种新的微处理器MAC-8,尺寸不到邮票的十分之一,但却包含了7000多个晶体管。MAC-8可以执行几百项电子"思考"功能,但它的工作功率只有十分之一瓦。

贝尔系统广告

9. 毫无疑问,《亲密接触》是一部粗俗、愚蠢的电影,装腔作势可笑、情节构想幼稚;当然,它也是一部精彩的娱乐片,根植于美国最好的嘉年华狂欢和黑顶电子剧院传统。对于沃德来说,用影评中隐含的标准来衡量这部电影,就相当于用大英博物馆的标准来衡量迪士尼乐园。

致《大西洋月刊》编辑的信

第 7 章 论证链

73 到目前为止,我们一直考察的是单个论证,一次只考察一个,而且还考察了组成任何此类单个论证的不同要素。但在实践中,任何论证都可能会成为下一个论证的起点;而第二个论证又会成为第三个论证的起点,以此类推。这样,论证就被连接成了一个**链条**。

从任何一个主张开始,推理链可以向前或向后发展。有时候,我们可能对一个主张非常有信心以至于想迅速地以它为基础来进行下一步推理,就如同有时候只要我们参透了一个笑话的妙处就会立即跳到它的点睛句一样。而在别的时候,我们可能会对当前的主张产生严重的怀疑并且决定反过头来去考察这个主张的基础,以此来看看我们是否走得太远、太快。在这个意义上讲,任何一个亟待考察的主张都可以被视作是先前一系列主张的产物,也可以被视作未来更多主张的潜在理由。

例如,假设我们正在讨论关于污染治理的政治问题。随着时间的推移,我们对那些工厂排放到空气和土地中的各种废气和液体有了更多的了解。此外,我们还开发了对这些污染物具有更强敏感性的检测设备。接下来就是"我们究竟是要坚持彻底消除这些排放物,还是仅仅将这些排放物控制在当前的检测设备标准之下?"这个问题。这个时候,一般性论证面临的两个选择是,要么继续坚持向前,要么就回到自身。那些承诺要净化空气、净化水源的人是想不惜一切代价地向前推进这个论证,而那些认为净化受到限制并且追问是否可以支付得起环保代价的人其实是想使论证不再发展、回到原初。因此,激进的自然资源保护论者将沿着这条论证链前行,无论它将导向何方;而更多犹豫不决的实用主义者将沿着这条论证链往回走,以便发现先前被认为理所当然的前提是什么。

单独思考与头脑风暴

论证链也会在两种不同情形下进入我们的思维和推理。在一些场合,一个单独追寻思路的个体,可能会选择向前推进这个系列论证,从而发现原初论证的结果和影响;又或许会选择向后回溯这个系列论证,以便发现原初主张所依赖的隐藏性假设。在另外一些场合,许多人以合作的方式共同参与讨论,可能比他们中的任何一个人单独思考的时候产生更多的想法,从而推动论证链更进一步。

这就是用**头脑风暴法**来进行探究工作的精髓所在。比如,一群电脑工程师可能会通过汇集他们的想法和对彼此的建议做出回应来开发新的、功能更强大的程序,并以这种方式想出他们中的任何一个人在单独思考时都没能想到的可能性——或者说至少在如此短的时间内没能想到的可能性。当这种情况发生时,作为他们集体讨论的成果而出现的论证就有了它自己的生命。它不再是"乔的论证"或"比尔的论证",而变成了一个"新的论证"——或者更确切地说,"产生新程序的论证"。

在这种程度上说,一个复杂的论证实际上往往具有某些特征,而这些特征仅仅通过在一张纸上写下论证的**句子**是无法完全捕捉到的。例如,这个论证的理性力量可能部分源于这样一个事实:参与头脑风暴会议的每个人都能愉快地接受这个结果,因为它是由集体讨论产生的。它是团队努力的结果,而不是一个人的单独想法,这一事实意味着其在形成过程中就已经受到了许多批判性审视。

一个例子

例如,假设我们正在进行一场关于越南战争的讨论。讨论的一方主张,美国一开始就不应该干预这场冲突。当这一主张受到质疑时,

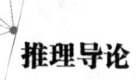

推理导论

他就提出三项陈述作为"理由"予以回应：

> 让我们面对现实吧。这场战争起初只是一场内战；它的结果对美国的海外利益没产生什么影响；而且美国的介入只是导致了国内的通货膨胀和内乱。

我们应当怎样应对这样的回应呢？需要进行两种批判性检验。首先，我们应当考察这三条陈述——"这是一场内战"，"它对美国的利益没有多大影响"，"它导致了国内的通货膨胀和骚乱"——与美国本不应当介入这一原始主张之间的隐含联系。即使我们不经进一步审查就接受这些陈述，第一个问题是"它们能够解决这个问题吗？"而这个问题实际上就是关于我们前几章提到的保证和支撑问题。

然而，在第二个方面，我们不妨对他提出的作为其主张**理由**的进一步陈述提出质疑。毕竟，这只是一场内战吗？我们的国家利益真的没有受到影响吗？等等。也就是说，我们可以进一步探究原始论证并且反过来将提出的每一个理由看作是一个其根据也可以被仔细审查的进一步**主张**。这样，构成原始论证的每一个陈述都将成为进一步论证的起点。

因此，我们能够通过显示其所有不同的元素是如何联系在一起的方式，分析这个论证的内容及其所依赖的假设。除了原始论证之外，我们还将得到三个子论证（sub-arguments），每个子论证都通过该论证三个"理由"中的一个或另一个与原始论证相联系。

我们可以用一系列图的形式把这一整套连接模式展示出来。这里的重点**不是**我们是否同意论证的结论，或者我们是否接受为支持结论而提出的陈述的真实性。重点在于我们能够有效地解释我们是**在哪些方面并且出于怎样的原因**同意或不同意，只要我们不厌其烦地检查论证中隐含的全部假定和联系，并且诚实地面对问题，不管所有的事实是否都与所陈述的一致，以及它们是否真的表达了原始主张者隐含的意思。图7-1到图7-5显示了这一点。

第7章 论证链

原始论证

支撑: 政治事件的普遍性报告和理由分析（细节如下）……

保证: 如果一场国外的战争是内战并且对美国利益没有很大影响，而我们的介入反而影响了国内的局面，我们就不应当插手。

理由:
(1) 越南战争是一场内战。
(2) 战争结果对美国的利益没有多大影响。
(3) 美国的介入导致了国内的通货膨胀和内乱。

所以，

主张: 美国本不应当介入到越南战争中。

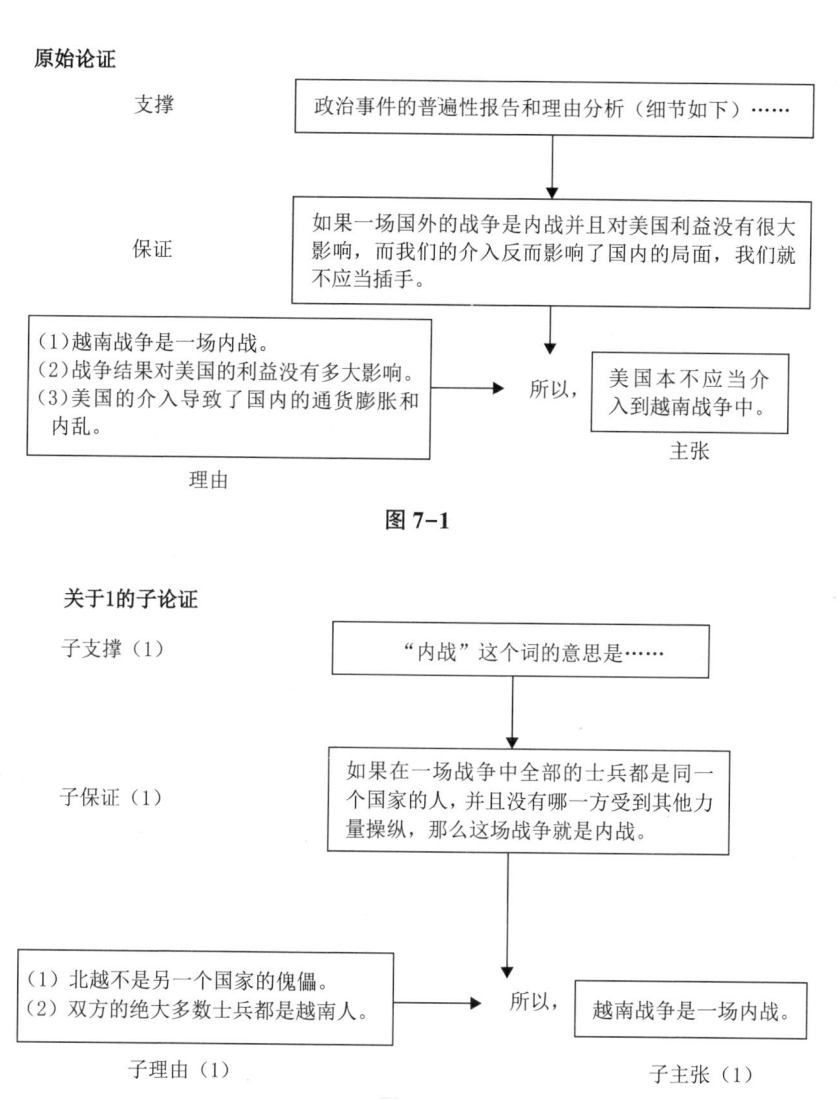

图 7-1

关于1的子论证

子支撑（1）: "内战"这个词的意思是……

子保证（1）: 如果在一场战争中全部的士兵都是同一个国家的人，并且没有哪一方受到其他力量操纵，那么这场战争就是内战。

子理由（1）:
(1) 北越不是另一个国家的傀儡。
(2) 双方的绝大多数士兵都是越南人。

所以，

子主张（1）: 越南战争是一场内战。

图 7-2

推理导论

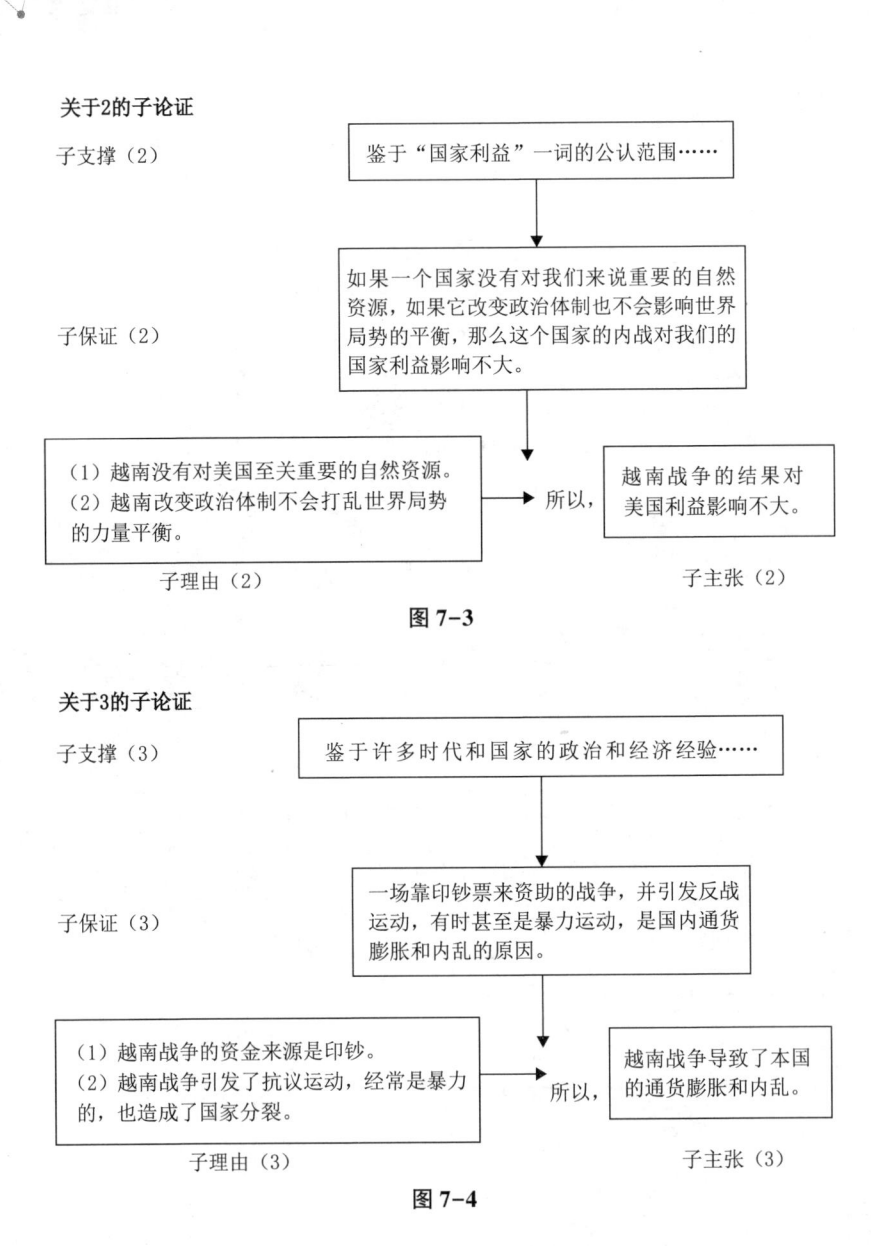

关于2的子论证

子支撑（2）：鉴于"国家利益"一词的公认范围……

子保证（2）：如果一个国家没有对我们来说重要的自然资源，如果它改变政治体制也不会影响世界局势的平衡，那么这个国家的内战对我们的国家利益影响不大。

子理由（2）：
（1）越南没有对美国至关重要的自然资源。
（2）越南改变政治体制不会打乱世界局势的力量平衡。

所以，

子主张（2）：越南战争的结果对美国利益影响不大。

图 7-3

关于3的子论证

子支撑（3）：鉴于许多时代和国家的政治和经济经验……

子保证（3）：一场靠印钞票来资助的战争，并引发反战运动，有时甚至是暴力运动，是国内通货膨胀和内乱的原因。

子理由（3）：
（1）越南战争的资金来源是印钞。
（2）越南战争引发了抗议运动，经常是暴力的，也造成了国家分裂。

所以，

子主张（3）：越南战争导致了本国的通货膨胀和内乱。

图 7-4

第 7 章 论证链

这些论证之间的关系

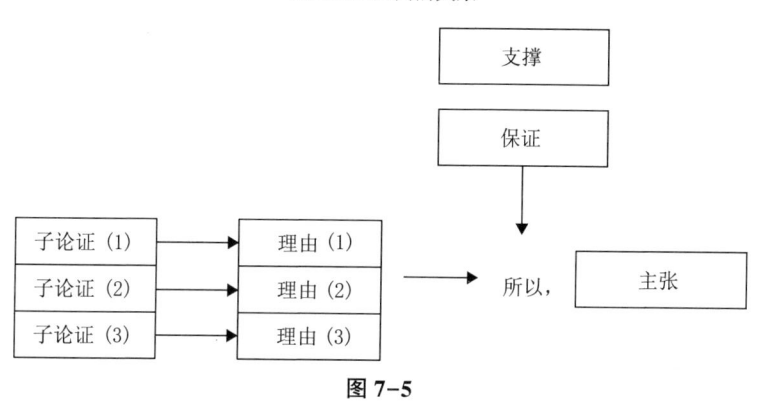

```
                                    ┌──────┐
                                    │ 支撑 │
                                    └──────┘

                                    ┌──────┐
                                    │ 保证 │
                                    └──────┘
                                        │
                                        ▼
┌──────────┐    ┌──────────┐                    ┌──────┐
│ 子论证(1)│───▶│ 理由(1)  │                    │      │
├──────────┤    ├──────────┤                    │      │
│ 子论证(2)│───▶│ 理由(2)  │─────▶  所以,      │ 主张 │
├──────────┤    ├──────────┤                    │      │
│ 子论证(3)│───▶│ 理由(3)  │                    │      │
└──────────┘    └──────────┘                    └──────┘
```

图 7-5

第三部分

第二层分析：论证强度

第8章 导论

我们在第二部分所考察的关系总是与"这个论证的各个部分是如何适当地连结在一起的？"这个问题有关。一个论证可靠（sound）与否，取决于该论证的各部分之间是否呈现出所要求的连结关系。无理由的（groundless）结论不是结论，无保证的（unwarranted）推论不是推论，无基础的（baseless）保证不是保证。包含这样部分的论证是完全不可靠的。

不过，一旦所要求的连接关系得到证明，那么就可能会产生进一步的问题。这些进一步的问题与论证所依赖的连接关系的**强度**有关。假设我们已经建构了一个足**够可靠的**论证，那么就其本身而言，其分量有多重？从目前已讨论的内容来讲，人们可能得到的印象是：基于理性的论证要么是**完全且无条件**可靠的，要么就是不可靠的。这样看来就好像，论证中所呈现的支持性材料，要么完全且无条件地足以支持该论证，要么就一定是完全不支持该论证的。

然而，就像我们在这里所做的，将**可靠**问题和**强度**问题分开只是一种初步的简化。显然，在现实生活中，论证中的保证并非绝对确保从特定"理由"到特定"主张"的所有步骤。很多情况下，我们必须处理可靠性低于绝对性的主张、论证以及系列推理。只有在纯数学的抽象论证中，我们才能将我们的陈述与"绝对必然性"联系在一起；在所有的现实领域中，我们要处理的连结关系都或多或少是**有限制的**，而且也或多或少是**有条件的**。如果我们总是要等到能

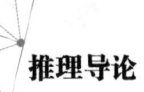

够建立起严格的论证之后才有自信地采取行动,那么我们就会在有机会行动之前被各种事件压垮。因此,在实践中,将我们的结论建立在不那么绝对完美的证据上通常是合理的。这样,我们就能提出我们的主张,这些主张并不是**形式上**无可辩驳的,而是**实际上够强**或足以信赖的。

即使我们的论证所包含的连结关系本身是可靠的,我们的正当性通常也只是一般地(不是必然地或一定地)或者只是**在特定条件下**,而不是绝对地、无条件地依赖这些论证。

那么,对比论证可靠性,我们如何思考或者讨论论证强度呢?在第三部分,我们将考察四组问题。首先我们将考虑通常用来标示不同主张的确定性程度与种类的限定性短语(qualifying phrases)。有些保证必然会导出所需的结论,而有些虽然经常会导出结论,但并不是百分之百可导出,还有一些则多半可以推出结论,等等。由此,我们说有些结论是一定(certainly)如此,有些是极可能(probably)如此,还有一些则是很可能(very possibly)如此。有一系列的副词或者副词短语在不同类型的实际论证中,发挥着不同的刻画功能。

其次,我们将考虑在对主张或论证的批判性描述或者讨论中,**条件和例外**是如何被允许的。有些保证能够无条件地得出所需的结论,有些是在所有正常情况下都可以得出,还有一些则是只有在例外的情况下才能得出。相应地,我们用想必(presumably)、通常(normally)和偶尔(occasionally)等词来呈现我们的结论。同样,存在一系列有特殊用法的词或短语;这些词或短语标示着我们的论证强度如何取决于其陈述的环境和条件。我们尤其应该注意"反驳(rebuttal)"这个概念。很多时候,我们提出的论证是那些我们有理由相信的强论证,但我们没有明确说明这种信任所依赖的所有条件和假设。只是因为我们有理由相信这些条件成立,我们就有资格去**假定**我们论证中的结论是真实的。如果有人此时能够证明我们其中一个假设实际上是不正确的,那么她或许就能够仅仅通过指出这个事实来推翻我们的结论。[我们可能会说:她的反对意见驳倒了

（rebuts）我们原有的假设。]

再次，我们将考虑**举证责任**与**窘境**（quandaries）这两个相关的概念。在许多实际情况中，我们需要以合理的可辩护的方式做出决定，无论是在缺乏足够信息的情况下，还是在信息将我们指向相互冲突的方向的情况下。证据不足的情况下，不做决定或许仍然是不合理的，因为现实的当务之急可能需要迅速而及时的行动。在没有相反证据的情况下，先假设一个特定的结论通常是合理的。类似地，如果证据是冲突的，那么通常合理的做法是，先假设两种可能情况中的一种，直到冲突得以解决。

最后，我们将必须从更广泛的角度考虑实际论证如何与其使用的语境相融合，以及我们所说的二者的"相关性"是什么意思。（我们将发现）对特定论证的批判性分析，最终将使我们回到对不同人类事业（human enterprises）的考察，这些论证为这些事业的共同目的服务。唯有通过探究实际论证如何既服务于法律和科学等专业活动的目的，又服务于我们日常非专业生活与"常识"需求的目的，我们才能最好地理解赋予实际论证以理性力量的东西是什么。

例　子

一位患者因喉咙痛、头痛与擤不完的鼻涕来到医生的办公室。医生知道这些症状通常与上呼吸道的细菌感染有关，她首先想到的是给患者开青霉素药。为什么呢？因为人们通常认为青霉素能够有效地治疗一般性的上呼吸道感染。医生处方中所隐含的论证如图8-1所示。

然而，众所周知，有少部分的患者对青霉素过敏，也就是说，如果他们服用青霉素，将很容易出现严重的甚至是致命的药物反应。即使青霉素能够杀死导致感染的细菌，在这种情况下也会对患者造成严重伤害。因此医生必须问她的病人是否有任何对抗生素过敏的病史。有了这个询问，医生的论证再进一步。

推理导论

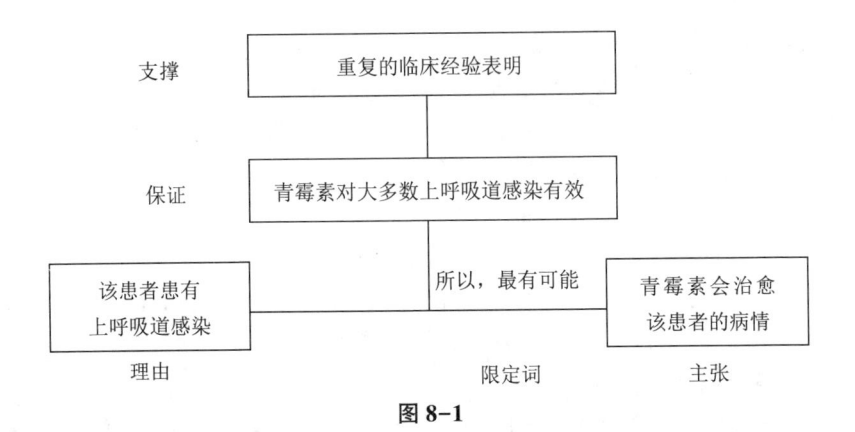

```
支撑        重复的临床经验表明


保证        青霉素对大多数上呼吸道感染有效

                              ↓
  该患者患有           所以，最有可能      青霉素会治愈
  上呼吸道感染                            该患者的病情

    理由                限定词              主张
```

图 8-1

在图 8-1 中，"最有可能（most likely）"这个短语表明了用于标示我们结论强度的限制性短语的种类。在图 8-2 中，"想必（presumably）"这个词表明了结论的条件特征，当进一步提及青霉素过敏时，则指出了这个结论在什么情况下会被**反驳**。

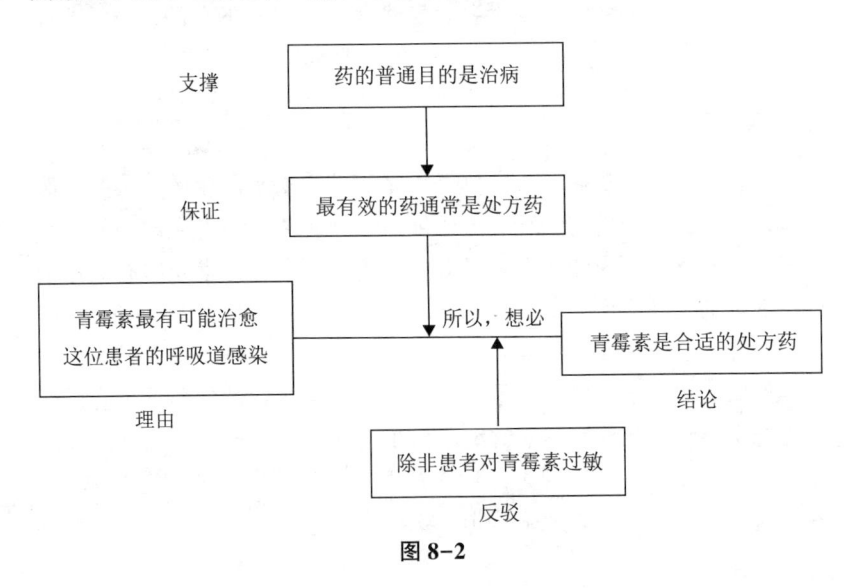

```
支撑          药的普通目的是治病
                    ↓
保证          最有效的药通常是处方药
                    ↓
  青霉素最有可能治愈      所以，想必      青霉素是合适的处方药
  这位患者的呼吸道感染                

    理由                              结论
                    ↑
                除非患者对青霉素过敏
                    反驳
```

图 8-2

第 9 章　限制性主张与初步发现

"因此，肯定的是——如果体育运动中的任何事情都可以肯定的话——旧金山49人队今年应该能获得超级碗冠军。"

"因此，很明显——就算整体剧情浮泛——新版《金刚》也比原版更具有心理意义。"

"因此，可以推断——在我们细菌测试程序的限制范围内——食品服务设备是传染源。"

"因此，从表面上讲——就目前的市场来看——市政债券是我们最好的选择。"

在上述例子中，初始主张的强度与限制都是通过添加限定词来表现的。这些短语表明的是，在现有的论据支持下，结论的种类和可靠性程度如何。

在这一点上，质询者 I 可以直接向断言者 A 提出新的批判性问题来揭明 A 的支持性论证的确切强度。即使 A 已经将其所依赖的所有理由、保证和支撑都摆上了桌面，I 仍然可以提出两组问题，这些问题①与论证强度有关，②与所提论证的相关性条件（condition of relevance）有关。它们一方面代表了原始主张（C）与整个支持性材料（G，W 和 B）之间联系的强度，另一方面代表了它们之间联系的相关性条件。

推理导论

限定词的本质

我们或许可以再次从讨论口语短语开始。假设质询者 I 问断言者 A："您的主张有多强？"I 可以将这个问题扩展如下：

"我的意思是：您的主张是无条件且无限制的吗？您是说肯定（certainly）和必然（necessarily）如此，还是说只是极可能（probably）、非常可能（very likely），或有可能（quite possibly）这样呢？"

总之，每个论证都有某种强度。任何主张的呈现都带有一定的强度或弱度、条件和/或限制。我们有一套常见的口语副词和副词短语，通常用来标示这些限定性条件。它们的作用是根据其与理由、保证和支撑之间的关系来表明赋予主张的合理强度的种类。这些副词和副词短语包括：

——必然（Necessarily）
——一定（Certainly）
——想必（Presumably）
——十有八九（In all probability）
——就目前的证据来说（So far as the evidence goes）
——就我们所知（For all that we can tell）
——极可能（Very likely）
——很可能（Very possibly）
——也许（Maybe）
——似乎（Apparently）
——貌似（Plausibly）
——好像（Or so it seems）

从语法上讲，所有这些短语都有一个共同的特点，它们都能够插入"G，所以，C"这种陈述句式中，紧接在"所以"这个词之后。以这种方式，它们形成以下的模态限定陈述（modally qualified statements）：

——G，所以，十有八九 C。
——G，所以，一定 C。
——G，所以，似乎 C。

在每个例子中，这种添加副词与副词短语的作用都在于，表明支持性材料让我们对主张 C 有**什么样的**信赖。

在一个极端情况下，考虑一种情况，其中①我们有我们能合理要求的所有理由，②我们的保证是明确而清楚相关的，③其支持的可靠性是没有异议的。在这种情况下，我们肯定和无条件地提出的主张就是合理的：

"G，所以，**一定** C。"

或者，我们可能处于一种较弱的情况下。或者可用的理由可能强烈地指向主张 C，但却不是决定性的；或者为保证提供的支撑可能表明在相关事实与当前主张之间存在一种很强的相关性，但还没到百分之百的程度。在这种情况下，我们可以适当地用一种不那么肯定但更具限定性的方式来陈述论证：

"G，所以，**极可能** C。"

同样，保证也许只在特定的情形下适用于像当前这样的场合。也就是说，可能会有一些例外或不符合条件的情况，使得保证的适用无效——即便在当前情况下，保证被假定为有效。这种情况也可以通过使用适当的限定条件来表明：

"G，所以，**想必** C。"

因此，一般来说，我们可以扩展我们的基本分析模式，包括图 9-1 中所示的"模态限定词"：

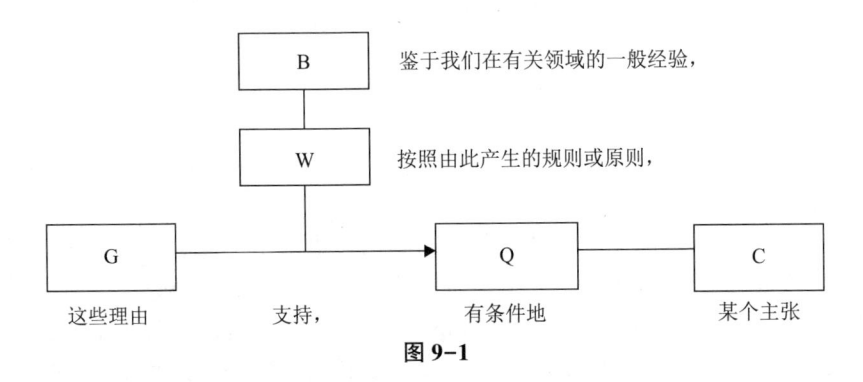

```
                    B        鉴于我们在有关领域的一般经验，
                    │
                    ▼
                    W        按照由此产生的规则或原则，
                    │
                    ▼
    ┌─────┐                ┌─────┐         ┌─────┐
    │  G  │───────────────▶│  Q  │────────▶│  C  │
    └─────┘                └─────┘         └─────┘
    这些理由     支持，     有条件地         某个主张
```

图 9-1

英文字母 Q 用来表示用于任何论证中的特殊模态限定词。

限定词的作用

在法律中

任何法律主张的强度与确定性程度都取决于两件东西：可用证据的质量和相关法律法规或先例的确切效力。在法律论证中，模态限定词可用于做两件事：反映证据有多好，或者标示相关法律规定的界限。

举个例子：乔治死了，但没有留下任何已知的遗嘱，这样问题就来了："他的遗孀玛丽怎么办？"（见图 9-2）

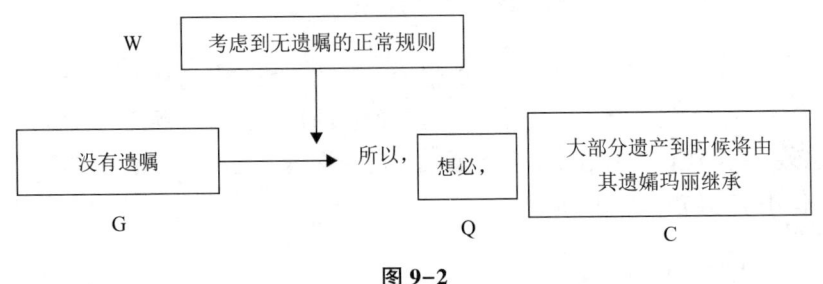

```
            W   ┌──考虑到无遗嘱的正常规则──┐
                │                          │
                ▼                          ▼
    ┌─────────┐                                      ┌──────────────────┐
    │ 没有遗嘱 │─────────▶ 所以，  │ 想必， │───────▶│ 大部分遗产到时候将由│
    └─────────┘                                      │ 其遗孀玛丽继承    │
                                                     └──────────────────┘
        G                      Q                              C
```

图 9-2

在这个例子中，模态词"想必"标示着这样一个事实：主张 C 不是绝对确定的，并且是**有条件的**。

为什么这个限定词是必要的？可能有两个原因：或者经过更彻底的搜寻可能会找出遗嘱，在这种情况下，新证据（G）的存在将不可避免地迫使我们重新考虑主张（C）；或者，对相关法律进行更仔细的探究可能会影响到保证（W）的可靠性。尽管对丈夫或妻子去世时没留遗嘱的情况，大多数美国司法管辖区都会用同样的一般方式来处理其寡妇或鳏夫的权利，但在细节上还是会有一些不同。除非了解了这些更细微的不同，否则在缺乏一份有效遗嘱的情况下，玛丽的继承权范围一定是不清楚的。不过，作为一种最初的立场，我们可以合理地假设现有的事实支持我们有条件的结论，既不考虑会发现新的证明材料，也不考虑地方继承法中的古怪规定，这两者中的任何一个都有可能使结论站不住脚。因此，我们用模态词"想必"而不是"一定"来防范这样的可能性。

在科学中

在医学和自然科学领域，我们也可能会发现类似的情况，即论证强度比我们希望的还要弱。这种情况可能发生的原因，或者是因为对有关事件缺乏理论上的理解，或者是因为事实证据不足。无论是哪种情况，我们都能够通过将我们的主张陈述为**临时的**因而也是**不确定的**来表示这一事实。一方面，毫无疑问的是，有什么样的与特定案例相关的理论论证，就会有什么样的保证与之适用，但我们掌握的相关事实的信息量可能不足。另一方面，我们可能拥有大量的事实数据，但是这些证据或许无法清楚地阐明在这个案例中有哪些理论上的考虑是相关的。

第一种情况的例子如：

一位医生用一种新药来治疗一种目前为止仍然致命的疾病。这种药物在初步的临床试验中非常有效，但是从这一试验程序中获得的统计数据仍然是零碎的。在这种情况下，医生不能说："这种疗法有效。"相反，他所能得出的结论是："这种药显示出了有

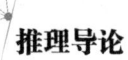

效的迹象，所以，这种药**确实有可能**对治疗这种病有效。"

第二种情况的例子如：

面对一种新的现象，物理学家一开始有些不确定。到底这与引力理论有关？还是与电磁理论有关？或是别的什么？如果迄今收集的事实证据显示这个现象与引力有关但却只是暂时的，那么这位物理学家只能得出一个有条件的结论："假设这是一个纯粹的引力作用 G，因此想必是 C。"只要引力假设仍然可以接受，相关的理论陈述将保证推论"G，所以 C"。但是，如果最初的预设是错误的，那么这个推论就会相应地被推翻。一旦我们确定这个现象不是引力现象，从引力理论中推出的结论甚至就不再是"很可能的"，更不要说是"极可能的"。

在日常生活中

当然，这些限定性短语的使用并不仅限于法律、医学和科学等技术领域。相反，我们可以在各种情况下和各种类型的论证中以类似的方式限制（hedge）我们的主张。无论在适用于各种不同活动或事业的论证方式之间存在什么样的其他差异，我们通常都有机会：

1. 暂时提出我们的主张，而无须将所有的信用都押在其上。
2. 仅仅出于讨论的目的，以自由的方式进行辩论。
3. 将它们视为重要的但是有条件的结论。
4. 仅将它们作为一种好的选择提供出来。

因此，相关的模态限定词——**极可能**、**非常可能**、**想必**、**很可能**等——在各种论证中都发挥作用。

实际上，我们最好把这些限定词的专门用途理解为其更一般用途的特殊情况。在日常生活中，像"极可能（probably）"这样的副词的意思，我们是非常熟悉的，而且它为我们进一步转向抽象的专门术语，如名词"概率（probability）"，提供了基础。举例来说，当气象预报说"降水概率为30%"时，这与"降雨或降雪的概率是30∶100"表达的是同一个意思。即使在诸如量子力学等复杂科学的精确理论讨论中，**概率**与**合理预期**之间的联系（与科学确定性和基础稳固的预测相比）仍然与日常生活中的联系一样。毫无疑问，科学陈述"这个事件碰巧发生的概率是0.081"与日常说法"这种事情不太可能发生"相比，更可以被用来当作精确推论的保证，但这两个陈述的意思是非常相似的。这只是我们应该尽量避免被数字吓到的情况之一。

并非所有形式的论证都像法庭上的诉讼程序或科学机构的事务那样组织严密。对我们论证的结果依赖越少的地方，我们越可以自由地推测和轻松地说话。因此，在非正式谈话中，我们经常提出一些试探性的甚至是半认真的主张，以便看看现有的论证可以带我们走多远：

"有时候在我看来似乎……"
"我有时认为……"

当然，这样做，我们有被误解的风险。因此，如果我们不用适当的限定词来限制我们的陈述，我们就会把我们更普遍的信用置于风险之中。我们不再用无限定条件的词语来表达我们的主张（仿佛我们对它们同样确定），相反，我们发现使用大量的诸如"看起来像"和"我想"这样的短语，或者，"似乎"和"通常"这样的限定性副词，是很自然的。这样，我们就可以保护自己免受"粗心大意""信口开河"和"胡说八道"等指责。

练 习[*]

如果我们用下列陈述作保证，那么与它们相关的限制条件有哪些？

---

[*] 这些练习中的一些例子已经在先前的章节中被使用过了。在这里建议**首先**就本章讨论的观点给出你的答案，**而后**再回头看看前面的章节，并思考支撑与主张、理由和保证之间的关系，这对处理这些问题是有帮助的。

推理导论

制定限制条件（模态词）和反驳时尽量做到准确。也许并非所有的陈述都既要限制又要反驳。

1. 应该把水浇到燃烧的材料上将火扑灭。
2. 提高汽油价格将有助于缓解能源危机。
3. "避免摄入咖啡因，尤其是在怀孕的前三个月，因为它与动物的出生缺陷相关。"

《琼斯妈妈》杂志

4. "我们应该选择与市场力量一致的能源政策。"

亨利·福特二世，《纽约时报》

5. 两份氢与一份氧结合形成水。
6. 市政债券是安全的低收益投资。
7. "你的生日号码是由命运为你选择的，当你意识到它的重要性时，它将让你运用你的资产达到命运的最高峰。"

《星座预测》杂志

8. 优质扬声器是一流立体声系统的关键元素。
9. 在生活中，你唯一能指望的是，当人们认为他们可以逃脱起诉时，他们总是会背信弃义。
10. 左撇子投手能有效应对右撇子击球手。
11. 超级油轮是20世纪最后二三十年的典型象征。它们是对全球能源需求扩张必然的和不可避免的回应。日本的情况最为糟糕，它自己没有石油，必须从几千英里外的波斯湾进口运输使用。油船是唯一能够实现这种运输的工具。因此，超级油轮对工业化石油消费国的重要性不亚于它们对百万富翁船东的重要性。与我交谈过的环保人士也承认油轮是必要的，这使得安全和环境问题变得更加需要解决。

《怀疑论者》杂志

12. 这个赛季，卡鲁的表现惊人。他不仅比之前赛季多获得了24分，击球率达到0.400，而且还成功跑垒100次，得了128分。他获得了空前最高纪录的38次双垒打和16次三垒打。

《棒球画报》杂志

13. 除非政府把事情搞砸（这总是有可能的），**否则今后二十年将像以往任何时期一样具有革命性**。整个时期，技术将突然出现在我们面前，汽车也将发生深刻的变化。

我们已经有燃气活塞发动机的替代品，柴油型的肯定是最普及的，更不用说涡轮增压型的。当未来二十年过去后，还会有其他选择提供给公众。

这场革命也将延伸到汽车的其他系统，包括：电子产品，燃料输送系统，悬浮，甚至基本结构材料。

乔治·威尔，《四轮》杂志

14. 健康和营养一样，可能是青少年缺课和学业失败的一个因素，这一观念意义重大，因为它指出了一条能够解决这些深刻的社会问题的新途径。提升人们的健康条件要比改善其他的环境条件容易得多。如果每个因素（通常结合其他因素）都有可能会导致反社会的行为，那么仅仅提升健康条件和减少营养不良就能够深刻地改变美国的社会问题。

《新英格兰》（《波士顿环球星期日》杂志）

15. 企业没有与政府订立合同；它试图在一个日益强制的社会中达成最佳交易。不存在自愿规划这种东西。它强迫人们去做一些他们原本或许不会做的事情。

[来自《怀疑论者》杂志记者的反对意见]：如果我们投票支持将会怎样？

这仍然是一种强制。你们投票剥夺了我作为少数群体的反对权利；除了强制，我没发现任何别的东西。如果多数决定原则践踏了少数人的权利，那它就是强制。

《巴伦》杂志编辑布莱伯格在接受《怀疑论者》杂志采访时说

16. 美国心灵学家认为，大多数人都或多或少有这种能力。尽管大多数人声称他们从未有过超感知觉的经历，但他们通常会想到"曾经干过这种有趣事情"的姐姐，或者"有这种奇怪方式知道……"的母亲。男人们称之为"预感"，这听起来一点也不神秘，反而很有男子气。而女人们通常则会毫无疑问地求助于"女性直觉"。

《新时代》杂志

17. 因此，与其说安慰剂是一种药，不如说它是一个过程。这一过程之所以有效，并不是因为药片有什么魔力，而是因为最有效的处方是那些由身体自身开出的药方。安慰剂的威力不是因为它"愚弄"了身体，而是因为它通过触发身体内特定的生化变化，将活下去的愿望转化为身体活着的现实。因此，安慰剂证明了精神和身体之间没有真正的分离。疾病总是身心之间的相互作用。根据有关人体功能方式的新证据，无论是将大多数精神疾病视为完全没有生理原因的治疗尝试，还是将大多数身体疾病视为根本不涉及精神因素的治疗尝试，显然都已经过时。

《读者文摘》（原文载于《星期六评论》）

18. 作为一名摄影评论家，我很高兴看到《妇女》杂志1977年12月的艺术专刊。很多时候，女权主义被用作展览和出版平庸或未决作品的借口；有太多的赞扬，而没有足够的批评。如果女性在意识形态的幌子下任由糟糕的作品免受批评，她们就只不过是在互相袒护。在某些情况下，对"女性艺术"的探索导致了对艺术的排他性指导原则的产生，这些指导原则至少与艺术界男性主导的权力结构的规定一样具有约束力。即使女性制定了一套新的规则，她们也很难因模仿压迫她们的模式而受到赞扬。

《妇女》杂志

19. 无过错可能会让女性更难获得公平的经济解决方案。以前，丈夫"想出局"的妻子都有一定的谈判能力。她可以为钱讨价还价，用他的自由换取合理的赡养费和公平的财产分割。在无过错情况下，女性失去了很大一部分优势。对于有小孩的妻子，或者没有什么工作技能的中年妇女来说，其结果可能是经济困难。

《读者文摘》

20. 在唐氏综合征婴儿因饥饿而被批准死亡的争议之后，约翰·霍普金斯医院成立了一个委员会，与面临类似问题的医生和父母一起

第9章 限制性主张与初步发现

工作。这样的委员会经常被提议来解决医学伦理决策中的主观性问题。伦理委员会雇用了各种专家——医生、护士、社会工作者、心理学家和神职人员等——理论上，委员会将从人道但社会功利的角度来决定每一种情况。实际上，这种委员会存在着固有的危险。

"通常，委员会成员都是社会精英，"达夫博士说，"因此，他们远离了大多数人的生活……也要记住，这些人是相当强大的，他们经常寻求更多的权力。这就会导致腐败……他们可能会从同事那里寻求利益，而不是一项明智的政策来指导决策。"

在达夫博士看来，委员会"……非常接近纳粹时期的德国模式……他们离痛苦只有一步之遥。表面上看，这似乎让人们不再需要面对痛苦的选择，但一旦你这样做了，你就放弃了自主性和控制权。一旦你把这些权利交出去，它们就会被制度化……公民们再也不可能把它们弄回来"。

事实上，当涉及终止对婴儿的治疗时，公民从来没有合法的控制权。斯塔尔曼博士是正确的："知情同意至少在法律上是一场闹剧。"南加州大学的法学教授迈克尔·夏皮罗说："讨论谁应该决定停止治疗的前提是，有人有权让婴儿死亡。""允许婴儿死亡是一种杀人行为；就这么简单。"

法律对包括婴儿在内的任何人的生命价值或质量不做任何判断。拒绝治疗残疾新生儿和残疾成人在法律上没有区别；两者都受到平等的保护。

《新时代》杂志

第 **10** 章 反驳与例外

"因此，肯定的是——**除非发生意外**，意外伤害，或者超乎一般程度的管理无能——袭击者队应能达成目标。"

"因此，很明显——**除非在旧版本中有我们没有注意到的某种隐藏的智慧**——新版《金刚》比旧版更具有心理意义。"

"因此，想必——**除非有我们的检查中没有发现的其他因素，或者我们的细菌观念普遍混乱**——食品服务设备是传染源。"

"因此，从表面上讲——**在没有银行可能提供给我们某种全新的投资机会的情况下**——市政债券是个不错的选择。"

上述例子中，出于极度谨慎和谦虚，给出的结论都带着可能的**反驳**，也就是一些可能会削弱支持论证力的**例外**或**特殊情况**。

正如我们所看到的，有两个明显的理由，说明为什么通常提出的主张必须不能太肯定或太确定：

——或者，因为 G、W 与 B 只是部分或是较弱地支持 C。
——或者，因为它们在一定条件下才支持 C。

在第一种情况中，我们通常通过指出论证强度不完全，来限定我们的论证陈述——例如，通过说："G，因此**极可能** C。"在第二种情况中，我们会通过指出论证的条件特征，来限定我们的论证陈述——例如，通过使用另一种形式："G，因此**想必** C。"

第二个例子中使用的限定词［想必（presumably）］的特别能力与反驳概念直接有关。它指出了这样一个事实，即，**只有在没有某种特殊例外条件**（这种例外条件会削弱推论）**的情况下**，推论才是有保证的（也就是说主张才是被理由直接支持的）。

考虑一个示例场景。在一个新英格兰小镇会议上，一项激烈争论的动议即将被投票表决。这时就出现了一个问题，就是谁有资格（或没资格）就这个议题投票。看起来汉娜·史密斯可能会成为决定胜负的关键人物。她宣称她有权参与投票，但这一权利受到质疑。

A：我和在场的每一人一样都是纳税人（G），因此想必（Q）我有资格投票（C）。请您们想一下大家普遍接受的美国原则：无代表权则不纳税！

Q：但您的国籍是哪里的呢？

A：我有加拿大护照，但我是美国的永久居民。

Q：那真是太可惜了。尽管通常来讲，每个当地纳税人都有资格在小镇会议上投票（W），但是法律却特别规定了一个例外，即不包括非正式的美国公民。

简单地说，从作为当地的纳税人这一点能够推定汉娜·史密斯可以投票，因为这是一般规则，但是她不是美国公民这一点，又反驳了这个推定。

反驳（R）这个词在所有类似的情况下都有既定的用法：它适用于根据某些例外的事实驳斥一个一般性推定的场合。一个通常情况下可靠的论证，会因为发现了这些特殊情况而变得不成立。图 10-1 完整地呈现了这样的论证。

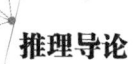

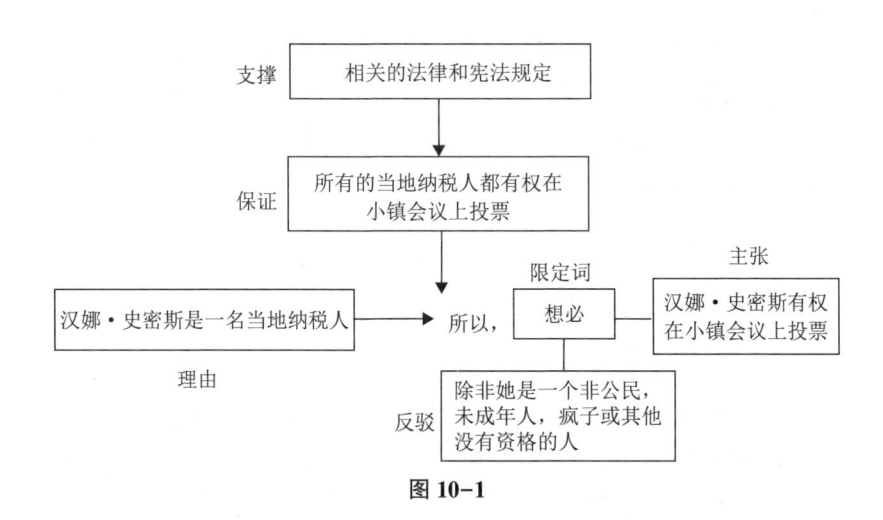

```
支撑 → 相关的法律和宪法规定
          ↓
保证 → 所有的当地纳税人都有权在
        小镇会议上投票
          ↓
理由                    限定词        主张
汉娜·史密斯是一名当地纳税人 → 所以， 想必  → 汉娜·史密斯有权
                                        在小镇会议上投票
                     反驳 → 除非她是一个非公民，
                            未成年人，疯子或其他
                            没有资格的人
```

图 10-1

我们在其他场合也会发现类似的模式。例如，医生正在为一位诉说喉咙痛和发烧的新病人开处方：

A：这是一种上呼吸道感染（G），因此请几天假并且接受四天的青霉素疗程，想必（Q）您很快就能恢复正常（C）。

Q：您确定这样不会弊大于利吗？我对青霉素过敏（R）。

A：您说的是真的吗？那样的话，我收回我刚说的。那给您开四环素而不是青霉素……我强烈建议您今后戴上医疗警示标牌，以免您的医护人员不小心杀了您。

青霉素对一般上呼吸道感染的疗效已得到充分证明，这就形成了一个对于任何这类新感染都可以治疗的一般"推定"，但是关于患者过敏反应的附加信息再次**反驳**了这个推定。"上呼吸道感染需要（即要用）一个短期的青霉素疗程（治疗）"的经验法则保证，作为**一般性原则**也许的确成立，但是不能用在某些具体的**例外或特殊情况**。（见图10-2）

第 10 章　反驳与例外

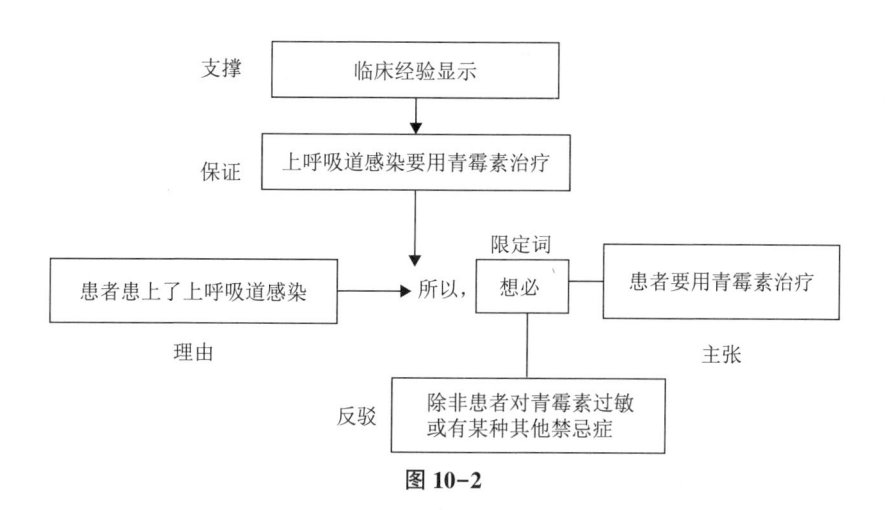

```
支撑 ── 临床经验显示
         │
         ▼
保证 ── 上呼吸道感染要用青霉素治疗
         │
         ▼
                        限定词
患者患上了上呼吸道感染 ──→ 所以，想必 ──→ 患者要用青霉素治疗
理由                                      主张
                            ▲
                            │
                    反驳 ── 除非患者对青霉素过敏
                            或有某种其他禁忌症
```

图 10-2

当我们遇到外籍居民、青霉素过敏患者等特殊情况时，在标准情况下为我们提供可靠保证的"一般性原则"可能就不再适用了。适用于当地纳税人或者一般上呼吸道感染的通则，在这些例外的情况下不再适用。一般性原则形成支持正常结论的推定；而关于特殊情况的例外事实，则是对这种推定的反驳。

考虑到最后这个元素，我们相应地在基本分析图中添加了最后一个特征。（图 10-3）

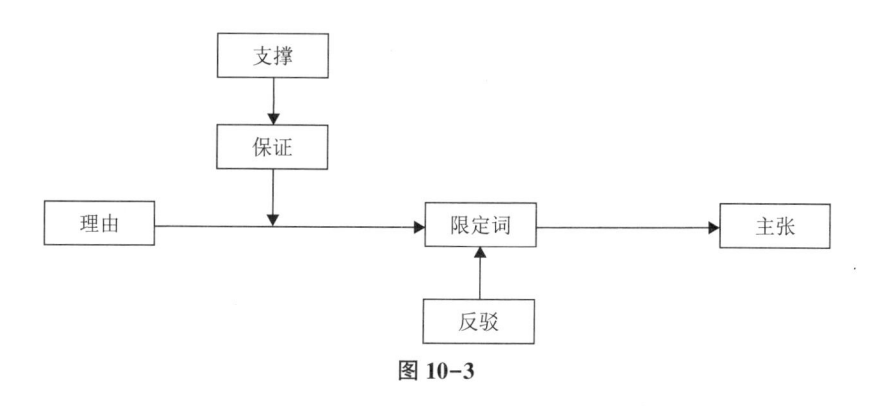

```
        支撑
         │
         ▼
        保证
         │
         ▼
理由 ──→ 限定词 ──→ 主张
         ▲
         │
        反驳
```

图 10-3

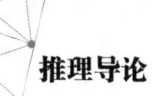

"在没有某个具体反驳或取消资格（R）的情况下，给定理由 G，我们可以诉诸保证 W（建立在支撑 B 上），来证明主张 C，或者，至少形成一个关于 C 的推定（Q）。"

如何区分"正常"和"例外"

由此，当 I 质问 A："你确定你可以总是这样论证吗？"或者"怎样的信息可能会削弱你的论证？"时，这种批判性问题就引出了可能的反驳这个话题。请注意，我们这里使用的是"可能会削弱"，而不是"会削弱"；这是因为"G，因此想必 C"或"G，因此假设 C 成立"这种形式的陈述，只有在**没有任何先前的理由**假设我们是在处理例外情况时，才能够被正确使用。

一旦例外情况经常发生，使得我们必须总是要考虑它们时——就像现在开始考虑青霉素过敏的情况一样——那么，以另一种方式呈现我们的论证就更为恰当了。在这种情况下，我们要注意明确可能反驳的性质：

"G，所以**很有可能** C，但这取决于是否有 R。"

"这是一般的上呼吸道感染，因此**很有可能**您应该服用青霉素，但这取决于您是否对它过敏。"

更进一步，如果情况发展到一开始就没有可靠的推定可以建立的地步，那么就没有什么可以被反驳的了。这样，我们必须采用两个可选择的平行论证，并且根据哪一种可选择条件成立，将其中之一应用于任何特殊情况：

"**一方面**，如果患者对青霉素不过敏，那么青霉素就可以作为安全有效的处方药用于治疗上呼吸道感染。**另一方面**，在青霉素过敏的情况下，就应该开一些其他广谱抗生素，如四环素。"

也就是说，如果"例外"不是真的**例外**，我们就不能只是因为存在可能的反驳,将我们论证的结论表述为"想必"是可靠的。相反,我们最好重新陈述我们的保证,明确说明**只有在**满足某些特定条件的**情况下**,才会成立。

最后,我们或许会走向另一个极端。假设青霉素过敏变得几乎很普遍,而不只是一个例外,医生甚至可能有理由将青霉素视作一种毒药,而不是药物。诚然,这种药对少数幸运的免毒性好的患者来说具有宝贵的治疗性能,但它仍然是一种毒药。(事实上真的有这种情况,如服用适当剂量的士的宁。)当青霉素过敏的范围从真正的例外,扩大到很常见,再到几乎所有人都有,医生就会面临一个决策点:当过敏反应变得太严重太常见,不能被看作**仅仅是例外**时,使用青霉素的短期疗程就不能再被称为是上呼吸道感染的**正常疗法**。

那么这条界线究竟该画在哪里呢?到底应该从哪个点开始将"例外"视为完全"正常",从而不再将标准情况视为形成"推定"的情况?对于这个问题,没有一般性的答案。相反,这条界线的划定引出了一个**实际**问题:政策决定要由专业专家和公众代表共同制定。

日常论证的基本预设

我们在这里进入"附属细则(small print)"的世界。很少有可靠的实际论证能**绝对**不把我们引入歧途。例如,当我们"解读"我们人类同伴的行为和意图时,我们会调动一系列关于他们一般的日常能力和敏感性、需求和兴趣的预设。我们所拥有的关于我们人类同胞的倾向和习惯的一般知识,只会在比较罕见的情况下,才会使我们严重误入歧途。然而,一旦有任何的假设不再成立,我们目前所依赖并认为可靠的许多熟悉的日常论证就会立即变得**站不住脚**。《神奇女侠》和《无敌金刚》这样的电视剧就是利用了这一事实,通过赋予剧中的主角们普通人不具备的特性和能力来娱乐我们。

如果我们坚持认为,我们所有的"一般知识(general knowledge)"唯有在其确实是**绝对正确的**(infallible)情况下,才应被视为是可靠的,那么我们最终是否应该拥有一般知识就是令人怀疑的。就像哲学史所昭示的那样，我们越是试图坚持所有真正的"知识"都是绝对确定的，我们就越会让自己走向怀疑论。例如，那些主张我们所有的知识都必须像纯几何学一样严谨的哲学家都遭遇了一次又一次的失望，因为一种又一种的知识都没能经得起这种考验。在一开始被虚幻的希望迷惑的他们最后得出的结论是：也许除了当下特殊的"感觉印象"，人类不知道任何其他的东西（除了几何学）。

然而，即使没走到这种哲学的极端，我们也应该认识到，在某些关键方面，所有实际论证的整体可靠性都确实仰赖于某些非常普遍的假设、先决条件或预设的一贯正确性。就其最一般的形式而言，这些预设可以用如下广泛的说法来表述：

"如果议会的令状仍然在执行……"
"如果自然现象仍然遵循规律……"
"只要人类还保持现在的样子……"

将每种实际案例中的全部一般预设都清楚地记下来，并把它们写进我们的实际论证所依赖的特定保证中，自然是对时间和精力的一种浪费。事实上，在遇到罕见的例外情况之前，将所有这些一般性假设一一列举出来也是不切实际的。

因此，出于理论和实践上的原因，有必要将大多数实际保证视为**一般**成立，而不是**必然**成立。如果有很好的实际理由能明确列举出限制这一保证使用的具体（尽管很少）的例外或排除因素，我们就可以合法地将由此产生的主张陈述为一种推定，将例外或排除因素放在一边，当且仅当它们出现时，才作为反驳单独处理。

然而，为了使拒绝使用附加细则成为一种一般做法，就完全意味着相应地剥夺了我们简明扼要地表达"正常"或"典型"结论的机会。这种做法将会让我们在每一个援引保证的场合明确地阐明所有尽管可能但却罕见的反驳或排除因素（无论这个场合有多么"典型"）。当然，这自然会招来"合法官样文章（legal gobbledygook）"的反对

第 10 章 反驳与例外

异议（counterobjection）。

因此，这个关于推定和反驳在日常论证中的作用的讨论，让我们再一次面对一种实际选择。一旦我们充分理解了实际事务和决策的复杂性，并且认识到日常论证在其服务中所起的作用，显然我们必须找到一种平衡。为了避免过多的附加细则，我们必须用足够的篇幅详细说明限制我们论证强度的特定种类的例外、排除因素和其他反驳。为了避免官样文章，我们一定不能过分详细地列举这些例外，并且在附加细则里去掉那些最罕见和最不重要的例外。那么这条界线要画在哪里呢？只有当我们足够了解受众（如外行人或律师）、论证论坛（如法庭或办公室）以及有关讨论的一般目的时，才能做出这一决定。

练 习

针对以下论证，尽可能多地提出你能想到的反驳或例外。

1. 某国应该允许五旬节派教徒没有任何困难地离开国家，否则就会侵犯他们的宗教自由。

2. 1983 年春，科罗拉多河沿岸的洪水对家庭和农场造成了巨大的破坏，但是受到伤害的人们只能怪他们自己，因为他们把房屋和企业建在了河流洪泛区。

3. 食品药物管理局的官员发现，最近在萨吉诺湾捕获的鱼类中二恶英含量已经下降到了千分之二十到二十四。由于低于千分之二十五的水平被认为是可以安全食用的，所以有理由认为海湾越来越好。

4. 纽约市第 28 区任命了一位黑人警长，人们对警察对黑人施暴的担忧应该会减少。

5. 虽然中美洲局势正处于关键时刻，如果我们增加 40% 的军事援助，仍然可以在不动用军队的情况下实现美国的目标。地方政府抵制革命活动所需要的是钱而不是军队，因为每个国家的大多数人都是反对革命的。

6. 某国在欧洲安全马德里会议上做了一些小的让步。在没有重大外交活动的情况下，这种让步可以被看作是东西方关系正在改善的一个信号。

7. 国会应该支持 MX 导弹系统的开发和部署,只要它能成为政府在未来谈判中的一个重要筹码。

8. 持续的政府赤字威胁经济健康,因为赤字会引发利率提高,而高利率将妨碍经济活动。

第 11 章 推定与困境

关于一旦开始论证,就可以对论证进行阐述和分析的方式,我们已经讲了很多。但是,我们还没有仔细研究论证是如何开始的——什么样的情况引发论证,以及它们最初是如何进行的。这意味着我们要更仔细地研究引起论证的因素,以及论证的一方如何发现自己处于守势而不得不为自己的信念、态度和行为进行"辩护(justification)"。

怀疑的理由和论证的场合

首先要注意的是,一个"问题"的提出并不总是有根据的——无论是科学问题、法律问题、伦理问题,还是其他类型的问题。一个场景下必定有某种东西提供了质疑某人言论的"机会";也就是说,这个场景下必定有某种东西让人们质疑这些言论中的主张。除非我们能找到导致这些怀疑理由的因素,否则我们可能只会发现,那些观点或行为受到我们质疑的人,会把我们的问题撂在一边,回答说没有什么要解释、道歉或辩解的。而且在很多情况下,他们可能有权这样回应。

那么,决定一个问题是否真的出现首先会涉及哪些因素呢?无论论证的背景或类型如何,下面这个问题总是可以被提出来的:

"为什么要对这个具体的立场提供正当理由呢?"

而且除非这个问题能够得到解决——除非能够确定挑战它的真正

理由——否则，这样的挑战在任何关于其价值（merits）的批判性讨论之前就会失败。只有找出了质疑的真正理由，并且在认真对待所提出的问题的某些理由变得明显之后，才有必要进行合理的论证。

回忆一下我们通常在制止开始一场争论时常说的话：

"你投诉什么？我又没违法。"
"你不必困惑，这种天气在这里是家常便饭。"
"担心什么呢？这是非常健康的食物，不是吗？"
"没什么好担心的。5岁小孩有这种反应是十分正常的。"
"不要大惊小怪！有这么多管理上的麻烦事也是意料之中的。"

所有这些言论都是通过否认在法律、科学、医学和心理等方面确实存在任何可争论的问题而中止论证的方式：

"……所以不要费心去问'为什么？''什么？''怎么样？'。根本就没有这个问题！"

说这种话的目的是把论证扼杀在摇篮里。听到这些话的人，会觉得确实没有问题因而也就没有什么要争论的——挑战者没有实质性的东西要证明，因而他也就无需想着去反驳。只有表明某些实质性问题确实存在，才有可能开始争论。就像我们所说的，挑战者没有履行他的"原始举证责任"。只要情况仍然如此，其他人就有权各行其是，而不必理会他的问题。

这种"责任"并不局限于技术方面的问题。在日常熟悉的情景中，我们也会发现我们的问题因为缺少"机会"而被忽视或忽略。

"你为什么要问放学后我真的会来接你吗？我告诉过你，我会的，不是吗？"

"你问这真的是一根黄瓜吗，是什么意思？这算什么问题啊，

第 11 章 推定与困境

难道你不相信自己的眼睛吗?"

在"论证"真正发生**之前**的情景中,不同的当事人立足点不尽相同。想要提出问题的潜在挑战者的首要任务是要发问,然后潜在的应答者才有义务做出回应。挑战者的责任是为其挑战"表明理由":

> "难道你不明白吗?没有进行招聘广告就直接填补这个职位空缺,让女性和其他少数应聘者没有机会申请,你很有可能违反了他们在反歧视行动中的公民权。你要怎么面对歧视指控?"
> "你看,这真的很奇怪。从气象学上讲,大雨和大雾不应该同时出现。所以,这是怎么了?雾真的是工业污染吗,还是什么?"
> "小心!并不是所有超市里的产品都像看起来那么安全。你确定这个产品的人工色素及其他添加剂通过了食品和药物管理局的批准了吗?"
> "嗯,上礼拜你说过你会接我,结果没有。"
> "对我来说,它看上去更像一种奇怪的瓜而不是黄瓜。"

只有陈述了足够多的内容形成**真正具体的怀疑理由**——关于一个行为的合法性,一种现象的自然性,一种食品的安全性,等等——才能引发合理的讨论。也只有到了这一步,回应者才需要开始收集和整理相关论据来"证明(justifying)"其特殊立场。

举证责任和政策考量

为了更充分地了解**举证责任**的细微之处,让我们更详细地看一下食品添加剂的例子。"哪些食品添加剂是危险的?"这个问题看起来不像是一个有关举证责任的问题,而更像一种只有医学研究者才能研究和回答的技术性问题。

> "事实上,这种或者那种防腐剂或着色剂在动物实验中有没有被表明会增加胃癌发病率?如果有的话,概率是多少?剂量又是多少?"

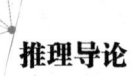

不过，这太简单了。**食品添加剂**这个词的含义到底是什么？它的意思仅仅是"自1930年以来引进的商业化生产的添加剂"或者类似的东西吗？几乎所有进入我们口中的东西，包括盐、糖和咖啡，更不用说酒精，如果大剂量食用，都可能会对某种生物产生病理作用。因此，究竟采用何种食品和药物许可程序来保护公众，这不仅是一个生物医学科学问题，而且也是一个实际决策问题。

诚然，没有从科学研究得来的信息，我们就无法对这些问题做出"知情的（informed）"的决策。但就其本身而言，这些信息很少能足够明确地解决政策问题。例如，我们不需要被警告不要把"士的宁"当成一种"食物"，这种风险太明显了。相比之下，我们回顾一下最近关于糖精的好处和坏处的辩论，这里的平衡利弊界限就很难敲定了。因此，在大多数实际情况下，我们必须先权衡所有可用的科学证据，然后再提与政策相关的问题：

不是"有风险吗？"而是"什么风险是可以容忍的？"

更进一步说，这种情况下，我们准备承受什么样的实际风险将部分取决于有什么样的程序来保护我们免遭各种风险。将红色素2号列入食品禁用添加剂名单在管理上是可行的，但是在全国范围内禁止厨房用糖，或者禁止起居室用酒精就是不可行的。但从科学的角度来讲，糖和酒精对更多人的伤害很可能比红色素2号更大。

于是，"哪种食品添加剂是危险的？"这个看似简单的问题，经过更深入的探究，就转化为了现实问题。

"哪种食品添加剂应该被列入管理条例监管之下？"

而这个问题反过来迅速转化为**举证责任**问题：

"商业食品加工商在多大程度上可以自由使用他们所需的添加剂而不受食品和药物管理局的管制？这种做法在哪些方面应该受

第 11 章 推定与困境

到质疑和监管？"

让我们补充一下这个例子的背景。除了通常的个人伤害诉讼和侵权行为法所涵盖的范围（比如，面包里有碎玻璃），商业食品加工企业是不会给法律提供挑战的机会的，直到造成了消费者个人无法有效应对的重大危害（作为个体，我们只能指出面包里是否有碎玻璃，但是说不出是否有危险的防腐剂）。因此，只有这些风险在具体的案例中（根据技术或政治标准）被判定为"重大的"，所涉及的生产过程才会受到挑战。因为只有到了这个时候，原来"被认为"是无害的食品和食品加工才会真正受到质疑。直到这时，才迈出了向"举证责任"转化的第一步。这样一来，食品和药物管理局就不必证明需要有严格的风险监管，而是由加工商自己来证明"风险"实际上是可以忽略不计的。

因此，对这样一个问题进行合理讨论的第一个实际问题是，要明确到底是**谁**需要确立**什么**。即，支配讨论的"推定"是什么，以及因此何时可以提出"反驳"。

Q：你真的要在食品加工中使用这种染料吗？

A：这是一种标准防腐剂，已经被常规使用很多年了，所以**想必**没人反对使用它。

Q：这事不再那么清楚了。现在有明确的质疑说它可能会对健康造成真正的危害。

A：如果食品和药物管理局要证实你的担忧，那情况肯定会有所改变。但是你不要受到危言耸听者的影响。流言终归只是流言。就目前情况而论，在食品行业里这真的不是一个严重的实际问题。

Q：这也许只是你的看法。但你最好时刻关注相反的研究报告，否则你可能会被食品和药物管理局盯上。

因此，对这样一个问题的实际讨论有两个密切相关的方面：①一方面，食品加工商有权继续维持长期以来的做法，并且辩解这种防腐剂

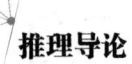

的长期常规性使用表明其**想必**是不具有明显毒害性的，但是缺少反驳这种迹象的确凿证据。②另一方面，从程序上讲，实际问题涉及**举证责任**问题。在使用特定的食品添加剂之前，食品加工商应该一直做好为之申辩的准备吗？或者，更确切地讲，由生物医学科学家和食品和药物管理局所承担的最初责任是通过提出有关风险的具体证据而"表明理由"吗？

这样的问题必须被实际处理后，才能提出合理讨论和批判性论证的问题。正是这些问题和预设为随后的辩论和批判奠定了基础，而对它们的评判也必须在这个基础上进行。

对初始推定的需要

在所有的实际事务中，我们都从以下两点出发：

1. 如果没有足够有力的论证予以证明的话，接受什么样的立场是合理的？

2. 因为没有这样的论证，我们就有权坚持自己原初的立场。在这种情况下，提出"足够有力的论证"是谁的任务？

在实际事务中，论证的任务与其说是给听者一个对他之前毫无看法的某个话题的观点，不如说是通过提供理由让他放弃以前的观点而接受新的观点来**改变**他的观点。相应地，观点**本身**无所谓"理性的"或"非理性的"。准确地说，只有一个人的论证**行为**才有"理性的"或"非理性的"之说，因为在论证中他要么由于有正当理由而愿意改变自己的观点，要么即使有这样的理由也拒绝改变。

在没有过硬的反对证据的情况下，那些通常被合理采用的观点，我们可以称之为**初始推定**。我们可以通过观察哪些初始推定在其中起作用，以及这些推定如何从一种情况到另一种情况或从一个历史时期到另一个历史时期的变化，来了解关于各种理性事业的很多信息。让我们先从科学和法律的例子开始：

第 11 章 推定与困境

1. 在一门自然科学中，我们通常可以确定相关领域的"已建立的知识体系"，即目前被假定为科学论证基础的思想和信念。

如果有科学家怀疑这些观念和信念中有某个是不可靠的或者有误导性，就**由他**提出理由加以改变。这样，已确立的观念和信念就成为集体的智力基准，新的观念和信念必须据此加以衡量和证明，直到它们要求我们**改变**（move）这些基准。

2. 同样，在法庭上，某些最初的推定在审判开始时一直是有效的。人们不仅清楚地了解与论证特定案例相关的证明标准，而且清楚地了解谁对该论证负有主要责任。这一责任往往落在检察官或申诉人身上。被告在被指认的控诉被坐实之前，一开始都是有权利被认为是无罪的。

所以，通常来说，日常论证的实际需要使得我们不可避免地要依赖"初始推定"和"先验概率（prior probabilities）"等。在大多数的实际领域，我们必须决定的主张、决策和问题不能无限期地等待我们收集进一步的材料。时候一到，就要给出相应的决策。过了这个时间，借口资料掌握得不完善而**不做**结论，比在收集更多信息的同时推迟决定，**更不合理**，因为也许碰巧会有什么事情最终改变我们的想法。

在商业决策世界里，我们经常在收集到足够证据之前，比如了解不同的行动方案产生怎样的前景，就要做出行动。假设在进行一场大型交易之后，一家商业公司发现自己有一笔之前没注意到的意外之财——即未投资的现金余额可能有 100 万美元。从昨天早上起，这笔意外之财就一直在公司的现金账户上。那该怎么处理呢？

这种情况下，即使**什么也不做**，从管理的角度来看也是在**做一些事情**。把 100 万美元的现金放在一个经常性银行账户里，实际上就是在进行"低息投资"。如果公司的事务要以合理和负责任的方式进行下去，就必须做点什么，并且**今天**就做。而且，这种行动往

推理导论

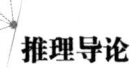

往是在公司获得可供选择的行动方案的全部信息**之前**采取的。

这是否意味着商业决策必须以"非理性的"方式进行？当然不是。如果一个商人习惯在没有去收集其所处情况下有限的时间内容易得到的信息就去做决定，人们当然可以批评他。如果总是这么做，那就确实是在以一种非理性的方式经营企业——因为这是一种**没必要且故意**不提供信息的方式。但是，如果他仅仅因为没有收集到与他的决定有关的**全部**信息而坚持拖延和拒绝做出决定，那同样是不合理的。

因此，**理性**或**合理**得出结论的方式也就是及时得出结论的方式。我们必须在需要花时间收集更多理由（证据、证词、事实材料）和需要迅速解决有争议的问题之间做出选择。因此，实际的问题不在于如何在我们的论证中获得"绝对确定性"，而在于如何在现有的时间内使我们的论证"排除合理怀疑（beyond a reasonable doubt）"，并根据案件的性质，确保它们具有"所需要的全部分量"。

我们必须权衡有利于改变我们想法的论据，并准备好在时机成熟时接受或拒绝这些论据。但是，在我们做出决定之前，我们可以合理地坚持我们以前确立的立场，把它们当作"初始推定"，直到改变或放弃它们的情形出现之前，这些"推定"始终有效。

困境和疑惑

就算我们克服了这个初步的障碍，并且对出现的一个真正的**问题**而感到满意，在我们能够着手收集、整理和批评对这个问题的某个特定**答案**的支持或反对的论证之前，我们还可能面临进一步的困难。

理想情况下，如果"逻辑"或"理性批评"能够为我们提供一种完全有效的方法，那就太好了。也就是说，如果我们总是发现自己对任何给定的问题只有**一个**貌似合理的答案，那么我们只需要问自己：

"有好的论证支持这个特定的答案吗？"

不幸的是，我们发现自己所处的很多现实情境与这种理想模型无

第 11 章　推定与困境

关。太多时候，对于我们的初始问题，我们一开始要么有**太多**可能的和貌似合理的答案，要么**根本就没有**答案。对于最紧迫的问题，我们往往找不到哪怕是稍微可靠的答案，而不是把所有的相关事实都拿来选择一种而且只有一种正确和确定的解决方法。

这样，问题的提出，一开始可能会让我们陷入**困境**（quandary）。也就是说，我们可能会发现我们没有明确和令人满意的办法来解决这个问题。这样的困境有两种形式。假设提供了两个不相容的观点 C_1 和 C_2，作为一个问题的答案或一个问题的解决方案。一方面，这两个主张**都**明显得到了有力而令人信服的论证支持。或者刚好相反，这两个主张**都无法**得到可靠和令人信服的论证的充分支持。比如，想想陪审团在很多刑事审判中的立场：

> 首先，原告律师用令人信服的方式证明被告有罪（C_1）。但被告律师随后马上提出一个同样吸引人的抗辩，宣称被告无罪（C_2）。
>
> 或者，原告律师可能提出一个有些无力和没有说服力的论据（C_1），然后被告律师也代表被告对指控做出软弱无力的回答（C_2）。

我们应该如何处理这些困境呢？当**两个**立场都得到充分的支持但却又相互矛盾时，我们如何在它们之间做出选择呢？

> 如果两组论证都有力且令人信服，为什么我们要偏向于其中一个的结论呢？

如果两个立场**都没有**强有力的支持，我们该怎么办？

> 如果两组论证都不能让人信服，我们怎么接受任何结论呢？

按照纯粹的逻辑标准，在这两种情况下，唯一合法的做法就是在怀疑的绝望中举手投降。按照这些标准，接受这两种立场中的任何一

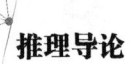

种都是"非理性的"。如果没有一个明确而令人信服的选择来支持 C_1 而不是 C_2，那么在任何一种情况下，我们唯一"理性的"选择就是两者都不接受！

在现实的实际情况中，这样的回应是没有帮助的。在处理实际问题时，我们经常不得不对无数的问题做出"有效的回答"，而这些问题都无法在有力和令人信服的论证基础上得到最终解决。生活不允许我们的思想像风向标一样无所事事，直到有足够的风力把我们吹向一个明确的方向。相反，我们事业的现实需要常常强迫我们甚至在没有明确和令人信服的论证的情况下做出决定。

因此，凡是事关重大的地方——某人的生命或自由，某个政治政策的成果，某项巨大投资的决策，等等——都有解决我们困境的一般实用指南。依靠这些指导方针，我们可以以一种合理和理性可辩护的方式前行。比如：

> 当刑事案件交由陪审团审理时，法官会指示陪审团，他们的任务就是判定控方是否提供了"排除合理怀疑"的证据和论证，以证明指控的真实性。他们不需要问自己，这些证据是否"绝对证明"指控的真相，**或者**控方和辩方的证据和论证是否同样有力。
>
> 如果原告律师完全达到了合理怀疑的要求，陪审团可以无视辩方的论证，认为其未能动摇原告律师的指控。如果原告律师达不到这个要求，即使辩护律师的论证同样显得无力也没有关系。起诉证据不足，被告有权被无罪释放。
>
> 陪审团的职责是**假定**被告无罪，直到对他的指控达到所需要的合理怀疑标准，而不是漫无方向地听双方律师辩论。
>
> 在涉及重大利益的其他论证论坛也承认类似的证明准则和标准。

第 11 章 推定与困境

练 习

在以下情形中，请以理由说明你认为应该推定的是什么？以及为增加引发怀疑而所需的举证责任所需的条件是什么？

1. 县财务主管被控违法，因为他利用办公室人员在正常工作时间内拿公共工资从事私人业务。法院判定财务主管没有从事非法活动，但表示这种行为是不道德的。财务主管现在想恢复他的工作，因为他在受到刑事指控时被停职。县委员会主席认为不应该再让他回到这个职位。

2. 你在滑雪时摔倒，左膝极度疼痛。滑雪巡逻队把你带到滑雪场的医疗站，一个自称是骨科医生的人给你做了检查。她说你需要立即做手术，她可以在滑雪小屋为你做。如果你再等一天，你的膝盖就有永久损伤的危险。你对同意做手术感到不安。

3. 你的股票经纪人打电话通知你，一家年轻但发展迅速的制造电子医疗设备（诸如心脏起搏器）的公司即将发行普通股。这个经纪人已经为你工作了好几年，尽管你承受了通常的损失，但他的建议总体上是合理的。为了利用新股发行的机会，你必须在 24 小时内做出购买承诺，但你不确定现在是不是购买普通股的时候，因为在过去两个月中市场一直不稳定。

第 12 章　相关性及论证语境

然而，即使在考虑了限定条件、反驳和推定之后，这个问题依然存在：

> 不同类型的论证及其所依据的考虑因素在实际实践中产生力量的深层来源是什么？

比如，为什么在法律或科学论证、医学或艺术论证中，我们要从我们所做的特定的初始推定开始呢？为什么我们在每一种场合都要以特定的方式来限定我们的结论和主张，承认那些例外和反驳，或者当我们这么做的时候发现自己陷入了困境呢？为了回答这些问题，我们必须超越所讨论的论证的**结构**或**模式**；只调查特定理由或保证是如何**联系在一起**的是不够的。相反，我们必须发现这些论证是如何在更大的人类事业中发挥作用的，而这些事业的目的是它们所服务的。

论证的力量

在实际的庭审程序中，是什么赋予司法论证以力量？显然，这并不仅仅来自论证各部分的简单连贯或"拼凑在一起"。在一个辩护得当的案件中，双方的论证都会成功地连接在一起；任何一位主审律师都要注意提出的是一个**连贯**的论证，以免被指责为无能，甚至是彻头彻尾的"渎职"。

司法论证的力量也不仅仅来自确保诉讼程序严格按照秩序规则或

第 12 章 相关性及论证语境

"正当程序"进行。这些规则很重要,我们通常可以依靠它们来帮助实现正义;但我们都知道,有时,无懈可击的审判(impeccably conducted trial)会导致"司法不公(miscarriage of justice)"。这种论证的力量是实质性的,而不是程序性的;因此,我们的问题就变成——"与连贯性和正当程序相比,司法论证的力量是从哪些**实质性**来源得到的?"

为了把这个问题说清楚,我们可以更进一步:在交由美国最高法院审理的所有案件中(就像法学家卡尔·卢埃林曾经辩称的那样),双方通常提出的论证不仅在形式上是连贯的,而且在实质主张上也是有力的。事实上,只有那些在结构和实质上都很平衡的案件才有可能进入美国最高法院,因为该法院通常**接受**它认为是"值得审理"的案件,并且可以自由地拒绝那些没有提出足够的法律模糊性或社会重要性法律观点的案件。

这意味着,如果一个论证既**可靠**又**有力**,它就必须为相关人类事业的正当目的服务。例如,只有将**司**法论证放回其实际情境中,并询问其在我们法律机构的实际行为中有什么作用,才能充分理解司法论证的地位和效力。

同样,在科学讨论中,如果要使最初的主张或结论能够得到有关各方的理解和理性批评,就必须有条不紊地、有针对性地阐述论证中所依据的证据和规律。从这个意义上说,论证的形式**模式**有助于使它**可靠**而不是**站不住脚**。但是,最终赋予这种论证以力量——使其"强"而不是"弱"的,又是比其结构和秩序更重要的东西。只有把它放回到它的实际情境中,认识到它是如何为更大的自然科学领域做出贡献的,才能充分理解它的科学力量和地位。正如司法论证只有在服务于法律程序的深层目标时才是**有力的**,科学论证也只有在服务于增进我们的科学理解的深层目标时才是**有力的**。

其他领域的情况也是如此。我们只有在理解医学领域本身的程度上,才能理解医学论证的基本力量。反过来说,内科医生和基督教科学治疗师之间的区别,不仅仅在于他们各自有能力(或没能力)根据

推理导论

生理学论证或诊断为人看病。二者的差异，归根结底，在于对"疾病"的本质，以及人类缓解疼痛和减轻痛苦的活动所持的观念不同：一方着眼于改变病人的身体状况，另一方着眼于改变患者的态度。[注意："病人（patient）"和"患者（sufferer）"这两个词最初的意思是一样的，但后来通过对它们所处的活动进行区分而具有了专门的含义。]

商业、政治和其他任何领域也是如此。在所有这些活动中，推理和论证都在一个更大的人类事业中占据了核心地位。所有这些活动都依赖于对"论证"和"理由"的陈述和批判性评估，为了突出这一相似性特征，我们将它们称为**理性**事业（rational enterprises）。

那么，通常情况下，任何给定类型的论证都会凭借它们在相应理性事业中的位置，找到发挥的空间，起到相应的作用，获得应有的**力量**。它们有分量，有作用，并且只有在适当的论坛，面对适当的受众时，它们才会"发出声音"：在法庭上向陪审团提出法律论证，或者向相关专业期刊的读者提出科学论证。理性事业的更大的活动作为一种"能量场（energizing field）"，就像电动机电枢周围的电磁场一样，因而成为提供论证力量和动力的最终来源。

在具有代表性的人类事业中，如何在实践中实现这一点，这是我们将在第六部分中讨论的话题。

要素的相互依赖性

判断任何论证力量的一个关键步骤是认识到论证中所提出的各种要素是**相关的**还是**不相关的**。当两个邻居因为各自的水权、财产之间的确切界限，或者家里的狗叫声而发生争执时，双方往往会先倒出一大堆"事实"，这些事实可能都是真实的，而且都是基于正确的信息。但是，一个外人被请来在争议双方之间进行仲裁，一开始可能会被这些言论所淹没：

> "一次只说一件事，"他会恳求说，"我们先把这件事弄清楚。"

第12章 相关性及论证语境

换句话说，他只有先把所有的抱怨整理清楚，把所有的"事实"都对号入座，看看哪一个"事实"（如果有的话）与双方的哪一个争议点（如果有的话）真正相关，他才能判断这场争端的是非曲直。

然而，在判断任何论证中提供的任何事实信息（如"理由"）的相关性时，我们不能只看事实和用它们来支持的主张或结论。我们还需要知道其他"保证"有哪些一般规则或原则可以用来将事实和主张联系起来。相关性问题提出了关于论证中不同要素的**相互依赖性**问题。除非我们对可用于连接这些事实的保证以及这些保证的支撑是否坚实有一定了解，否则，我们不能确定在任何论证中提供的事实对结论或主张有任何"影响"：

Q：如果你感兴趣的是**火**，那为什么要谈**烟**？
A：它们之间有因果关系。

抑或：

Q：谁会在意杰克的出生地在哪里呢？他是一个纯正的美国人，不是吗？
A：从法律上讲，获得公民身份的关键条件是出生地和父母身份。

同样，在我们研究保证所依赖的支撑之前，我们不能总是对保证的**适用性**（applicability）充满信心。例如，在仔细阅读了某项法律规则所依据的实际法规后，我们可能不得不重述该法规，以使其措辞更加精确，并允许某些排除和例外情况。

Q：是啊，但山姆·李出生在费城，他只是个常驻外国人。
A：必须是出生地和父母身份两个条件都满足。山姆的父母都是中国公民，所以他的美国公民身份不是自动的。

最后，在我们发现一个结论有多大程度的确定性之前，关于所有

其他要素，如理由、保证和支撑等，还有一些残留问题。无论这个主张是作为"一个必然的结论""一项可靠的推定""一种高度的可能性""仅仅是一种可能"，还是其他别的什么被提出，都会有很大的不同。例如，一个必然的结论要求更严格的形式上的论证，在这种论证中，保证的支撑要比一个实际的推定或仅仅是一种可能性满足更苛刻的标准。

因此，整个论证内各要素在功能上的相互依赖性，将它们以十几种方式联系在一起。例如，毫无疑问，在我们审视保证、支撑和所有其他要素之前，必须先完成对理由的全面审查。在我们明确阐述了整个论证并有机会根据可能的反驳的影响、理由的相关性和保证的适用性进行核查之前，我们对任何一个要素的可接受性的批判性判断都只是暂时的：

Q：哦，你只是说青霉素是治疗上呼吸道感染的一种好的**常规方法**，是吗？我在想你对青霉素过敏的病人怎么看。

A：当然，在这个阶段，我是把过敏型病人排除在外的。

相关性和专业知识

在某些方面，只有当我们考虑到 A 的主张所处的理性事业的更大需求时，理由的**相关性条件**才是完全可以理解的。提出科学假设、对电影进行评论或申请司法禁令，到底涉及哪些东西？例如，所有提出真实主张并在科学或法律范围内就其合理性进行认真讨论的人，都必须对这些领域的定义特征有一些一般性的了解。任何此类讨论的参与者都掌握着大量的（重要的和不重要的）信息或"数据"，而为了本讨论的目的，他们需要从所有这些数据中挑选那些与他们有兴趣确立或批评的结论有关的具体项目。因此，A 的主张的确切地位（比如说，作为一个科学假说、一份刑事起诉书或一份医学诊断书）将决定他可以选择某些信息项的标准，以**达到**科学（或法律或医学）目的，而把其他信息放在一边，认为其**离题**并与案件无关。

因此，**相关性**是一个实质性问题，在科学领域要由科学家讨论，在法律领域要由律师讨论，等等。很少有一种完全通用的"相关性条件"，在所有领域和论坛都适用，并适用于所有类型的论证。相反，学习如何在任何理性事业中运作所涉及的专业培训，主要是学习如何识别哪些类型的信息将作为相关的支持事实，为某个具体的主张辩护：

究竟是什么原因让你认为患者体温突然升高是肺炎的征兆？
如果要支持诽谤罪的指控，我们到底要如何证明恶意？
我们究竟应该在突袭者队的阵容中找些什么，才能为他们本赛季的机会想出一个好主意？

学生律师、实习医生、崭露头角的体育作家、年轻的科学家——这些处于"学徒"角色的人——都在积累他们所需要的知识和经验，以便在法律、医学、体育写作、科学或其他领域中，培养出一种对症状、线索、指标、记录、证词或任何其他"事实材料"（这些可以作为**相关理由**的东西）的敏锐洞察力。

毕竟，我们之所以愿意付钱给专业人士，让他们就其领域内的问题向我们提供判断或意见，是因为他们在专业业务上是"内行（know what's what）"，即他们能敏锐地观察到其特定职业中出现的影响主张和问题的关键"事实"。

常 识

当然，这并不意味着**只有**在专业技术领域内和高素质的专业人员才能进行有效的推理和论证。医学、商业、物理学和法律等领域，都有其特殊的目的和方法；而通过观察这些领域所特有的专业论坛和语境中的论证是如何进行的，我们可以从总体上了解一些关于"推理"的知识。但是，还有其他非常广泛的经验领域，在这些领域中，我们都站在同样的立场上，以同样的方式进行推理，并达到同样的效果。

推理导论

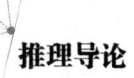

当医生对病人的疾病做出准确的诊断，或开出特定的治疗处方时，我们可能并不完全了解其中涉及的具体内容。我们也不理解保险合同中的"附属条款"，或者公司有权拒绝付款的确切原因——至少，如果没有律师的建议，我们可能无法理解这些。但我们**确实**都明白其中的道理，比如说，答应和朋友一起吃午饭，然后放他们鸽子。而且我们**确实**都明白，在我们的话显然是开玩笑的情况下，一个"极度认真"的承诺和一个随意做出的承诺之间的区别。（"你**知道**我那天必须出城，那你还抱怨什么？"）也就是说，在日常生活的事务中，我们依靠的是一种共同的理解体系，即我们在各种熟悉的情况下应如何行动（因此我们应承认哪些"保证"），以及我们的言语应如何认真对待（因此我们有权为哪些"例外"辩护）。参见图 12-1。

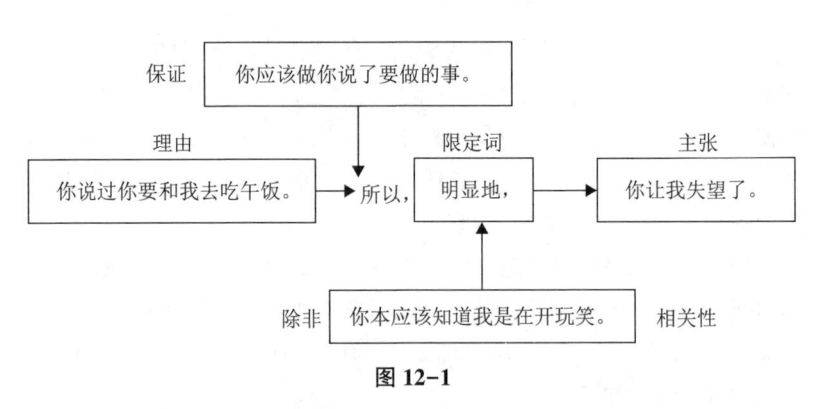

```
              保证   你应该做你说了要做的事。
                            │
                            ▼
理由                        限定词              主张
你说过你要和我去吃午饭。 →所以，  明显地，   →   你让我失望了。
                                  ▲
                                  │
                    除非   你本应该知道我是在开玩笑。      相关性
```

图 12-1

这些因素是我们所说的**常识**的一部分。能像我们这样有效地参与社会或文化活动，很大程度上说明我们的教育是成功的。例如，在童年时期，我们花了很多时间学习分辨哪些人的言行我们可以真正重视，哪些应该忽视。（"别理哈里叔叔：你没看到他在和你开玩笑吗？"）而我们都知道那些"缺乏常识"的人的下场——这种人要么把一切都看得太重，要么对什么都不认真，要么在别人毫不在意的地方坚持自己的"权利"，要么在别人非常在意的地方恳求"借口"和"例外"。

这种"常识"涵盖了广泛的各类经验，并为更多技术型领域的专

第 12 章 相关性及论证语境

业化分工打下了基础。例如，当医生与病人打交道时，她通常可以用"常识"的方式让病人理解她的建议：让病人理解是要"节食"，**而不是在正餐之外再加餐**：

医生："但我想我是让你节食，琼斯先生……"
病人："哦，是的，医生。我已经吃过正餐了，现在我正在吃晚餐！"

同样，当我们与周围的世界打交道时，我们都会对"事物的发生方式"有一定的总体把握。我们的知识并不真正等同于**物理学**，但它提供了一种理解物理科学的自然途径。记得学校的科学老师可以想出各种简单的"实验"，用的都是很简单的零碎的东西：比如，在水面上漂浮一根针来演示"表面张力"。（人们把科学称为"有组织的常识"，就是指这种情况。）

虽然我们并不都是专业律师，但我们同样要求**法律**的技术性问题在用日常用语解释时，对我们来说是有意义的；而当它们不能做到这一点时，我们会忍不住——也有权——回应："但这**太疯狂了**！"（在这方面，法律的思想和论证应该"组织"我们关于人际关系的常识性思想和论证，就像科学的思想和论证对自然事件的思想和论证一样。）因此，一般来说，我们所熟悉的常识和日常经验世界是专业知识和论证世界——乍看之下的神秘世界——的基础。

最重要的是，**常识**——理智的、善于思考的人经过筛选和消化所得到的经验——是任何背景的受众都应该信服的论证方法的基础，也是其最终的**支撑**。在所有人都有着相似的需求，并过着相似的生活的意义上讲，他们共同拥有使用和理解相似的推理方法所需要的基础。

对于科学和其他专业领域的技术推理，我们其他人也许未必能详细而全面地讲清楚。关于一首流行歌曲优劣的争论，对于一个古典音乐爱好者来说，可能没有意义，反之亦然。关于政治策略的讨论，可能只有那些已经知道基本的政治策略和目标是什么的人才能理解。

推理导论

同样，一旦品位和目标问题被公开阐明，各种推理和论证就可以回到常识和共同经验的根源上来。在这种意义上讲，有关论证的力量和支撑——至少用足够普通的话说——可以让来自完全不同背景的人都能理解。

因此，论证和推理的世界并没有被分割成那么多的非交流（non-communicating）群体，每个群体都有自己独特的思维和推理方式。相反，我们都是一个普通"理性共同体（rational community）"的成员，所以也是陪审团的一部分，论证的合理性最终将由陪审团来决定。

练　习

在前参议员小萨姆·J. 埃尔文写的以下论证中，作为一封给里根总统的公开信于1983年7月28日发表在《国会记录》上，教育税减免问题被指控为：①不明智，②不公正，③违宪。教育税减免问题不智的指控分为三个子主张：①它与良好的政府相抵触，②与健全的经济相抵触，③与真正的宗教相抵触。

对每个主张和子主张逐一进行分析，将每个主张纳入第二和第三部分所解释的标准分析模式。必要时，在模式中插入隐含的元素，并将其放在括号中。

然后，准备自己的论证，在其中描述这个论证的写作背景，找出你认为相关和不相关的考虑因素，并提出埃尔文论点中的常识性因素与你认为与法律和政治有关的专业性因素的对比。在这个练习的最后，提出自己的常识性论证，同意或不同意埃尔文的观点。

当他们把孩子送到教授宗教的教会学校和私立学校时，父母的主要动机是可以理解的，他们希望让孩子接受教会的宗教信仰。无论你敦促的动机多么有价值，要求国会将这些家长支付给这些学校的学费抵扣在联邦所得税上的建议是站不住脚的，原因有三。它是不明智的；它是不公正的；它是违宪的。

第12章 相关性及论证语境

- **为什么这个建议是不明智的：**

这个建议是不明智的，因为它与良好的政府、健全的经济和真正的宗教相悖。

政府对人民负有特定的义务，需要大量的税收来资助。教授或资助教授宗教不在其中，但公共教育在。

除了宪法上的缺陷外，税收抵免建议还与良好的政府背道而驰。

政府的财政资源是有限的。它的财力有限，只能在不使纳税人陷入贫困或经济瘫痪的情况下从纳税人那里索取。

政府决不应该耗费其有限的财政资源来资助非政府的义务。如果这样做，就有损于良好的政府和健全的经济，因为它损害了政府以可接受的方式履行自身义务的能力。

如果批准税收抵免建议，国会将削弱国家资助公立学校的能力，公共教育也会相应受到影响。

这一观点始终是正确的。然而，如今它的重要性被大大放大，因为我国的国债超过一万亿美元，而且预计下一个财政年度的赤字将超过一千亿美元。现在不是政府通过资助一项非政府和宪法禁止的事业来增加赤字的时候。

此外，税收抵免建议与真正的宗教相悖。根据上帝的计划，宗教的支撑依赖于它所宣扬的真理的说服力，而不是依赖于政府税收的强制力。

加利利人肯定了这一点，他说："你们必晓得真理，真理必叫你们得以自由"（约翰福音第8章第32节），"所以，要把凯撒的归凯撒，上帝的归给上帝"（马太福音第22章第15~22节）。

政府没收凯撒的税收来资助上帝的事情，是对真正宗教的蔑视。

如果宗教要忠于自己，就必须依靠信徒的自愿捐款，而不是凯撒的非自愿税收来支持它。如果教徒不能或不愿意为其提供资金，教会的事业就不值得赞扬。

- **为什么这个建议是不公正的：**

政府强迫一个纳税人纳税，而免除另一个纳税人的全部或部分税款，是不公正的。然而，如果国会批准税收抵免提案，这正是税收抵免提案所要做的。

此外，它还会报复性地这样做。虽然每一个收入微薄的人都要缴纳联邦所得税，但该提案将迫使他全额缴纳所得税，而该提案将对父母向教授宗教的学校支付的学费给予全部或部分特别免税，即使他们的年收入总额为75 000美元。

托马斯·杰斐逊的《弗吉尼亚州宗教自由法规》废除了支持弗吉尼亚州既有教会的税收。

该法规宣布，政府强迫人们捐献税款，用于宣传他们不相信的宗教观点，既是罪恶的，也是暴虐的。

在1982年，政府这样做和托马斯·杰斐逊的时代一样，都是罪恶和暴虐的。

然而，这正是税收抵免提案如果被国会通过后所要做的事情。新教徒和犹太人以及所有其他不把孩子送到教会学校和私立学校接受宗教教育的美国人，即使他们不相信这些学校所传授的宗教教义，也不得不交税来宣传这些学校。

之所以如此，是因为这些新教徒、犹太人和其他美国人将被法律强制要求提供税收抵免所造成的国库收入缺口。

- **为什么这个建议是违宪的：**

在过去的时代，政府把人民的思想和精神关进了知识和精神的牢笼。它的做法是剥夺他们的宗教自由，强迫他们交税支持它建立的教会，即使他们不相信教会宣扬的教义。

开国元勋们知道这些政府暴政的历史，并决心不会在我们的土地上重演。他们把美国作为一个自由共和国的存在寄托在他们持久的信念上，即国家必须远离宗教，而宗教必须远离国家，尤其是公共财政。

为此，他们在宪法中增加了第一修正案，从而禁止政府制定任何"尊重建立宗教或禁止自由行使宗教"的法律。

税收抵免建议与第一修正案的两项禁令相抵触。

如果国会通过，学费税收抵免将是一项"尊重宗教建制"的法律，因为它将间接向教会学校和私立学校提供税收抵免，以帮助它们教授宗教。

如果得到国会的批准，学费税收抵免也将成为"禁止自由从事宗教活动"的法律，因为它将对不把孩子送到教会学校和私立学校接受宗教教育的美国人征税，以供应因税收抵免而产生的国库收入的不足，并将其提供给那些这样做的人……

第 *13* 章　总结和结论

在第一和第二部分中，我们首先考察了一个论证要想连贯起来（如果要"可靠"的话）所需的要素，这些部分包括理由、保证和支撑。接下来，我们研究了表明这个论证声称或实际上拥有什么分量（它有多"强"）的考虑因素，这些因素包括限定条件、可能的例外和反驳。最后，我们评述了决定所有这些要素相关性的情境特征。

到目前为止，我们对这些要素的介绍似乎一直是以同样的顺序进行的：首先是主张，然后是主张的理由，接着是将这些主张的理由联系起来的保证，而后（按顺序）是保证的支撑、最终得出结论的限定条件以及任何可能推翻它的反驳。这么做当然只是为了方便。我们现在可以看出，这种明显的顺序在某种程度上是人为的。

诚然，在某些情况下，我们可能会把一个论证分开，然后按照这个建议的步骤顺序来评论它。但事情不需要（也不总是）以同样的顺序发生。一旦我们看到所有要素之间的相互联系和关系，我们就可以认识到它们是**相互依赖的**：除非我们首先检查了使这些理由**具有相关性**的保证的支撑是否牢靠，否则我们不可能总是对这些理由与某个主张的相关性感到最终满意。观察图 13-1 所示的情况。

"你不应该踩踏草坪！"

"你什么意思？这有法律禁止吗？"

第 13 章 总结和结论

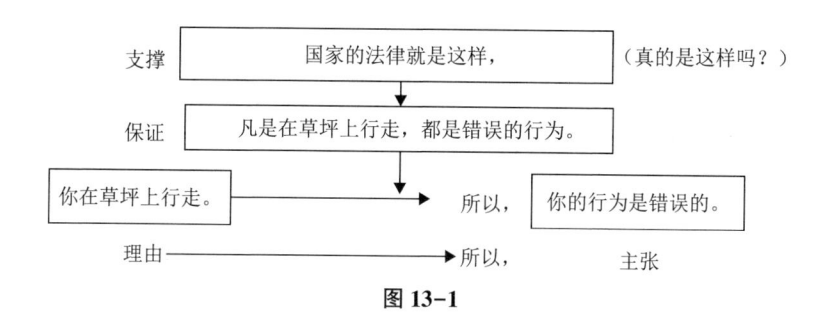

```
支撑 ┌─国家的法律就是这样,─┐    (真的是这样吗?)
                         │
保证 ┌─凡是在草坪上行走,都是错误的行为。─┐
                         │
┌─你在草坪上行走。─┐──────▼──所以,──┌─你的行为是错误的。─┐
     理由 ─────────────── 所以, ──────── 主张
```

图 13-1

因此,批判性分析的真正对象是**完整的论证**,包括其所有的要素,并在其实际情境中加以考虑。

一些最后的例子

为了把这种对论证结构和过程的分析结果集中起来,我们可以收集几个论证样本,并按照我们的基本分析模式把它们完整而明确地列出来(图 13-2 至图 13-5)。在这几章中,所有的论证都可以这样做。但这四个图就足以说明一般模式的适用方式,其他的论证可以留给读者作为练习。

1. 一个熟悉的气象学例证:"明天早上天气就会放晴,凉爽起来。"

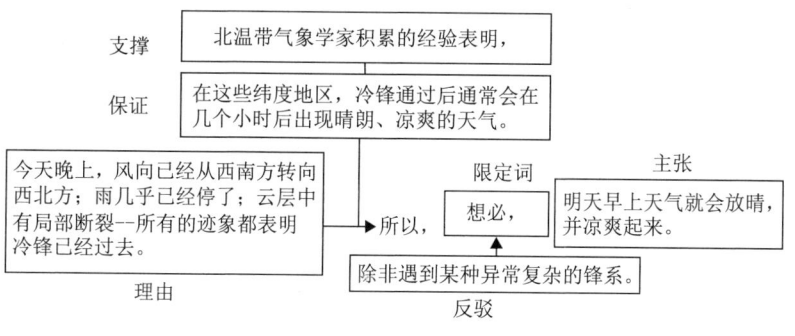

```
支撑 ┌─北温带气象学家积累的经验表明,─┐
保证 ┌─在这些纬度地区,冷锋通过后通常会在
      几个小时后出现晴朗、凉爽的天气。─┐
                                              限定词       主张
┌─今天晚上,风向已经从西南方转向         ┌─想必─┐  ┌─明天早上天气就会放晴,
  西北方;雨几乎已经停了;云层中         │        │  │  并凉爽起来。─┐
  有局部断裂──所有的迹象都表明─┐──所以,─┘        └──┘
  冷锋已经过去。─┘
                                        ┌─除非遇到某种异常复杂的锋系。─┐
        理由                               反驳
```

图 13-2

2. 一个类似的体育预测:"洛杉矶旧金山队在超级碗上是十拿九稳的。"

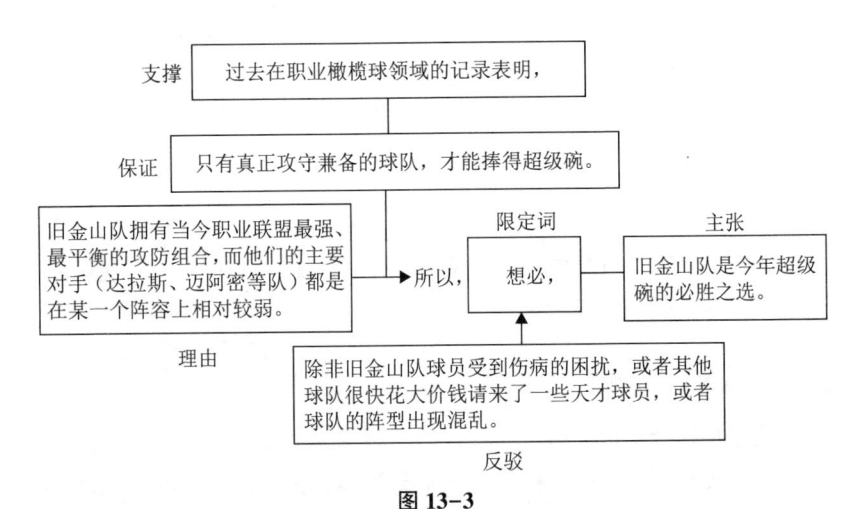

支撑: 过去在职业橄榄球领域的记录表明,

保证: 只有真正攻守兼备的球队,才能捧得超级碗。

理由: 旧金山队拥有当今职业联盟最强、最平衡的攻防组合,而他们的主要对手(达拉斯、迈阿密等队)都是在某一个阵容上相对较弱。

所以,

限定词: 想必,

主张: 旧金山队是今年超级碗的必胜之选。

反驳: 除非旧金山队球员受到伤病的困扰,或者其他球队很快花大价钱请来了一些天才球员,或者球队的阵型出现混乱。

图 13-3

3. 一个道德论证,换句话说:"吉姆对贝蒂不公平,不体贴。"

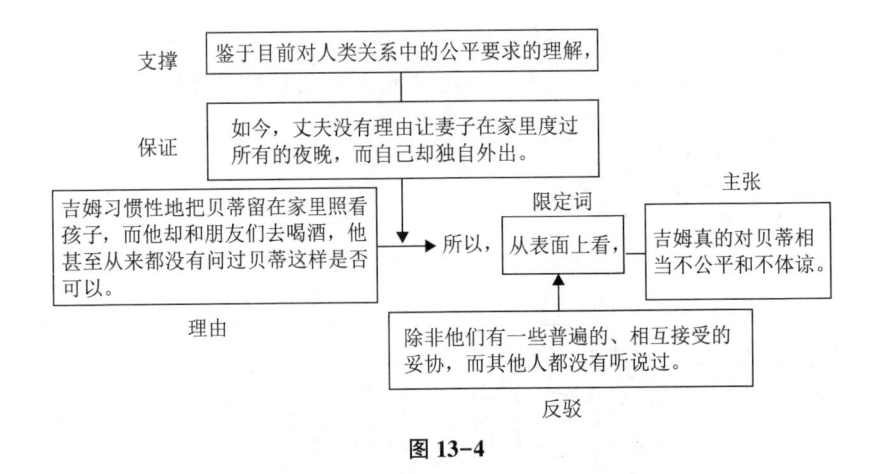

支撑: 鉴于目前对人类关系中的公平要求的理解,

保证: 如今,丈夫没有理由让妻子在家里度过所有的夜晚,而自己却独自外出。

理由: 吉姆习惯性地把贝蒂留在家里照看孩子,而他却和朋友们去喝酒,他甚至从来都没有问过贝蒂这样是否可以。

所以,

限定词: 从表面上看,

主张: 吉姆真的对贝蒂相当不公平和不体谅。

反驳: 除非他们有一些普遍的、相互接受的妥协,而其他人都没有听说过。

图 13-4

4. 一个有点难度的例子来自纯数学,用于比较:"有且仅有五种规则的凸多面体"。

支撑　鉴于三维欧几里得几何学的公理、假设和定义，

保证　任何一个规则的凸多面体都有等边的平面图形作为它的面，任何一个顶点的角度加起来都会小于360°。

在四面体中，每个顶点连接的面是3个等边三角形，角度共3×60°=180°；在八面体中，4个等边三角形，共4×60°=240°；在二十面体中，5个等边三角形，共5×60°=300°；在立方体中，它们是3个正方形，角总数为3×90°=270°，而在十二面体中，它们是3个五边形，总数为3×108°=324°。实体顶点的其他等角组加起来都不小于360°。

理由

所以，

限定词　根据几何学的严格必然性，

主张　有且仅有五种规则的凸多面体。

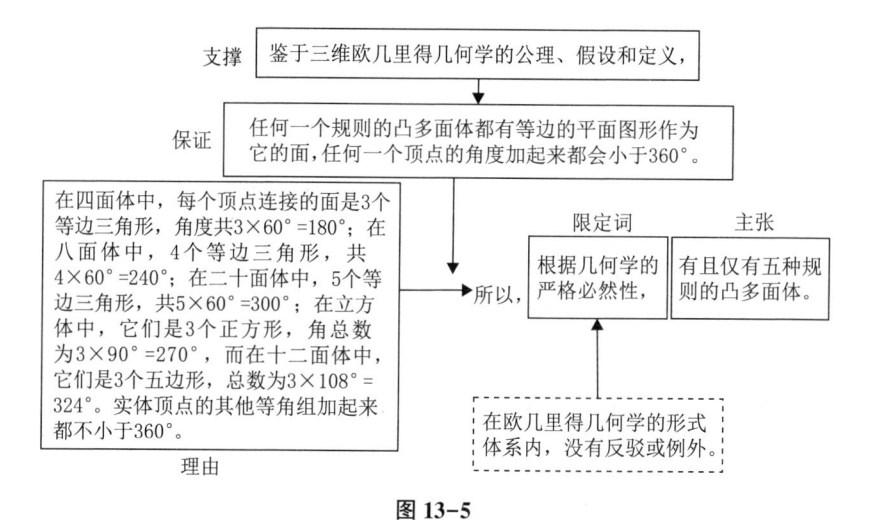

在欧几里得几何学的形式体系内，没有反驳或例外。

图 13-5

图 13-5 是因为它的历史意义而被列入的。它代表了泰阿泰德在柏拉图一生中给出的一个新颖的几何证明，并使柏拉图对几何论证的"理性力量"产生了深刻印象。在这里似乎终于实现了严格必然性的论证，同时对我们生活的世界建立了一个非常不可预见的结论。

从目前的角度看，这四个例证是脱离其更大的论证论坛或论证背景而孤立呈现的。但从前面几章的内容来看，为大多数论证构建适当的背景应该不难。必须记住的是，除了某些具体的背景之外，任何论证的力量都有消失的危险。

形式论证及其结构

最后一个例子有一个特别之处。在每一个样本论证中，看一看支撑（B）是如何支持保证（W）的。在前两个例子（气象学和橄榄球赛的例子）中，我们关注的是一般的经验问题，所以 B 和 W 之间的关系**是事实性的**。支撑（B）"让我们有理由相信"保证（W）一般是真

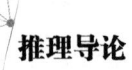

实的，并且/或者对未来的案件有可靠的指导意义。在第三个例子中，我们也涉及一个经验问题，但这种关系已不再是纯粹的事实。有关经验是人类同伴之间的生活（和相互作用）的经验，支撑（B）为保证（W）中家庭生活的一般规则提供了**道义上的**支持。

如果我们从法律中举出一个例子，关系就会不同；例如，支撑（B）可能会指明一个法规（一项由相关立法会议或议会通过的法律）或一个司法先例（一个先前的有约束力的案件），而保证（W）会说明其法律权威来自该法规或先例的一般规则。如果我们愿意的话，我们可以把这种关系称为"经验问题"；但是，我们这里所说的经验既不是一个观察到的简单事实，也不是一个道德决定问题。相反，这是一个**专业**经验的问题：已经认识到现有法律和先例与目前正在讨论的案件有关的问题。

在最后一个例子中，B 和 W 之间的关系又有所不同。任何一个给定的数学命题都是从它所属的形式系统的公理、假设和定义中得到的支持，但这种支持几乎很难用"经验问题"来描述。诚然，我们必须**认识到**给定的命题和基本公理之间的联系；但我们看到的它们之间的联系是一种**形式上的**联系，并且由于整个数学体系的一般特征而成立。这不是那种"恰好"发生的联系，也不是我们可以通过自己的道德决定或（也许）国会法案自由建立或中止的联系。

我们也可以用以下方式来表述这一论证。假设以下假设为支撑（B）：

"欧几里得三维几何体系是这样的……"

我们可以按照保证（W）中规定的方式定义一个"规则的凸多面体"；然后我们就可以应用这个定义来**证明**——作为一个形式结构的问题——定理（C）在整个几何系统中具有适当的位置。

考虑到这最后一个例子，我们可以回到本书开始时所说的一个区别。在口语中，"论证"一词有两种用法：一是指一系列形式命题及

第13章　总结和结论

其相互牵连的方式；二是指在提出、批评和/或辩护意见的过程中人与人之间的互动。我们在本书中主要关注的是**论证**一词的后一种意义[	"人际互动（human-interaction）"]，以及论证（如此理解的论证）如何从它们进入人类生活的方式中获得力量和稳固性。

然而，"论证"一词的另一种更形式的意义也有其存在的价值。在这另一种意义上使用这一术语，有时可能有助于暂时搁置与有关场合所涉及的事实经验和背景方面有关的所有考虑因素，而将所考查的命题抽象出来，只关注命题本身之间的形式联系。这是在欧几里得几何学等纯数学的分支中所做的事情，也是在所有的理论科学中所做的事情——理论经济学如此，物理学理论和其他自然科学也是如此。而正是在这种场合，"证明""演绎"和"演证（demonstration）"等形式用语取代了"支撑""支持"和"建立"等用语。

在考虑经济学等领域的论证时，我们需要谨慎行事，因为这些论证既有形式上和理论上的，又涉及实践经验的问题。我们必须注意在头脑中明确：当前的论证是否要从**形式**的角度来考虑（这样我们要问的问题就是，论证的结论是否真的是，比如说，从不完全竞争理论中"演绎地得出的"，并且因此能够在该理论中得到**证明**）；或者，当前讨论的问题是否是一个经验问题（在这种情况下，不完全竞争理论可以被适当地认为是与讨论的问题**相关**）。

简言之，对一个论证的理性批判，需要我们注意两种截然不同的问题。在某些场合，问题是关于论证的**内部结构**的：

"我的论证**对**吗？论证中各陈述之间的联系都是**无可挑剔**的吗？"

在其他场合，问题是关于论证的外部相关性的：

"我用的论证**正确**吗？在这种实际情况下，这种特殊形式的论证有**分量**吗？"

推理导论

　　我们将在下面的章节中看到，当我们审视论证可能出错的方式时，实际上，一连串的推理会使我们同时在这两个方面或其中一个方面陷入困境。

第四部分

谬误:论证何以错误?

第14章 导 论

正如某些被广泛认可的立论方式在很多领域被认为是可靠的（sound），同样**存在一些论证程序模式在传统上一直被认为是不可靠的**（unsound）。人们称这些论证模式为**谬误**。如果我们不考虑一些具有代表性的谬误的例子并探究导致它们错误的原因，那么我们对实践推理的讨论就是不完整的。

以下是三个初步注意事项：

1. 许多谬误的产生源于对理性策略或论证程序的使用不当或不合时宜。因此，谬误的目录清单永远不会是完整的（人们总能在推理中找到误入歧途的新入口）。所以，同学们不要期望我们对谬误的讨论会穷尽所有不可靠的论证模式，也不要期望这一难题能够通过机械的方式为大家所掌握，因为谬误是复杂的（有时候复杂到了绝妙的地步）和多样的。

2. 此外，谬误并不会明明白白地把自己归于某一类。我们在此只讨论和解释不同种类的谬误，而并不对它们的类或子类进行系统的分析，这是因为几乎每一种这样的分析最终都让人更加困惑，而不是有所帮助。相反，我们将呈现的是一系列长久以来一直被学习推理的学生们认定为不可靠的论证模式。

3. 对某些人来说，最头疼的是，在一种场合错误的论证，在另一种场合可能就变成了合理的。因此，我们实际上无法识别任何本质上错误的论证形式，相反，我们只能试着去说明为什么某

些论证在不同的场合是错误的。

因此，在接下来的内容中，我们将着重强调如何适当关注那些在我们论证时使用的理由和保证，以及如何留意那些在论证中使用得含糊不清的用语，以期达到规避错误论证的目的。

谬误研究可以被看作是一种推理当中的敏感性训练，应当使学生们认识到使用不精确的表达式（模糊的、歧义的或错误界定的术语）会导致的各种错误风险。同学们不仅要注意论证中的不当理由，而且也要注意论证中隐含的假定和预设。

五种类型的谬误

谬误是那种尽管不合理但却似乎能说服人的论证。它们的说服力源于其与可靠的论证形式具有表面相似之处，而这种相似性为它们蒙上了"合理性"的虚假面纱。谬误可能是无意的，或故意的错误；也可能是诚实的，或不诚实的错误。从一开始就牢记这一点是非常重要的。这一区别的重要性在于，我们对待不诚实错误的态度与对待诚实错误的态度是非常不同的。我们通常不会去责怪那些误导我们的人，但我们会致力于找出令人讨厌的误导的根源。我们只是要求那些在推理中犯下诚实错误的人通过消除他们所犯的错误重新阐述他们的论证。通过对比，如果我们发现有故意犯下的谬误（这样的谬误有时候被看作是诡辩），即，如果我们发现说话者正试图把这种谬误强加于我们，我们就可以质疑是否有进一步讨论的必要。

根据我们的模型，谬误被分为以下五大类：

1. 理由缺失谬误。
2. 理由不相干谬误。
3. 理由缺陷谬误。
4. 无保证假设谬误。
5. 歧义性谬误。

因为没有为主张提供真正的理由，因此，由于缺少理由而产生的谬误属于伪论证（pseudo-arguments）。论据缺陷产生的那类谬误为确立有关主张提供了正确的理由，但所提供的理由却不足以使这一主张成立，这类谬误中的理由相关但不充分。由不相关理由导致的谬误只是提供了错误的证据类型，有关数据与所提出的主张无关。由无保证的假设导致的谬误中包含了一个你能从理由推出主张的推定，而实际上你不能。它们通常包含的一个假设是：对于一个保证的适用性已经达成了广泛共识，而实际上却没有。歧义性谬误产生于论证中的一些术语可以有多种解释。第五类谬误与前四类谬误的不同之处在于它是我们在论证中所使用的词汇或语句的意义有问题而不是推论中的结构性问题。

在由不当理由或无保证假设产生的谬误中，我们发现，论证中的问题涉及的是了解我们模型中的主要要素、理由、保证和支撑如何共同确立一个主张。矛盾的是，当我们的论证有缺陷时，这一点或许最为明显。在许多情形下，只有当我们①明确了我们的保证，并且②提出这个保证是如何被支持的问题时，我们才能发现我们的理由有问题。实际上，要问一个论证是否是错误的，就是要问从理由到主张的整个**过程**（这个过程总是隐含地包含着保证和支撑）是否有问题。针对合理的论证，我们除了接受有理由支持的主张外，通常或多或少地懒于做进一步的探索；相比之下，当我们对错误的推理产生怀疑时，往往更关心的是保证和支撑。关键在于，即使一个错误的论证主要是由于理由不足造成的，在解释论证中的错误时几乎总会不可避免地提及有关保证和支撑的问题（这些问题在任何合理程序中都是隐含的）。正因为如此，我们才强调针对谬误的讨论并不是为了成为记忆各种定义的机械过程的前奏，而这些定义能够帮助我们对推理中的错误进行清晰的分类。相反，我们的讨论告诉我们，推理是一个涉及我们模型中所有要素相互作用的复杂过程。因此，本部分所提出的谬误并不是要穷尽而是要**典型说明**（typify）推理可能误入歧途的方式。

第 15 章 理由缺失谬误

谈论缺乏理由的论证，可能听起来有点奇怪，但是它们确实存在。这种论证是所有论证中最不可靠的，因为主张缺乏理由就意味着它们无法通过论证中理性充分性的第一个考验。一个缺乏理由的论证只能算是一个表面上的断言，因为没有为有关主张提供任何真实的证据。因为实际上没有为进行断言提供理由，所以我们可以将这种行为称为伪论证。也许对学习逻辑的学生们来说，能够识别出来的这种伪论证的最好的例子，就包含在**乞题谬误**中。

乞题谬误（Begging the question）

当我们提出一个主张并且提出"理由"来论证这一主张，但"理由"表达的意思又等同于原初主张表达的意思时，我们所犯的错误就是乞题谬误。我们似乎主张 C 并提供支持它的理由 G，但是实际上 C 和 G 表达的是同一个意思——尽管这一事实可能会由于主张和理由语言表达形式的不同而被掩盖。

  A：史密斯说的是实话。
  Q：你为什么这么说？
  A：这种事上他不会对我说谎。

如果"他不会说谎"被理解为"在这种场合并没有说谎"。A 的第二句话只不过是变相地重述了他的第一句话；并没有增加任何新的意义。这两句话的不同仅在于，前者是肯定的陈述，而后者是否定的陈述。

和其他谬误一样，乞题谬误在更大、更广泛的论证中变得更容易和更有欺骗性。

  A：毕加索是20世纪最伟大的画家。
  Q：何以知之？
  A：懂艺术的人对毕加索的欣赏超过了对20世纪所有其他艺术家的欣赏。

至此，我们对这一论证没有任何异议。但是如果我们要求断言者提供更多的理由时，他可能马上就会犯乞题谬误：

  Q：这些对艺术如此了解的人到底是谁？
  A：了解20世纪艺术的人是那些对毕加索作品非常了解的人，他们对他的欣赏超过了对20世纪所有其他画家的欣赏。

在第二个例子中，由于我们很少坚持让说话者详细阐述他们的论证，所以更可能忽视这种"循环"表达。然而，论证必须建立在能够明确（且如果发问者要求澄清，又必须明确）的理由上的要求，意味着我们应该在任何情况下都能就某个给定的主题阐述清楚我们的整个推理。如果我们看一下图15-1和图15-2，就会显得更加清楚：

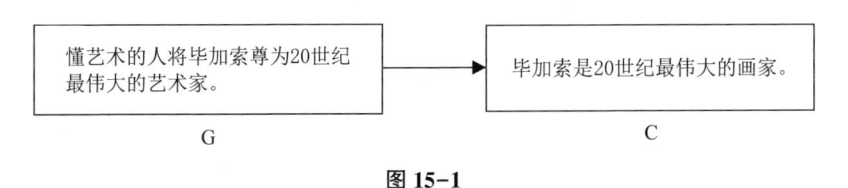

懂艺术的人将毕加索尊为20世纪最伟大的艺术家。	→	毕加索是20世纪最伟大的画家。
G		C

图 15-1

到这一步为止，这个论证看起来好像是合理的。但是，当我们像图15-2这样增加了据称能确保这一步的保证时，我们就发现如下结果：

```
┌─────────────────────────────┐                    ┌─────────────────────────┐
│ 懂艺术的人将毕加索尊为20世纪 │ ─────────────→   │ 毕加索是20世纪最伟大的画家。│
│ 最伟大的艺术家。            │         ↑          │                         │
└─────────────────────────────┘         │          └─────────────────────────┘
              G                         │                       C
                        ┌───────────────┴──────────────┐
                        │ 懂20世纪艺术的人是那些对     │
                        │ 毕加索作品非常了解的人，     │
                        │ 他们对他的欣赏超过了对20     │
                        │ 世纪所有其他画家的欣赏。     │
                        └──────────────────────────────┘
                                       W
```

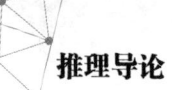

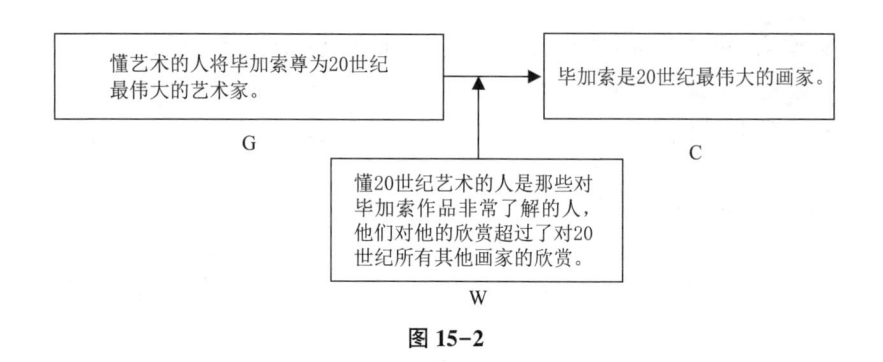

图 15-2

137 　　一旦清楚地将保证表述出来，我们就会发现，我们在从理由到主张的通道里根本没有移动半步。这个保证只是声称，懂艺术就等于坚持认为毕加索是 20 世纪最伟大的画家。一旦问起如何才能支持这样一个保证时，我们就会意识到，它将涉及的是确立与我们的原始理由试图确立的主张**完全**相同的主张，我们的论证并没有取得任何进展。尽管我们陈述了理由，但是我们并没有真正执行**理由给定程序**（grounding procedure）。

　　乞题谬误也出现在定义里。**所谓的循环定义实际上就是在给有关术语下定义时犯了乞题谬误的错误。**我们看一下以下几个定义：

　　　　——猫是一种猫科类动物。
　　　　——原因是导致结果的东西。
　　　　——蒸馏法就是运用蒸馏的方法。

　　上述每个陈述都预先假定了人们明白被定义项的意义。不知道猫为何物的人不可能知道猫科动物为何物，不理解何为原因的人也不可能理解结果这个概念，同样地，不知道蒸馏法的人也不可能知道蒸馏是什么意思。最后一个例子是使用同义词下定义的例子——口袋字典的典型特征之一（这也是老师们不鼓励学生用这类字典的原因之一）。

　　乞题谬误无法提出实质性证据来支持一个主张，看似为主张提供证据实际上只是对原始主张的重述。不过，乞题谬误本身对论证是无伤大雅的,尽管它没有为原始主张增添任何实质性的东西,但也没有损害这一主张。如果主张者有能够为之辩护的立场——如果提供的理由能让我们据此确立主张的话——他所要做的只是重新开始,并换一个角度讨论这一主题。

乞题称谓(Question-begging epithets)。另一个常见的谬误来源是使用乞题称谓。**这些称谓或者是错误的循环,或者是容许论证中出现复杂问句。**这类称谓有:"天真的乐观主义者""心软的自由主义者""鲁莽的激进主义者""懦弱的和平主义者""危险的无神论者""保守的蒙昧主义者",等等。它们在少数情形下也许可以完全贴切地描述有关个人,但是使用这样的称谓会很快成为一种危险的习惯。每一个称谓都是一个复合描述,其中的修饰词(天真的、盲目的等)最终会被看作是与它们相对应的名词群体(乐观主义等)里所有人的一种普遍特性。即便大多数乐观主义者真的都天真,但也不能说所有的乐观主义者都是天真的。同样也不能断定激进主义者一定是鲁莽的,和平主义者一定是懦弱的,无神论者一定是危险的,或者,蒙昧主义者一定是保守的。大多数陈词滥调和刻板成见所具有的乞题谬误特性使得它们在多数理性论证中让人厌嫌。

因此,当某人被扣上"懦弱的和平主义者"的帽子时,他可以通过区分隐含于这个称谓中的复杂问题来这样回应:

"是的,我是一个和平主义者,但我并不懦弱。"

无论何时遇到上面所列的这类带贬义的修饰类形容词,我们都应当时刻留意它们是不是乞题称谓。它们是政治措辞最普遍的特色之一。

当潜在的假设(和平主义者一定是懦夫)未加批判地使用时,"**懦弱的和平主义者**"这类词语就变成循环的了。乞题谬误的元素相应地也涉及井下投毒谬误的一部分内容;或许没有证据能够伪造这个称谓所隐含的空穴来风式说法。乞题称谓之所以阴险,正是因为它们很容易被人忽视,除非我们时刻留意它们。一个不慎引用的短语可能因此而削弱一个原本可靠的论证。

也有很多类似的短语表达的是我们社会普遍赞赏的品质。使用这些词或它们的反义词可能把我们的论证渲染到谬误的地步。我们都想被人们认为是真诚的、自然的、宽容的和真实的等，而且几乎没有人真正愿意被认为是不切实际的或冷漠的。同样地，作家和演讲者常常用一些特定的词语来修饰他们的观点；如，**确凿的**、**明显的**、**必然的**和**精确的**。但是这些词语经常被错误使用。我们在相关的论证中被认为是默认他的说法，只是因为主张者是这样描述他的观点的。但是被断言为"确凿的"或"明显的"东西实际上往往与事实相去甚远。（这类乞题谬误的词语同样值得我们小心对待；其阴险之处，也在于它们很容易被人忽视。）

乞题谬误的基本步骤对我们将在后面几章详细讨论的很多谬误来说是很常见的。在某种意义上讲，任何理由与结论不相关的论证——任何我们可能对案件事实达成一致但可能对它们是否是正确**类型**的事实存在争议的情况——我们就犯了广义的乞题错误。然而，我们可以通过许多方式来做到这一点，以至于每一种传统上被认定的相关性谬误都值得我们进行特别讨论，因为它们可以使我们了解谬误的各个方面。我们在下一章将介绍这些谬误，其中值得特别注意的两种理由缺失的谬误是**规避问题**和**井下投毒**。它们也是我们接下来最先讨论的不相干理由论证模式。

第16章 理由不相干谬误

除了因理由缺失而错误的论证外，还有一个更大更隐秘的错误论证群，这些论证之所以错误，不是因为它们不能为自己的主张提供理由，而是因为它们为其主张提供的理由是错误的。**当我们提供的证据与我们的主张并不直接相关时，这类谬误就产生了**。必须强调的是，证据可能与主张相关，但不是**直接**相关。例如，以某人曾经是一名某主义者为理由，主张应禁止她从事政府工作，这种主张可能是错的，也可能是对的。如果这个人申请当一名邮递员，那么她的某主义者背景就与其投递信件的能力几乎没有任何直接关系。但是，在决定她是否适合在国务院工作时，这就可能成了一个非常重要的考虑因素。一切都取决于我们所讨论的是什么：是主张的性质，还是针对主张主体而决定哪些是和哪些不是被正当断言的保证？在我们详细考察一些不相干理由谬误的经典例子之后，这个问题就会变得更加清楚。规避问题是不相干理由谬误中最为简单的例子，因此我们从它开始。

规避问题

当我们试图用那些与所讨论的问题并不直接相关的证据为我们的主张提供理由时，就是在规避问题。规避问题的情景有许多种。一些情景是，纯粹简单地引用错误的数据；另一些情景是，引用的数据与我们的断言仅有微弱的联系；而还有一些情景是，绕开我们所面临的问题。当我们进一步详细说明论证据以建构的保证时，这种论证的谬误通常就会显现出来。

图 16-1 展示的是一个主张建立在弱相关理由上的论证，而这些理由却是被典型的美国社区中大多数成员所认可的。但是，这个论证却是错误的，因为所提供的理由无法让我们推出与他们所提出的主张同样具体的主张。

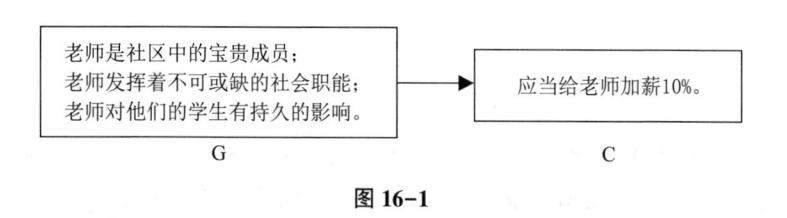

```
┌─────────────────────────────┐
│ 老师是社区中的宝贵成员；        │
│ 老师发挥着不可或缺的社会职能；  │         ┌──────────────────┐
│ 老师对他们的学生有持久的影响。 │ ──────→ │ 应当给老师加薪10%。│
└─────────────────────────────┘         └──────────────────┘
              G                                    C
```

图 16-1

如图 16-2 所示，当我们把隐藏在这样一个论证中的保证详细说出来的时候，论证中包含的错误就变得很清楚了：

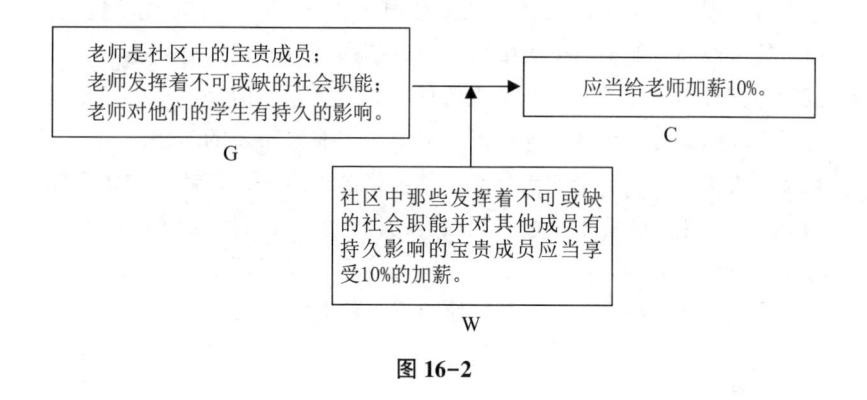

```
┌─────────────────────────────┐
│ 老师是社区中的宝贵成员；        │
│ 老师发挥着不可或缺的社会职能；  │         ┌──────────────────┐
│ 老师对他们的学生有持久的影响。 │ ──────→ │ 应当给老师加薪10%。│
└─────────────────────────────┘         └──────────────────┘
              G                                    C
                                   ↑
                         ┌──────────────────┐
                         │ 社区中那些发挥着不可或缺│
                         │ 的社会职能并对其他成员有│
                         │ 持久影响的宝贵成员应当享│
                         │ 受10%的加薪。         │
                         └──────────────────┘
                                   W
```

图 16-2

毫无疑问，这个论证的说法有点抽象。然而，如果我们想象它是在一次会议上提出的——比如设想是在讨论财政事务的新英格兰城镇会议上提出的——我们就不难发现，上面提出的保证或规则并不是我们可以充分依赖的。在财政问题上，我们是有固定预算的。上述论证中所提到的那些考虑因素与我们应该如何分配社区资源确实有**某种关**

联性，但是它们并不能成为决定来年是否该给老师加薪10%的依据。要决定这个问题，我们需要了解的是以下这些情况：老师当前的薪水级别是怎样的，他们在与通货膨胀的抗争中是如何生存的，与其他同类学区和社区的雇员相比他们的薪水如何，以及社区短期和长期的财政优先重点。所有的这些考虑因素都要比图16-1所示的论证中提出的那些与老师加薪问题具有更**直接的**关系。

规避问题的另一种形式体现在我们对问题的回答上。当我们试图回避而不是回答一个问题时，我们也就是在犯这种错误。政治家们使用这一策略来避免对那些有争议的法案表达自己的真实想法。例如，一个议员可能会被问到他是否打算为一个即将出台的旨在为社保群体提高福利的法案投票。他可能会回答说，他认为老年人是这个社会的重要组成部分，他在过去曾为他们的权益做过不懈的努力，并且对他们的不公正待遇深表痛惜。无论他的这些话听上去多动听多高尚，实际上没有一句真正回答了提出的问题。它们或许最终能和提出的问题扯上一点关系，例如，它们或许暗示了议会对于这个议案的意见，但是就它们所表述出的内容来讲却与问题本身并**不直接**相关。如果他故意将自己的回答局限于这种一般性陈述，从而掩盖他打算投票反对这项法案的事实，那他确定无疑是在错误地规避问题。

在论证中，有两种转移注意力的策略值得我们注意：一种是**红鲱鱼谬误**（the red herring），一种是**稻草人谬误**（the straw man）。

所谓**红鲱鱼谬误**是指在论证中通过提出一个与问题间接相关的话题从而引导人们偏离这个讨论。例如，在一个关于社会主义和民主这两个抽象概念的兼容性问题的论证中，有人会将斯大林的肃反运动拿来作依据。在具体层面上，这种主张的确与社会主义和民主的兼容性问题紧密相关，但是仅仅从一个国家的社会主义发展过程中的一个事件来分析和探究问题，我们到底在多大程度上能清晰地阐明这个抽象的问题就不得而知了（就像越南战争阐述民主的**概念**一样）。

稻草人谬误是另一种转移注意力的策略，它是指运用这一策略的人编造一种情景去支持或反对别人事实上并没坚持的某个立场。尽管

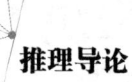

推理导论

稻草人谬误也能使问题复杂化，但这种谬误通常是过于简化了问题。稻草人谬误与红鲱鱼谬误的相似之处在于它们都是在论证中转移话题；但是，它们的转移方式又不尽相同。红鲱鱼谬误是将整个话题转移，而稻草人谬误则是试图通过把别人的立场重新表述为一种容易被否定的观点从而反驳别人的原立场。其中的问题是，稻草人谬误通常是对原观点进行歪曲或者过于简单化地重述然后予以反驳，这种反驳尽管很容易实现，但却并没有解决真正的问题。例如，假如我们要反对一个人，这个人认为堕胎不应该是合法的。在这个论证过程中，我们提出的一个陈述是：谋杀是且应当是违法的。这个陈述意在表明对手和我们的观点实际上是一致的。要确定谋杀应该是一种犯罪，就必须先确定堕胎是谋杀（这是一个更加困难的立场去证明）。表明谋杀是一种犯罪与主张堕胎应被当作谋杀起诉并非完全无关，但它绝不能确立堕胎的道德和法律特征。争辩它的存在，就是与任何参与者都未持有的立场进行争辩。因此，我们实际上是通过树立一个容易被击倒的稻草人（这种谬误因此而得名）而回避了本来的问题。

当然，并不是所有对问题的规避都必然是错误的。例如，提问者并不总是有权获取他们想要的信息。学生无权向老师询问考试中会出现哪些问题。类似地，国家安全局要求军方提供某些分类信息（这并不是说除了军方之外，任何人都根本无权获得此类信息）。这些情形与前面提到的政客被他的选民提问的例子截然不同，因为国会议员宣誓的职责就是代表自己的选民。在这里，像在其他地方一样，有关的论证程序是不是错误的问题取决于使用它的情境。

诉诸权威

权威是我们熟悉和传统的话题之一，围绕这些话题我们可以构建合理的论证。**当在某个特定的话题上援引权威的主张作为最后的定论时，这种诉诸权威就成了错误的了。**权威的意见被视为对有关问题讨论的终结。不再考虑任何证据；权威的意见一劳永逸地解决了这个问题。

第 16 章 理由不相干谬误

据说援引权威来反驳其他更直接相关的证据的经典案例是亚里士多德学派的科学家，他们拒绝通过伽利略望远镜进行观察。他们坚信亚里士多德的观点不可能是错误的，因此，就像伽利略所说的，任何观察结果都不可能与亚里士多德所讲的相悖。该论证大致如图 16-3 所示。

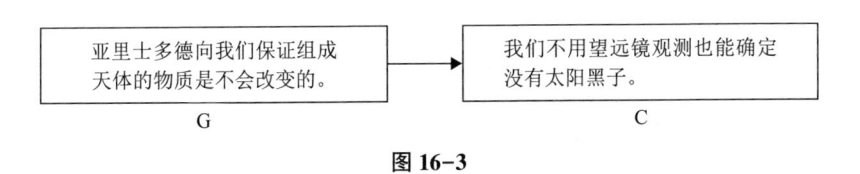

```
┌─────────────────────┐      ┌─────────────────────┐
│ 亚里士多德向我们保证组成 │ ───► │ 我们不用望远镜观测也能确定 │
│ 天体的物质是不会改变的。 │      │ 没有太阳黑子。          │
└─────────────────────┘      └─────────────────────┘
           G                             C
```

图 16-3

这个论证所表达的意思就是，亚里士多德的证词足以断言太阳上不存在黑子。但当我们如图 16-4 所示，详细说出他们的理由所依赖的保证时，就可以确定这些理由的不相关性。

只有当我们能够提供证据作为支撑，证明亚里士多德关于科学问题的观点是绝对正确的，这一保证的可靠性才能得到确立。

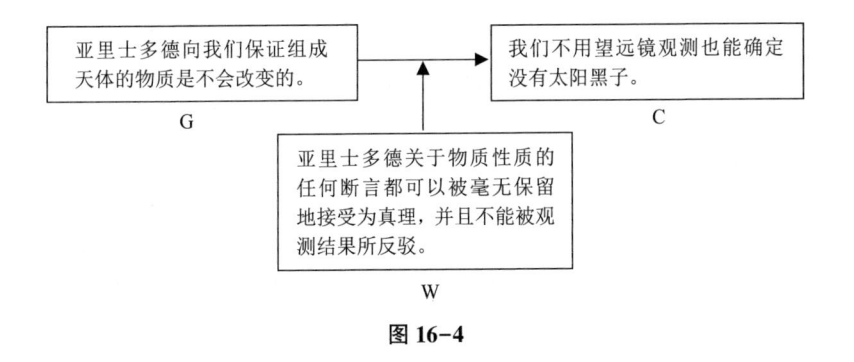

```
┌─────────────────────┐      ┌─────────────────────┐
│ 亚里士多德向我们保证组成 │ ───► │ 我们不用望远镜观测也能确定 │
│ 天体的物质是不会改变的。 │      │ 没有太阳黑子。          │
└─────────────────────┘      └─────────────────────┘
           G                 ▲            C
                             │
              ┌─────────────────────┐
              │ 亚里士多德关于物质性质的 │
              │ 任何断言都可以被毫无保留 │
              │ 地接受为真理，并且不能被观 │
              │ 测结果所反驳。          │
              └─────────────────────┘
                        W
```

图 16-4

在这个例子中，谬误产生的原因在于假定的理由（即，亚里士多德关于物质性质的观点）与所讨论的问题（即，在太阳上能不能观察到东西）**不相干**。用来支持最初主张的数据与想要确定的问题完全无关。

推理导论

其他一些错误地诉诸权威的例子在我们日常生活中俯拾即是。想想电影明星、运动员和其他名人为各种产品所作的代言广告。麦迪逊大道很清楚地知道名声本身就带有一种权威的光环，于是他们利用名人的神秘光环卖给我们丝袜或者围巾，威士忌或者刮胡刀。仅仅从代言这个事实，我们就可以看出其谬误所在——这个代言甚至不代表名人对于有关产品真实的个人想法，与丝袜或者刮胡刀的质量问题更**不相干**。

诉诸权威的另一个错误类型是认为权威人士在其领域之外也是权威。例如，某人试图通过指出爱因斯坦是犹太复国主义者，来表达他对犹太复国主义的支持。这个论证建立在一个潜在的理由上，即，就因为爱因斯坦是一位公认的物理学专家，所以他在政治问题上的立场也可以认真对待（这个保证本身需要进行批判性检验）。人们很可能会问，一个著名的科学家在政治问题上是否比一个棒球运动员在汽车消声器的优点上更有权威。（我们最后的答案可能是："是的，他是！"但无论如何，这个问题必须提出来。）

当然，这并不是说**所有**对权威的引用都与主张的证明和争论的解决无关。相反，我们知识的日益专业化迫使外行人寻求在特定领域拥有专业知识的专家的意见，以便为解决争端提供所需的信息。因此，比如说，爱因斯坦关于物理学中某个问题的意见很可能是毋庸置疑的。只有当他的意见的权威性被毫无根据地泛化——当他在物理学上的专业性被认为能影响他所有的观点时——**谬误**才产生。

同样地，只有当专家的意见被引用在一场论证中，只是为了压制进一步的质询，而不是为了阐明所讨论的问题时，诉诸权威才成为谬误。即使在可以正当地诉诸权威的情况下，我们也应准备为我们选择专家的具体理由做出辩护。（为什么选择阿尔伯特·爱因斯坦而不是尼尔斯·波尔？）这将包括明确我们选择的权威是谁，以及他或她在相关领域的实际地位如何。

第16章　理由不相干谬误

人身攻击

人身攻击是一种仅仅根据有关提出主张者的贬损事实（真实的或听说的）来拒绝他所提出的主张的谬误。这种做法理所当然地认为，主张的实质和内容与主张者的个性和处境有本质联系。这类谬误最明显的形式与骂人差不多——不幸的是，当我们站在有关主张者的对立面时，我们会常常采取这种方式。

例如，假设讨论的问题是卡特政府对某国人权的倡导。一些人会质疑这一政策，理由是政府内部的倡导者不是愚蠢就是虚伪。然而，即使情况确实如此，难道会真正地动摇这个政策本身吗？显然，人身攻击可以作为一种强有力的方法以这种方式分散人们对某个棘手问题的注意力，并因此避开这个问题。

然而，在同一个主题上，还有更多细微的变化。例如，另一种反对他个人而不是其主张的形式，有时被称为**牵连犯罪/株连**（guilt by association）。在这里，我们试图通过将主张者与一群名声不好的人联系在一起来反驳一项主张。例如，史密斯主张失业是比通货膨胀更为严重的问题，这一说法可能会遭到反驳，理由是史密斯是某主义者。这里所假定的保证是某主义者在这类问题上的观点**总是**有偏见的。此外，它还假定这个概括是**明显**正确的。这就是困难之所在。仅仅因为某人是某主义者——或者就此而言，是有犯罪前科的人、乡下人、知识分子、自由主义者等——这**本身**并不意味着他对任何问题的言论都是错误的、不合理的，或存在严重偏见的。即使最容易被误导的人偶尔也会提出正确的主张，哪怕只是偶然！

人身攻击的第三种形式是假定任何群体的所有成员都是可以互换的，因此，群体内的个体之间不存在明显的不同。此外，人们假设，鉴于这个群体的性质，它的任何成员无论如何都不能客观地对待给定的问题。

因此，有人可能会说，某位历史学家对马丁·路德的解释是不正确的，仅仅因为这位历史学家碰巧是一个罗马天主教教徒。这个观点假设罗马天主教徒不能客观地看待新教改革（更具体地说，马丁·路德）。观点被反对的人被认为"存在盲点"：他的社会、经济、种族或宗教背景使他无法客观地看待问题。

事实上，有时情况的确如此。但我们应当认识到，情况并不一定如此。每个人是否能够毫无私心地看待任何问题，是一个悬而未决的问题。在得到有关个人的相关证据支持之前，诸如此类的偏见指控无异于"株连"指控。

诉诸无知

当我们错误地从对立面出发进行推理——或者更确切地说，仅仅因为无法证明一个主张的对立面是成立的，我们就错误地断定这个主张是合理的时，我们就犯了诉诸无知的错误。

这种诉诸无知的经典例子是，一位无神论者仅因为没有人能确切地证明上帝存在便简单地认为上帝是不存在的。诚然，从未有人能确切地证明上帝存在的事实大大地降低了上帝存在的可能性，但它不是断言一劳永逸地解决了上帝不存在这个问题的充分根据。简单地说，**仅在某件事没有被证明的基础上，我们根本无法推断出任何事情**。

许多人对占星术的轻信也是基于类似的诉诸无知：

C：星星好像掌控着我们命运的钥匙。

G：从未有人确切地证明星星**不**掌控着我们命运的钥匙。

W：当一个假设并没有被确切地否证，这种证据缺乏本身正好可以作为**支持这个假设**的证据。

为了给这个保证提供支撑，我们不得不证明**缺乏证据**本身就是一种证据，而这将使证据的**概念**变得无足轻重。如果真是那样，我们就再也不用在理由和主张之间建立任何实质性的联系了——而这仍然是所有理性思考和调查领域所讨论的首要问题。

（请注意，这一主张与我们在第 11 章中关于常设推定的说法**并不**

矛盾，例如，在英美法系下刑事审判中的无罪推定。在那里，常设推定是由具体的**职能**考虑来证明的。它并不是说，在没有**相反**证据的情况下，我们就可以随心所欲地思考。）

诉诸大众

诉诸大众谬误是指试图用一个主张所谓的受欢迎度来证明这个主张的合理性。一个特定群体的多数成员都持有某个看法的事实被作为这个看法为真的证据。阶级的或国家的，宗教的或专业的身份取代了那些与主张的真实性真正相关的证据。

政治宣传者常犯这类谬误，例如，他们为了赢得对重税政策的支持，常常告诉我们**真正的**美国人总是拥有足够的开拓精神来渡过难关。（想想革命的先驱们为了将我们的国家从别国的暴政下解放出来所做的牺牲，等等。）

在民主社会里，诉诸大众谬误的表现形式可能是把大众的观点与宪法保障的自由混为一谈。不仅仅是受欢迎程度，而是以投票形式表达的人民的选择，使人民的意志有了约束力。即使这样，民主最重要的捍卫者之一约翰·斯图亚特·密尔仍然警告说，多数人的情绪可能会产生抹杀少数人权利的"多数人暴政"。保护某些基本权利，就像美国宪法前十条修正案所保障的所有人，包括不合常规的（nonconformist）少数人的权利，是民主的本质。只有伪民主主义者才把占主导地位的民意转变为最终的上诉法院。我们不需要通过批准同性恋来捍卫同性恋者的宪法权利。大众对同性恋的反对永远不能成为剥夺这个少数群体或任何其他少数群体宪法权利的理由。如果主张说能，就犯了诉诸大众的谬误。同样，只有伪保守主义者才会把推理建立在对现状不加批判的接受上。这是因为现状并不一定代表传统智慧。事实上，现状有可能是忽视传统的结果。遗憾的是，这会让人难以理解，因为存在着以传统的名义忽视传统的可能。这样做就犯了诉诸权威的谬误。但这些并不是对大众情感的唯一诉求。因此，诉诸传统，就像诉诸权威一样，既可以合理地发挥作用，也可以不合理地发挥作用。

推理导论

真正传统的权威确实可以作为证明主张合理性的理由。但是，人们可能以一种排除对某个主题进行理性讨论的方式而诉诸传统。正是这些后面这种对传统的绝对诉求是错误的。

当广告商们通过把消费者与"理想的美国人"形象联系起来，来吸引消费者购买产品，他们使用的就是类似的策略。早餐麦片电视广告呈现出一幕幸福的家庭场景；言下之意是，当你换成他家这个牌子的麦片时，你的家庭就会变得像广告中的家庭一样——快乐、明亮、受人尊敬、令人羡慕。其他广告则是利用玩弄我们的趋同心理和势利心态，而不是向我们提供有关产品质量的真正信息。这个潜在的保证鼓励我们相信有关产品（或看法），不是因为任何已证明的优点，而仅仅是因为据说其他人也是这样做的。

诉诸同情

诉诸同情是一个错误的"哭泣故事"的传统名字。哭泣故事并不必然是错误的。只有当它们被用来掩盖问题时，它们才成为谬误。

诉诸同情谬误是一种论证，它体现在我们需要做出理性决策的情况下对人类同情心的利用。刑事案件中的辩护律师就经常使用这种策略，如果不能说服陪审团他的当事人无罪，至少可以为他减刑。因此，在为一个年轻的盗车贼辩护时，他的律师可能会强调这样的事实：他的当事人来自一个没有安全感，且总是令他觉得孤独的家庭；他的父母虐待他，他从家里逃出来躲避虐待；他受到惯犯的影响，而这些惯犯是令他初次感觉到别人对自己好的人。并请求法庭在宣判重刑前把以上事实考虑进去。

这个论证可以被表述如下：

  C：根据严格法律的规定，这个年轻人不应当被判刑。
  G：他有个悲惨的童年。

隐藏在这个论证中的一个保证是：

第 16 章　理由不相干谬误

W：当我们被一个年轻的盗车贼的早年悲惨遭遇所深深感动时，我们应该让这种同情心成为量刑的依据。

把上述保证作为一个通用准则未免显得有点滑稽。当然，对于这样一个保证，我们也很难提供与这个案件有关的事实作为足够的支撑，即，有多少辆车被偷，在什么情况下被盗，等等。

聪明人会上这种策略的当吗？据一些报道称，正是出于这样的考虑才让福特总统发布了令他备受争议的对尼克松的赦免令。据说，福特被告知尼克松的身体和精神状况非常糟糕以至于他在辞去总统职位后的几个月内曾想着自杀。但是，这些考虑与尼克松在水门事件的有罪或无罪或者之后的掩盖行为又有什么关系呢？或者，我们可以得出这样的结论：福特总统在赦免他的前任时，是被诉诸同情分散了注意力而没有关注真正有争议的问题。这个结论对吗？

诉诸强力

传统上，诉诸强力通常被包含在无保证假设谬误中。但严格地说，这样的论证根本不是**谬误**。它让听者顺从而不是信服，而诉诸这种论证的人几乎很少是自欺欺人的。

诉诸强力只是一种威胁，即如果某人没有按照主张者的主张去做或者说（或者，不做或不说）其所要求的事情，那么这个人就会受到某种伤害。这种论证得以实施的原理或保证是"强权即公理"的观念，即，那些有实力的人不仅能提出和执行主张，而且还能证明它们是合理的。

当然，这种威胁不一定是身体上的；它们也可以是道德上或者心理上的。传道者向我们保证，如果不停止犯罪，我们就会受到诅咒，这种**威胁**就像一个罪犯向我们保证，如果在法庭指证他的罪行，我们的家人就会受到伤害。毫无疑问，这样的"论证"是有说服力的，但它们只是说服我们按照被要求的、**违背自己意愿和个人信念**的方式来行事或说话。面对这样的威胁，我们并不认为仅仅因为我们顺从了这

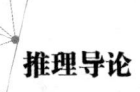

些要求,这些要求就是合理的。我们是被吓到了,而不是被欺骗了。

同时,人们在诉诸威胁时,会使用某些非常合理的"权宜之计论证(arguments of expediency)"。看一下图 16-5 中的论证,其隐含的保证如图 16-6 所示。就这个保证而言,我们有太多的支撑,这些支撑就是对那些老人、病人、穷人和接受救济的人的种种苦难的了解。

正如每个编剧所知,那些使用强力的人实际上经常提供虚拟保证,听上去就像图 16-7 中的那个,作为补充的"说服力(persuasion)"来实施它们的威胁。但是,在这种情况下,一种新的循环被引入到论证中,因为这个诉诸武力例子中唯一可使用的支撑就是我们一开始受到的那个威胁。"证明"你接受主张者最初观点的是一个二级威胁,也就是说,如果你不同意,最初的威胁就会发生作用。

作为个体户,你没参加公司的养老金计划。没有养老金,你年老时就有陷入贫困的危险。个人退休账户是解决这个问题的经济方式。

G

所以,

你应当定期向个人退休账户中存入一定金额的钱。

C

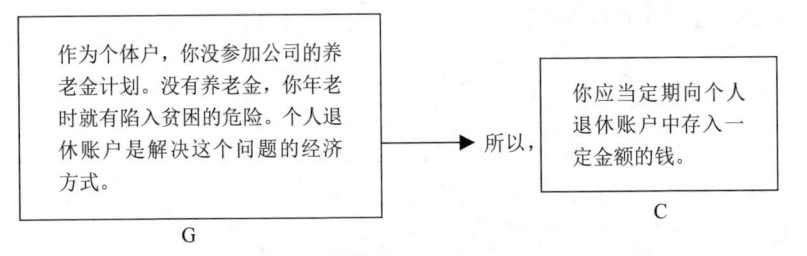

图 16-5

W1 　如果你知道什么对你有好处,你就会采取措施避免自己在年老时陷入贫困。

图 16-6

W2 　如果你知道什么对你有好处,你就会按照我说的去做。

图 16-7

第 16 章 理由不相干谬误 ▲

在这方面，毫无疑问地，苦难布道不同于直接的刑事攻击；正如布道者和教徒相信地狱和诅咒，死亡后被永久惩罚的前景可以作为他们在世时行善的充分"理由"，同样，年老时面临贫穷的前景也可以作为工作时定期储蓄的理由。这个例子剩下的问题，与相关"保证"的**支撑**的可靠性有关。（如图 16-8）

W_3 如果你知道什么对你有好处，你现在就会采取措施来避免地狱之火的永恒惩罚。

图 16-8

我们在此提供的相关性谬误清单并不能说是详尽无遗的。这些都是传统上已经被确认为提供的是不相关理由的论证。细心的学生一定会发现更多。

第17章 理由缺陷谬误

为支持某个主张所提供的理由可能是正确的，但仍然不足以确立有关的具体主张。这些谬误被称为**理由缺陷谬误**。我们将在本章讨论三种类型的论证，在这些论证中，为接受某个主张所提供的理由类型是相关的，但仍不足以完成确立这个主张的任务。

轻率概括

学习推理的学生将"草率下结论"这一日常现象称为**轻率概括谬误**。我们会在以下情形犯此类错误，当我们：

1. 从太少的**具体事例**中得出一般性结论，例如，基于一部分朋友的奥迪车恰巧有问题就得出"所有的奥迪车都是残次品"的一般结论。

或者，当我们：

2. 从非典型**案例**中得出一般性结论，例如，仅从我们对伍迪·艾伦《出头人》这部电影（艾伦罕见出演的一部严肃电影）的反应，就得出我们不喜欢伍迪·艾伦电影的结论。

因此，当我们**或者**没注意到足够多的案例样本，**或者**选择某个非典型的案例作为我们的理由时，我们就会犯轻率概括的错误。

样本不足。在有关种族或民族刻板印象的论证中，我们有时会遇

第 17 章 理由缺陷谬误

到这种轻率概括。例如，某人可能会说，波兰人都不聪明，因为常年和他一起工作的三十多个波兰人碰巧都比较迟钝。如果我们要求这个人说出他的保证（W），然后为该保证提供适当的支撑（B），其观点的不合理性马上就清楚地显现出来了。如图 17-1 所示：

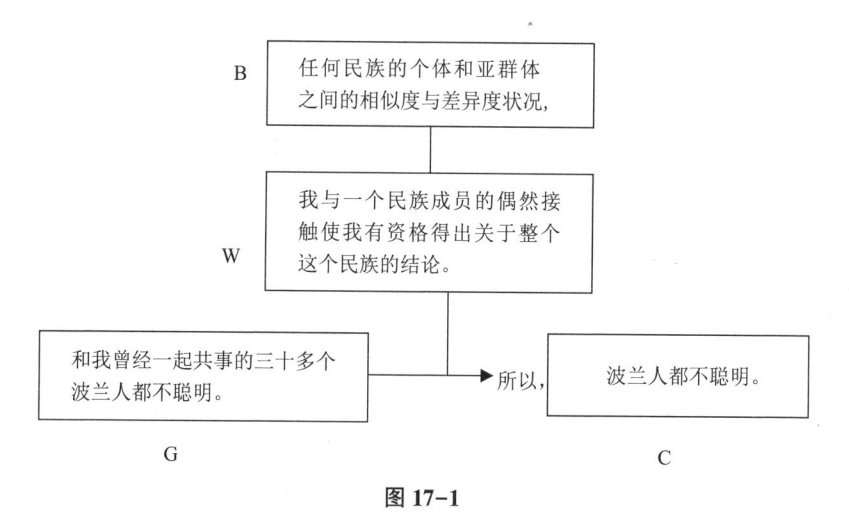

```
B ── 任何民族的个体和亚群体
     之间的相似度与差异度状况，

W ── 我与一个民族成员的偶然接
     触使我有资格得出关于整个
     这个民族的结论。

和我曾经一起共事的三十多个       ──→ 所以，   波兰人都不聪明。
波兰人都不聪明。
G                                                C
```

图 17-1

一旦我们试图支持这个论证中所隐含的保证，这种概括中的困难就是显而易见的了。我们所假设的这位偏执者所依赖的保证——"我与这个民族中三十位成员的接触使我有资格得出关于整个这个民族的结论"——可能会遭到强有力的反驳，因为美国人口中波兰裔美国人的总数，以及他们中形形色色的个人和亚群体，都清楚地表明最初的三十人样本的不足。尽管此数据与该主张的相关性是毫无疑问的，但是我们仍无法从有限的数据得出完整的结论。

非典型例子。当我们所举例子并不是该现象的典型例子并且依据这类非典型例子得出一个概论时，我们就犯了轻率概括的另一类谬误。

因此我们不能抛开伍迪·艾伦出演的《安妮·霍尔》电影（这部更为典型）不顾，仅从《出头人》这部电影得出一般性结论。某些仅看过《出头人》这部电影的人可能会这样说：

C：人们对于伍迪·艾伦的演技言过其实了。

他可能这样论述他的观点：

G：在《出头人》这部电影中，伍迪·艾伦的表演既不能说是正直的，也不能说是诙谐的。结果给人的感觉是困惑并且并不能证明艾伦的演技如何。

在这个例子中，从 G 到 C 这一步明显依赖于一个潜在的保证。（如图 17-2）

W：《出头人》是伍迪·艾伦出演的一部经典电影。

当然，这个论述假定的结论马上会遭受以下的驳斥：

R：《出头人》的主演不是艾伦，同时也不像他的大多数电影一样属于喜剧类，此电影甚至导演不好。简而言之，他在《出头人》中的表演根本没有凸显他的演技。

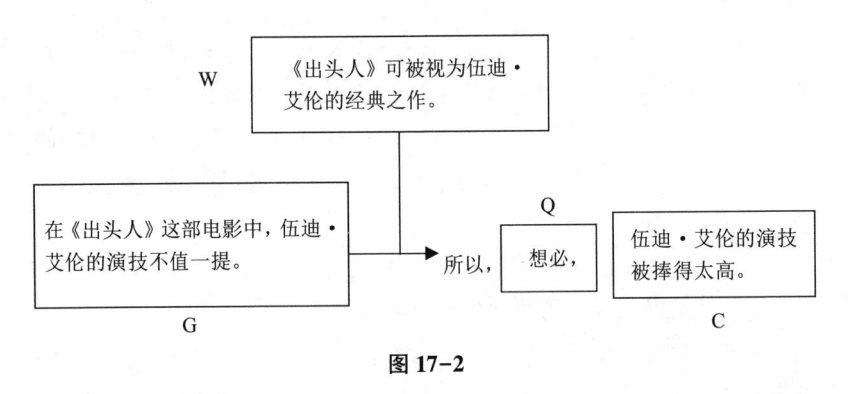

```
              W
       ┌─────────────┐
       │《出头人》可被视为伍迪·│
       │ 艾伦的经典之作。    │
       └─────────────┘
                │
                ▼
┌─────────────┐        Q         ┌─────────────┐
│在《出头人》这部电影中，伍迪·│  所以，  │ 想必， │  │伍迪·艾伦的演技│
│艾伦的演技不值一提。   │─────▶│       │  │被捧得太高。  │
└─────────────┘                  └─────────────┘
      G                                  C
```

图 17-2

这个反驳清晰地阐明了以上论据的无效之处在于《出头人》与伍迪·艾伦的演技并不相关。

将这两类轻率概括放在一起，我们就能看出**谬误之所以成为谬误**

的原因了。不合理论述最具有欺骗性之处在于其自身的过于简化,即,遗漏了不可缺少的元素。如果我们不得不说出我们论述所依赖的保证以及保证所依赖的支撑时,我们依据的论据**过少**或论据**不典型**的问题就暴露无遗。

偶性谬误

偶性谬误是指,某人将论证建立在一个普遍有效的规则上,却没有考虑到所讨论的情况是否属于这条规则的例外情况之一。犯这种错误的人没有认识到当前情况的某些特定方面使得一般规则不适用于这一情况。例如,一个在大学图书馆工作的学生可能想要向另一所大学的教授收取使用图书馆设施的费用,理由是这位教授不是这个大学社区的成员。这个学生在此诉求的一般规则是,任何不是这个大学社区的人都必须支付这笔费用。但是,在向图书馆馆长求助后,这条适用于此类情况的正常规则就有可能不会被强制执行,前提是如果学者们是出于短期利用图书馆馆藏的具体目的访问该地区,并且学者们的住所距离图书馆超过一百英里。鉴于这些例外情形的存在,常规程序就失效了。通则允许有例外。意识不到这点的这位学生图书管理员就犯了偶性谬误。

因此,偶性谬误可以看作是轻率概括谬误的反面。在轻率概括谬误中,我们的理由是有缺陷的,是因为它们在数量上不够充分,或者是非典型的,无法保证从这些理由中推出被断言的主张。而在偶性谬误中,我们的理由之所以说是有缺陷的,是因为它们没有考虑到一般规则不适用的特殊场合中某个具体情况的存在。

这类谬误的一个常见例子是,一些人对他们自己财产权的论证方式,就好像他们的财产权是绝对的,而且在任何情形下都不可被剥夺。(如图 17-3)

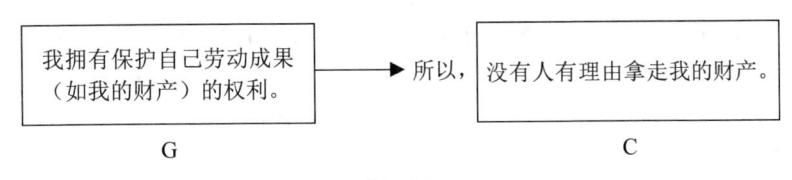

```
┌─────────────────────────┐              ┌─────────────────────────┐
│ 我拥有保护自己劳动成果  │  ──→ 所以,   │ 没有人有理由拿走我的财产。│
│ （如我的财产）的权利。  │              │                         │
└─────────────────────────┘              └─────────────────────────┘
            G                                        C
```

图 17-3

这里所依赖的最重要的保证如图 17-4 所示。

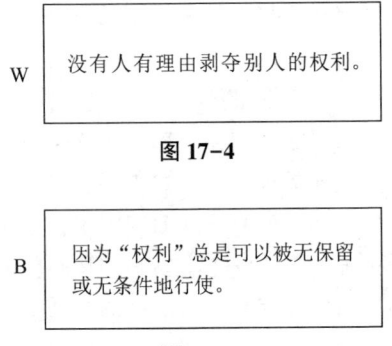

```
        ┌─────────────────────────────┐
    W   │ 没有人有理由剥夺别人的权利。│
        └─────────────────────────────┘
```

图 17-4

```
        ┌─────────────────────────────┐
    B   │ 因为"权利"总是可以被无保留 │
        │ 或无条件地行使。            │
        └─────────────────────────────┘
```

图 17-5

而这反过来又需要图 17-5 中的陈述作为支撑，这显然是不正确的。

在这里需要注意两件事：

1. 隐含的保证（W）涉及了具体的道德和法律术语"**权利**"，其使用方式与通常用法和经验相悖。

2. 这种与通常用法相悖的做法，只能通过详尽阐述全面的、绝对主义的"权利理论"得到辩护。

在这种情况下出现的困难源于主张者拒绝承认在一般规则之外还有其他情况的存在——源于有**规则**就不能有**例外**的假设：

想象一下，有人主张，消防车和送葬队伍的车辆不应该在有

第 17 章 理由缺陷谬误

停车标志的地方不停车通过，因为有一条规定，所有的车辆在所有这样的十字路口都必须完全停车。

这些错误的论证说明，我们可以很快很容易地发现自己在论证过程中**从**熟悉和具体的东西过渡**到**抽象和一般的东西。

此外，偶性谬误和轻率概括一样，说明了一旦我们养成了追问论证所依据的规则或保证，以及寻找保证所依赖的正当理由或支撑的习惯，那么就能轻而易举地发现不好的推理中所存在的谬误。

第 *18* 章 无保证假设谬误

157 当假设有可能在社会上大多数或所有成员共享的保证基础上从理由推出结论，而事实上所涉及的保证并没有被普遍接受时，就会出现无保证假设谬误。这类谬误常源于相关保证所假定的共识在论证中并不明确。当保证明确时，通常就会清楚地看到，论证所依赖的准则是可疑的，尽管它最初并没有被看出来。

复杂问句

当我们被要求回答看似一个问题实则是两个问题的问句时，复杂问句谬误就会出现。例如，有人可能会问，"你戒毒了吗？"像所有的复杂问句一样，这个问题是具有诱导性的（loaded），因为你如果不把自己牵连到某件事上你就无法回答这个问题。在这个例子中，不管你回答**是**还是**否**，你最终都会承认自己吸毒。因此，问你这个问题的人等于把他的想法强加于你。这类谬误的经典例子是个老掉牙的问题，"你停止打你的妻子了吗？"但是，这类谬误也会以其他形式出现。20世纪盎格鲁-撒克逊哲学中讨论最广的问题之一就是围绕一个复杂问句进行的："当今的法国国王是个秃子吗？"由于这个问题提出时，法国还没有国王，回答**是**或者**不是**都不会被接受，因为这等于让回答者承认这样一位君主的存在（无论是真实的还是想象的）。解决这个问题

158 的第一步是认识到这个问句事实上不是一个问题而是两个单独的问题，因此只有一个答案是不合适的。政客们常常向选民提出复杂问句，目

的是求得他们事先想要的答案。例如，一位候选人可能会问，我们是否要通过支持《平等权利修正案》而让美国家庭进一步恶化。这个问题错误地暗示我们，如果不支持对家庭生活的激进式变革，就不可能支持妇女的平等权利，而这种变革会威胁到传统价值观。在这里，一个问句中隐含了三个不同的问题。

>一个问题是，我是否支持平等权利；另一个问题是，我是否支持对家庭进行激进式变革；还有一个问题是，这种激进的变革是否一定是坏事。

因此，这个问题可以通过几个方式来回答。可能既支持《平等权利修正案》，也支持现有家庭结构；也可能只支持修正案而反对传统家庭结构中所体现的价值观。此外，也可能倡导对家庭结构进行彻底变革，而不必假定这种变革可能体现出的弊端是最终让女性服从的阴谋。同样，也可能相信家庭结构中存在弊端，但不把修正案视为解决与家庭生活有关的问题的方案。

复杂问句谬误往往反映出对复杂问题的简单化处理。例如，出于直抵问题核心的愿望，有人可能会突然抛开所有细微的考虑而主张：一个问题要么是朋友，要么是敌人；要么是有罪的，要么是无罪的；要么是对的，要么是错的。这种行为也常常和武断（dogmatism）联系在一起：不可能有中间立场；也不可能有情有可原的情况。有时候，决策的性质实际上可能需要一个这样简单化的考虑：当龙卷风几乎刮到你身边时，你就没有了进行仔细选择的余地。但是，在我们所面临的问题中，很少有人能从这种武断的方法中获益，这种方法做出了毫无保证的假设，并且不允许对细微的差异进行审查。随着问题被分解成单个的问题进行考虑和广泛的假设得到严格的审查，大多数推理都会得到改进。

错误归因

错误归因发生在：

1. 当我们将时间序列与因果混为一谈时，也就是说，当我们因为一个事件**发生**在另一个事件**之前**，就把这个事件看作是另一个事件的原因时。

2. 当我们错误地把一个事件认为是另一个事件的原因时，也就是说，当我们断言一个事件是另一个事件的原因而实际上是**错误**的时。

我们下面将依次探讨论证中两种误用论题**原因**的方式。

时间序列与因果关系。为了说明错误归因谬误的第一种类型，假设一个顾客在周六上午出现在一家通宵营业的餐厅抱怨说，他早些时候在这家餐厅吃的三明治令他在凌晨5点的时候感到阵阵恶心。这个例子的隐含的论证如下：

C：你家的三明治让我在凌晨5点的时候感到恶心。
G：你家的三明治是我昨晚睡觉前吃的最后一种东西。
W：我最后吃的东西想必就是使我恶心的原因。

餐厅的经理——如果他认识这位顾客的话——可能会反问顾客在吃三明治之前是不是喝了酒。顾客回答说，他只是喝了十几听啤酒，对此餐厅经理就有权做出如下回应：

"难道你从来没有想过可能是啤酒让你觉得恶心吗？"

这里，他是对这个顾客论证中保证的支撑提出了质疑。

顾客感到恶心的根源必须通过考虑引起这种紊乱的**常规原因**来确定，也就是说，在事件的正常过程中导致其发生的东西。三明治太油腻或者不新鲜总有可能是令他恶心的元凶；我们对胃的活动原理以及辛辣食物和细菌对这些活动过程的影响有足够的了解，因此知道过期三明治可能会导致胃功能紊乱。即使如此，也不能仅仅因为三明治是顾客感觉恶心前吃的最后的东西就将它确定为原因。知道啤酒对胃功能的影响以及那晚其他顾客并没有因为吃了三明治而感觉恶心后,我们可能会更有把握地得出结论,认为是啤酒害了他。

这里的关键是,**因果关系**通常所涉及的不仅仅是**时间上的先后**。对原因问题的回答总是基于对一般解释机制和过程的假设,例如,啤酒是如何分解成胃酸的。正是这些一般性假设使我们能够在有关的两个事件间建立起实质性的联系。简言之,理由与主张必须是**因果上相关的**。

再举一个例子,政客们常常把他们的政党上台**后**出现的经济增长归功于自己,却没有说明是什么政策带来了这种改善。犯错误归因谬误的风险警示我们不能轻率地得出结论说:后一个事件(经济增长)是由前一个事件(政权更迭)**引发的**,仅仅因为它是在前一个事件之后发生的。在这个例子中,世界上另一个地区所作的决策可能是这个地区当前繁荣的主要原因,而这些决策只能从经济角度而不是政治角度进行充分的分析。此外,经济繁荣的真正原因还可能是因为之前政权的合理(但不受欢迎)政策最终所带来的!

这样的例子说明了自然科学和社会科学中因果主张和解释的复杂性。科学哲学中确实有大量关于因果关系的文献证明了围绕这个概念的种种困难。

错误原因。第二种错误归因谬误发生于我们错误地理解一个既定的现象。科学史上这类错误归因的谬误比比皆是,例如,低等植物是在自发腐烂的物质中产生的——这种观念被不同的思想家所接受,比如艾尔伯图斯·麦格努斯和弗朗西斯·培根等。

当然,并不是所有的错误归因谬误都需要被贴上谬误的标签。例如,在艾尔伯图斯·麦格努斯那个时代,没有其他解释能够说明蛆虫为什么从腐烂的肉里出现。因此,在这种情况下,批评艾尔伯图斯在这件事上的错误观念,就像批评中世纪天文学家接受托勒密及其以地球为中心的宇宙图像一样严厉。因此只有当论证者自己对其缺乏关于给定主题的信息负有责任时,我们才可以恰当地谈论错误归因谬误。

统计上的相关性通常为我们提供了第二类错误归因谬误的基础。

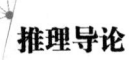

如图 18-1 中的例子所示。

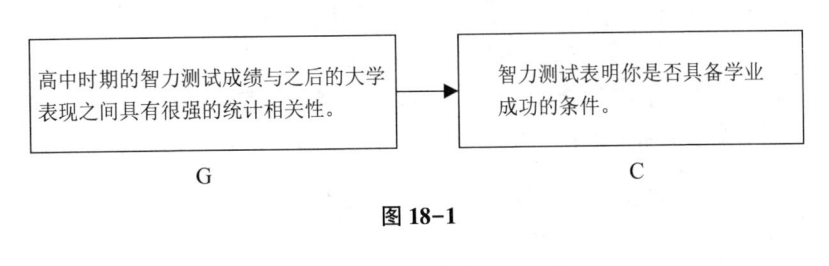

```
┌─────────────────────────┐        ┌─────────────────────────┐
│ 高中时期的智力测试成绩与之后的大学 │───────▶│ 智力测试表明你是否具备学业 │
│ 表现之间具有很强的统计相关性。    │        │ 成功的条件。             │
└─────────────────────────┘        └─────────────────────────┘
            G                                    C
```

图 18-1

```
        ┌─────────────────────────┐
    W   │ 这些数据相关性具有因果   │
        │ 关系上的意义。          │
        └─────────────────────────┘
```

图 18-2

这个论证依赖于图 18-2 中隐含的保证。如果没有对**这个特定案例**进行进一步更详细的考察，我们几乎不能接受这个保证。

显然，统计推理受到各种陷阱的影响。例如，它可能会证明，大学里取得的成功与学生选择的早餐麦片，甚至与她妈妈让她吃的婴儿食品有关——这会让麦片和婴儿食品生产商很高兴！只要这种发现**仅仅**基于统计证据，我们就会以严重怀疑的态度看待它。显然，统计因素的**因果相关性**就像时间先后的因果相关性一样，应该由其他论证来确立。

此外，还有一个更困难的地方。"高中智力测试中的成功"本身难道不会是"高等教育成功"的部分**原因**吗？例如，如果那些在智力测试中取得好成绩的人**仅仅因为**他们在这些测试中表现出色就被高等教育机构所青睐，会怎么样？在这种情况下，统计相关性与其说是在测评智力，不如说是在为维持机构的现状和偏见提供借口。在这种情况下，论证将不再说明错误原因谬误；相反，我们现在将面临的是一个"自我实现的预言（self-fulfilling prophecy）"。

在对待纯粹基于统计证据的主张时，我们必须特别谨慎，这不是因为"概率"在推理中没有地位，而是因为在任何给定的情况下都存在着如此多的不同**种类**的相关性——而其中只有一种可能被认为是唯一的原因。统计相关性与因果断言之间的关系，就像图表上的一系列点与科学家画的曲线之间的关系一样。许多不同的曲线可以用来把这些点连接在一起，我们必须有很好的外部原因来选择其中一个而不是另一个。

最后要注意的是：为给定事件分配原因的任务很少是简单和直接的。因此，错误原因谬误背后的真正危险是**过于简单化**的危险。在日常话语中，我们经常不会停下来去阐明我们的理由，更不用说去检查我们的支撑和模态限定词。通过更密切地关注这些其他要素，可以帮助我们完全避免谬误，或者以一种易于识别和防范的方式重新构建我们的论证。

错误类比

几乎没有任何一种论证比类比更容易使我们面临谬误的风险。类比是一种比较，可以丰富我们的语言，并有启发我们理解的力量——如果它们用得恰到好处的话。有时类比通过明喻或暗喻对我们起作用。想想看，在"万兽之王"这个短语中，是将狮子喻为国王；在"国家之船"这个短语中，是将国家比作一艘船；而二战期间德国陆军元帅埃尔温·隆美尔被比喻成一只绰号为"沙漠之狐"的狐狸。

这些类比在某些情形中是有价值的，但是这些价值又是有限的。所有的类比都或多或少是有瑕疵的，**因此当我们做出一个看似合适实则不合适的类比时，我们就犯了错误类比谬误。**

为了做对比，在错误的类比旁边，举一个成功的类比推理的例子是有益的。在提出其著名的自然选择进化论时，达尔文成功地利用类比推理解决了他的问题。

达尔文认为：

C：环境一定是有选择地对动物种群产生影响，这就解释了为什么任何物种中只有最适应环境的变种才能生存下来。

G：家庭饲养员通过控制动物的繁殖，并从中选择优良品种，

成功地培育出家畜的改良品种——例如，更强壮或更大的家畜。

他的假设是：

  W：家畜的变化是因为农民根据所希望的特性选择了他们的种畜，自然物种的变化想必也有类似的原因。自然或环境必须"选择"某个物种的某些成员而不是其他成员，而这种选择提高了物种对环境的适应能力。

在这里，达尔文的论证被压缩到了漫画的地步。事实上，为了详细阐述——即为其对自然选择和社会选择之间的类比提供支撑和给予辩护，《物种起源》全书 500 页都是必需的。重要的是，达尔文利用他那个时代的民间智慧中的一些类比，成功地解释了有关新物种历史面貌上的一些令人困惑的问题。在这个例子中，运用类比是成功的；重要的相似点远远超过了不同点。

相比之下，**错误**类比的经典例子来自政治理论，即，把国家比作一个**有机体**。这种"有机"的类比被广泛地用来支持这样一种主张：在一个真正健康的国家，个人利益必须完全服从国家利益。（自然地，有机论一直是极权主义统治者的最爱。）它可以被图解如下：

  C：个人利益服从国家利益。

因为，

  G：细胞、器官和肢体都服从于整个有机体；因此，如果一个肢体变成坏疽，我们就直接切除它。

假设是：

  W：个人与国家的关系**完全**类似于肢体、器官或细胞与整个有机体的关系。

第 18 章　无保证假设谬误

尽管这个例子的理由明显是正确的，但这个保证却只是部分正确。当然，国家**在某些方面**类似于一个有组织的生物；例如，他们在组成部分之前都存在，并且在他们的组成部分后继续存在。但是，一个有机体的各部分不能脱离整个有机体单独存在很长时间（想象人的肾脏脱离人体存在），而个人却能脱离国家生存（想想鲁宾逊·克鲁索）。而正是这些个人就像设想、主张和捍卫自己的利益一样，设想、主张和捍卫着国家"利益"。

因此，尽管国家和有机体在某些方面相似，但是它们在**所有重要和相关**方面的相似性仍有待证明。例如，我的肾脏不能选择服从还是不服从我，而我却可以选择服从还是不服从国家的某个官员。尽管国家与一个有组织的生物体之间可能确实有一些相似之处，但是仅凭这些还不足以阐明国家最重要的方面，而且也不足以证明个人服从国家的合理性。

简而言之，不能因为两个事物在某些方面具有可比性，就认为它们在其他任何方面也具有可比性。这种进一步的相似性必须独立地建立起来，才能保证类比论证是可靠的。

这并不是说**所有的**类比推理都是错误的。相反，像"**电流**"和"**自然选择**"这样的科学术语之所以被人们所接受，就是因为它们所依赖的类比（水流和驯化）是成功的。不过，尽管类比可以成为我们了解周围世界的一个不可或缺的探索工具，但类比推理仍然充满困难和陷阱。这是一种我们必须非常小心谨慎地使用的工具——要提出保证，我们就必须随后对其充分性、相关性和支撑进行仔细的审查。

井下投毒

在实际论证过程中，我们有时会为了得出一个铁定的结论而论证得过了头。乍一看，这似乎很无害；它总是取决于我们如何着手实现这个结果。例如，我们可能会试图提出一个**没有任何证据**的主张，并用这个论证来强化另一个先前的主张。这个论证过程就犯了井下投毒谬误。

推理导论

几乎所有社会学和心理学的灵丹妙药——戴尼提（dianetics）、威廉·赖希的奥根学（orgonomy）、电休克疗法等——都依赖于那些被无条件接受的保证。那些挑战他们主张的人被斥为心存不良；他们不仅没有"看到"主要主张的要点，而且也没有看到任何似乎与主张相悖的证据在按照主张的要求重新解释时，实际上证实了这一观点。所有证据都以这种方式被重新解释，以证实这一理论。心理治疗、宗教和政治等各种信仰领域里头脑简单的信徒经常会落入这个陷阱。

例如，某主义者可能声称（C）只有被救赎的人才能按道德行事。当他遇到一个明显的反例时，例如，当地的无神论者也是社区的顶梁柱，他会怎么办？作为回应，某主义者可能会坚持认为无神论者只是**似乎**是社区的顶梁柱——只有有罪的人才会看不出无神论呈现在表面的行为是有益的**坏事**。据此推定，在某主义者看来，让无神论者在社区中享有良好的社会地位这种"善行"损害了上帝的谕言因而是"弊大于利"的。

问题的关键不仅仅在于这样一个某主义者质疑任何与她观点不同的人的道德——她这样做犯了人身攻击的谬误。此外，她重新解释了那些与其中心论点相悖的事实证据，使之进一步证实她的信念。当然，这种谬误是所有"真正的信徒"（包括对激进的无神论、弗洛伊德和保健食品不加批判的支持者）的共同属性。他们会用尽一切方式去**搪塞**那些与其相悖的特例和限定条件来维护自己的立场。当他们不方便这么做时，他们一定会通过重新解释相反的证据为己所用。他们的保证从来都不受限制或限定，因此他们永远不会承认他们的观点有哪怕一点点的例外或限制。

井下投毒是错误使用保证的另一种谬误。实际上，**犯这种谬误意味着，面对要求我们对保证进行限定或限制的证据时，我们却拒绝这样做**。犯这种谬误的论证者只是拒绝考虑与其一般主张不符的数据，并且他会将反例作为质疑者心存恶意或谬见的证据，然后用这些反例来反驳质疑者。

第 18 章　无保证假设谬误

关于常识的注解

无保证假设谬误（不相关理由谬误也同样）常产生于人们一厢情愿地认为给定的保证就是常识。但是，常识是一个需要澄清的复杂概念。在 17 世纪，现代哲学的奠基人笛卡尔断言，世界之大，而能获得最公平分配的是常识。其观点建立的证据是：没有人需要除自己已具备的常识之外更多的常识。但是，这个观点的假设是：人们在说关于自己的事情时，通常是对的。没有人需要比自己所拥有的更多的常识这一点可能是对的，但是在有关像自我意识这样的事情上，则可能是错的，因为有人可能缺乏自我意识。不幸的是，我们中间缺乏常识的人通常是最后认识到这一事实的人。

同理，常识是一个大家**熟悉的**概念，没有人会认为自己误解了它，即使他们事实上确实误解了它。实际上，在我们试图分析那些构成常识的程序和惯例（即，一个社会群体共享的经历）时，它们是十分复杂且难以捉摸的。简言之，我们常常假定一个特定的主张是建立在常识之上的，而实际上并非如此。例如，对一个人来说显然是常识的事情，却被另一个人的常识全盘否定。一位企业家或金融家视利润最大化为一个常识问题，因而会想着取消诸如福利和日托这样的社会服务，因为在他看来，这些服务会"吃掉"他的税收利润。而一个靠福利生活的母亲肯定认为这些项目的取消是明显的灾难（即，也是一个常识问题）。这个简单的例子应该能说明，作为常识，对于一个人来说显而易见的事情，对于另一个人来说是完全不能接受的。

我们所生活的社会（并不像荷马时代的希腊），既有团结的一面，又有派系林立的一面正如它一贯的纷繁复杂。我们很容易被这样的事实所误导：我们用一个简单的术语"**社会**"，来命名一个复杂的文化和亚文化系统，每种文化都有各自的价值观（参见第 19 章中关于"**物化**"的讨论）。在我们的"社会"中，有许多共同的假设，也有许多有争议的信念。这一事实应该让我们警惕，不能简单地假设每个人都

和他们的社会其他成员共享他们认为非常清楚且令人信服的普遍认识。事实上，那些在政界或商界走得最远的人，往往正是那些能够认识到他们的选民或市场实际上是多么两极分化和分裂的人。

第 19 章 歧义谬误

粗略地看一下字典，我们就会发现许多常用词汇有不止一种意思。例如，"pen"这个词可以指一种书写工具，也可以指动物围栏，或者是一座监狱。"pen"当然还不是那种能带来严重问题的词；通常根据上下文，我们可以清晰地知道这个单词要表达的意思（这完全取决于讨论的话题是写作、畜牧业，还是监狱）。但如果讨论变为，比如说，"private interests"在政治中的地位的话题时，事情可能就没那么清晰了。在这种情形下，"interest"这个词可以指特定群体或个人想要的东西，或者可以指他们需要的东西——这些东西可能与他们的欲望或需要不同。因此如果一场关于"interest"的政治辩论在一开始就未能区分欲望和需求的话，就很容易以混乱的误解和无益的跑题而告终。

不仅是个别单词，而且连句子和问题都可能是歧义的因而导致混乱。据说，一位报纸记者要为周日增刊写一篇关于加里·格兰特的特别报道。这位记者重读了他的文章草稿后发现他漏掉了加里·格兰特的年龄。因为担心最后期限，他赶紧给加里·格兰特的经纪人发了一份电报：

"How old Cary Grant?" *

---

* 这句话既可以理解为"加里·格兰特先生多大了？"也可以理解为"老加里·格兰特近况如何？"——译者注

而经纪人用一份电报回复道：

"Old Cary Grant fine. How you?"（"老加里·格兰特最近不错。你呢？"）

更严肃地讲，去识别和防范那些在写作和演讲中经常出现的最麻烦的歧义类型是非常重要的。在下文中，我们将粗略地考察一些我们在忽视语言的细节和歧义时可能面对的陷阱。

含糊其辞谬误

当一个词或短语的使用前后不一致时——也即，在一个论证中有不止一个意思时——结果导致混淆了其不同的意思，就犯了含糊其辞谬误。在这个笼统的标题下，包含了五个更具体的歧义性谬误。传统上，它们被称为**模棱两可谬误**，**重音谬误**，**合成谬误**，**分解谬误**和**修辞谬误**。

含糊其辞谬误的一个历史例子出现在意大利文艺复兴时期的人文主义者洛伦佐·瓦拉试图为自由恋爱辩护的一场辩论中。他的论证是基于拉丁单词"vir"的双重含义，它既可以指"男人"，也可以指"丈夫"。利用这个单词同时具有这两个意思的事实，他宣称**每个男人都是丈夫**，并得出因此婚姻是一种多余的制度的结论。然而，其论证的错误在于前后不一致：尽管根据上下文，"vir"可以表示"男人"和"丈夫"两个意思，但是它不能在一段话中始终表示两个意思。也就是说，我们不能在中途从一个意思转换到另一个意思；这与对"pitcher"一词的双重含义进行偷梁换柱的手法无异：

"这支球队需要一个新的投球手。因此去厨房的架子上拿一个吧！"*

---

* 原文为："This team needs a new pitcher. So go and get one from off the shelf in the kitchen！" "Pitcher"一词既可以指"投球手"，也可以指"瓶子"。——译者注

第19章 歧义谬误

由于没有注意到诸如"大"和"小"这类相对术语（relative terms）的特性，我们也会犯含糊其辞的谬误。因此，你不能通过提供"这是一只小河马"的陈述作为理由（G）来支持"这是一只小动物"的主张（C）。这些术语在被用来修饰不同的名词时，指的是不同的具体性质。一个稍微更微妙的例子是，你不能仅因为一个人外表普通，就断定他是一个才华普通的人。含糊其辞的地方出在"普通"这个词上，当它被用来形容一个人的能力和一个人的着装时，意思非常不同。

不能因为卡洛·杰苏阿尔多王子写出了伟大的牧歌（great madrigals）就认为他是个伟人（great man）。"伟人"的评判标准与"伟大的音乐家（great musician）"的评判标准有着很大的不同。尽管他有音乐天赋，但杰苏阿尔多显然要为他妻子和女儿的死负责，而且实际上他可能亲手残忍地杀害了她们。因此，使艺术作品的质量取决于艺术家性格的美学理论尤其容易暴露出含糊其辞的谬误。

模棱两可谬误

模棱两可谬误是一种特殊种类的含糊其辞谬误。它是由语法错误造成的：逗号或其他标点符号的省略、修饰词或词组的错误搭配等，都会造成这种错误。使用说明书、广告和公告中经常包含模棱两可谬误。

《纽约人》杂志常在专栏底部的空白处登一些这种模棱两可的幽默例子。下边的公告就是其中之一：

> Astronomy Club—meets Thursday after school with Mr. Nocella broken in two parts. *

我们可以推定是俱乐部成员被分为两部分，但是这个句子的语法

---

* 由天文学俱乐部所发的这则公告后面的那句话既可以理解为"周四放学后分两组与诺切拉先生见面"，也可以理解为"周四放学后与分成两半的诺切拉先生见面"。——译者注

结构令人疑惑是不是诺切拉先生遭遇了这种不幸。

有时,这种含糊其辞可能不仅仅是一个笑话。想想一个律师在一份遗嘱中发现以下遗产时所面临的困境:

"我在此留下 5000 美元给我的朋友约翰·史密斯和威廉·琼斯。"

假设遗产总额超过 10 000 美元,律师就必须决定,死者是打算给他的两个朋友每人 5000 美元,还是一次性分给他们这 5000 美元。

另一个模棱两可谬误可能发生在数学论证中。有时由于某种语法上的含糊其辞,导致对问题的表述不严谨。因此,以下等式:

$$X = 2 \times 3 + 9$$

在缺乏括号的前提下是模棱两可的。计算可能会得出"$X = 15$"或"$X = 24$",这取决于我们插入括号的位置,也即,取决于我们的句法。因为如果我们写成:

$$X = (2 \times 3) + 9,那么 X = 15;$$

或者,如果我们写成:

$$X = 2 \times (3 + 9),那么 X = 24。$$

从这类例子中,我们可以看出语法错误会对论证可靠性产生多大的影响。因此,尽管模棱两可既不是最隐秘的也不是最常遇到的谬误类型,但增强对语法上模棱两可的识别练习能够帮助我们更加注意我们表述的清晰度。这类谬误一经发现,很容易通过重写而消除。

重音谬误

重音谬误是由于重读错位(misplaced emphasis)造成的。作为日常语言的正常特征之一，一般来说重读不是错误的或扭曲的。它只会在特定情形下将我们引向谬误，即当错位的重读导致我们对论证的理解出现错误时。

在口头辩论中，当我们的手势或语调改变了我们说话的本意时，重读就会导致谬误。请看下面这句话：

"他不应在公共场合如此对待他的妻子。"

根据我们对"他""他的妻子""如此"或者"在公开场合"等词重读的不同，我们所表达的意思也是有所不同的。因此，公开演讲或法庭上言辞证据的笔录都可能非常具有误导性。不同的重读会导致意味上的差异，而意义上的差异又会导致含糊不清谬误的发生。

在书面论证中基本上存在着以下两种重音谬误：

1. 断章取义。
2. 使用斜体、黑体或者其他手法给一个字面上正确的论证附加错误的意思，反之亦然。

当我们引用别人的话时，有各种微妙的方式可以改变其原意；例如，通过省略标点或者使用斜体或者将它们置于错误的位置，或者省略部分引文，这些都可能改变所引材料的整体意思。

正如个别语词在它们所出现的句子的上下文之外几乎毫无意义，个别句子只有在它们所描述的更大的语境中才能被精确解读。对于我们来说，可能尤为重要的是，要知道一个特定的论证是针对一群工会成员、大学生还是科学大会提出的。没有这些信息，我们就不能指望对它进行适当的评价，也就是说，不能像其作者希望的那样评价它。同样，了解文章的作者是在讽刺、说明还是分析，以及他的目的是针对文学、科学还是道德，也是至关重要的。没有这些信息，我们也无法对他提出的主张进行评价。

例如，想一下，出版商出版并命名了两本书，卡尔·马克思的

推理导论

《一个没有犹太人的世界》和马丁·海德格尔的《德国存在主义》。第一本书包含了许多极具讽刺意味的文章；第二本书包括海德格尔的一些公开演讲。但是以他们没有选择的标题来发表他们的论文，会使这些文章完全脱离它们的语境，并让读者错误解读。

几乎没有哪本书比《圣经》更被错误引用的了。我们可以引用《圣经》里的话"证明"任何我们想要证明的东西，这些话从字面上看似乎表达了我们想要建立的任何东西。通过这种方式，最离谱的观点也可以以《圣经》为依据。例如，为了证明上帝不存在，我们只需翻到《诗篇》第 13 篇，我们就会发现"上帝是不存在的"这句话。* 不幸的是，这句话出现的上下文又一次表现出语境的重要性：整句话是这样的，"笨蛋在心里说，'上帝是不存在的。'"

重音谬误的第二种类型可以在许多广告和新闻标题中发现。在报纸的食品专栏有一则超市连锁店的广告是这样写的：

每次购买都可得到免费的瓷器*

这看起来挺不错的，直到我们发现星号所指的条款细则。其中，用黑体标示的醒目的短语表达了严格的条件：如果买了价值 25 美元的食物，就可以得到一个免费的茶碟，而且每个家庭只能领一个。剩下的可以在超市按每个 4.95 美元（含税）的价格购买。

许多小报杂志和报纸利用了相同类型的谬误。他们在封面上会刊登某些色情的东西，但是一旦好色的读者买了杂志并看了里面的内容，他的好奇心就破灭了。例如，封面可能会刊登杰奎琳·肯尼迪·奥纳西斯的图片，并配上"**杰奎琳真爱曝光**"的文字。一旦我们花了钱，翻开一看才会发现，她的"真爱"是指她的孩子。另一个他们最喜欢用的标题是"**癌症治疗**"，讲述的是**在我们的有生之年**治愈**某些**类型癌症的小概率故事。

---

* 原文这里写的是"13"，但这句话应该是在《诗篇》的第 14 篇。——译者注

当使用这样的策略是出于善意而不是为了欺骗我们时，它们当然十分容易被纠正。当我们站在读者的角度重读一份报告草稿时，我们自己常常会意识到有必要缩小粗体字，或者拟一个更适中的标题，或者添加缺少的斜体字，等等。

合成谬误和分解谬误

歧义谬误中另外两个相关的谬误是合成谬误和分解谬误。它们是同一硬币的两面。**当我们根据构成整体的部分具有某种属性，进而断言整体也具有这种属性时，我们就犯了合成谬误。当我们根据整体具有某种属性，进而断言构成这个整体的部分具有这种属性时，我们就犯了分解谬误。**

如果我们论证说，因为组成人体的细胞是微小的，所以整个人体也一定是微小的，这就犯了合成谬误。相反，如果我们论证说，因为整个身体是肉眼可辨的，组成人体的细胞也一定是肉眼可见的，这就犯了分解谬误。

这两个论证无疑是明显错误的，而且不太可能有人会被它们误导。但是看一下下面这个例子：

C：氯化钠一定是有毒的。
G：它的两个成分，钠和氯，都是致命的毒药。

这个论证所依赖的保证是：

W：化学化合物具有什么属性，构成这种化合物的成分也就具有什么属性。

尽管看上去有理，但大概了解一下有关化学化合物及其成分的事实就会发现，这样的保证是毫无根据的。（事实上，氯化钠只是食盐的化学名称。）这个论证显示的就是合成谬误。当然，相反，如果说因为氯化钠可以被食用，就说氯和钠也都可以被食用，就犯了分解谬误。

推理导论

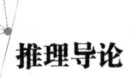

我们很容易将合成谬误和分解谬误（属于歧义谬误）与轻率概括谬误和偶性谬误（属于无保证假设谬误）这一对谬误混为一谈。对每一种情况中出现的混淆问题稍加注意便可以解决这个问题。在合成谬误与分解谬误中，我们讨论的是**事物或事物组**（整体与其部分之间的关系，或者组与其成员之间的关系），而轻率概括谬误与偶性谬误则是**关乎一般规则**或保证，以及关乎这些一般规则或保证的限定条件和例外的**错误推理方式**。当我们试图根据太少的例子证明一个规则时，就犯了轻率概括的谬误，要知道"一燕不成夏"。当我们不承认一般规则下的特例存在时，就犯了偶性谬误，要懂得"因事制宜"。这两类谬误都是将**常理**误认为**亘古不变的真理**。

合成谬误与分解谬误不涉及这样的错误。正如我们上一个例子所示，一个错误论证的理由可能是真的：组成氯化钠的两个基本成分都是剧毒性元素。如果我们没有注意到，当它们组合后化学性质发生了真正的变化，那我们就错了。因此，在分解谬误中，我们是从**正确的理由**走到了**错误的主张**。图 19-1 总结了这两组谬误的不同。

理由缺陷谬误 关于一般和特殊的错误推理。未能认识到并不是万物皆可进行概括以及凡事皆有例外。	**歧义谬误** 关于整体和部分的错误推理，或者关于部分和整体的错误推理。
轻率概括谬误 主张一定有个错误的概括，因为以下其中之一： （1）实例太少； （2）例外而非典型实例。 被用作支持其概括的理由。 ·例子 G：学生们偶尔参加开卷考试。 C：所有的考试都应当是开卷考试。	**合成谬误** 因既定主体的部分为真而推定主体的整体为真。 ·例子 G：馅饼（大致说来）的切片是三角形的。 C：因此，馅饼一定也是三角形的。

偶性谬误	分解谬误
这类观点常在通则的基础上推断个例，但是会忽视使通则失效的特例。 ·例子 G：新车比旧车跑得快。 C：因此，我的斑马比你的劳斯莱斯老爷车跑得快。	因主体的整体为真就推定主体的部分为真。 ·例子 G：馅饼是圆的。 C：因此它的切片也是圆的。
问题出在哪里？ 或是因为：得出通则的理由不足。 或是因为：部分特例否定了通则的适用性。	问题出在哪里？ 关于整体与部分真假关系产生了歧义。
当你不确定这两个谬误是不是发生时，就问： 这个论证是因为事实理由缺失而出错的吗？	当你不确定这两个谬误是不是发生时，就问： 这个论证是关于整体与部分的关系吗？

图 19-1

修辞谬误

修辞谬误是由将单词之间语法或形态上的相似性看作是表示意思上的相似性而造成的。这种谬误的经典例子出现在约翰·斯图亚特·密尔的一篇关于"功利主义"的文章中。密尔在文章中讨论什么是"desirable"：正如"**可见的**（visible）"意味着物体**可以被**看见，"**可听的**（audible）"意味着物体**可以被**听到，同样（密尔认为）"desirable"就意味着物体**可以被**期望。实际上，后一个词通常意味着所讨论的对象**应该被**（ought to be）期望，但是密尔选择的是利用它与"**可见的**"和"**可听的**"所具有的表面上的相似性。

为了更现实地说明这种谬误，让我们看一下英文单词"inflammable"的结构。把前缀"in"误以为表示否定是很自然的。正如"ineligible"

推理导论

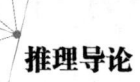

意味着"**不合格的**","inedible"意味着"**不可食用的**","incontestable"意味着"**不可争辩的**",因此,看起来"inflammable"意味着"**不易燃的**"(在法语中,这是正确的:法语单词"inflammable"与英文单词"noninflammable"的意思相同。不幸的是,语言在这一点上并不总是一致的)。事实上,英文前缀"in"有两个意思:一个是否定的意思,另一个是"彻底的(thoroughly)"的意思[后一种形式在"invaluable(无价的)"这类单词中可以被识别出来,前缀用来**加强**(intensify)形容词的意思]。因此,"inflammable"这个英文单词的意思是"**高度易燃的**(highly flammable)"。

如果我们以为每个名词都代表一个东西或物体,我们就会犯另一种修辞谬误。名词可以代表总体(如,**军队**或**产量**)或关系(如,**婚姻和平等**),而并不仅仅指传统的三位一体:人物、地点和事物。名词也可以用来比喻或表示抽象概念,因此我们可以说"国家之船"或者讨论"合法权力"的性质。但是,我们不能仅仅因为所有这些话语主体都用同样的语词表示,就断定它们是同一种东西。

有一个幽默的插图是吉尔伯特·赖尔笔下虚构的一位牛津大学参观者,他参观了组成牛津大学的所有学院,最后问道:"可是大学在哪儿呢?"其他更为严重的例子涉及所谓的**物化**(reification);例如,物理学历史上关于"力"这个概念的长期争论。在很长一段时间里,人们还是不清楚**力**到底是个什么"东西(thing)",科学家们也存在严重的分歧,因为他们无法就应该"找"什么作为**力**这个词所指的**东西**达成一致意见。

避免歧义谬误

避免论证中的歧义谬误问题并不是任何机械程序都能解决的问题。确切地说,它首先要求我们意识到语言的复杂性。最善于发现歧义谬误的人很可能也是对语言意义和用法的细微差别最为了解的人。这种了解很大程度上来自通过对语言和文学的仔细研究所形成的多种语言运用手段的熟悉。

第 19 章　歧义谬误

总之，我们应当再次强调一个中心点。歧义本质上不是错误的。并不是所有的歧义都会导致谬误。事实上，歧义在文学和生活中通常扮演着某些重要的角色。只要好好运用它，许多美好的、幽默的甚至是睿智的东西就能被更好地表达出来——想想诗人对隐喻的使用，剧作家对双关语的使用，或者科学家对类比的使用。我们不是为了完全消除歧义因而使语言变得贫乏，而是需要培养对语言中歧义的敏感性，从而训练自己避免因未能识别出论证中出现的歧义而掉入由这些歧义导致的陷阱。

第 **20** 章 谬误总结和练习

现在，我们必须把在讨论各种类型的谬误时提出的不同观点结合在一起。重要的是要强调的是我们前面讨论过的谬误只是学习推理的学生通常所讨论的。事实上，我们甚至还没有穷尽其所有类型。这是因为我们的目的不是就这个主题提出一个全面的论述，而是为了考察那些与我们的论证模式相关的典型的被认为是错误的论证方式。呈现过多的谬误可能会让人更迷惑而不是让人得到启发。介绍这个主题的意义在于唤醒你对谬误的认识，这样你就可以培养出一种能力，来识别和处理实际上无限多的错误的论证方式。归根结底，让人们练就发现论证中谬误的本领要比让人们根据某种先入为主的框架对各种不可靠的论证进行分类要重要得多。要做到这一点，最好的办法是意识到论证可能出错的关键点。我们对谬误的讨论就是为了这个目的。因此，掌握谬误的概念会带来额外的好处，使你能够更牢固地理解我们模型中的要素是如何相互依赖的。

发现谬误

不应该将发现谬误视为一个"机械的"过程。你不应当寄希望于记下一套关于谬误的定义和模型，然后"应用"它们去识别哪些论述是谬误的。这是因为论证都不是凭空存在的。它们总是在具体的情境下被提出的，而这对它们是否可靠有很大影响。在一种情境下可能是谬误的东西，在另一种情境下可能就不是了。例如，某人可能会这样说：

> 我国是一个主张民主，奉行人人生而平等的国家。我们相信每个人的机会都是平等的，所以，我们的大学应该录取每一个申请者，不管他的经济或教育背景如何。

通常来说，这段论证犯了含糊其辞的谬误。宪法中定义的平等意味着在法庭上的平等，并不意味着机会均等。但是，这个问题并不像初看上去那么简单，因为，**平等**这个词是"本质上有争议的"，也即，它是一个正当的辩论主题。事实上，在美国的某些地方，平等已经被理解为机会平等。在一些地方，已经出台了开放式招生政策，而这恰恰是基于上述论证中所提出的理由。因此，同一个论证，在某些情境下，可能被理解为是可靠的，但在其他情境下，可能被理解为是完全不可靠的。

发现谬误时，你应当做什么？

发现论证中包含谬误，对所讨论的问题来说并不是致命的。它只是表明谬误制造者必须以一种消除谬误的方式重构自己的论证。我们在这里的假设是，谬误制造者并不是故意犯这个错误来欺骗我们，并且愿意纠正论证中的错误。关键在于，犯这个谬误的人不必感觉丢面子而退出讨论，而只需重述其消除谬误后的论证即可。我们该怎么做呢？

消除谬误没有固定的公式，但是有些考量因素可以帮助到我们。首先，我们可以通过使其更弱或更精确（可能在某些情况下更强）来**修改我们的主张**。其次，我们可以通过**修改主张所依据的理由**来消除谬误，我们可以通过补充更多的理由或更多相关的理由来做到这一点。这可能需要对我们的主题进行更多的研究。这两种做法实际上都会改变保证的范围，为此有必要采取第三步——**阐明保证**。重要的是要记住，在没有隐含保证的情况下，我们实际上是无法选择理由来确立我

们的主张的。如果没有主张所依赖的标准，我们也不能真正合理地提出主张。（例如，如果我们不知道"更好"的意思，我们就不能说庞蒂亚克是比格莱姆林更好的车。）在进行这些步骤前，我们一定要先问自己，提出一个含有谬误的论证到底有多大的价值。我们一定要问，有什么决定了这个论证本身可能不适合一个更可接受的论证吗？这个问题的答案通常是"几乎没有"。

我们可以引用第17章中使用的那个轻率概括的例子来说明我们是如何纠正一个错谬的。我们的论证提出的主张是"波兰人不聪明"。这个结论是基于一个人与三十多个波兰人的接触而得出的。当我们向持这一观点的人指出，这是一个不足的样本，不能为如此强的主张充当理由时，他可以改变他的主张以符合他的数据，或者寻找更多的证据。因此，这一主张可以被弱化为"我与波兰人打交道的经历**似乎**表明，他们通常都是不聪明的"。要注意的是，这是一个弱得多的主张，而且在一个关于民族特征（或者它们涉及的刻板印象）的严肃讨论中会被轻易地忽视掉。另一个策略是寻找更多的证据。当然，也许并不总是能找到更多的证据，但是在许多情况下，研究可以让我们"强化"我们的理由，从而能够维持我们最初的主张。（尽管这个例子中的观点的支持者不大可能会这样做。）

当我们怀疑是否存在谬误时，应当问的问题清单

1. 确实提出了支持主张的理由了吗？
2. 所提出的支持主张的理由真的与主张内容直接相关吗？
3. 提出的理由是提供了足够的证据来证明有关主张？还是需要更多的证据？
4. 论证所依据的假设合理吗？
5. 论证中存在有歧义的因素吗？

第20章 谬误总结和练习

练　习

一、下列某些论述中包含着谬误。讨论每个论证中的推理，并明确哪些推理中出现了谬误。

1. 共和党人传统上是大企业利益的捍卫者。因此，对于工人来讲，投票给共和党候选人是没有意义的。

2. 《平等权利修正案》已得到了参议员普罗克斯麦尔、参议员肯尼迪和前众议员阿布朱格的认可；根据这些理由，这显然是值得普遍支持的。

3. 人类所有的伟大发现，都是在太阳黑子出现时产生的。我们的思维能力（mental powers）在其十一年的循环周期中盛衰沉浮。爱因斯坦和牛顿的伟大发现也是在太阳黑子最活跃的时期产生的。

4. 史密斯："格林教授，我想问您一个问题。对那些贬低您畅销书的愤世嫉俗者，您有什么想说的话吗？"

教授："就送他们一句奥斯卡·王尔德说的话吧，愤世嫉俗者是那些'知道所有东西的价格，却不知道它们的价值'的人。"

史密斯："喔！好深奥！"

5. 阿道夫·希特勒认识到解除公民武装的政治优势。他在全国游说，宣称枪支已经成为犯罪分子的本钱，并且警告说，那些囤积武器的颠覆分子正成为日益严重的危险。他声称为了恢复治安，使国家免遭颠覆，就必须没收私人枪支。众所周知，有人对希特勒的这个观点持反对意见。但是当这个计划被完全执行并且所有的枪支被没收后，反对意见似乎就消失了。

　　在《费城公报》"给编辑的信"专栏中反对枪支管制的论证

6. 罗伊："我好害怕，吉尔说我的床下有鬼。"

莎莉："真是荒谬！"

罗伊："难道鬼在我房间的衣橱里？"

莎莉："太可笑了。"

罗伊："难道鬼躲在我的梳妆台后面了？"

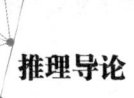

莎莉："当然没有！"

罗伊："好吧，如果鬼不在我的床下，也不在我的衣橱里，也不在梳妆台后面，那他一定是在我的枕头下。天呐——！"

7. 斯普林菲尔德的苏西·史密斯是在一个不错的共和党家庭长大的。她为嬉皮士和雅皮士而疯狂，自己也成了迪皮士中的一员。这份报上刊登了她在为一家地下报社工作时牵涉到法律的故事。这就是把女儿送到伯克利的结果。

8. 尼日利亚警察局长帕特里克·墨菲曾说，解决我们过去日益增长的犯罪率的最好的办法就是没收所有的枪支。通过你引用这位警官的话，看得出来，你在枪支管控这个话题上的想法是有些模糊的。当你断章取义地引用他的话时，你并没有清除你所有的错误信念。

《费城公报》"给编辑的信"专栏

9. 圣地亚哥海洋研究基金会的四位科学家认为，龙卷风是由汽车造成的。他们的假设有统计学和涡流计算的支持，并发表在了科学杂志《自然》上。他们的论文表明，在美国任意时间，一律保持靠右行驶的200多万辆轿车和60多万辆卡车将会向大气中注入一种逆时针方向的力，而这种力会助长自然龙卷风的形成。就像观察者所注意到的，那些生活在北半球并且靠左行驶的人们，将通过减少自然涡度为这个世界做出一定的贡献，因为大多数在赤道以北的龙卷风都是气旋式的，而英国的交通正大量地生产这样一种反气旋的力。

改编自《卫报》周刊

10. 猴和猿的现存物种有193种。其中的192种都被毛发覆盖，唯一的例外是自命名为**智人**的无毛猿。这种非同寻常且高度进化的物种花费了大量的时间去探究他们的更高级动机，同时也花了大量的时间来巧妙避免他们的那些最基本的动机。他们是一种极具探索性的、喜欢群居的猿，现在是我们考察他们基本行为的时候了。

德斯蒙德·莫里斯，《无毛猿》

11. 死刑

我们听到过很多关于死刑的缺乏说服力的论证，但没有一个能够

第20章 谬误总结和练习

超越纽约州议员詹姆斯·多诺万在不久前所提出的。他问道:"如果耶稣因行为良好而休假8年到15年,那么基督教会在哪里?"是啊,在哪里呢?如果黑人没有在南方被处以私刑,民权运动又在哪里?如果印第安人没有在西方遭受大屠杀,今天的印第安运动又在哪里?如果600万犹太人没有被纳粹杀戮,那么以色列在哪里?作为一个明显的历史修正主义者和死刑的支持者,参议员多诺万告诉我们,当彼拉多问耶路撒冷的人们,耶稣到底犯了什么罪以至于他应该被处死时,那里的人们叫喊道:"他应该被钉在十字架上。"他们知道他们在做什么。但是参议员多诺万呢?他真的知道当耶稣叫他的门徒不要反抗的时候,耶稣在做什么吗?

《纽约时报》

12. 所有的美国人都享有政治权利。因此阻止公务员去竞选公职的《哈奇法》(Hatch Act)本质上是不民主的。

13. 一位妇女梦到她进城了,后面跟着一只猴子。第二天她去了城里,真的有一只猴子在那里,不关注任何事情。这位妇女尖叫道:"天呐,我的梦!我的梦!"她的叫声引起了猴子的注意,猴子开始尾随她。因此,即使是她促成的,事实上她的预感还是发生了。

《灵异世界》杂志

14. "你这是在难为我,我只是在销售从批发商那里批发来的东西。"

"当然,有些人认为它们是色情物品,但我不这样认为。"

"在我看来,这些杂志只是展现出了一些女性的身体。我并不认为这些女性的身体形态就是情色的。简单来说,它们就是一些美女杂志。"

"在我看来,色情的东西通常是那些通过邮件索要的东西。"

"即使是我带的这些美女杂志,我也只是把它们卖给成年人。"

"它们在公开展示,但在商店的另一边,远离普通杂志。我们不允许任何孩子靠近那里。"

"事实上,我们在那块区域装有监控,以确保没有任何孩子去看那

些杂志。"

"当然,这些监控也能够防止小偷。"

"但是,有人来买这些杂志,所以我们就必须为这些人提供服务。"

《波士顿环球报》

15. 胎盘从子宫壁上过早剥离,称为"胎盘早剥"。胎盘早剥,会引起流产或早产。现在由宾夕法尼亚大学医学院的病理学家理查德·内伊领导的一个研究小组发现,在孕期吸烟,与一种致命的早期胎盘脱离密切相关。

在一项对45 470名孕妇的研究中,研究小组发现,对于那些不吸烟的孕妇,因这类胎盘早剥而导致的婴儿死亡率为千分之3.3;当孕妇每天吸1~10根烟的时候,这一比例会增加到千分之4.7;当她们每天吸11~20根烟时,这个比例将会上升到千分之5.2。内伊医生建议,那些想要安全生产的女性,请不要在孕期吸烟。

杰·尼尔森·塔克,《妇女日》(引自《读者文摘》)

16. 也许令人吃惊的新概念之一就是使炼金术变得貌似合理的操作。在接受心灵和肉体世界之间可能相互作用的这一前提下,显然,任何实验必须把实验者作为其元素之一。举例来说,通过长期观察发现,成功的期望与一个人在超感知觉(ESP)卡片猜测中的得分有关,那些不相信超感知觉的人的分数很少能超过偶然预测所得的分数。

由此似乎可以推出,炼金术士本人也必须被看作是过程的重要组成部分之一。通过专注又充满期待的操作者,无意识地在宇宙的精神和肉体方面建立了联系。由廉价金属到金子的蜕变也就不再显得那么不可思议。

《灵异世界》杂志

17. 但是史密斯怎么了?这些年来一直看着顽强的罗德西亚总理与莫斯科–华盛顿轴心国进行斗争的人们担心他们的战士,这位在他的国家被深爱着的人几近身心俱疲。许多了解内情的人说,自从他和亨利·基辛格在日内瓦进行那次著名的会晤以后,史密斯就和从前再也不一样了。据说那次会晤期间总理一周之内看起来好像老了十岁。

《美国舆论》杂志

18. 根据《如何做一个幸福的已婚女主人》一书，在你的生活艺术中，你可以成为伦勃朗，或者，你可以停留在数字绘画的刻板阶段。顺便说一下，一位丈夫会感觉他的妻子更像是摩西奶奶，因为她总是穿着一件奶奶款的法兰绒睡衣。成为画家伦勃朗的好处再怎么强调也不为过。从现在开始，你可以成为一名逐渐崭露头角的艺术家。

马拉贝尔·摩根，《完整女人》

19. 美国医学协会级别最高的内科医生詹姆斯·萨蒙斯博士上个月告诉国会小组委员会，在一位女性子宫健康但是担心患癌或怀孕的情况下，子宫切除术是合理的。然而，加拿大项目组却拒绝接受这些理由，他们认为绝育，或者是预防子宫癌，远没有子宫切除手术危险。

"如果你在13岁时切除子宫，你就可以预防所有的子宫癌。"加拿大项目组的主任弗兰克·戴克博士说，"这不是一个非常合乎逻辑的论证。"

《纽约时报》

20. 通过抹杀汽车、汽车业以及汽车业从业人员的重要性（形象），所有的"如果……会怎样"瞬间就会变成残酷的现实。

这不会在一夜之间发生，但是这种可能性却正在缓慢而有条不紊地确立。

抵制汽车的阴谋将会造成交通危机，随之而来的就是严重的经济衰退，以及可能的经济混乱。

当交通停止的时候，一切发展也就停止了。而一切发展停止的时候，美国也就停步不前了。每个美国人都应该关注这些事情，不让它们发生。

《纽约时报》

21. 难道过去受害的大人物都是惊人的骗局？难道像苏格拉底、伯里克利、亚历山大大帝这样杰出的古代名人都被蛊惑了？都处在巫

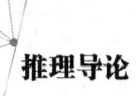

术的符咒之下？还是他们请的祭司真的拥有某种**神秘的预见未来的能力**？人的心灵的确能对事物和条件施以影响，对他们而言，这不是对古人的轻信，而是一个已知和可以证明的事实。

玫瑰十字会的广告

22. 伯格曼可能故意在他的税收上做手脚这个想法，对于任何看过他电影的人来说都是荒谬的。一位在他的艺术创作中都不会撒谎的人，怎么可能在他的所得税申报表上作假？这种想法与贯穿于伯格曼作品（明显的非商业化作品）中的诚信意识截然相悖。

《波士顿环球报》的社论

23. 尼克松总统任命的一个调查色情文学对美国社会影响的委员会报告说，没有证据表明色情文学对人有"不良影响"。尼克松总统显然被一个与他预期相反的发现所困扰，在拒绝这份报告时争辩说："如果真是这样，那实际上就是说，伟大的书籍、绘画和戏剧都不会有多大有益的影响了。"

24. 云是由微小的水滴构成的，这些水滴非常小，以至于2亿水滴才能装满一个茶匙。既然这样，那云朵本身一定也是非常小的。也许我们对它们的感知只是某种视觉幻象。

25. 正在读报纸的史密斯对琼斯说："政治上的对手批评总统插手外交事务（foreign affairs）。"

　　琼斯："**总统有外遇**（affair），居然还是和一个外国人！"

26. 史密斯："如果你想成为一位音乐家，你首先要知道的事情就是 scale（这里指音阶——译者注）。"

　　琼斯："What is the scale?"（这句话既可以指"什么是音阶？"也可以指"工资标准是多少？"——译者注）

　　史密斯："这完全取决于工会，在这个镇上，大约每小时8美元。"

27. 女权主义者只占美国妇女总数的一小部分，但她们的观点代表了当前思想的激进边缘。她们的生活方式与传统的美国价值观大相径庭。鉴于这些考虑，认真对待她们所提出的关于平等权利的主张似乎是没有必要的。思维正常的美国人会忽视她们的要求。

28. 蒸汽管道工的合同将于4月30日到期,电工的也一样。

29. 一个民族的生命仅仅是在一个更大的规模上重复着其细胞的生命。如果一个人不能够理解决定个人运动的奥秘、反应及规律,就永远不可能指望他去说出任何值得一听的有关民族战斗的事情。

30. 我从来不读女人写的书,因为我还没有遇到过一位会写书的女人。

比利·卡特,引自《新女性》

31. 同性恋者不应该被允许在他们选择的地方生活和工作。事实上,保护他们免受歧视的法律是在社会中促进堕落和罪恶行为的默认模式。著名的歌手及美国小姐亚军安妮塔·布莱恩特向我们指出了这一点。她的观点应该足以证明这种看法了。

32. 艾森豪威尔总统一定是一位好总统,因为他是一位好将军,并且是一位高出平均水平的高尔夫球手。

33. 苏:"一旦你看过一部这种X级影片后,你就已经看过了所有的X级影片。"

比尔:"你说得完全正确!当我看完一部后,我就又去看了其他所有的影片。"

34. 史密斯教授在给学生打分时一定是非常公正的。他所有的学生都说他公正。

35. 史密斯最好不要批评共和党的能源政策,史密斯办公室的管理者琼斯先生是一个顽固的共和党人。他会设法将那些批评共和党在国际重要问题政策的人悄然从公司解雇,或者至少也要把他降到一个永远没有晋升机会的职位上。

36. 一个孩子正在吃一顿她讨厌的晚餐,"我从爸爸妈妈那儿听到的一直都是营养的重要性,为什么我必须吃胡萝卜、菠菜和动物的肝脏?为什么他们不是直接给我一些营养来吃呢?"

37. 棒球(baseball)、足球(football)和篮球(basketball)都是团队运动,所以,肉丸子(meatball)和汤团(matzoh ball)也一定是团队运动。

38. "今天你就是**真的**想吃也吃不到,"王后说:"我定的规则是,明天有果酱,昨天有果酱,但是**今天**绝不会有果酱。"

"**总**得有一天是'有果酱的今天'",爱丽丝反驳道。

"不,那不会。"王后回答道,"规则是隔天才有果酱。而今天不是隔天,你知道。"

刘易斯·卡罗尔,《爱丽丝镜中奇遇记》

39. ……让精神科医生与恐怖分子进行谈判,只是我们当今精神病学热潮中治疗人类所有冲突情境的一部分。此外,精神科医生在恐怖主义问题上拥有特殊的专长,因为他们本身就是恐怖分子。对这两个观点有充分的支持。

以下是支持精神科医生就是恐怖主义专家这个观点的一些证据:南莫鲁坎恐怖主义领导人自称是穆德博士"747火车上的同事"。美国精神病学之父、肖像被刻在美国精神病学协会印章上的本杰明·拉什博士认可恐怖主义是精神病治疗的一种方法,他说:"恐怖,是通过心灵的力量支配身体,它也应该被用来治愈疯狂。"断定俄罗斯精神科医生是恐怖分子是传统的美国智慧,因为那些精神科医生的任务是折磨"持不同政见者"。也许我们正慢慢认识到,除非另有证明,否则所有不是自愿客户的有偿代理人的精神科医生都是恐怖分子。

托马斯·萨斯医学博士,《纽约时报》

40. 对同性恋的怨恨在这个国家很深。如果有谁需要证据,那他只需要去阅读最新一期《时代》杂志那封写给编辑的信。这封信回应了关于最近退伍的同性恋空军警官马特洛维奇的封面故事。"自古以来我们就意识到黄热病、疟疾、梅毒、麻风病、性变态、堕落、废物和同性恋的顺序就大体是这样的。这不需要改变。"一位退休的美国陆军上校写道。

《波士顿环球报》

二、请使用在第 2 章到第 7 章中介绍的分析模式来阐释以下例子中所提出的论证。指出哪些谬误是由于所提供的理由不充分造成的,

第20章 谬误总结和练习

哪些是由于所依据的保证不充分造成的,哪些是由于支持保证的支撑不充分造成的?

1. 当还原射杀现场时,在步枪上发现了雷的指纹。

"当我们考虑到步枪上并没有拉乌尔的指纹这一事实时,是不是就表明拉乌尔不在现场了呢?"雷被问道。

"这与我无关!"雷回答道。

《国际先驱论坛报》

2. 死亡愿望

史蒂芬·朱迪是一位来自印第安纳波利斯的24岁建筑工人。1979年春天,或许在那个女人看来,他是停下来帮那个女人修理瘪掉的轮胎,但事实上他又有意弄坏了她的汽车,并提出要载她和她的三个孩子一程。后来,她被强暴后被勒死,而她的孩子们也被丢进小溪里淹死。

如果朱迪明天如期被处以电刑,印第安纳州就不会有处决错人的风险——这就考虑到了反对死刑的一个论证。朱迪也不认为对他的惩罚是残酷的和不寻常的,他开始引用《圣经》中的段落来表明他命运的这种安排是恰当的。而且为了确保没有人给予他仁慈让他能否认他是罪犯,他拒绝支持美国公民自由联盟请求宽大处理的请愿。他对于生命的轻视似乎是绝对的。

但是,虽然他的死,就我们所能衡量的这些意义而言,对社会并无损失,但他死亡的方式却是对文明的一种打击。文明不仅是要培育文化和技术的发展,而且要推动道德和正义走出原始状态。按照这个定义,美国是一个文明的国家。不管是因为什么,朱迪先生是一个野蛮人。一个文明的国家承担得起以其他更明智的方式来处理像他这样的人。一个文明的国家承担不起的是为了回应他这种野蛮而回归到最原始的部落状态。赞成执行死刑,无论这种冲动多么可以理解,这种决定,简单来说就是降低了自己的水准。

《纽约时报》

3. 被共和党总统候选人里根提名的一位学术顾问于周四晚上在哈

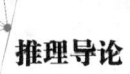

佛大学的观众面前谈论道:"总统的选举不应该基于那些'老于世故的知识分子'。"历史学教授及理查德·派普斯说,"我们之前的一位总统——哈里·杜鲁门,他从未上过大学,但他把工作做得十分出色。"如果候选人是根据他们的智力来选的话,派普斯说,"那我们就得选一位大学教授了,因为他们被定义为是最聪明的人。而事实上,20世纪我们有一位大学教授做过总统,但他的工作做得相当糟糕。这个人就是伍德罗·威尔逊。"

《波士顿环球报》

4. 教会和国家,宗教和政治应该尽可能地分开。但这要求国家也要记住自己合适的位置。许多人批评教会在德国人屠杀犹太人时没有更有力地发声。为什么教会公开反对杀死未出生的孩子就是多管闲事呢?当牧师们支持民权与和平时,许多人都拍手叫好;但当他们供养家庭时,人们为什么要表现出震惊呢?

如果宗教人士拒绝放弃政治,那是因为他们觉得不能相信政治会放弃。政府在重塑美国社会和道德方的努力中变得越来越咄咄逼人。有信仰的人没有挑起这场战争。当国家开始试图重新定义色情、堕胎、种族、经济和性别关系中的对与错时,宗教和政治的分离就结束了。

约瑟夫·索伯伦,《波士顿环球报》

5. 女性工作

"你知道问题是什么吗?再也没有家庭主妇了。"这位发言人是一位人口普查的官员,担心注册参加4月1日开始的1980年人口普查员的人数不够了。在1920年,或者1940年,甚至1970年,对于大部分时间待在家里的女性来说,人口普查员是理想的工作。这份工作只持续几周。工资对于一份临时工作来说还过得去;今年,最低工资是每小时4美元到5美元。工作也很有趣,充满了一种明智的好公民精神。

但正如美国人口普查局的数据显示,"家庭主妇"这个词正面临着双重挑战。女性成为妻子或母亲的可能性甚至比10年前都要低很多,她们不太可能待在家里。在20世纪70年代,那些年龄在25~34岁之间的女性的就业率从45%上升到67%。愿意做临时工作的人越来越少,即使这种工作是爱国的体现。

因此,人口普查官员希望,许多大学生或其他人士会打电话来填补这些职位。我们也希望如此,但我们心里想的仍然是那些前家庭主妇普查员。它们暗示了我们的社会组织方式,在那个几乎没有女性工作的时代,很多女性都倾向于成为,比如说,护士或教师。

社会受到了巨大的智力冲击。过去很容易就能找到能干的人口普查员,或者50年前大学新生在同样的英语考试中比现在的同龄人表现更好,这些都不足为奇。许多拥有超高智慧的女性,过去往往是在公立学校谋个教职,而如今这样的女性一般为律师事务所的合伙人、图书出版商或者广告公司高管,并获得相应的报酬。但这已经付出了代价。

《纽约时报》

6. 不管老于世故的人多少次重复说,世界各地的人都是一样的,民族特征大多是表面的,与当地风俗习惯的关系要胜于思想和行为上的任何真正差异,但大多数人还是相信这种说法。他们确实相信普通的中国人和普通的爱尔兰人是非常不同的。我倾向于同意这里有一些民族智慧。人类的生存、繁衍、爱、恨、利己和死亡等冲动确实都是共同的;但是,一个国家和另一个国家的文化之间存在着多么迷人的光影世界啊。

《爱尔兰时报》

7. 走路是一种极好的减肥方法(快走每小时可以燃烧掉300卡路里),也是很好的瘦臀方法(自从汽车发明后,成人臀部的宽度在以每代人一英寸的速度增加)。詹妮弗·帕德尔是一位年轻的纽约广告撰稿人,她遵循营养学家规定饮食和行走计划,在一年多的时间里体重从187磅减到了125磅。她说,"我发现走得越多,就越爱走路。"

《大观》杂志

8. 先生,在华尔街众所周知,石油公司向这些其他领域多元化发展的主要原因是,当一个又一个的政客大谈特谈"丑恶的利润"或大的"剥削"(后者是你们谈论石油公司利润时使用的术语)时,这些

推理导论

公司感觉自己的业务将被完全政治化，并且越来越担心该行业的生存能力。我的问题是：在不断强调和谴责所谓的巨大利润时，您是否意识到您其实是在鼓励您说您所反对的多元化趋势？

《财富》杂志

9. 很难描述德国民众日益增长的绝望，因为它本身就是盲目和不被理解的。一位工作的女性将会收到一笔看起来足以维持其一家一周生计的失业救济金，但几天后，它将几乎一文不值，她将一贫如洗。怎么能让她既理解使她穷困潦倒的复杂的金融机制，又不实际剥夺她的一纸救济金呢？这是一次远比过去的那些主人对奴仆，阶级对阶级的直接镇压更严酷的镇压啊！因为这次的镇压者是潜在无形的，至少对于那些被镇压者，他们的造反心理日益加重，但他们不知道去向谁反抗。

通货膨胀已侵蚀了连接生产者和消费者链条的每一个环节。农民们拒绝用他们的货物去换取一夜之间就缩水到一文不值的纸币。马克的波动如此不确定，以至于批发商也不知道该怎么去定价。

在贬值是如此迅速和不确定的情况下，控制价格的努力基本上是徒劳的……

货币贬值降低了民众的购买力，这个事实完成了这个恶性循环。目前，最高级别的技术工人的平均工资是每月五百万马克——也就是说，按今天上午的汇率，大约是一英镑。

10. 某国的数学

作为国际数学家大会的代表，我们对发表在 8 月 17 日版上的文章提出异议。

如果你们的记者寻求的是个别成员的感受，而不是芬兰组织者的"官方"说法，他就会对大量被邀请但没来参会的某国发言者形成更准确的印象。有长期经验的数学家们都知道，他们的某国同事正受到政府的严格审查，而出国旅行是一种令人美慕的恩惠，单凭科学价值是无法实现的。不管是否有官方借口，事实是，菲尔兹奖章的获得者和其他大多数受邀的俄罗斯发言者都不允许参加大会。

当然，与想要移民的犹太人被拒的烦恼相比，与持不同政见者被判长期监禁相比，这只是一件小事。但重要的是，这一切竟然发生在签署《赫尔辛基条约》的城市。

弗兰克·H. 克拉克
伊瓦尔·埃克兰德
赫尔辛基《国际先驱报》

11. 阿道夫·希特勒还活着，并且在阿根廷生活得很好，在那里他策划了占领福克兰群岛和新中东战争的爆发，作为他疯狂追求统治世界的一部分。

从希特勒据说在1945年自杀的那天起，盟军的高级官员就一直对有关他死亡的报道嗤之以鼻。以下就是其中的几个例子：

1952年，德怀特·艾森豪威尔承认，"我们根本没有发现一点关于希特勒死亡的确凿的证据。许多人认为希特勒从柏林逃走了。"

当杜鲁门总统在1945年的波茨坦会议上问约瑟夫·斯大林，希特勒是否已经死了的时候，斯大林直截了当地回答："没有。"

1945年，在斯大林的高级军官马歇尔·格里高利·朱可夫的军队占领柏林后，经过数周的彻底调查，他得出结论："我们并没有找到疑似希特勒的尸体。"

曾帮助追踪大规模屠杀凶手阿道夫·艾希曼的以色列人图维亚·弗里德曼估计，参与有计划地屠杀数百万人的纳粹犯罪分子中只有百分之二十被逮捕并受审。

"其他数以千计的人都免于抓捕审判。他们中的大多数已转入地下。他们坐等新的形势，使他们能够重新获得失去的权力。"

根据权威人士的说法，93岁的希特勒，可以保持指挥军队所需的身体和精力，制定极其聪明的政策和铁腕统治。

基于对南美洲原始部落的研究，阿根廷首席医生安东尼·路利说，人们实际上可以活到200岁。

圣路易斯华盛顿大学衰老及人类发展项目的心理学家卡罗尔博士说："如果能活到93岁，那你就是上帝精选出来的一群人。"她解释

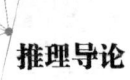

道,"能活那么长,这一事实本身就表明精神和身体都处在一种特殊的状态。"

"这真的是一个意识决定物质的问题。如果你认为你有能力做什么,那么你通常就会办到的。"

拉克·艾伦,《观察家报》

12. 大自然母亲是幸运的,她的产品不需要标签

所有的食物,甚至是天然的食物,都是由化学物质组成的。但天然食物(广告中展示了一个桔子的图片)不需要列出它们的成分。所以人们通常认为它们不含化学物。事实上,普通的桔子就是一个微型化工厂。此外,优质的旧土豆在其150多种成分中含有砷。但这并不意味着天然食物是危险的。如果它们真的危险,它们就不会出现在市场上了。人造食品也是如此。所有的人造食品都要进行安全检测。它们通常以较低的成本,提供比天然食品更多的营养。它们甚至会使用许多相同的化学原料。因此,大自然产出的食物和那些人造的食物实际上并没有多少区别。真正人造的是它们之间的界限。

孟山都化学品的广告

13. 一架运行了450年的飞机

我们的DC-10飞机总飞行时间已达4 000 000小时,相当于450年。尽管这些数字令人钦佩,但它们也没有我们承载的乘客数量那么令人印象深刻。有超过2.3亿人乘坐过我们的DC-10旅行,乘客每十天就会增加一百多万。我们飞行的目的地数量超过任何其他大型航空公司:五大洲88个国家的168个城市……期待您在下一次旅行中成为我们数以百万计的满意顾客之一。

麦克唐纳-道格拉斯公司的广告

14. 在过去的一年里,维修部为提升行政楼的主入口和走廊环境做出了相当大的努力,校友会负责人H. O. 雷向学院赠送了一盏吊灯,现在挂在中央大厅。

15. 学生:"爸爸,我能向您借几百块钱去买我急需的新衣服吗?"
爸爸:"如果你需要钱,为什么不去工作呢?"

学生:"但是我找不到工作呀!"

爸爸:"如果你穿得好一点,怎么可能失业嘛!"

学生:"我明白了,不管我怎么做,我都是错的。"

三、分析以下构成阿尔特·布赫瓦尔德列专栏的论证。识别任何它可能包含的谬误。讨论布赫瓦尔德在辩论时采用的策略。你认为他列举的论证有效吗?如果有效,他是如何做到的?

正义得以伸张

华盛顿——这个国家的司法系统似乎和其他一切一样一团糟。其中一个原因是,法律规定,任何涉及超过50美元的法律纠纷的人都有资格获得陪审团。大多数陪审员可以处理人身伤害和责任案件。但你必须拥有哈佛大学的工商管理硕士学位、斯坦福大学法学学位,以及沃顿商学院的会计文凭,才能处理如今普通公民需要裁决的复杂诉讼。

普通的陪审团怎么能理解一桩数亿美元的诉讼案件中的问题呢?

一位有名的辩护律师告诉我,他们不能。实际上,大多数参与商业诉讼的陪审团做出决定的依据不是他们和法官都不理解的数千条证据或数月的证词,而是实际发生的事情。

他告诉我,下面这些就是在陪审室内发生的。

"我认为我们应该支持原告。"

"为什么?"

"不管法庭上吵得有多么热火朝天,他们的首席律师总是看起来冷静优雅。"

"我支持撤销所有指控。辩方律师中有一位女性。我认为如果我们支持被告,这就会促使大公司雇佣更多的女律师。"

"这真是我听过判决案件中最愚蠢的原因了。如果我们按照这些规则来做决定的话,我们还必须考虑到原告方的执行官是一个跛子。为什么不把那10亿美元给他们来雇佣残疾人呢?"

"等等,我们已经偏离证据了。让我们再拚一次。"

"你疯了吗？这个房间里没有人知道外面的人在讲些什么。"

"好吧，我们不要再看证据了，那我们怎么决定呢？"

"我支持原告，他们的后援律师每次想说明一个问题时都会来找我们，但被告的律师似乎更喜欢向法官表明他的观点。如果他想胜诉的话，被告的律师应该更关注我们。"

"你简直太敏感了，只有被告那个胖律师不理我们。那个戴着玳瑁框眼镜的可爱的律师大多数时间都是斜靠在陪审团的包厢呢，他有一双漂亮的眼睛。"

"但他有胡子，我从来不相信留胡子的人。"

"我儿子也留胡子。"

"这样啊，那在这个问题上，我也不相信你。"

"等等！我们已经在一起五个月了，让我们做个决定，然后我们就可以都回家了。你将投票给谁呢？"

"她呢？"

"我将投给原告。"

"那我就投票给被告。"

"我们再也见不到我们喜爱的人了。必须做出一个妥协。我建议我们给原告他们所要求的一半。"

"为什么？"

"你还记得受害公司的领导作证的时候吗？他们全家在第一排坐了五天。我认为他们非常忠诚，你再也看不到很多家庭如此亲密了。"

"那你打算给原告五亿美元，就因为他们的首席执行官有一个很好的家庭吗？我们又怎么能知道关上门之后他们是什么样子的呢？"

"我同意。此外，被告公司的董事会主席在出庭作证时，还戴着他的圣地兄弟会徽章。我碰巧是个圣地兄弟会会员，我会相信一个教会兄弟的话，反对任何人把自己的孩子从学校拖出来旁听审判。"

"我们似乎在裁定上产生了分歧。我要不要向法官说我们不能做出决定？"

"不要这样做，他会让我们再读一遍法庭记录。我建议我们抛硬币决定吧。如果是正面我们就支持原告，如果是反面我们就支持被告。"

"好的，只要她同意撤回她刚刚说的关于留胡子男人们的坏话。"

"我撤回我说的话，但这仅仅是因为我认为正义应该得到伸张！"

四、明确以下摘自《波士顿环球报》的艺术专栏中所讨论的谬误。谈谈你是否遇到过类似这种谬误的实例。你又是如何消除这种谬误的？

如何准确评估电影广告中所引用的评论？

作者：里奥·W. 班克斯；《亚利桑那每日星报》

如果说好莱坞在什么方面有天赋的话，那它得天独厚的天赋就是炒作。对虚幻的东西把握得越牢固，说得越多，效果越好。来到好莱坞，进入好莱坞。这个小镇曾拍过不好的电影吗？

影评广告是电影炒作的良好温床。如果一个影评人说了关于一部电影的赞美之词，电影推广者将会把这句话用在他的广告里。因此我们会发现，《都市牛仔》就是好莱坞电影的全部；《电动骑士》是美国 1979 年最好的浪漫喜剧；而《孤岛》也非常好玩。

但《都市牛仔》真的那么好吗？有评论家说过吗？《电动骑士》真的那么有趣吗？那些有头有脸的评论家们会用相当好玩来形容一部电影吗？

评论性广告有多准确呢？

《时代》杂志的评论家理查德·施克尔说："在我看来，在经历了好莱坞六七十年的发展之后，买家们应该知道，好莱坞有炒作的倾向，而读者们不应该相信电影广告中的任何东西。"

将数十条评论广告与引用的实际评论进行比较，可以支持施克尔的观点，其中的一些甚至是异想天开的野蛮想象。

最常见的例子就是把一个词或几个词，从一个广告中提取出来传达一个想法。例如：

一则《美国佬》（Yanks）的广告说："奢华……充满了天赋。"——弗兰克·里奇，《时代》杂志但在原文中，里奇写的是："这部电影如此奢华，如此漫长（2小时20分钟），如此充满天赋，以至于让人们一开始以为它是一部荷马史诗。随着情节的逐渐推进，导演约翰·施莱辛格呈现的是锦囊妙计，而不是重磅炸弹：《美国佬》只不过是一部奢华的肥皂剧，讲述的是二战期间英国后方一对不幸的恋人故事。结局往往很有趣，但只是针对那些愿意打开泪腺和脑洞闭塞的观众而言。"

一则《电动骑士》的广告说："一部令人快乐的影片！"——理查德·施克尔，《时代》杂志

但实际上，施克尔是用"快乐"这个词来指一个特定的场景，而不是说整部电影。此外，他也并没有使用感叹号。

他写道："那个牛仔只是跳上这只动物，然后蹦蹦跳跳，沿着两边摆满装饰的工业展览道直下，经过跳舞的姑娘们，经过歇斯底里的导演们，穿过观众，经过大厅里的自动售卖机，直达拉斯维加斯那狭长的地带。这个场景可能像是一次粗暴的入袭，但就它的出乎意料而言，它也是一种快乐。"

有时，评论家看似在赞美一出表演，实际上是在批评整部电影，但这最终还是会被引用。

《月神》的广告引用了文森特·坎比在《纽约时报》的话："吉尔·克莱伯格是非凡的……一次精美而复杂的表演。"

应该指出的是，坎比不是在他对这部电影的评论中写到这些的，而是在周日特刊上写的。（他很聪明吧？）但更重要的是，坎比并不喜欢这部电影，他称之为"绝对令人失望"和"极其荒唐可笑"。

评论中引用根本没出现在影评中的东西，这种现象不像人们所想的那样罕见。电影推广者有时会打电话给一位影评人，要求修改一些单词或句子，以使它们听起来或读起来更好。如果这种改变不违背评论的精神，影评人可能会同意。

此外，推广者可能会在电影公开上映之前为评论家们播放一次，并在那时得到一些评论，这些评论或许会出现在最终的评论上。

其中一个原因或许可以解释为什么《电动骑士》的一则广告中引

用了《时尚》杂志理查德·格雷尼尔说的"太棒了!",而实际上格雷尼尔没有在任何评论中说过这个词。

最接近格雷尼尔做出的"太棒了!"这一评论的是最后两句话:"故事的展开是感人的和及时的,由导演西德尼·波拉克精心拍摄,编剧罗伯特·加兰写得异常机智生动。这是令人振奋的。"

这里也并没有感叹号,但是你怎么能在一个不存在的单词后面加上感叹号呢?

五、请针对是否应该向工会透露能力倾向测试表明你的态度,支持或反对。指出你不同意的论证中出现的谬误。

工会和多项选择题测试

密歇根州门罗市——从1970年起,理查德·伯格一直在底特律爱迪生公司任操作员一职,他经常上夜班,有时回家时身上沾满了伊利湖边堆积的煤堆上的黑粉。

在这工作的整个过程中,伯格一直梦想着成为一名仪表工。仪表工更干净,并且能赚到更多的工资,更安全,白天工作时间也很规律。然而,他没有晋升的希望了。7年前,公司让他做了一系列能力倾向测试,他没有通过——或者,按公司的话说就是得到的分数是"不推荐录用"。

27岁的伯格是一个能够建造他的新房子,并且能给新房子布线的人,但是他承认他并不擅长做多项选择测试。"他们给我们的算术题非常简单,但是有一些词汇却是荒谬的,"他回忆道,"我似乎通不过这些测试,但是我知道我会成为一位优秀的仪表工。"

现在,伯格和他的工会——美国公用事业工人工会,正在把全美国数百万考生的幻想变成现实。在长达七年的法律斗争中,他们一直在挑战——到目前为止,他们战胜了——那些编造多项选择测试的人。

去年,美国第六巡回上诉法院裁定,根据联邦劳动法,只要公司对雇员进行多项测试,工会就有权去检查这些测试——问题、答案以及得分情况。这是第一次有法院裁定,雇主的义务从向工会提供集体谈判的相关信息延伸到了心理能力测试。

最高法院同意从10月份开始审理底特律爱迪生公司对下级法院裁决的上诉。这是法庭在过去几年里审查过的最不寻常的劳工案件之一（底特律爱迪生公司诉国家劳动关系委员会）。

这起案件使美国心理学会与美国商会之间形成了一个奇怪的联盟。在各自的法庭之友简报中，两个团体都表示，对雇员进行心理测试的整个未来将依赖于此案的结果。

这些团体认为，如果工会有权获得公司测试的副本，则这些测试的有效性将被破坏。他们说，公司将无从知道工会是否已经将一些测试的副本交给一些员工，从而允许他们得分高于他们的正常水平。

心理学会在其简报中说："向没有专业义务保护其安全的人员披露测试将会破坏测试的有效性"。

"出版心理测试是一个大产业，"心理学会的约瑟夫·桑德斯博士说："我们说的是数亿美元，这起案件可能会产生令人恐惧的效果，那就是，大多数公司会说'这真的不值那么多钱'。"

洛杉矶和圣地亚哥两市已经向最高法院提交了一份联合声明，敦促法官做出心理测试应该保密的裁定。

理查德·伯格是门罗工厂1971年申请晋升为仪表工的10名员工之一。虽然这个职位有6个空缺，但这些人都没有得到任命。相反，底特律爱迪生公司用从其他工厂引进员工来填补了职位空缺，这些人的考试成绩较高，但资历远低于门罗工厂内部的10名申请人。被拒绝的雇员都是当地公用事业工人223（Utility Workers Local 223）的成员，他们随后提起申诉，声称这家公司违反了合同。

底特律爱迪生公司之前用来评估准仪表工的标准多项选择测试被称为工程与物理科学能力倾向测试和明尼苏达纸质版测试。设计这些问题是为了测试个人在三维空间中的视觉化能力，以及他在数学、算术、语言理解和物理科学方面的能力。

公司管理人员说，尽管这些材料通常被称为心理测试，但它们从根本上是对一个人能力的测试，而不是他的个性。官员强调，员工不会被问及他们的性生活或家庭问题。

测试的词汇部分的一个示例问题是让被试员工决定哪个词的意思最接近于"反感":A. 憎恶;B. 不安;C. 清醒;D. 欺骗;E. 否定。(答案:A)

除了仪表工,底特律爱迪生公司还要对其他工作进行测试。有一组电缆接头测试和另一组电缆工测试;有针对客户服务代表的测试和针对计算机程序员的测试。想成为主管的员工必须参加"人际关系测试",而文书工作人员也必须参加"文员测试"。根据法庭证词,底特律爱迪生公司甚至有一大堆测试来决定谁应该成为抄表员。

在位于底特律市中心的公司总部,心理服务主任威廉·罗斯金德估计,在爱迪生公司的10 000名员工中,有6000到7000人都曾接受过这样或那样的测试。

该公司不使用测试来雇佣律师、会计师或其他专业人士。"我们认为,如果有人来自一所被认可的学校,他们就已经学会了他们要学习的东西,"罗斯金德解释道:"你怎么能开发一个测试来选择公司的总裁呢?"

但罗斯金德说,测试对于挑选像仪表工这样的人来说非常重要,因为这些人从事的工作"一个错误就可能导致整个系统瘫痪"。

"这些测试是一个客观的证明,表明申请人具有我们所寻求的心智能力,"罗斯金德说:"就空间感知能力来说,没有人能够教你。你要么拥有这种能力,要么就没有。"

两年前,国家劳动关系委员会以2:1的投票结果命令底特律爱迪生公司将其测试和分数的副本交给工会。正是由司法部代表的国家劳动关系委员会,将在最高法院为地方的223位员工进行辩护。

国家劳动关系委员会在一份法律简报中表示,工会需要看到这些测试,"以明确哪些问题,在多大程度上超出了仪表工这一工作所要求的知识。"其中指出,国家劳动关系委员会命令工会官员不要将测试副本泄露给过去或将来的考生。简报中还强调,公司应该相信工会会遵守这一命令。

推理导论

底特律爱迪生公司、美国心理学会和美国商会都表示,如果公司的心理学家将测试成绩和论文提交给工会,他们可能违反了美国心理学会所称的"心理学家和客户之间的保密关系"。

在最高法院审理此案期间,伯格将继续在门罗工厂修理设备,每周轮班,从早上8点到下午4点,从下午4点到午夜,或者从午夜到早上8点。

几个月前,伯格再次参加了仪表工测试,他仍然在寻求7年前想要的晋升机会。他说:"他们告诉我,我的得分比之前要高得多,但仍然在'不被推荐的'范围内。"

告诉伯格他再次失败的正是罗斯金德。"他告诉我,我很有可能永远也做不了那份工作,"伯格回忆说:"他说,测试显示我能胜任现在的工作,我应该留在这里。"

吉姆·曼,《洛杉矶时报》

六、对下列含糊的陈述进行分类。如何改正其中的错误?*

DRUNK GETS NINE MONTHS IN VIOLIN CASE

The Cambridge Herald 10/30/76

ONE WITNESS TOLD THE COMMISSIONERS THAT SHE HAD SEEN SEXUAL INTERCOURSE TAKING PLACE BETWEEN THE TWO PARKED CARS IN FRONT OF HER HOUSE.

The Press (Atlantic City, NJ) 6/14/79

CHILD'S STOOL GREAT FOR USE IN GARDEN

Buffalo Courier-Express 6/23/77

CONNIE TIED, NUDE POLICEMAN TESTIFIES

Atlanta Journal b 1/7/76

---

* 本题是与英文单词或句子有关的歧义谬误,只有原文能体现原来的错误,翻译为汉语后这种错误就不明显或不存在了,所以,该题保留了原文形式。——译者注

COLUMNIST GETS UROLOGIST IN TROUBLE WITH HIS PEERS

       Lewiston (Idaho) Morning Tribune 3/17/75

 THE THREE HIGHEST MOUNTAINS IN SCOTLAND ARE BEN NEVIS, BEN LOMOND AND BEN JONSON.

 GEOMETRY TEACHES US HOW TO BISEX ANGELS.

 QUEEN ELIZABETH WAS TALL AND THIN, BUT SHE WAS A STOUT PROTESTANT.

 MONASTERY IS THE PLACE FOR MONSTERS.

 THE WIFE OF A PRIME MINISTER IS CALLED A PRIMATE.

第五部分
批判性实践

第 21 章 语言和推理

在第五部分，我们将要讨论与批判性实践相关的要素。本章将讨论语言和推理之间的相互关系。接下来的三章，将介绍对论证进行分类的方法，解释讨论领域的重要性，最后是对推理的历史和批判的考察。

首先是语言：显然没有语言，推理就不可能存在。主张和用于支持主张的所有理由都必须通过某种语言符号系统来表达。因此，语言、推理和文化三者的关系是密切地甚至是不可分割地交织在一起的。

事实上，有些人甚至把文化看成是一个"意义体系"。当人们使用概念时——他们的基本思想、艺术、制度、技能、工具（无论他们识别出的是从树上看到的一道光和某种特殊的鸟，还是摆放为十字作为宗教符号的两块木头，还是听到说话者语气中的不悦）——他们"概念上的"把握使得他们能够认识到那些也许不相关的声音或物体的"意义"。

语言和推理能力的发展

任何社会成员之间进行交流的可能性都依赖于他们共用的概念。在某种程度上，概念因地而异、因人而异，语言和交流也是如此。这不仅仅适用于不同的国家，甚至适用于同一个国家内的不同亚文化。例如，有些人认为，到目前为止，美国黑人英语是一种独特的语言，明显不同于标准的美国英语。

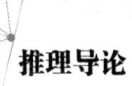

推理导论

在婴儿时期，孩子们往往会形成他们自己的个人语言。有时年纪相仿的双胞胎或者兄弟姐妹甚至可能会创造出一种只有他们懂的语言。在一对双胞胎的例子里，父母在家里讲两种不同的语言，但是两个小女孩都不讲。相反，她们使用的是只有她俩共用的第三种语言。这种情况持续了好长时间，以至于她们的父母开始担心她们可能智力迟钝。但是，当她们接受检查时，她们能够完全**懂得**英语和法语，但她们选择用她们自己的语言**说话**。想必，这些双胞胎不但可以彼此**交流**，还可以用她们自己的语言进行推理，而这种推理方式只有部分是与她们父母的推理方式相一致。

这对双胞胎的故事也许只是个例，但是在更多正常的事例中，也能得到相似的观点。例如，孩子称呼所有男人"Daddy"是很常见的事，当一个男人被用这种方式错误称呼，大人们常常会笑，因为他们会想到父亲的身份可能存在问题。但是，对于孩子来说，是没有这种问题的。"Daddy"这个词对他们来说很有意义，但并不符合成年人的语言。同样，孩子说"我四次中有三次能把球击回去"，实际上他是想说他可以在四次尝试中成功击中一次。所以，孩子一开始使用的是他们自己开发的语言系统，这种语言系统可能与成年人所使用的有很大的不同，但是随着时间的流逝，孩子们修正了这种语言，从而使得与他们接触到的成人语言越来越一致。

因此，通常情况下，孩子对成人语言的使用会随着他们互动的需要和学习能力的提高而不断增进。随着更多的概念得以学会，更多的文化元素得以了解，这样，孩子们不仅仅是"学习一种语言"，而且也变得适合社交和适应文化——变得开始理解事物是什么，它们是如何被评价的，人们如何思考和处理它们，以及人们如何一起推理。

当然，孩子们利用"为什么"这个问题，通过语言学习完成的功能之一是追求系统化的"理由"。因此，寻求理由成为语言行为重要的组成部分，因为与孩子互动的人尊重这个问题。在成长的某个阶段，孩子无休止地要求理由：为什么？为什么？为什么？耐心的大人认为尽可能地回答这些问题是一种责任，将这些答案视为孩子学习过程中

第 21 章　语言和推理

的一个必要部分。但是，这种学习的一部分当然包括了解如何推理和"理由"链何时结束。

"为什么雪是冷的？"
"因为它冻结了。"
"为什么它冻结了？"
"因为现在是冬天。"
"为什么现在是冬天？"
"因为现在是 2 月。"
"我能出去玩雪吗？"
"不能。"
"为什么不能？"
"因为我不想让你去。"
"你为什么不想让我去？"
"因为你感冒了。"
"我为什么感冒了？"
"去跟你的小火车玩，别问了！"

这种对话在我们社会的各个方面可能呈现方式不同。孩子和父母之间的互动交流在其他方面也许听起来更像是这样的：

"我想出去在街上玩球。"
"不行。"
"为什么不行？"
"因为我说不行。"
"为什么？"
"你要去的话，我就让你爸爸抽你。"
"爸爸不在这，他抽不了我。"
"那我就给警察打电话，让他们抓你。"

推理导论

在第一个例子中，推理实践旨在帮助孩子形成一个支持主张的内在基础，父母试着给出孩子能够理解并且他自己在将来会用到的理由。在第二个例子中，推理的力度只是诉诸外部的权威人物。妈妈、爸爸和警察都是作为"权威"出现的，他们的作用不是**解释**，而是**强制执行**这个主张。

后来，孩子以**获得更多信息的**方式来学习使用语言，这种方式让他们能够回答别人的事实性问题。这是一种比较先进的发展，而且和推理能力的提高密切相关。如果第一个对话中的孩子达到了这个更高的阶段，那么他最后的回答可能是这样的：

"我的感冒已经好了。"
"你怎么知道的？"
"今天我的鼻子不流鼻涕了，而且也不咳嗽了。"

到了这个阶段，孩子已经学会了什么将被认为是支持主张的"正当理由"，而且开始能够运用越来越多可接受的推理方法。当然，这种通过语言对推理的进一步学习，将永无止境。在生活中，每个人都不断进行全新的互动交流，他们从中可以学习运用新的或者修改旧的推理方式。我们会非常清楚地看到由此产生的选择过程的作用，就像孩子一开始学习语言那样，因为，通常他在学习语言的同时也掌握了可接受的推理方式。

我们看一下下面这段对话：

"我能出去玩雪吗？"
"不能，你感冒了。"
"可艾伦出去玩雪了。"
"艾伦没感冒。"
"不公平。如果我不能出去玩雪，艾伦应该在家陪我玩。"
"如果让艾伦待在家里，这对他不公平，因为你感冒了。"
"我才不管什么对艾伦是公平的呢。我只管什么对我是公平的。"

第 21 章　语言和推理

"这没道理！有些事不能对一个人公平，对另一个人不公平。要对你俩都公平。"

在这里，孩子懂得了一些关于"公平"这个概念的道理；特别是，他了解到**单方面**要求公平的论证在这个家庭里是行不通的。

学习语言和获得推理能力的道路都是艰难的。仅仅是把握"为什么"问题的功能，和了解它在理由与主张关系中的作用，就已经相当不容易了。有人听到一个孩子说：

"尼尔森先生要去湖边，你知道为什么吗？"
"不知道，为什么？"
"我看见他正在把他的船搭在他的卡车上。"

大人听到这种对话会感到很奇怪。孩子对于邻居去湖边旅行的动机的预期解释变成了他对邻居去旅行的证据的陈述。

当成长中的孩子学会处理语言和交流的不同单位时——无论是在谈话，讲故事，作报告，扮演角色，与人争论，做祷告，背诗，对主张进行详尽的支持，与动物或自己说话——他就愈发了解自己到底是谁、他的文化和社会"位点（locus）"，以及被如此摆放的后果。一个"交流单位"实际上是一个非常复杂的现象。它涉及语言系统，语言系统的意义取决于我们对现实的认知，而且可能随社会情境而变化。早期的交流理论倾向于将过程描述成线性的和连续的，人被视为简单的"接受者"——你预先的想法和意思投射的对象。如今意识到，我们的意思和我们试图交流的方式，部分地取决于我们希望跟谁交流和在什么情境下交流，取决于可利用的语言系统，甚至取决于进行交流的更大的社会和文化构架。

总之，语言学习还必然涉及逐渐形成一种交流能力，也即对我们需要进行交流的整体环境的相关特征的分析能力（无论多不成熟），以识别现有的选择与限制，并以更有效的方式进行。孩子们做出的选择可能是比较基础和显而易见的，但其效果也可能是惊人的。例如，

推理导论

他们很快就知道哪些推理和互动形式在家里是可接受的而在学校是被禁止的，或者相反，而且他们很容易做出这些转换。通过这种方式，他们改变自己的行为来适应其文化的需求，并进行相应的推理。

事实上，对孩子语言和推理能力发展的研究表明，五岁以前基本上是一个稳定进化期。到孩子五岁的时候，他们已经习得了他们将在一生中无计划交流中用到的大部分说话和推理技能。**无计划**这个术语在这里很重要：它意味着，说话者和作者在交流之前并没有进行认真计划的情境。这个术语必须与我们将在专业领域讨论的推理进行比较，在那里不仅对推理的首选模式进行了具体训练，而且在准备最后所说或所写的内容之前进行了多方面的计划。

进化这个术语也是有意选择的。似乎孩子们推理能力的发展是由他们的环境塑造的。他们尝试了大量的推理方式，并且迅速学会了那些被大人们加强了的方式。这种进化也选择了某些推理方式适用而其他一些不适用的情境。例如，那些在辩论赛中运用适当的推理形式接受过大量训练的大学生辩手所使用的推理行为，与那些在无计划的情境下没有受过辩论训练的孩子和大人所使用的并没有显著的不同。

语言策略

交流能力的发展包含对各种**语言策略**的认识。在意识到交流中我们可利用的选择时，我们也会更好地理解做出这些选择的基础。即使人们共享同样的文化和语言，某种语言选择也会比其他的选择"更好"。单词的选择影响意思，在很多情况下，即使是本质上含义相同的单词也存在重要的实际差异。

例如，我们自己的文化对性行为的谈论方式就特别敏感。（注意：这里选择"性行为"这个短语本身就表明了把我们自己与话题分开以期对这一过程进行客观和理智讨论的愿望！）在一种场合我们可以说，"他们做爱"。在另一种场合我们可以说，"他们在交欢"。也许我们可以让问题更婉转一点，"他们睡在一起了吗？"或者"你们两个还在见面吗？"在激情的瞬间，你甚至可能会喊，"宝贝，我们太嗨了！"尽管上面每一种表达都基本指的是同一种活动，但它们的意思还是存在很大的差异。事实上，大家已经学会了在这些参考表达中进行选择的相关策略——就像每个听到"你好吗？"这个问题的人都知道它可以有不同的含义，并且能够分析情境，并做出预期的回应。

语言策略有许多一般特性。例如，语言的许多用法都涉及**抽象**。**抽象**意味着将词或短语的意思从具体的经验对象或环境中分离出来。例如，"华盛顿纪念碑"这个短语可以立刻让人想到是指位于美国首都那块特别高的白色大理石方尖碑。这个短语是**具体的**，而且我们对其意思有比较严格的控制。然而，人们还会经常以一种不那么具体的方式提到"纪念碑"，为其准确所指留下了相当大的空间。因此，人们可以把贝多芬的九首交响曲更**抽象地**称为古典奏鸣曲历史上的"纪念碑"。

语言精确性的不同需求涉及另一套选择和策略。有时候，必须非常精确地控制词语的意思。当更换窗户上的一块玻璃时，你的玻璃订单必须相当明确："2英尺5英寸宽，3英尺1英寸长。"如果玻璃在交付时不合适，那么你可以合法投诉卖家。另一方面，如果你订购的是木材，当你要求的"4×2"规格最后在宽上少了不到2英寸，你可能就没理由提出异议，因为这里的精确度不需要那么严格。

语言选择的另一个问题与我们语言的**强度**有关。**语言强度**是指有些单词和短语在它们所表达的感觉和情感上基本上是中性的，而其他一些则不然。当描述昨晚所吃的餐点时，我可以给出一个相当中性的描述："鲍鱼嚼不动，面包皮没烤透。"或者我可以说："收费这么贵的饭店，饭菜太垃圾！"尽管不可能绝对概括，但使用高强度的语言可能很容易降低说话者的可信度，并降低其所说或所写的说服力。高强度的语言只有在某些精心选择的情境下才是完全适用和有效的。

比喻或"象征性"语言的可用性，提供了更广泛的语言选择范围。我们习惯了使用隐喻和明喻，以至于往往成了无意识的：

"考试太小儿科了！"

推理导论

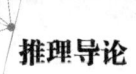

"是啊,但复习阶段简直是人间地狱。"

我们自由地进行拟人化:"我的猫真是小甜心*,我告诉她她很棒,她就会咕噜咕噜回应我。"语言中还有许多其他的修辞性选择,也就是以不寻常的方式或者违反其字面意思的方式使用单词或短语的场合——而且我们已经发现选择合适的比喻可以提高说话者或作者的可理解性、重要性和可信度,甚至使他们的话更有说服力。

当然,在**语序**上也有许多重要的机会。当需要直白和明确的表达时,简单句(比如"推理需要语言")是有价值的。但其他更复杂的句子对它们想表达的内容来讲也许常常是很明确的选择(例如"有些书可以浅尝辄止,有些书可以囫囵吞食,而有少数书应该细嚼慢咽,融会贯通"——弗朗西斯·培根,《论学习》)。句子中不同短语和分句的精确位置本身会影响到表达的重点和理解;运用诸如重复单词和短语,省略可以由读者或听众填补的一些元素,或者倒置正常的句子结构等方法,也会提高作为交流工具的语句的有效性。

例如,看一看一个句子主动形式和被动形式的不同:"狗追猫"和"猫被狗追"。想一想"汤姆是个好人"与"汤姆是个很好的好人"或者"我们骑马、我们游泳、我们钓鱼"与"我们骑马、游泳、钓鱼"之间的区别。(在黑人英语中,我们经常听到这样的句子结构:"他护士。"任何一个熟悉这种英语形式的人都会很快学会补上其漏掉的"是"。)

句子中**从句**的位置同样会影响到其意思。如果我对你说"让我向你介绍一下我要娶的玛丽的妹妹",你可能搞不清我是和玛丽的妹妹结婚,还是和玛丽本人。分号位置的变化——因此也是从句的变化——甚至可能意味着生与死之间的差别。被判刑的囚犯恳求州长的赦免,州长的答复是:"赦免不可能;执行。"事实上,州长原本想说的是:"赦免;不可能执行"。但是当修正后的指令到达时,已经太晚了。

---

* 原文中是"car",根据上下文疑似"cat"之误,故翻译时改为"猫"。——译者注

第 21 章 语言和推理

推理策略

三岁以前,孩子生活在一个以自我为中心的世界里:他们一哭,就有人来照顾他们。因此,他们选择的推理策略往往也是以自我为中心的:他们命令、要求或渴望并期望得到满意。他们坚持自己的主张并期望得到认真对待;他们威胁——"我打你"——而且不提供任何理由。最常见的就是一个简单的没有任何支撑的"是"或"不",就像第 1 章中教授的那个例子。

到五岁的时候,孩子们开始掌握他们接触到的近乎成年人的全部推理策略。这个时候他们的要求和愿望往往包含一个保证:"妈妈这么说的。"他们也许要求别人提供证据或证明。他们通过已有的道德观念认识到了社会压力的力量:"大家都会看到你的短裤。"而且,他们开始利用既有的价值观作为他们主张的基础:"你应该把虫子放了,因为它的妈妈担心它。"一个担心的妈妈是一种很有效的价值观。

在无计划的推理中,成年人所显示的是不同情境下推理策略的选择。他们可能更多地倚重权威,就像律师与陪审团说话的时候,他们的主张更多的是基于法律的权威。或者,也可能是专家的权威,就像在会议上解决有关最佳球队的争议时往往会参考体育作者所写的全国排名。

除了所诉求的范围越来越广外,将价值观用作推理的保证从孩子到成人基本上没什么改变。一个孩子在提到个人自由时说:"我有权回家",可以被成年人简单地扩展到谈论人权时说:"人们不应该违背自己的意愿"。或者,成年人也许能够从更广泛的价值中进行选择,因而能够更适当地应用它们。

在第 22 章中,我们将更具体地讨论推理中可用的论证范围。在那里,我们将重点讨论有计划的论证构成。现在我们可以总结推理策略说,显然大多数人是从童年时期开发出越来越多的推理策略,因而大多数成年人后来能够自由轻松地运用它们。对推理的系统研究可以提高对推理策略的批判性认识和理解,也有助于将本土知识向专业领域或论坛的发展,而实际上我们所有人在大部分人生中一直都在进行推理。

推理和互动

语言学习的互动方面也与推理能力的提高有关。在交流行为研究中,重点不仅要集中在单个的信息上,而且还要关注信息之间的交流,包括最初说的话及对它们的回应。因此,交流中有意义的分析单位可以被称为"互动":你说的话和对你的话的回应。(关于书面交流也是一样——我们也要考虑读者的回应。) 因此,对推理的研究依赖于所谓的**合作原则**。我们期望连续的话语是有联系的,并且我们期望找到它们之间的联系。我们不希望人们所说的事情是完全无意义和不连贯的,所以我们就去发现他们话中的意义所在(即使这很困难)。因此,如果一个朋友对你说,"这个产品应该不错,因为它是名牌。"你可以回复说,"你的意思是,这家公司以高质量的产品而著称?"你的朋友也许根本没有这个意思,但是你提供了许多人可能认为的更合理的主张是什么,而且表达了对朋友的信任。

通过参与语言互动的所有人的合作,可能产生一种合理性,其结果是一条完全可靠的推理线。即使敏锐的观察者认识到这一结果实际上是一个社会产品,首先提出主张的人也可能会将其归功于自己并感觉良好。以这种方式,孩子们在学习语言和交流的同时,学习完善自己的推理。他们可能会为一个主张提供理由,然后收到别人的回应,问他们的意思是不是表示实际上没有别的更强更合适的东西支持他们的主张。回应者可能真的试图从原来的主张中理解其意,而且可能没有意识到他实际上提供了重大的修改或改进意见。原来提出主张的孩子,听到一个似乎更好的论证,采纳它,并同意所做的改进实际上是他最初想表达的意思:

"我们应该养条狗。"
"为什么?"

第 21 章　语言和推理

"嗯，一条狗值好多钱。"
"你的意思是说，狗对我们很有价值？"
"对，我就是这个意思。"
"狗怎么对我们有价值了？"
"它可以在房子周围工作，这样我们就不必付钱给别人了。"
"你的意思是说，它可以看门，我们不需要雇门卫了？"
"是的，它会成为一条优秀的看门狗！"

[有时候孩子可能会认识到成人与孩子解释上的不同，而且可能只是拒绝接受。例如，一个孩子说，"My voice is horny*。"她马上接着解释说，它听起来就像雾笛（fog horn）的声音，并补充说，"我知道你在想什么，但我不是那个意思。"]

作为交流的推理

具有形式逻辑和推理知识的学生已经发现，其原意用正常的语言表达定位到交流环境中的讨论分析有一些困难，因为抽象的逻辑标志，类似化学和物理，是被应用在特定的环境中的。因此它并不太可能从实际环境中的解释开始，而是从普通的语言中表达，将其翻译为其目的一个抽象逻辑符号，回到判断是否有效的实际环境当中。辩解、语言和交流紧紧联系在一起，他们在自然设定中被共同进行分析。

根据同样的图腾，解释的过程继承自特殊的文化。忙于解释论证，每个人必须分享更多。如果他们有着十分不同的背景，他们必须努力去揭示他们的文化是有多么的相似，如果他们相互不相关，解释就会很困难甚至不可能。很多年以前，尼基塔·赫鲁晓夫对一群洛杉矶商人说："I will bury you。"为了搞清楚这句话的意思，他们花了好几个小时讨论。很多美国人认为这是对未来战争的公开声明，并以此来支

---

* 因为句子中的"horny"一词有"号角的；角状的；坚硬的；好色的"等意思，孩子的意思显然是指像号角的声音，而别人可能会理解成"好色的"，所以她马上做了后面的解释。但翻译后汉语意思不好表达，故保留了原文句子。——译者注

持增加军备开支的主张。然而更多认真的观察者认为,我们不了解这种说法产生的文化背景,就无法理解这种说法。也许他只是用了一个古老的乌克兰谚语,就像一个寡妇说"我已经埋葬了两个丈夫",意思只是说她活下来了。或者他的意思是,他的国家将在经济竞争中埋葬西方,或者共产主义将埋葬竞争的社会、经济理论。简单的字面翻译并不能帮助解释这样一句声明,由于世界通信、交通、商业和外交的效率越来越高,我们在分析跨文化界限的推理时,应该对其局限性更加敏感。

论证和定义

在实际推理中,当事各方往往难以在其术语的定义上达成共识。如果你允许任何一方自由地决定她自己所有的定义,那么这个人实际上就有能力赢得任何论证。例如,在一场芬德利大学和俄亥俄州立大学进行的辩论中,辩题是"更好的博雅教育能在州立学校还是私立学校获得?",一个简单的定义使得辩论的结果非常不同,因为芬德利大学认为一个好的博雅教育必须理解为包含直接的宗教培训,而这种培训法律上规定州立大学是不能提供的。一旦接受了这个定义,俄亥俄州立大学就不可避免地输掉了辩论。所以整个晚上都在讨论关于"博雅教育"这个词的定义问题。

在一个更严重的层面上,美国黑人和其他少数民族提出的一个抱怨是,当权者利用他们的权力来控制对当前政治术语的公认定义,从而损害了少数民族的利益。例如,在奴隶制时代,白人声称自己比黑人优越,并通过操纵公认的"**优越性**(superiority)"定义来支持他们的论点——暗示诸如标准的美式英语、按公认的白人方式行事、肤色浅、嘴唇薄、头发直等都是"优越"的必要条件。一开始,黑人犯了错误,对这个定义进行反驳,结果发现抗争是不可能的。只有当他们质疑这个定义时,他们才能成功地进行辩论。女性也发现自己陷入了类似的困境:只要她们允许男性以自己的定义——包括一些必要的元素,如身体尺寸、力量和传统的"男子气概"——来宣称自己的优越性，她们就处于一种没有胜算的境地。(有趣的是，那些有权控制定义的人也可能陷入尴尬的境地。所以一些白人没有发现满足他们加在自己身上的优越性定义是件很简单的事，而很多男人都抱怨传统美国白人中产阶级意义上的"男子气概"要求他们要成为自力更生养家糊口的人，就不能公开表达自己的感情。)

因此，发现人们使用的术语的意思往往不仅仅是查字典的问题。最简单地说，必须从一个术语在整个交流环境中的使用方式中发现它的意思。在复杂的情况下，例如，法律或科学推理的精细线条可能需要探索和测试，以确定一个单独的定义是否足够。

借助一个例子，让我们最后研究一下侧重于论证中各术语的字面和明确"意义"的分析，与侧重论证在交际语境中的含义的分析之间的区别。所以看一下以下简单的交流：

"你支持建立一个巴勒斯坦国吗？"
"是。"

这个简单的肯定回答意味着某种主张，但由于没有提供任何说明，这个主张的性质一开始是不清楚的。然而，如果这个回答来自美国总统，那么我们的"合作原则"本身就会在很大程度上明确这个问题。仅仅看正式的定义是不会产生任何结果的，即使结合提供说话者立场的隐含假设。但是对实际情境（即，美国相关外交政策的过去、现在和未来）的充分和详细的了解将帮助我们去理解简单的"是"的力量。

接下来，假设回答不是直截了当的"是"。相反，它可能是一个更间接的，甚至是闪烁其词的回答，旨在所提供的既是一个答复，又是一个论点：

"你支持建立一个巴勒斯坦国吗？"
"我将支持任何有助于中东和平的事情。"

212 　　严格地讲，这个回答既不是简单的肯定，也不是简单的否定。隐含保证也不明确。事实上，人们可以从不同的角度来理解这种反应。它可以被理解为总统确实支持巴勒斯坦国的建立，只要这一步对寻求和平是必要的。或者，它也可以被当作是说他反对建立巴勒斯坦国，因为这可能会成为寻求和平的障碍。又或者，它可能只是提供一个有条件的政策声明：总统可能是为了给以色列政府一个信号，除非它在寻求和平安排方面更加合作，否则美国可能会比以往更能接受巴勒斯坦国的要求。

　　显然，这样一个模棱两可的回答可以用作迂回的诉求。总统可能会很愿意让别人相信他是支持巴勒斯坦的，然而他并非如此，反之亦然。他的直接的目的也许是恐吓以色列，或者是保持政治上的模糊立场以便"保留选择余地（keep the options open）"。因此，外交官和政治家们将不得不分析国家领导人的任何此类声明，以及相关的支持性考虑。同时着眼于总体政策、当前形势、先前立场和他们自己的猜测等。他们对总统推理的解读将因此在实用术语中得到实现。

练　习

　　我们已经讨论过了语言和推理在儿童习得以及儿童和成人使用语言和推理方式上的本质联系。我们这里的目标是帮助将本书前四部分的推理分析讨论和人们日常使用的交流种类联系起来。做下面的练习将有助于这方面的工作。

　　1. 录下两个孩子在一起玩耍至少十分钟的录音。听录音并记录每次孩子所用的推理。为证明你将评论标记为推理的决定是合理的做好准备。

　　2. 找出一份没有计划好的东西——一封信、便条或日记——找出并解释其中的推理。

　　3. 加入另外三个人的小组，复习一些学校写的作业并分析所使用的推理。然后花点时间讨论一下小组在讨论论文中的推理时所使用的推理方法。

第 22 章 论证的分类

第二部分陈述了一个实际论证的不同要素，在谈这些要素，尤其是从理由到主张的保证时，我们强调了在不同的推理领域中与论证相关的因素间是**有差异的**。因此，在自然科学中，是"自然法则"或类似的东西执行了保证功能；在法律环境中，提供保证的是法规、先例和规则；而在医学领域，诊断性描述通常会产生保证，从而证明了主张的合理性。那些让人们取得科学家、医生、律师资格的专业学习在很大程度上都会教导人们如何恰当地构建所研究的特定领域的论证。想必那些完成了这样的研究或专业学习的人已经准备好构建适合自己领域的论证了，那些没有完成这些专业学习的人也会在早期的实践中或在面临困难时很快学会这一技能。

然而，在第21章中，我们观察到人们通常在儿时的头五年发展推理能力，在成年后继续完善和丰富他们的论证实践。我们还注意到，在专门的领域之外存在着各种各样的推理情况，即使是训练有素的专业人员，在这些一般情况下进行推理时也不一定会诉诸他们的专业论点。这在一定程度上可以解释为，在个别领域获得的标准可能不适用于一般的论证情况。

在本章中，我们将注意到这样一个事实，即所有的保证都具有某些共同的功能。多年来，学习推理的学生们发现，无论是在哪个领域的推理，我们的保证往往都会共有某些其他特征。因此，具体的保证在某些更深层次的假设或规则上可能是相似的。通过识别和讨论这些

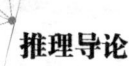

推理导论

相对较深的假设或推理规则，我们可以揭示出在他们的专业领域之外的人的交流中可能会发现的争论类型。

在转向对各种常见论证类别的具体讨论前，我们要重申贯穿在本书中的一个观点，这个观点十分重要：在相同的理由下，一个人可以选择不同的保证产生不同的主张。这对论证的批评者和构造者都很重要。没有任何单一"正确"的保证可以附在任何一组理由上。保证的选择是论证过程中的一个问题，它取决于所寻求的主张要求的类型和强度，以及读者或听众等论证的讲演对象。

例如，1983年1月4日，布鲁斯·金梅尔（Bruce Kimmel）以美国某政党代表的名义写道："……某政党在美国和平运动中发挥并将继续发挥积极作用。"1983年3月2日，在美国参议院的发言中有如下表达："……某国对美国核冻结运动的发展非常感兴趣……美国某政党与某国某政党非常一致。"（国会记录）鉴于以上作为依据的信息，什么样的主张是合理的呢？

根据**因果关系**的基本假设，一个可能的主张是："某国支持美国的和平运动。"这里的保证是以一系列原因为前提的，表明了某国促使美国某政党采取行动，美国某政党导致美国反对发展核能和核武器。这个论证可以表示为图22-1。

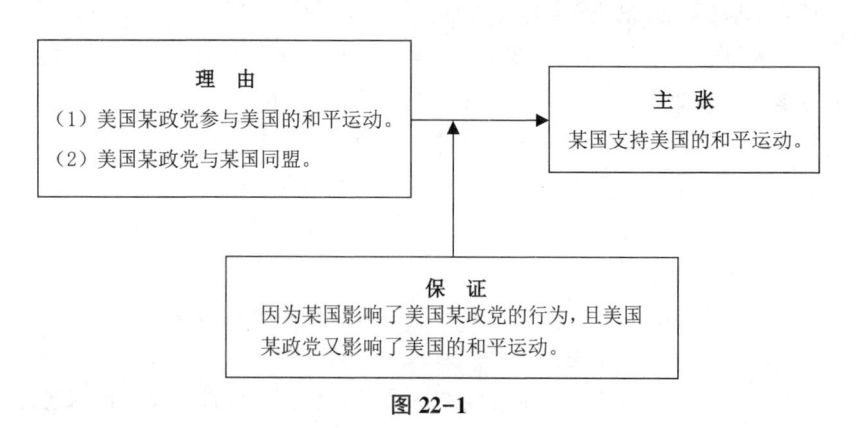

理　由	主　张
（1）美国某政党参与美国的和平运动。 （2）美国某政党与某国同盟。	某国支持美国的和平运动。

保　证
因为某国影响了美国某政党的行为，且美国某政党又影响了美国的和平运动。

图 22-1

但是，认为某国支持美国的和平运动的主要原因这一主张是很难去应对很多积极支持和平运动的人与美国某政党无关这样的反驳意见的。在这种情况下，主张也许应该根据保证的变化而变化，使得更加切实可行。

理 由
(1) 美国某政党参与美国的和平运动。
(2) 美国某政党与某国同盟。

主 张
某国的外交政策得到了和平运动的支持。

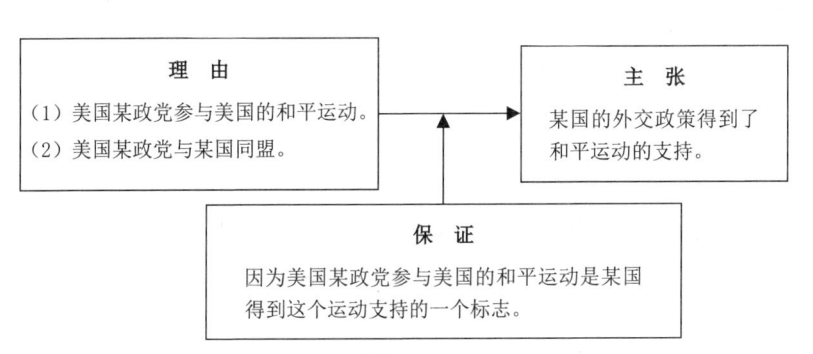

保 证
因为美国某政党参与美国的和平运动是某国得到这个运动支持的一个标志。

图 22-2

基于图 22-2 的保证得到主张：某国的外交政策得到了美国和平运动的支持。这一主张也许更能经受得住严格的审查。

然而，这绝不是可能由这一套理由支持的主张的结束。前两个主张的反对者可能会通过**类比**以下结论而找到合理的支持得出相反的结论："某国企图诋毁美国的和平运动。"请看图 22-3 所示。

理 由
(1) 美国某政党参与美国的和平运动。
(2) 美国某政党与某国同盟。

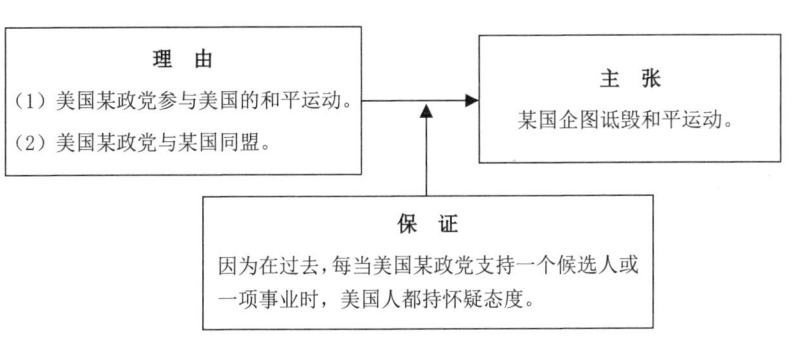

主 张
某国企图诋毁和平运动。

保 证
因为在过去，每当美国某政党支持一个候选人或一项事业时，美国人都持怀疑态度。

图 22-3

推理导论

事实上，正是美国和平运动的批评者意图让人注意美国某政党参与运动，这可能会进一步支持这一主张。并且，只有这些批评者才最有可能有勇气和动机去揭示潜在的糟糕局面。

回顾一下，我们在本章的重点是确定和解释一些常见的假设或规则，保证可能会基于这些假设或规则。保证作为一种相当基本的看待关系的方式，多年来一直贯穿于许多文化之中，在这一过程中汲取力量。在某些特殊的情况下会找不到一个合适的保证。更确切地讲，保证的选择是一个从论证者和受众的角度做出合理选择的问题。就所有的论证而言，就像我们将在第 23 章"讨论的领域"中所讨论的一样，其强度或可靠性将是一个批判性判断问题。

在本章中，如果我们要对论证的**一般类型**进行分类，那么就一定要谨慎。这里所说的任何话都不会破坏我们先前的结论，即论证需要通过观察其发生的背景和领域来加以审查。我们也不应认为存在任何**固定的规则**来确定一个或另一个类型的论证的正确性。最后，我们也无法**穷尽**论证的分类。尽管如此，在大约两千年的时间里人们一直在研究论证，我们可以确定一些熟悉的一般性假设，根据这些假设主张得以证明是合理的，并且这里讨论的类型代表了这些假设的样本。

类比推理

理论上讲，世界上每个物体、每个系统在某些方面都是独一无二的。但实际上，人和事物往往在形态和举止上又非常相似。在"类比论证"中，我们假设两个事物有足够的相似之处来支持这样一个主张：如果一个为真，那么另一个也为真。考虑这样一种情况，堤顿大坝（Teton Dam）是土坝，建造在断层线上，而且已经超过 30 年了，那么将它与其他一些具有这些特征的大坝进行比较是合理的，尽管在其他方面它们可能不是相同的。因此，如果堤顿大坝决堤，我们可以主张其他类似的大坝也容易决堤。基于这样一个论证，工程师们发现即使到目前为止第二个大坝还没有任何不牢固的迹象，但是我们有必要对第二个大坝进行修缮。一座大坝的情况可以合理地预期另一座大坝的

第 22 章 论证的分类

情况，它与所提出的主张具有相同的特征，并且没有**会破坏类比的差异**。

类比经常出现在日常会话中。当你和一个朋友谈及你的个人问题时，你经常会听到这样的答复，"这和我经历的一样"。然后得到的建议就可能基于这样的保证：曾经发生在你朋友身上的现在正在你身上发生："我以这种方式解决了自己的问题，那它也应该适合于你。"

在司法领域，**遵循先例**原则有效地迫使法庭使用类比推理。这条原则指导法官通过类似的方式判定类似的案件，避免法律实践中不必要的变化。

> 假设法院审理的案件具有以下基本事实：
> （1）一名 27 岁的女子，
> （2）因持有受管制物品而被捕，并且
> （3）供认不讳，但是
> （4）她没有被告知有权请律师或保持沉默。
> 州律师和被告律师都将寻找具有相同基本事实的判决先例。
> 例如，辩护律师将会查找以前的类似案件，案件中的一个关键事实是没有被告知有权请律师或保持沉默。根据类比推理，法庭可能会得出结论：如果先前的案件因为这个原因被驳回，那么本案也应当被驳回。州律师将同样或者寻找本案和以前案件事实上存在的重要不同之处以便能够破坏这种类比，或者寻找另外的与本案相似却判决不同的先前案件。

这些例子所显示的都是相对简单的类比。大坝、法律案例和个人经历都可以相对容易地被看作是相似的。然而，被比较的对象越不同，就越难找到它们之间可信的相似之处。基于家庭财政和联邦预算政策之间比较的论证可能不会经过经济学家的严格审查，但对许多普通人而言却似乎是相当合理的。人类思维和计算机处理之间的比较会产生更复杂的反应，在各种各样的对象之间，所谓的相似之处可能被认为

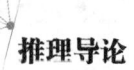

只是修辞或推测性的,在论证中缺乏信服力。

这些通常被认为是修辞手段,有时被称为**修辞类比**,而且被认为属于不同的、非论证的范畴。它们可能有助于使一些观点更清晰,但是实际上却不能保证任何主张:

> 如果你有一口井,每天能从地下水源获得1000加仑水,而你却每天要从中取出1500加仑,井就会枯竭;同样地,如果政府每天收到5亿美金的社会保障金,而每天支出的福利却有6亿,那么社保系统也会"枯竭"。

字面上的类比和修辞上的类比之间的差异当然并不是绝对的。没有两种现象是完全相同的,因此,所有类比中的比较都或多或少是不完美的。关键问题是这种类比有多接近。两个对象可比较之处越多,与所支持的主张的相关性越直接,受到相关差异点的反驳越少,那么这种类比就"越近"。

从类比的角度考察图 22-4 到图 22-6 中的论证并对其进行批判性讨论。除了其他因素外,特别考虑可比较的点在多大程度上足以支持主张,并考虑类比是否是保证主张的最合适的方式。

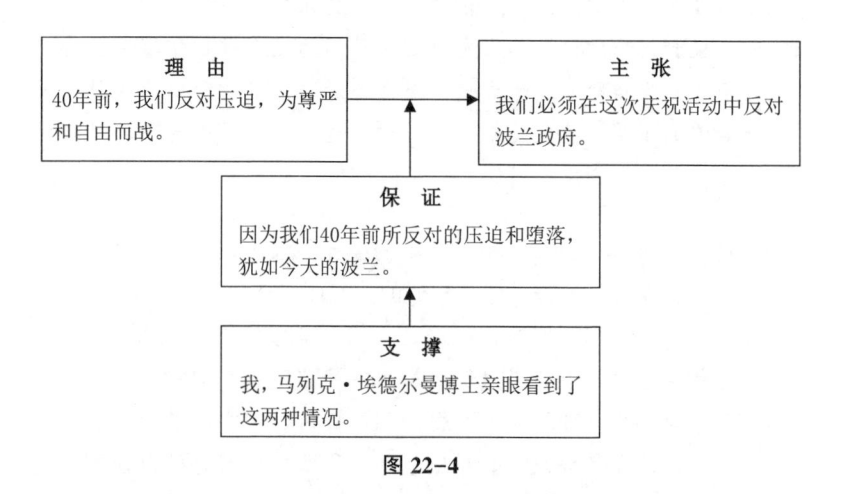

理　由
40年前,我们反对压迫,为尊严和自由而战。

主　张
我们必须在这次庆祝活动中反对波兰政府。

保　证
因为我们40年前所反对的压迫和堕落,犹如今天的波兰。

支　撑
我,马列克·埃德尔曼博士亲眼看到了这两种情况。

图 22-4

第22章 论证的分类

1983年4月19日,波兰政府宣布了一个为期8天的庆祝活动,纪念华沙犹太人区反抗纳粹军队起义40周年。马列克·埃德尔曼博士是与德国作战的领导人,也是目前居住在波兰的唯一已知的幸存者,他呼吁抵制这一庆祝活动,其论证如图22-4所示。

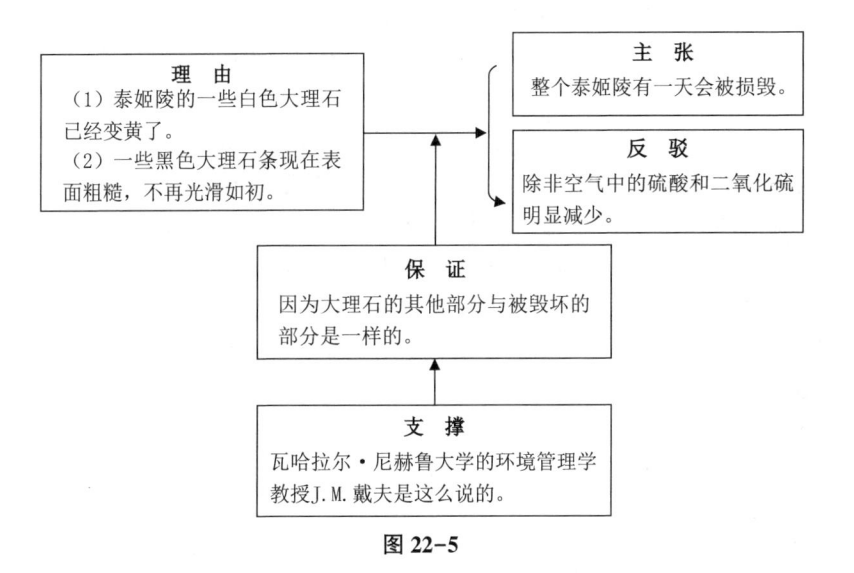

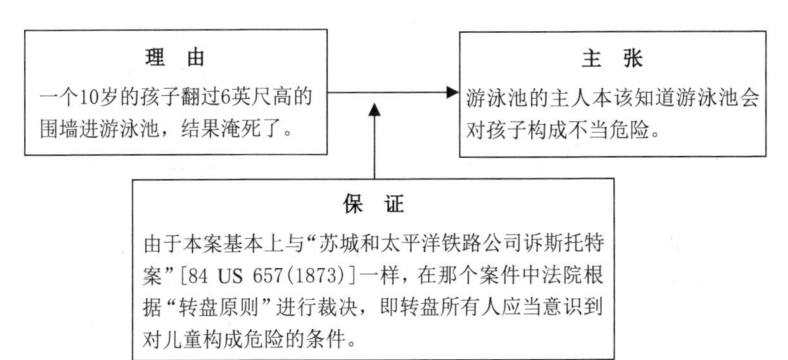

理 由
(1) 泰姬陵的一些白色大理石已经变黄了。
(2) 一些黑色大理石条现在表面粗糙,不再光滑如初。

主 张
整个泰姬陵有一天会被损毁。

反 驳
除非空气中的硫酸和二氧化硫明显减少。

保 证
因为大理石的其他部分与被毁坏的部分是一样的。

支 撑
瓦哈拉尔·尼赫鲁大学的环境管理学教授J.M.戴夫是这么说的。

图 22-5

理 由
一个10岁的孩子翻过6英尺高的围墙进游泳池,结果淹死了。

主 张
游泳池的主人本该知道游泳池会对孩子构成不当危险。

保 证
由于本案基本上与"苏城和太平洋铁路公司诉斯托特案"[84 US 657(1873)]一样,在那个案件中法院根据"转盘原则"进行裁决,即转盘所有人应当意识到对儿童构成危险的条件。

图 22-6

推理导论

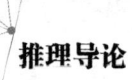

归纳推理

人或物倘若有足够相似的地方，就有可能将他们分成种群或"种类"，并做出关于他们的一般性主张。类比推理通常涉及的是基于几个具体事例之间相近性的比较而提出的主张，而归纳推理涉及考察的相关"种类"相当多，且样本具有代表性。民意调查的运作很好地说明了归纳推理中所涉及的问题。人口样本的选择是基于认真考虑的标准，代表所有被包括在一般中的人，或者可以选择随机抽样，使得每个成员都有相同的统计机会被选中。无论哪种方式，都必须有可能证明，如果样本是真的，那么整个群体也极有可能是真的。从这一样本可以进行概括。如果抽样调查中 67% 的男人都报告有婚外情的话，那么就可以断言在相关的人群中接近 67% 的男人同样如此。

归纳推理要求所使用的样本有足够的代表性；样本要足够多，这样即使再增加更多的项目也不会影响最后的结果；样本是由客观观察而选定的，样本是经过准确测定的，样本在时间上足够接近其所支持的概括，即使发生历史变化也不会使这种概括无效。带有偏见的调查问卷和草率的研究可能会产生不可靠的数据；不可靠的测量仪器可能会产生不可信的结果；而人的习惯的不断变化也增加了观察的样本与主张的断言随着时间的推移使主张本身变得无效的可能性。（在竞选活动的最后几周，公众舆论的迅速变化会让政治预测变成一件极具风险的事情。）因此，归纳推理所依据的样本的性质，特别是该样本和随后提出主张的更大人群之间的关系，会对这种推理的批评产生很大的影响。

在非正式和无计划的推理中，具体**例子**通常是作为基于概括的主张的理由而提出来的。在没有任何反例的情况下，它通常被认为是充分的。例如，一群计划外出就餐的人可能会这么说："萨利，我认为我们应该去 La Paloma 餐厅，那儿有镇上最好的墨西哥料理。""你怎么知道的？兰迪。""我上周六去过，感觉很不错。"我们看一下图 22-7 中的这个论证。

第22章 论证的分类

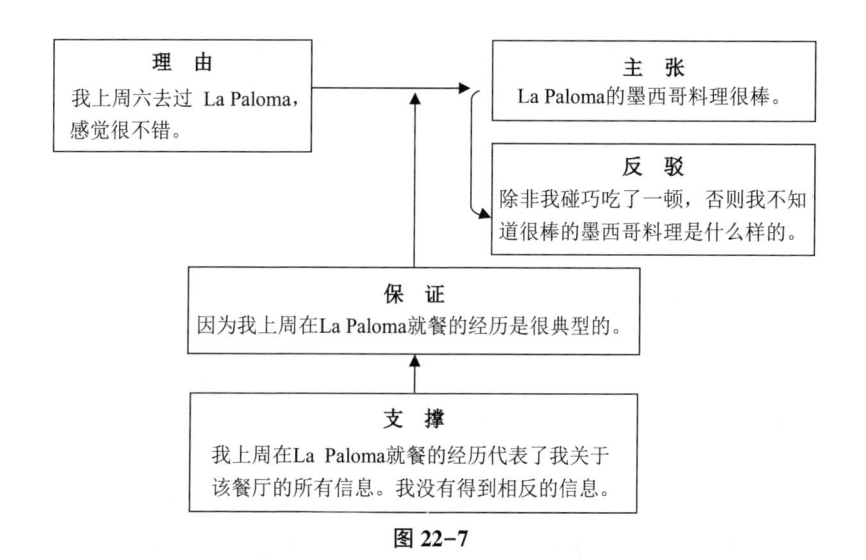

```
┌─────────────────────┐         ┌─────────────────────┐
│      理 由          │────────▶│      主 张          │
│ 我上周六去过 La Paloma,│         │ La Paloma的墨西哥料理很棒。│
│ 感觉很不错。         │         └─────────────────────┘
└─────────────────────┘         ┌─────────────────────┐
          ▲                      │      反 驳          │
          │                      │ 除非我碰巧吃了一顿, 否则我不知│
          │                      │ 道很棒的墨西哥料理是什么样的。│
          │                      └─────────────────────┘
┌─────────────────────┐
│      保 证          │
│ 因为我上周在La Paloma就餐的经历是很典型的。│
└─────────────────────┘
          ▲
          │
┌─────────────────────┐
│      支 撑          │
│ 我上周在La Paloma就餐的经历代表了我关于│
│ 该餐厅的所有信息。我没有得到相反的信息。│
└─────────────────────┘
```

图 22-7

这个简单的日常推理方式非常清楚地解释了归纳论证。保证构成了一个源自经验选择的表达，仅在这一种情况下，我们可以给出一般性的主张。但是一个例子或是一次经验可以为归纳论证提供充足的依据吗？我们时常这么做，并且经受住了批判性的审视。如果萨利和兰迪今晚去了 La Paloma，可是食物很难吃，那么这个主张就立刻不成立了。如果他们去了，兰迪很开心，萨利要求把没有味道的墨西哥食物再加热一下，他们就会需要对好吃的墨西哥食物的定义展开讨论。萨利可能认为兰迪不知道什么是好吃的墨西哥食物，这也是一种归纳论证的可能性：数据基础不够多或者没有很恰当地被判断。如果他们都认为食物很棒，那么一个额外的经验就会被添加到萨利的数据库中。两个月后，当他们和其他人在一起时，他们就可以说："La Paloma 的食物很棒，兰迪已经在那里吃过两次了，第二次的时候我和他一起去的，我们都很喜欢。"很有可能，该主张对于做出就餐选择起到很重要作用。

然而，如果四个人一致认为最后一次就餐时的食物无法接受，那么一个新的主张可能会被使用。一个常见的主张可能是，"La Paloma

开始走下坡路了，他们没有以前那么好吃了。"根据四个人的经验，又有了一个新的归纳："我们不会再去那里了。"有了关于同一家餐厅不同时间好的和坏的经验，数据支持几个可能的主张：

1. 好吃的食物不典型；La Paloma 从来都不是个好地方。
2. 不好吃的食物不典型；La Paloma 通常是个好地方。
3. 一些改变使得食物由好吃变得不好吃了。

现在，为了使这些主张更可信，多去几次 La Paloma 以获取更多数据是很有必要的。然而，人们哪怕有过一次不好的就餐经历，就很少再冒险去这家餐厅了。

在这样一个有所限定的情况下，归纳推理跟类比推理相比，并没有表现出太多不同。更多基于归纳推理的坚定主张是被大量引用的例子所保证的，其中每一个代表着特定事例的样本。另外，这些例子必须经得住对于它们是否涵盖了全部情况以及它们是否被合理衡量的拷问。查明是否有足够的样本被提交通常是一个检验的功能，该检验是：新增加的例子是否需要更改主张，"**有反例吗？**"如果有，它们如何与初始样本进行对比？图 22-8 展示了归纳推理更为普遍的例子。

这里有两个归纳：①四年内两次严重暴雨被作为一个主张，支持雷暴可能定期发生这一归纳；②三分之二的社区、2500 所住宅、5 人溺亡和 6000 万美元的损失构成了四种不同的具体案例衡量标准，得出暴雨会造成重大损失的主张。注意后一个论证断言了一个**因果**归纳，我们将在后面讨论。

最后，让我们在图 22-9 中检验一个基于归纳的主张，归纳使用了民意调查的方法。在这里，像我们说过的那样，归纳模式被严谨地建立起来，以至于相对小数目的特定事例可以被用来保证一个作为整体数量的主张。对于样本群的选择是在既定指导原则里进行的，这样一来可以使一个关于样本真实即是关于整体正确这样的主张得以可能。

第22章 论证的分类

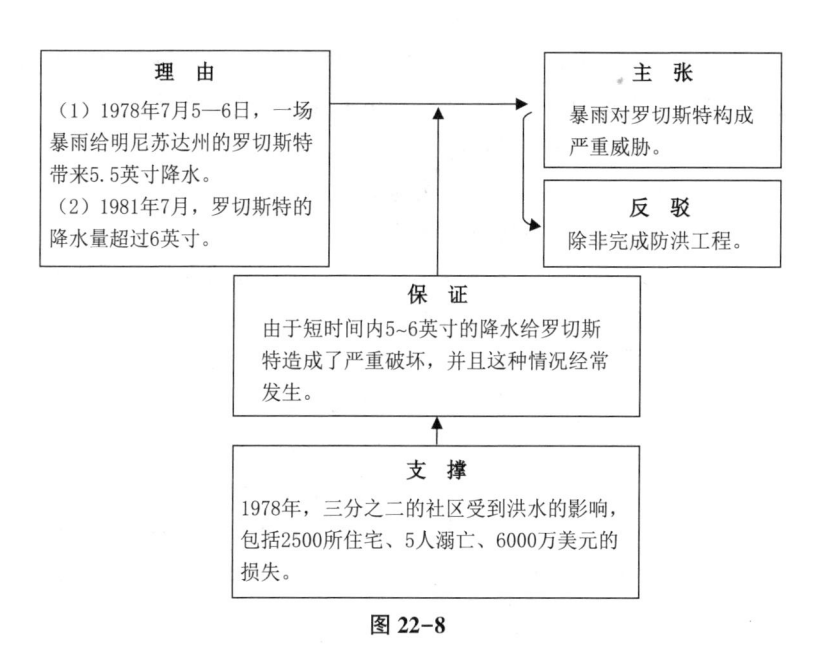

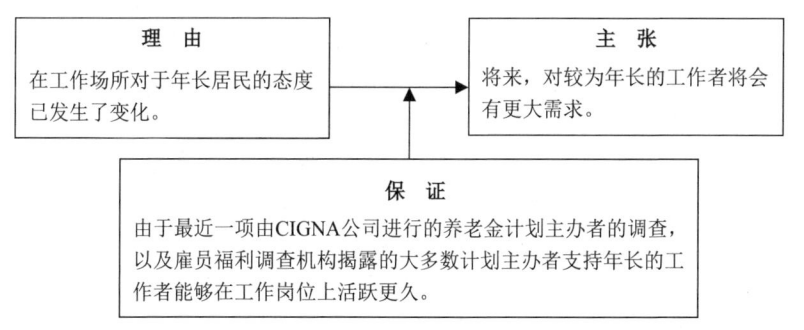

理 由
(1) 1978年7月5—6日，一场暴雨给明尼苏达州的罗切斯特带来5.5英寸降水。
(2) 1981年7月，罗切斯特的降水量超过6英寸。

主 张
暴雨对罗切斯特构成严重威胁。

反 驳
除非完成防洪工程。

保 证
由于短时间内5~6英寸的降水给罗切斯特造成了严重破坏，并且这种情况经常发生。

支 撑
1978年，三分之二的社区受到洪水的影响，包括2500所住宅、5人溺亡、6000万美元的损失。

图 22-8

理 由
在工作场所对于年长居民的态度已发生了变化。

主 张
将来，对较为年长的工作者将会有更大需求。

保 证
由于最近一项由CIGNA公司进行的养老金计划主办者的调查，以及雇员福利调查机构揭露的大多数计划主办者支持年长的工作者能够在工作岗位上活跃更久。

图 22-9

符号推理

关于"符号"的使用并无复杂之处。当我们在行车时，我们重复进行着"符号推理"。我们看到灯闪而推断出存在某种危险；我们看见一个标有数字的红白蓝盾形标志，就知道我们是在州际高速公路上行驶；等等。这些主张依赖的就是符号推理。只要一个符号和其所指的对象能够可靠地同时出现，这个符号被观察到的事实就可以用来支持这个符号所指的对象或情境存在的主张。

在法律中，间接证据通常构建的就是一个符号论证。在缺乏关于被告犯罪的直接证据的情况下，州政府通常可能会呈现一系列犯罪迹象。在谋杀案发生的前一天，被告给自己买了一张飞往墨西哥的单程机票；当被警察截停后，她试图逃跑；当被问及谋杀发生的时候她在哪里时，她讲了一个非常详细的故事，但这些都无法被证实。然后州政府主张这些事实是犯罪的迹象，因为过去的罪犯常常会这样表现。

同样，许多医学诊断也依赖于符号推理。某些可察觉到的特征——行为或情绪上的突变，食欲不振，患恐惧症——可能不会直接和必然与特定疾病相联系，但它们可能伴随着病人，因而医生在观察到足够多的这些症状时进行某些额外的测试是合理的。

如果构建可靠的符号推理规则是简单的，那么批判性的指导原则也如此。核心问题简单来说就是任何一个符号与它应该表明的事物之间的确定性程度如何。（我们确定灯闪表示的是危险而不是路边的咖啡厅？一个害怕被指控谋杀的人会不会与一个罪犯有同样的行为？）

符号推理可以为那些高度深思熟虑的复杂论坛中的主张提供一种明智的支撑方式，在那里更多预先论断很难提出。例如，国民经济揭露了大量相互作用的力量的"经济指标"或者**迹象**常被用来支持关于这些广泛主张。请注意这个常见示例（图 22-10）。

外交是另一个求助于符号推理建构论证的复杂领域。由于美国国务院不了解其他国家外交部门的信念和计划，但仍然需要了解他们的立场和预测他们的行为，符号推理就成了一种常见的工具。事实上，由于外交关系的微妙性以及由此产生的直接沟通问题，外交官们已经形成了一套用于沟通的符号体系。图 22-11 展示的是外交符号推理的一个常见例子。

另一个使用符号推理的论坛就是在"事实胜于雄辩"领域。当罗纳德·里根成为美国总统的时候，他宣告他的政府机构是支持妇女权

第22章 论证的分类

理 由
(1) 国民生产总值已经连续两季度上升。
(2) 房价开始上升。
(3) 利息开始下降。

主 张
经济正在复苏。

反 驳
除非今年发生一些反常的事情。

保 证
由于国民生产总值、房屋价格以及利率通常是经济整体发达的标志。

支 撑
在过去，这些指数变化通常会与作为整体的经济变化相联系。

图 22-10

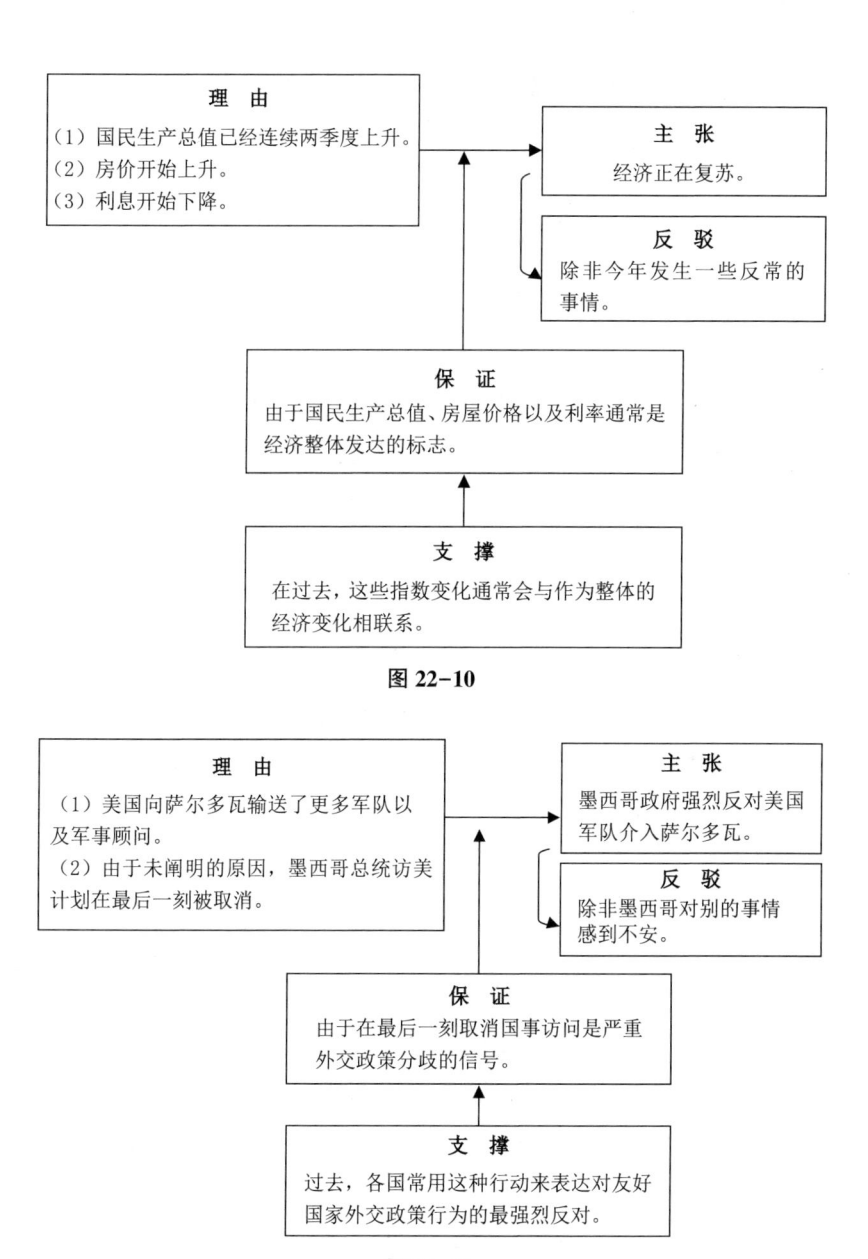

理 由
(1) 美国向萨尔多瓦输送了更多军队以及军事顾问。
(2) 由于未阐明的原因，墨西哥总统访美计划在最后一刻被取消。

主 张
墨西哥政府强烈反对美国军队介入萨尔多瓦。

反 驳
除非墨西哥对别的事情感到不安。

保 证
由于在最后一刻取消国事访问是严重外交政策分歧的信号。

支 撑
过去，各国常用这种行动来表达对友好国家外交政策行为的最强烈反对。

图 22-11

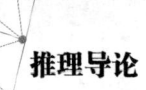

利的。反对者对此抱怀疑态度：他们宣称他们将会观察迹象；他的行动将会比他的言论更有说服力。新的政府机构就位后，提出了图22-12所示的主张。

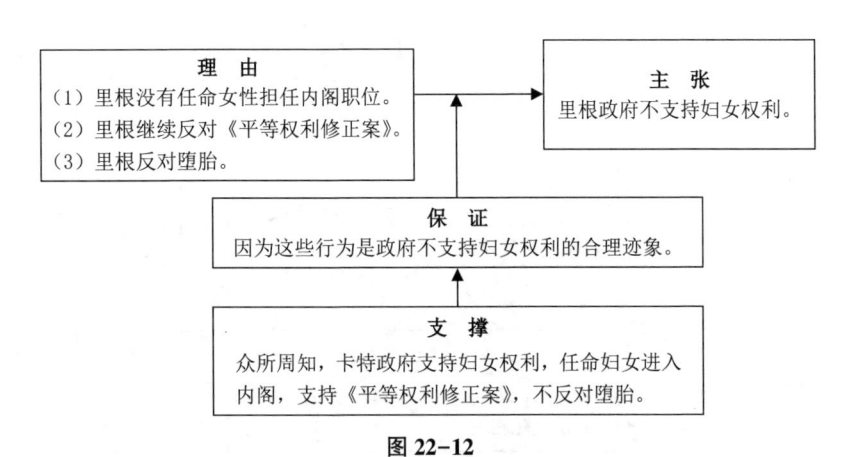

理　由
（1）里根没有任命女性担任内阁职位。
（2）里根继续反对《平等权利修正案》。
（3）里根反对堕胎。

主　张
里根政府不支持妇女权利。

保　证
因为这些行为是政府不支持妇女权利的合理迹象。

支　撑
众所周知，卡特政府支持妇女权利，任命妇女进入内阁，支持《平等权利修正案》，不反对堕胎。

图 22-12

最终，里根的支持者可以用他们自己的迹象来反驳这种说法（图22-13）。

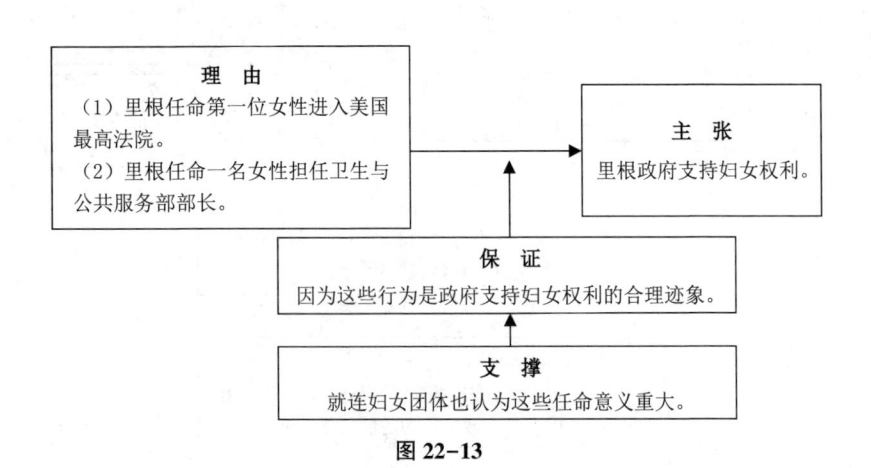

理　由
（1）里根任命第一位女性进入美国最高法院。
（2）里根任命一名女性担任卫生与公共服务部部长。

主　张
里根政府支持妇女权利。

保　证
因为这些行为是政府支持妇女权利的合理迹象。

支　撑
就连妇女团体也认为这些任命意义重大。

图 22-13

第 22 章 论证的分类

因果推理

在某些情况下，我们可以断言一种比符号和其指称的关系更强的关系的存在；也就是说，我们可以声称一个事件或条件是另一个事件或条件的**原因**。这两种事件不只是经常一起出现：它们是有**因果联系**的。指纹和血迹可能不仅仅是有罪的迹象，而且可能是被告在犯罪现场造成的。高烧和皮疹可能不仅仅是疾病的征兆，而且可能是由疾病引起的。

源自因果的论证首先需要一个因果概括，概括所断言的是：如果观察到某原因，就可以预期随之而来的结果。或者，这种概括有时可以从另一个方向被断言：如果观察到结果，就可以推断出原因。如果在特定情况下可以证明原因或结果的存在，就可以主张能推出结果或原因的存在。

有各种不同的方法可以建立或支持重要的因果归纳，有时人们依靠经验领域里的传统或常识来支持他们对经验的因果解释。有时他们依赖于不断的观察：他们观察到月亮相位变化与潮汐变化有关，因而推断出月亮通过某种原因影响潮汐起伏。约翰·斯图亚特·密尔提出了一系列形成因果归纳的方法。这些被称为**求同法、求异法、求同求异并用法、剩余法**和**共变法**。

求同法认为，如果主张对象的两个或多个事例中有且只有一个共同情况，那么这一情况可以被认为是所调查现象的原因（或结果）：

> 例如，如果我们发现一些国家有高长寿、低婴儿死亡率现象，并且发现这些国家唯一相同的是它们都有一个全民健康计划，有人可能会认为，健康计划是良好的医疗记录的原因。

根据**求异法**，如果主张对象的一个事例发生，另一个没有发生，但它们只有一个不同特征，并且只跟第一个事例有关，那么这个差异点就是所调查现象的原因或结果（或原因不可缺少的一部分）：

旨在表明遗传和环境与人类发展和行为相关性的研究，在研究双胞胎时，就使用了这种形式的推理。这样的双胞胎在基因上完全相同。因为某种原因，他们出生时被分开，在不同的家庭和环境中长大，后来的性格、行为或其他方面的差异可以归因于环境而非遗传因素导致的，因为这些是唯一相关的差异点。

求同求异并用法是将这两种方法结合起来，增强了因果归纳的有效性。密尔是这样陈述他的观点的：

如果某一现象的两个或更多的事例只出现同一种结果，然而因为缺少某个因素，这两个或更多事例中没有出现这个结果；这两组事例中唯一不同的因素，是该现象的结果或原因，或者至少是原因不可缺少的一部分。

在科学实验中对照组的使用就是应用了此方法。通过分离和研究在大部分都相同的两个独立的对象组（无论是农作物还是人类病人），然后采用不同的方式处理，我们可以看出，每一个组的成员用相似的方式发展的方面，和**这两个不同的组中成员发展不同的方面**。在一些特定的特征（例如，植物的作物产量或病人的疾病治愈）能够被挑选出来作为在实验组的展示和实验组和对照组之间的差异，我们就更有可能看到这个特征与实验组的特殊处理有**因果**关系。

剩余法认为，如果你排除掉任何研究现象中的所有已知原因的部分，那么该现象的剩余部分就可以被认为是剩下的可能原因的结果。

如果一个公司正在寻找季度收益下降的原因，它可以分析它所有的业务，排除那些已知的因果关系。这么巨大的损失来自影响现金持有量的国际汇率。消费者对该产品的需求保持不变；尽管如此，总销售额还是下降了。剩下的唯一未提及的原因是生产效率较低，公司应该从这里（根据剩余法）寻找收益下降的原因。

第22章 论证的分类

共变法的理念所对应的,是现代术语所称的**关联性**(correlation)。如果一种现象随着另一种现象的变化而变化,我们就说,一种现象是另外一种现象的原因或结果,或者这两者之间有因果关系。最后一句很重要。关联性往往揭示两个因素一起变化,因为它们都是第三个或多个原因的结果。

保险公司发现学校里成绩好的学生的汽车保险的风险率更低,所以给他们提供较低保险费率。没有人认为,在逻辑课上获得一个"A"能让你马上成为一个更好的司机,因此值得降低保险费。相反,有人认为,那些取得好成绩的人也往往是好司机。两组的现象归因于其他不明,甚至未知的原因。因为平均成绩是容易衡量的,他们提供了一个简单方法证明有良好的驾驶技术的偶然相关性,然而没有深入研究其他未说明的原因。

因果归纳的批评者对所有这些方法的潜在问题都很敏感。任何现象的表面原因可能只是一个还未发现原因的迹象,并且问题永远是如何认真选择被观察的因素。批评者会因此寻找其他可能被忽视的潜在原因。更重要的是,对因果归纳的批评者经常指责说,世界并非简单到对于很多重要现象只能发现单一的原因。相反,我们应该期待一个复杂且相关联的因素与许多我们需要了解的事情有关。他们甚至认为,假设单一方向性(从原因**到**结果)可能是缺乏经验的。系统分析专家讨论的是**相互**因果关系——即不同因素同时影响和相互影响的情况。

批判下面的因果论证(图22-14到图22-16)并且对至少三个问题进行评论:①什么是主张的因果性原理(一致,不同,或其他因素);②论证**本身**是否满足了归纳的要求;③你能提出什么可能的反驳?

推理导论

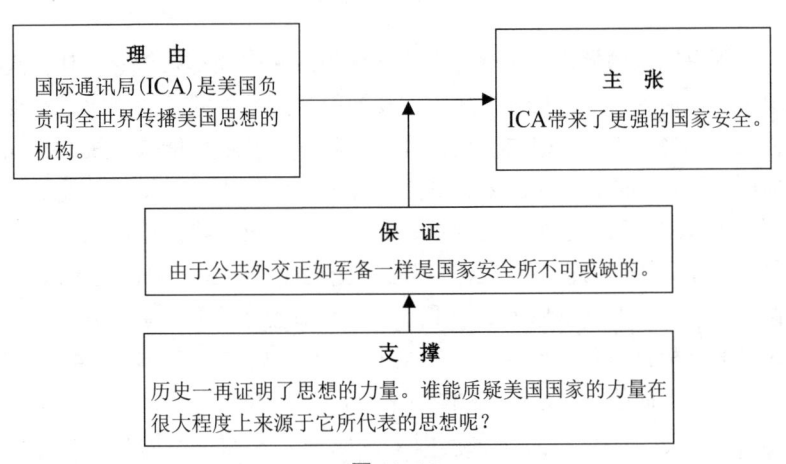

理由
里根政府提出的1984年财政预算,要求在几个方面削减对穷人的帮助。

主张
里根政府造成贫困女性化。

保证
由于70%的妇女户主家庭生活在贫困中,到2000年妇女和她们的孩子将几乎构成整个国家的贫困人口。

支撑
援助计划被削减——对尚未独立的子女、妇女、婴儿和儿童的家庭援助计划,职业培训和工作激励计划——严重影响妇女和她们的孩子。

图 22-14

理由
国际通讯局(ICA)是美国负责向全世界传播美国思想的机构。

主张
ICA带来了更强的国家安全。

保证
由于公共外交正如军备一样是国家安全所不可或缺的。

支撑
历史一再证明了思想的力量。谁能质疑美国国家的力量在很大程度上来源于它所代表的思想呢?

图 22-15

```
┌─────────────────────────────────────┐
│              理　由                  │
│ （1）20世纪50年代，湿地面积为1亿800万英亩；│        ┌──────────────────┐
│ 70年代，湿地面积为9900万英亩。         │──────▶│     主　张        │
│ （2）20世纪50年代，美国迁徙水鸟的数量明显 │        │ 湿地的丧失正在导致 │
│ 多于70年代。                          │        │ 水鸟数量的减少。  │
└─────────────────────────────────────┘        └──────────────────┘
                        ▲
             ┌──────────────────────────────────────┐
             │              保　证                   │
             │ 由于迁徙水鸟的数量随着湿地面积的变化而变化。│
             └──────────────────────────────────────┘
                        ▲
             ┌──────────────────────────────────────┐
             │              支　撑                   │
             │ 湿地是迁徙水鸟越冬、繁殖和休息的重要栖息地。│
             └──────────────────────────────────────┘
```

图 22-16

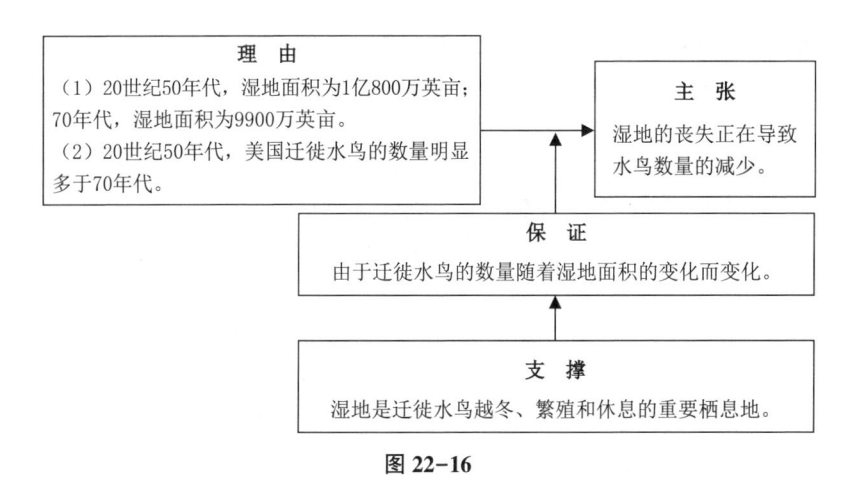

诉诸权威推理

基于权威判断的推理既是最常见的论证形式之一，也是最常被滥用的形式之一。我们的商业广告中充斥着"某某亲口所说（Ipse dixit）"或"他或她是这样说的"。名人唯一的权威是他们令人熟悉的名字和面孔，这被用来保证各种产品的质量，从内衣到烧烤，从汽车到山里的小屋。最绝的可能是用一位著名的职业橄榄球四分卫球员来告诉我们连裤袜的质量。

这种论证的问题不是使用权威**本身**；而是没有为权力建立适当的**基础**。为使主张具有说服力，所引用的权威必须具有能够对主张的主题提供专业判断的资格。如果其主张在法庭上被用于表达谋杀案中的死亡原因，那么该权威必须具备合格的医师资格，专门从事法医工作，有在可疑情况下确定死亡原因的经验，且经验丰富，并在有资格被评判为该领域专家的人中享有盛誉。（见图 22-17）

在我们这样一个如此复杂的世界里，如果认识不到我们需要不时地征求专家的判断，那是没有道理的。如果仅由律师和陪审员判断死因，那么我们的司法系统将会很失败。如果仅由政治家来判断航天器

的质量或进行经济分析,我们的政府将比现在有更多的麻烦。因此,在以下情况下,我们会根据权威的判断提出主张:

1. 作证的人被证明最近有充分的机会接触到将要做出判断所需要的必要数据或对象。
2. 权威的身份是明确的,而不是含糊地提到"国家级研究实验室"或"著名评论员"。
3. 个人被证明拥有被认为是一个权威该有的教育、培训和经验。
4. 这种权威身份得到其他有资格评判权威的专家的认可。
5. 过去的表现表明,这个权威是值得尊重的。
6. 此人的证书或经验是当前的。
7. 权威所表达的判断属于其自身专业领域。
8. 权威的判断权衡了其他合格专家的证词。

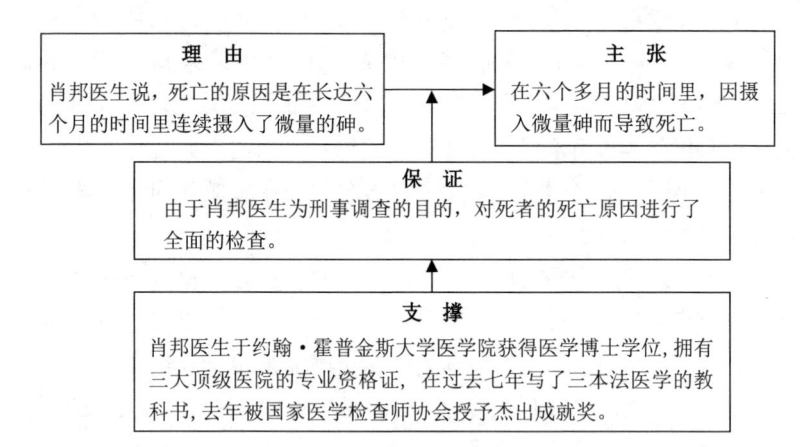

理由
肖邦医生说,死亡的原因是在长达六个月的时间里连续摄入了微量的砷。

主张
在六个多月的时间里,因摄入微量砷而导致死亡。

保证
由于肖邦医生为刑事调查的目的,对死者的死亡原因进行了全面的检查。

支撑
肖邦医生于约翰·霍普金斯大学医学院获得医学博士学位,拥有三大顶级医院的专业资格证,在过去七年写了三本法医学的教科书,去年被国家医学检查师协会授予杰出成就奖。

图 22-17

几年前,诺贝尔化学奖得主莱纳斯·鲍林发表了有关大剂量维生素 C 的生理和心理价值的言论,许多人对此都持怀疑态度。虽然他在该领域的权威是不容置疑的,但许多人怀疑他在这一特定研究领域的

第22章 论证的分类

专门知识。为了认真考虑有关维生素 C 的主张，鲍林需要确立自己的权威地位，或者需要其他具有明确专长的研究人员予以证实。

分析图 22-18 到图 22-20 关于权威推理的例子，测试它们是否具有充足的基础，以及主张和专业之间是否具有一致性。

理　由
亨利·摩根索说，1915年，一份电报发至美国国务卿，内容为土耳其对亚美尼亚人发起了"种族灭绝运动"。

主　张
1915年，土耳其对亚美尼亚人进行了种族灭绝。

保　证
摩根索任美国驻土耳其大使以来，作为一名官方外交观察员，他在美国的官方报告中声称，在这个问题上他是一个权威人士。

支　撑
摩根索在《摩根索大使的故事》一书中反复声明，他是作为美国外交的代理人发言。

图 22-18

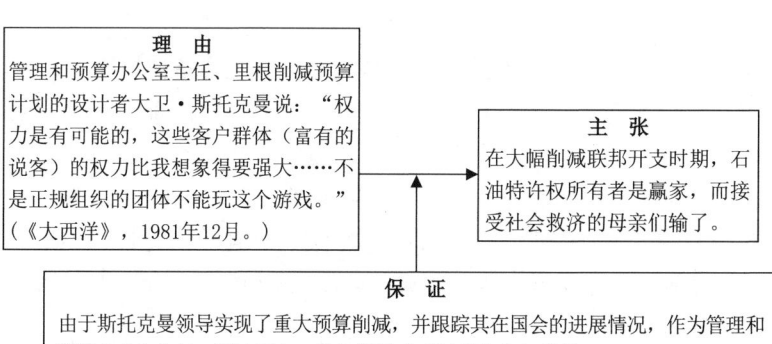

理　由
管理和预算办公室主任、里根削减预算计划的设计者大卫·斯托克曼说："权力是有可能的，这些客户群体（富有的说客）的权力比我想象得要强大……不是正规组织的团体不能玩这个游戏。"（《大西洋》，1981年12月。）

主　张
在大幅削减联邦开支时期，石油特许权所有者是赢家，而接受社会救济的母亲们输了。

保　证
由于斯托克曼领导实现了重大预算削减，并跟踪其在国会的进展情况，作为管理和预算办公室主任，通过国会，他知道这些事情是如何运作的。

支　撑
即使那些不同意他的人也承认斯托克曼懂得这一过程，而且他的证词，作为对削减预算的批评，构成了勉强证词，因此提高了他的可信度。

图 22-19

```
┌─────────────────────────────┐
│          理  由              │
│ 中央情报局副局长约翰·麦克马洪表 │──┐        ┌─────────────────────────────┐
│ 示，他对立法委员有选择性地披露机│  │        │          主  张              │
│ 密信息的做法感到担忧。          │  ├──────→│ 我们应当关注立法委员有选择性 │
└─────────────────────────────┘  │        │ 地披露机密信息的做法。        │
                                  │        └─────────────────────────────┘
            ┌─────────────────────┴───────────┐
            │          保  证                  │
            │ 由于麦克马洪先生是一名职业情报官员，多│
            │ 年供职于中央情报局，目前担任副局长，而│
            │ 且他是在美国参议院听证会上发表的这一 │
            │ 声明。                           │
            └─────────────────────────────────┘
```

图 22-20

其他可能的分类

有些推理是建立在**基于两难的论证**（argument from dilemma）之上的。这里的主张是基于两种且只有两种选择或解释是可能的，而且两个保证都是不好的。当一名国会议员因凌晨 2 点在盐湖城红灯区召妓而被捕时，许多人都认为他陷入两难境地。要么他像指控的那样有罪，因此应该受到谴责；要么他和那个女人说话是无辜的，而在这种情况下，同样显示出一个竞选连任的政客的愚蠢，所以他也应该受到谴责。

眼前的具体主张肯定会形成一种两难的局面。如果国会议员能够提出第三种可能的解释，与公认的事实相符，并且不会使他受到谴责，那么基于两难的主张就会落空。基于语言表象而非实质的困境可能经不起严厉的批评：

例如，美国在外交政策上一直面临着两难的困境。如果干预其他国家的问题，就会就被指责为帝国主义；如果不干预，就被指责为麻木不仁。这种情况显然造成了一种进退两难的局面。即使我们承认这是唯一的选择，而且任何一个结论都是不可取的，但仍然有可能通过质疑构成困境的术语来反驳这一困境。因为干

第 22 章 论证的分类 ▲

预并不总被认为是令人反感的或"帝国主义的";例如,如果是应联合国的紧急要求进行的,那它就可能是完全积极的,从而避免了被指责为帝国主义。

在实践推理中经常遇到的其他类型的论证包括:

——基于分类的论证,在这种论证中,植物、动物或其他任何东西的典型特征被用作有关它们的主张的依据。

——基于对立面的论证,在这种论证中,已知在某个方面完全不同的事物,被假定在其他方面也同样不同。

——基于程度的论证,在这种论证中,假定某个事物的不同性质是相互同步变化的。

在这里和其他地方一样,我们不可能详尽或正式地说明所有可能的论证类型。相反,我们只能描述在实际情况中最容易遇到的可接受的推理的一般类型。即便如此,这里所列出的许多类型还是相互交织的,很难截然区别开来。

练 习

下面是几段叙述性陈述,包括各种各样的信息和主张。考虑每句话,试着找出尽可能多的不同类型的论证。如果你在完成一个论证时发现缺乏某个要素,指出你需要发现的材料类型,以支持你的主张。

1. 据《纽约时报》(1983 年 4 月 17 日)报道,国防部部长助理理查德·N. 佩里在接受一家以色列公司 5 万美元的咨询费一年后,建议军队考虑从这家公司购买武器。

2. 美国常驻联合国代表吉恩·J. 柯克帕特里克大使向美国参议院作证说,"从联合国成立之初,我们……对于在联合国如何决定问题,有一种根本错误的想法。我们曾想出联合议会,由作为投票成员的个人组成,他们仔细聆听正面和反面的论点,决定什么是正确的和公正的,以他们国家的利益为基础,并据此投票……你可能会惊讶于这种

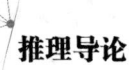

投票行为……就像在任何立法机构一样。也就是说,临时或长期的投票联盟是在共同利益的基础上形成的。优惠得以扩大,义务得以积累和履行,武器被解除……选票可以是买来的,或至少是租来的。"

3. 一架载有医疗物资从叙利亚飞往尼加拉瓜的飞机,因引擎故障被迫在巴西降落。然后被发现飞机上实际藏有武器和弹药。美国国务院表示,我们现在可以肯定,拉丁美洲的问题得到了外部各方的支持。

4. 空间和安全研究所所长、已退役的空军上校罗伯特·鲍曼博士说,"支持者声称,基于空间的防御系统可以进行如下部署,①利用现有现成的技术,②在一个合理的成本上(约150亿美元),③在五年到六年内。然而这些说法都不正确。事实如下:

(1) 与我交谈过的大多数五角大楼专家都认为,技术要求被严重低估了。这项任务没有现成的技术,除了纸上……

(2) 五角大楼负责任的分析师估计,真实成本在一千亿美元到一万亿美元之间!……

(3) 即使有阿波罗一样的信念,也需要八年到九年去展开第一层部署。"

5. 在给未成年少女开避孕处方时是否应该告知她们的父母?有人说,这样做的话,将会有更多的少女怀孕。但是保罗·豪伊在1983年1月17日的《亚特兰大杂志》上写道:"是的,孩子就是孩子,没有什么能阻止这一点。但是很多人因为想到妈妈的唠叨会减少这一行为。"不让父母知道这些信息就等于是对青少年性行为的认可,会导致更多的问题。

第23章 讨论的领域

在第五部分中,我们将注意力转向了日常实际发生的具体推理实践。我们的目标是使我们的讨论更有实际意义。我们在第21章中证明了这样一个事实:推理通常不会出现在教科书里必须使用的简单例子中,它出现在日常交流的话语中。在第22章中,我们更仔细地考察了人们在理性交流中通常使用的具体论证类型,并探讨了第二、三部分所阐述的分析模式与实践推理过程之间的关系。

在第23章中,我们将在法律、商业、科学、艺术和政治等自然环境中,向理解和评价推理又迈进一步。从人们提出的实际论证来看,我们会发现,很少会出现完全正确或完全不正确的情况。在人们进行推理的任何一个主题中,都会有各种具有不同性质和可靠性的论证,而评估这些论证并从中做出合理选择的责任就落在了我们肩上。本章讨论将集中于对相互冲突的论证(competing arguments)进行合理评价的过程。

论证的理性优点

首先我们必须弄清楚:

——是什么让一种实际论证比另一种更好?

——我们必须调查论证的哪些特征,才能对它作为**一个论证**所具有的优缺点有一个清楚的认识?

——特别是,我们如何判断一个论证是真的令人信服(即它

值得信任），还是仅仅具有吸引力（即不管它的优点如何，它都能够赢得掌声）？

显然，一个雄辩的演讲者或作家可以用各种方式来装扮论证，以掩盖其缺陷，使其吸引受众。只要他了解受众的口味和偏好，他就能利用这些偏好来调整自己的论证。但在大多数情况下，我们可以把使我们的论证具有真正的"理性优点"的特征与那些其他修辞手法区分开来，这些修辞手法的效果是使论证比它们本应具有的更有吸引力和说服力。因此，让我们在这里先抛开一切关于魅力和口才的考虑，只专注于那些理性的优点。

在我们前面的论述中，论证的一些基本优点已经很清楚了。例如：

——必须明确论证要提出什么**种类**的问题（比如说，是美学问题而不是科学问题，或者是法律问题而不是精神病学问题），以及其根本**目**的是什么。

——它所依据的**理由**必须与论证中提出的**主张**有关，并且必须足以支持该主张。

——用来保证这种支持所依赖的**根据**必须适用于所讨论的案件，并且必须有坚实的**支撑**。

——由此产生的主张的**限定条件**或强度必须明确，并且对可能的**反驳**或例外情况必须有充分了解。

明确论证的目的和立场

在一场实际的论证开始之前，就有一些含糊的地方可能需要解决。有很多主张（如"杰克疯了""玛丽真不应该这么做"），其地位可能最初并不明确。比如，所提出的问题是法律问题还是道德问题？（对玛丽的行为提出的反对意见是否涉及违反法律或缺乏人性的考虑？）在这种情况下，论证双方可能只是一开始就各执一词，缺乏对基本问题的澄清。其中一方可能一开始是从法律的角度来看待玛丽的行为，认为没有什么害处（"她没有触犯法律"），而另一方则是站在道德的角度

("不管有没有触犯法律，这都是一件低劣的事情")，所以不赞成。

在这些最初的分歧得到澄清之前，可能根本就没有任何富有成效的论证基础。当事人可能根本无法就哪些程序、考虑因素、判断标准等论证目的达成一致。因为他们**没有**共同的观点或目的。

通常情况下，人们确实可以在论证产生的情境中找到足够的线索，以确保在实践中获得足够程度的相互理解。例如：

> 在心理咨询的背景下，关于神智和精神错乱的问题自然会得到医学上的解释，而不是法律上的解释，因此可以避免对这些问题可能产生的任何歧义。
>
> 相反，在法庭听证会的背景下，关于神智和精神错乱的问题，自然会得到司法解释而非精神病学解释，所以再次避免了模棱两可的风险。

法庭诉讼、医疗咨询、专业科学会议等都是精心安排和进行的，它们扮演着"论证论坛"的角色，目的是消除对其中提出的论证的"理性立场"的怀疑和混淆。

然而，一旦我们离开专业领域，这类困难就更容易、更频繁地出现。特别是在政治讨论中，往往一开始就不清楚某位发言者是否从道德、金融、外交礼仪、国防、社会福利或其他方面关注辩论中的问题。所以，当两个人从截然不同的方向和观点进行辩论时，结果可能是完全的话不投机（cross-purposes）：

> 在一家私人俱乐部吃午饭时，一位保险公司的高管认出了一位著名的西部乡村歌手，并邀请她一起吃饭。在谈话中，这位歌手提到了拥有纳什维尔大剧院的控股公司已经提出要将其出售的事实。高管承认这一事实，并介绍了一些关于控股公司债务情况的财务信息。歌手讲述了一些关于纳什维尔大剧院的历史和重要性。他们各自认为对方对形势的无知令人遗憾，于是就分开了。
>
> 怎么会出现这种情况呢？这位保险公司高管在谈到这个话题

时，注意力完全放在了企业有时为了管理现金流问题，必须出售有价值的财产，使投资保持在一个相对集中的范围内。而这位歌手则认为，纳什维尔大剧院是一种重要的文化现象，应该加以珍惜，而不是利用它来牟利。

在这种情况下，危险在于双方连论证的**出发点**都无法达成共识，更不用说结论了。他们没有对彼此的论证给予适当的关注，保险高管很容易认为歌手幼稚无知，而歌手则认为保险高管冷酷无情、缺乏文化鉴赏力，而不是单纯的公事公办。

"我们公司需要产生4亿到7亿美元的收入来抵销债务，这些债务随着购买纳什维尔大剧院和其他财产而上升到9.5亿美元。此外，纳什维尔大剧院并不是我们投资方案的核心内容。"

"你们只是底层的人，对纳什维尔大剧院的历史文化意义不了解。你难道看不出来，剧院的外部所有者为了增加利润，可能会毁掉剧院吗？"

显然，当事双方在了解和判断对方的实际论证之前，还有很多基础工作要做。要么，他们必须建立某种共同的立场，从这个立场出发，他们可以用商定的条件来解决当前的问题；要么，他们至少必须明确地承认各自立场之间的差异，以便他们能够"同意分歧"。这两项工作可能都不容易完成。

这种情况特别容易发生在关于道德和政治敏感话题的讨论中。因为正如我们稍后将看到的更详细的情况那样，任何辩论的中心任务之一是决定应从什么立场处理任何给定的问题。（比如说，这是一种在其中道德考量应该超过单纯财政计算的情境，还是一种在其中国防的论证要求我们把道德顾虑放在一边的情境？）但在其他不那么热门的领域，也会出现类似的目的对立。例如，一个画家和一个物理学家，一开始谈论"颜色"，可能会因为他们的出发点和关注点不同而陷入误解。在遇到关于色彩的问题时，一个专业上熟悉光的电磁理论的人，

第23章 讨论的领域

也许会和一个专业上关注油性颜料在画布上的应用技术的人有着非常不同的初始考虑。(难道这两种立场完全互不相干吗?这倒不一定:19世纪末20世纪初的印象派画家对光谱的科学发现非常着迷,并利用这些发现来证明自己采用仅限于"光谱"颜色的新调色方式的合理性。)

评判论证的要素

明确了论证的立场后,我们就可以关注构成论证的不同要素。提出支持该论证的主张。这意味着要检查理由、保证、支撑等,以确保它们就像案件性质所要求的令人满意和详细。例如:

> 提供完全相关和充分的理由来支持其主张的论证,比理由的相关性或充分性值得怀疑的论证要好。
>
> 以明确适用且有坚实支撑的保证为依据的论证,要比保证的适用性或其支撑的坚实性不确定的论证要好。
>
> 一个论证如果声称其结论的确定性或普遍性能够得到合理的证明,那么这个论证就比未阐明结论真实强度的论证或隐藏着可能的例外和反驳的论证要好。

我们如何确保我们的"理由"和其他要素都是它们应该的样子呢?这个问题有两个不同的方面:一方面,它是一个关于与所讨论的特定事项有关的具体技术或环境考虑的**实质性问题**(substantive question)。另一方面,它是一个关于相关领域的论证需要以何种一般方式提出的**程序性问题**(procedural question)。例如,请注意在美国参议院司法委员会的同一场发言中出现的以下论证:

1. "关于(旧金山)《纪事报》中写到的关于参与任何'私下交易'的说法是完全错误的,正如克林顿先生所指控的那样。这种说法是完全不负责任的,我对这种鲁莽行为感到奇怪。"

2. "克林顿先生会让你相信,一家报纸对社区天线电视感兴趣是不恰当的。然而,这种不当行为显然不适用于他的《圣马特奥时报》。《圣马特奥时报》(克林顿先生是该时报的编辑和出版

人)的所有者安普利特印刷公司与社区电视公司合资,目前正在申请圣卡洛斯市的有线电视特许经营权……这项申请于8月23日正式提交给圣卡洛斯市,这距离克林顿先生在这个委员会上露面并谴责报纸参与有线电视特许经营还不到一个月的时间。"

显然,发言者对这两项主张都深信不疑,并希望委员会成员也相信这些。但是,请看一下为这两个论证提供的理由。

  论证1 理由:"这是完全错误的。""这是不负责任的。"
  论证2 理由:"安普利特印刷公司此时正在申请社区有线电视特许经营权……"

要加入论证1中提出的主张,委员会成员有第一手资料,即论证者**说**指控是错误的,但在接受主张前,他们必须进一步接受其保证:"这个论证者说的任何话都是真的"。不难看出,在展开这一推理思路的过程中,说话者应该是提供了一些虚假性的证据,而不仅仅是他自己的简单断言。委员会成员有权要求得到他们能够认为合理地满足自己的理由,不应该要求他们仅凭对说话者的信任来判断。即使他们都倾向于接受这一主张,在没有更多证据的情况下,他们也很难向其他批评者证明这一点。

现在,我们来看第二个论证。在此,委员会也了解到,有人**断言**安普利特公司已经申请了有线电视的特许经营权,如果这项申请被接受,就会损害或破坏克林顿先生作为此类企业的反对者的姿态。但是,除了这个断言之外,委员会还得到了足够的信息——日期、地点、时间、涉事各方——来自己核实这些理由的准确性。他们不需要仅凭信念接受这些理由。

从理性意义上讲,假设双方之间存在完全信任的关系,"这是错误的"这一断言是支持"这是错误的"这一主张既充分又相关的信息。例如,一位家长有可能对孩子说:"告诉我,这个指控是真的还是假的?我会相信你说的"。另一方面,我们都很熟悉一些被控犯罪的人在

第 23 章 讨论的领域

电视镜头前声称"指控完全是假的",但后来却在法庭上被判有罪。我们仍然不知道,在任何绝对真实的意义上,指控是否是假的。但我们**确实**知道,被告无法以陪审团成员可以明显看出其相关性和充分性的方式提供理由。

相当多的时候,我们会得出有关日常经验问题的结论,**实际上我们**也有足够的理由支持它们,所以可以相信这些结论——作为"个人观点"——成为我们自己行动的基础。与此同时,我们可能无法**令人信服地**说明这些理由是什么,从而说服别人。

无论在讨论的技术还是非技术领域,**知道**需要什么理由来证明任何观点是一种重大的技能(substantive art)。以经得起公众批评的方式**陈述**这些理由的技术是一种程序性技术。但无论涉及哪个领域的推理,只有当我们既能**看到**又能**说出**我们观点的理由时,我们的论证才有分量。否则,我们的个人观点将仍然是个人观点,无论它们多么有根据。只有当我们既拥有相关的、充分的理由,又能向他人解释这些理由时,这些观点才能提升为"有充分依据的主张",才能被他人理性地接受。

在建立了一个共同的论证起点(这需要某种细致的沟通)之后,要想让其他人接受一个论证,仍然需要有更确切的共同理由:所有参与推理的人都必须共同接受对论证所建立的基础的共同认识。他们必须满意地认为这个基础是牢固的,而不是浮在云端的幻想。

当有人主张克林顿先生对拥有有线电视系统的报纸的攻击是不可信的,因为他作为报纸的出版商,自己也在寻求建立有线电视系统,那么批评者就有权问:"这是真的吗?"为了经受住批评,主张者必须提供必要的材料来自信地回答这个问题。仅仅是重申"是的,这是真的",除了最初根据争论者的人际关系给予的信任外,并没有提供额外的信心。

批评者需要的信息不仅仅是断言。批评者会寻找那些超出断言者可信度之外的信息。8 月 23 日,安普利特印刷公司递交了一份申请,要求获得圣卡洛斯市的有线电视专营权,该申请有安普利特印刷公司官员的正式签名,这为接受这些理由提供了更有把握、更公开的依据。

243

推理导论

圣卡洛斯的公共记录可以被查到，与任何个人的断言无关。

在评判作为论证重要要素的理由时，必须提出一些指导性问题：

——提供了足够的信息吗？
——信息清楚吗？
——除了此人的断言外，信息能被核实吗？
——信息与其他已核实的理由一致吗？
——信息内部是一致的吗？
——信息来源可靠吗？
——有理由怀疑信息中存在偏见吗？
——如果涉及统计，准备的统计信息可靠吗？
——信息是最新、最方便获取的吗？

回头再看看声称克林顿先生在报纸和社区有线电视上存在利益冲突的争论。提供了足够的信息吗？申请书中提到了安普利特印刷公司，但克林顿先生在该公司的角色尚未确定。信息清楚吗？这项申请寻求特许经营权，但不清楚他们打算用特许经营权做什么。这些信息能被核实吗？可以查到圣卡洛斯的公共记录，该信息与其他已核实的理由一致吗？这当然与克林顿先生在委员会的证词不一致，但这正是论证的重点，还可能需要进一步调查。信息内部是一致的吗？似乎是这样，但阅读官方记录可能会有帮助。信息来源可靠吗？只有圣卡洛斯的官员才能充分了解情况的真相。有理由怀疑信息中存在偏见吗？当我们唯一的消息来源是对克林顿先生进行攻击的人时，我们一定会怀疑有偏见。公职人员和文件就不会有那么大的嫌疑。准备的统计信息可靠吗？本论证中没有涉及统计信息。这些信息是最新、最方便获取的吗？我们不知道8月23日以来发生了什么。重要的是要知道该申请后来是否被撤回。

我们所说的理由可以扩展到任何论证的其他要素。拥有保证，因而从症状到诊断有了可靠的论证方式，是一回事。而能够对保证做出

第23章 讨论的领域

解释，并使他人相信该保证适用于某一特定案件，则完全是另一回事。

同样，**知道**保证有适当的坚实支撑是一回事，但在说服他人相信保证是真正**可靠的**保证时，有这样的支撑就是另一回事了。

> 医生诊断病人为肺炎而不是一些不太严重的呼吸道感染，很可能是根据一些轻微的能引起他注意的症状和体征（也许是病人的极度嗜睡或迅速开始发烧）来诊断。然而，与此同时，他可能无法以他自己**看到**这些迹象基础上所具有的那种说服力和信念，通过他所隐含的一般依据，准确地说出这些迹象是什么。
>
> 对学校老师的讽刺做出反应的学生，事实上可能已经发现了一些真正的迹象——老师在说一些讽刺的话之前总是要快速地眨两下眼睛。但却无法说服学生们，这个双眼眨动的"意思"是他认为的那样。学生们可能会承认这个理由，但不相信这个所谓的保证："当他快速眨两下眼睛时，他的下一句话可能**被认为是**讽刺。"

再次，认识到哪些保证是适用的和可靠的技能是一个**实质性**问题。以保证明确授权从理由到主张的必要步骤的方式提出论证的技术是一个**程序性**问题。模态限定词和反驳的情况也是如此：认识一个人在任何特定情况下有权提出多强的要求的技术，无论结论是作为"必要的"或"肯定的"，"极有可能的"，"非常可能的"，还是作为"假定的"情况提出，都是相应的重大技能的一部分，对于可能会削弱有关结论的例外和豁免（exemptions）也是如此。

> 因此，当病人出现这样或那样的症状时，医生就会从经验中知道，他对任何特定疗程的治疗结果有多大的信心。
>
> 同样，一个对人类的古怪和脆弱行为有丰富经验的人也会从经验中了解到，像眨眼这样的个人习惯，有多大的可能性可以被看作是讽刺的一种"肯定信号（sure sign）"。

另一方面，在提出你的论证时，明确说明结论被赋予的力量有多

强，以及哪些例外情况会削弱结论，这是一个**程序性**问题。

因此，当有关的艺术——科学或医学、法律或技术、性格判断或金融——已经收集了为论证目的所需的材料，并且以公开批评的形式呈现出来的时候，实践论证和批评的技术就开始发挥作用了。无论在哪个领域进行探究和讨论，认识到在任何情况下的哪些特征对当前的论证具有重要意义的艺术和以令人信服的方式展示结果的技术是相辅相成的。

245 不同论证的优点比较

然而，仅仅知道什么使实践论证成为"好的论证"是不够的。此外，我们还需要考虑在什么情况下和在什么条件下，可以判断一个论证比另一个论证**更好**。我们可以比较**所有**论证的"理性优点"吗？就任何两个论证来讲，问它们中哪一个更强，**总是**有意义的吗？或者说，我们是否可以把论证分为不同的类别或类型，这些类别或类型彼此不同，使它们像粉笔和奶酪一样不可比较？如果论证可以这样划分为不同的类型，那么这样的分类是如何得出的呢？它的依据是什么？

首先，让我们再看一些例子，看看在这种比较中涉及哪些考虑因素。我们可以从相当不同的领域取三对论证作为样本。

公共政策决策

看一下1983年3月美国众议院议员提出的两个论证：政策（P）1和2，它们都是关于挽救社会保障制度的法案：

> (P_1)："我观察了国家社会保障委员会的工作……而且……我指定了两个参数，我个人将用这两个参数来决定是否支持这个方案。第一，这个计划是否公平……？
>
> 主席先生，就在委员会报告完成后几天，我回到佛罗里达，举行了一系列公开听证会。我的几千名选民参加了这些听证会，我发现没有一个人真正喜欢这些建议。有些人对这一切都表示反对。正是因为这一点，我非常坚定地认为这是非常公平的，因为

如果没有人喜欢它,它就一定是相当公平的。"

(P_2):"我建议我们不要急于批准一项可能无法治愈制度痼疾的建议,不要对这个一揽子计划做出草率的判断。

这项改革方案的重担不公平地落在了老年公民、联邦雇员、小企业主和农民的肩上。

推迟生活成本调整将损害老年公民和低收入者……联邦雇员负担沉重,因为将新雇员纳入社会保障范围将破坏财政健全的公务员制度……提高自雇税将损害我们对小企业的承诺……"

如果我们说 P_2 是比 P_1 更好的论证,那么这个论断是什么意思?我们如何证明它的合理性?首先,本案的问题不在于该法案**事实上是**公平还是不公平的,而是所提出的论证是否给了我们**充分的理由**来决定这项措施是否公平。更确切地说,它关乎以下问题:

假设我们比较每个人所说的,他们都能给我们充分的理由来决定社保法案的公平性吗?具体来说,P_1 或 P_2 中的推理**更能支持**法案公平或不公平的主张吗?

首先,分别考察每个论证,形成一个批判性判断。在 P_1 中,主张法案是公平的,但附加了模态限定词"非常(pretty)"和"相当(fairly)"。第一个问题是这样的:

主张某项法案"非常"公平或"相当"公平的论证,可以作为将该法案制定为法律的正当理由吗?

考虑到 P_1 的理由:在佛罗里达州举行的一系列会议发现没有人"真正喜欢这些建议"。第二个问题是这样的:

参加公开听证会的人能代表佛罗里达州的所有公民(更不用说所有美国公民)吗?

有理由怀疑反对该法案的大多数人都会参加，并直言不讳地表达自己的感受。

在不喜欢这项法案的人当中，不喜欢程度会不会是因人而异的，有的人深感担忧，有的人只是不完全满意？这些理由并不能说明出席听证会的人说了什么，也不能说明他们说这些话的力度有多强。还有一个关键问题要问：

> 我们有足够清晰的信息来了解佛罗里达州人的感受吗？

我们能确信参加听证会的人有能力判断法案的公平性吗？这个论证并没有给我们提供关于作证者理解水平的信息。因此，我们必须问：

> 我们对参加听证会的人的证词有很大信心吗？

最后，让我们来看 P_1 中的保证。第一个是：受立法影响的公民是判断立法公平性的合适人选。第二个是：如果没有人喜欢一项法案，那它一定是公平的。这两个保证都没有得到说话者的支持。批评者可能只是想象到可能的反驳，例如，如果没有人喜欢一项法案，那它就可能是一律不公平的，或者那些从该法案中不当受益的人可能根本就没有来参加会议。

现在让我们来看看 P_2，做同样的批判性审查。这里的主张是，该法案"不公平地把重担落在了老年公民、联邦雇员、小商人和妇女以及农民的肩上"。该主张没有直接的限定条件，但其前提是呼吁不要草率判断。批评者一定会问：

> 避免草率判断的呼吁足以构成目前暂缓批准该法案的挑战吗？

具体来说，主张新法律的人要承担举证责任，并要对法案的公平性等保持信心。如果一个反对的论证只是引起对公平性的怀疑，那它也许就是足够的了。

第23章 讨论的领域

P_2 的理由包括的是对社会保障一揽子计划的陈述，这些计划包括：推迟生活成本调整，将新的联邦雇员纳入社会保障范围，以及增加自雇税。这些理由几乎没有什么问题，因为任何人都可以阅读法案，除了断言之外，还可以改变这些信息。理由中还声称这些规定会影响（"伤害"）被提到的那些人（老年公民、联邦雇员等）。在此，批评者必须对这个问题进行划分。通过阅读法案可以了解到，该方案将为上述人员减少支出或增加税收。然而，该论证却说这一立法会"伤害"这群人。现在批评者要问的问题是：

减少支出或增加税收构成伤害吗？

除非批评者愿意承认任何金钱损失都是有害的这一潜在的保证，否则该论证并没有提供支持伤害的理由。

P_2 中的保证给批评者带来了问题，因为它没有被明确说明。假设我们接受这样一种说法：这个法案让这些人花了钱，并且这是有害的。我们由此如何得出该法案的负担"不公平地落在"被提到的那群人身上这样的说法呢？因此，批评家必须询问：

这里，从理由到主张的保证是什么？

可以想象，这个论证是支持而不是反对 P_1 的，因为显然每个人都会分担社会保障的成本（没有人喜欢），这是公平的。另一方面，批评者可以想象出其他的保证：上述群体中的人无力分担这笔费用，所以这是不公平的；有一些应该分担社保费用的群体，却没有分担他们应该支付的全部份额，这也是不公平的。

由于该论证未能提供保证，而且存在多种备选方案，其中一些方案缺乏依据，因此难以就 P_2 得出明确结论。

回到原点，我们并不是要了解社保法案公正性的真相。这一点是永远无法确定的，要想获得哪怕是一丁点的证据来证明法律的实际公正性，也需要几年的法律经验。我们试图判断 P_1 和 P_2 的**理性优点**，看

其中哪个能给我们**更好的理由**来决定社保法案的公正性。具体来说，看了这两个论证，我们能否对法案的公正性有信心？如果有，我们至少可以根据这个标准而支持它。如果没有（如果我们看了这两个论证后，对法案的公正性有很大的怀疑），我们可以决定不支持，理由是无论一项法律有什么其他特质，如果它不公正，或者我们怀疑它的公正性，我们就应该拒绝支持，直到这些**怀疑**得到解决为止。

法律主张

看一下这两个对比的例子：

(L_1)：他在完全知情的情况下与我签署了一份合同，承诺在3月31日前将煤送到我厂。所以想必他在不能交货的情况下，应该承担赔偿责任。

(L_2)：他当面向我保证，夏天结束前会把欠我的钱还给我。所以肯定有办法让他还钱。

假设我们问 L_1 和 L_2 哪个是"更好的"论证。这个问题也**不是**问两位发言者中谁更值得支持，而是问谁的情况更好。

假设事实（关于已签署的合同或个人承诺）与所主张的一样，那么其中哪一个可以为相关主张提供**更有力的支持**？签署的合同比当面承诺**的确更能**证明还款要求的正当性，还是相反？

在这里，我们也可以从三个不同的层面来考虑这两个论证的优点：

1. 两个案件中所争议的问题最初都存在一定的模糊性。很明显，L_1 是作为一个"坚实的（hard）"法律论据提出的，但 L_2 却有一些略显含糊的东西，甚至是"软弱的（soft）"。说话者的意思是要将此作为真正的法律主张，还是作为一种道德诉求提出来的——"难道他不应该因感到羞愧而遵守自己的承诺吗？"

2. 然而，假设 L_2 确实被理解为一个法律论证。然后，我们可以继续比较这两个案件所涉及的理由、保证和支撑。两个论证的区别可以用这样的语句表述：

一份签署的文件胜过一千个口头承诺。

大多数州的合同法通常不会强制执行没有书面确认的口头承诺。

州立法机构和《统一商法典》的起草者都决定不将无法提供可靠证词的单纯口头承诺列入美国法域内合同法所承认的"商业交易"中。

在这三种说法中，L_1是比L_2**更好的论证**，其核心方面是通过提及理由来表明的，首先是理由（签署的合同是比关于所谓口头承诺的口头证词**更好的证据**），其次是保证（现行合同法为书面合同的执行提供了比口头承诺**更好的权威性**），最后是支撑（州立法机构的法案和目前接受的法典的内容在一种情况下都比在另一种情况下提供了**更好的支撑**）。

3. 这两个论证的提出有不同的限定词和隐含的例外。在L_1中，主张被明确表述为"想必如此"，而这一推定隐含着受实际合同的附加条款中任何排除条款或其他条件的制约——"除非因战争、天灾或承包商无法控制的其他事件而无法履行"，等等。在L_2中，模态限定词再次被过度强调（"肯定?!"），而且没有暗示任何可能作为结论反驳的排除或例外情况。

因此，在法律情况下，问题**不**在于L_1或L_2的结论哪个更可靠。这是一个法律问题，而且在某些司法管辖区（例如苏格兰），口头承诺可能与书面合同一样具有可以执行性。问题只在于，L_1和L_2的**理性优点**是否可以进行比较。而在这一点上，我们再次明确，在**理解**不同法律论证的相对优点问题上是没有问题的。

当用普通语言（人们彼此交谈的方式）表达时，对论证的批判性分析就会变得更加困难。即使在法律上，律师在向陪审团做结案陈词时,也不会用简洁明了的论证来叙述。批评家(陪审团成员)所做的是一项困难的工作。观察两位律师对陪审团的实际发言。本案(帕希亚斯诉弗雷德里克工程公司案)涉及一名雇员在他所工作的单位安装由一家公司制造的冲床时失去手指。这名雇员正在起诉冲床的制造商,我们将调查的问题是:制造商是否对使用冲床的危险发出过警告?

(L_3):"完全没有警告。有人曾经向你提过,警告是以小册子的形式发出的……并且是发到了博格华纳公司的某个人手里。

很可能有。你知道,作为一个通情达理的人,我愿意相信,小册子确实是发给某个人了……它里面没有哪怕是近乎适当的警告……

而且最重要的是,法律要求这个人,即使用者,了解警告;至于是否把它展示给象牙塔里的人,则并不重要……我们说的是,警告要发给那些将要使用机器的人,所以这个警告……没有效力。"

(L_4):"让我们来谈谈另一种形式的警告,我们谈的是O.S.H.A.(职业安全和健康管理局)的要求,这些要求实际上是联邦注册办公室发出的,内容是:

'保障操作的安全。一般要求。雇主博格华纳公司有责任提供并确保在机械式冲床的每次操作中使用操作点防护装置,或正确使用和调整操作点装置。'

现在,女士们,先生们,这是一个警告吗?这当然是一个警告……"

试着自己做这个重要的评估。以下问题将对你的工作有所指导。

1. L_3 的理由似乎是,没有向操作冲床的人发出警告。你能确信是这样吗?

2. L_3 的保证要求接受"法律要求此人即使用者"被给予警告。你清楚所援引的是什么法律吗?你对自己对这条法律的理解有信心吗?

3. L_3 中提到的反驳是,一些小册子被送到了博格华纳公司,似乎已经到了管理层(即象牙塔),但可能到了,也可能没到冲床使用者手里。你有明确的依据接受使用者不知道小册子的说法吗?

4. L_4 的理由是引用了联邦注册办公室的一段话,该句话指出,使用冲床的公司,而不是制造商,有责任提醒雇员注意任何危险,或以其他方式保护他们免受危险。你觉得你对职业安全和健康管理局的这条要求有足够的了解吗?你确信这段引述充分涵盖了本案的情况吗?

5. L_4 中有保证吗?如果有,你能说明吗?如果没有,哪些能让你觉得是保证或隐含的保证?

6. 回顾这两个论证,你对"保证"的含义有了清晰的认识吗?你相信这两个律师说的是同一件事吗?在这两个论证中你有足够的数据让自己确定所讨论的警告类型吗?

7. 现在,你能写一篇完整的关于两位律师讨论这两个论证理性优点的推理分析吗?你能**理解**这两个法律论证的相对优点吗?

电影评论

最后,我们看一下来自完全不同领域的两个论证:

(F_1):在《特别的一天》中,索菲娅·罗兰和马塞洛·马斯楚安尼的表演异常细腻和克制,导演也给了他们足够的发挥空间。所以总的来说,这是一部朴实无华的电影,并且非常真实。

(F_2):全国有 1700 万美国人排队观看《摩天大楼》。所以很明显,我们在这里又一次看到了好莱坞电影制作的胜利。

暂且不提这部或那部(或任何一部)"灾难"电影作为一部电影是否比一部或另一部(或任何一部)"角色"电影实际上**更好还是更差**的问题。这不是我们目前的问题。我们关心的是,**作为一个论证**,

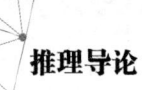

F_1 比 F_2 **更好还是更差**，或者反过来：

> 不管是关于罗兰和马斯楚安尼，还是关于售票处的长队，事实都是这样的。那么，哪一组事实为这一关键的主张提供了**更好的支持**呢？与票房数字对证明《摩天大楼》的"艺术胜利"提供的支持相比，关于两位明星的评论更能支持关于罗兰电影的主张吗？

我们可以采取与以前相同的步骤：

1. F_2 的立场并不完全明确。这是真正的批判性评价？还是只是为了公关而进行的商业"吹捧"？在后一种情况下，也许我们无法像我们可以比较两篇真正的电影评论那样，拿它和 F_1 进行真正的比较。

2. 假设我们确实把 F_1 和 F_2 都看作批判性论证。那么，我们可以比较一下两个论证中各自隐含的理由、保证和支撑：

> 比起单纯的票房数字，演技质量更能证明一部电影制作精良。
> 不能仅从一部电影票房上的成败得出关于其艺术价值的任何结论。
> 之前有很多烂片在票房上大获成功。

作为论证，F_1 和 F_2 的比较优势在此通过对这两个案例中提出的考虑因素的**相关性**问题进行了集中说明。就像气象学中的鸟类和动物行为，以及合同法中口头承诺的存在一样，票房数字与批判性主张的相关性在这里被认为**不如明星的表演**。

因此，无论人们如何从一般角度看待灾难片，甚至从美学的角度来看灾难片和角色片是否具有严格的可比性，在**理解** F_1 或 F_2 是否是**更好的批判性论证**上，是完全没有问题的。

第23章 讨论的领域

跨类型比较

在上述每一对例子中，都可以判断其中一个论证比另一个论证更好，不仅仅是作为一个论证，而且是作为**一个特定类型的**论证。在表达批判性偏好的时候，我们理所当然地站在某个特定的立场（公共政策决策的立场、法律的立场或者电影评论的立场）上。如果改变了立场，或者我们试图比较从完全不同的立场提出的论证的优劣，我们的判断就可能会被削弱。

在这三对例子中，其中一个论证最终被判定比另一个论证更好，不仅仅是作为一个论证，而且是作为一个特定类型的论证。在偏爱 P_2 而非 P_1，偏爱 L_1 而非 L_2，或者偏爱 F_1 而非 F_2 的时候，我们理所当然地选择了一个特定的立场（气象学的立场、合同法的立场或者电影评论的立场）。如果改变了立场，或者我们试图比较从完全不同的立场提出的论证的优劣，我们的判断就可能会被削弱：

> 假设我们从其他角度重新考虑一些相同的论证。例如，假设我们从伦理学的角度重新考虑 L_1 和 L_2。从这个新的角度来看，我们很可能会认为在这两个论证中没有多少选择的余地，也就是说，从"应得（deserts）"的角度来看，L_2 中的主张者和 L_1 中的主张者一样，都是应得的（即有资格得到赔偿或要回自己的钱——译者注）：

> 从道德上讲，认真做出的口头承诺和正式合同一样有分量。

> 同样，如果不把 F_1 和 F_2 作为批判性评价，而是从制作公司或发行公司的财务报表来看，那么票房数字的"离题性（beside the point）"（即上文提到的不相关性——译者注）"就不再那么明显了，因为现在的**重点**已经发生了变化：

> 从经济上讲，《摩天大楼》的确是外国"艺术"电影少有的"胜利"。

通过这种立场的改变，我们理性判断的**情境依赖性**（context dependence）就显现出来了。任何特定论证所应考虑的立场通常是"用隐形墨水写的"——使立场明确的短语（"从道德上说"等）通常被省略了，因为讨论的所有各方都能从情况的线索或讨论的论坛中认识到立场。只有当立场不明确的时候，我们才需要注意到它。

假设我们从不同的论坛或情境中抽取成对的论证，问这两个论证哪一个更好。假设我们试图将 P_1 或 P_2 与 L_1 或 L_2，或者 F_1 或 F_2 进行比较。这种比较有什么意义呢？

这一点可以一言以概之：P_2、L_1 和 F_1 从各自领域的角度来看都是很好的论证，而 P_1、L_2 和 F_2 都很不可靠。因此，我们可能会说，P_2 想必是比 L_2 或 F_2 **更好的**论证，无论如何，就其本身而言，它是足够坚实的。但是，如果我们现在试图比较所有其他的东西，我们又该怎么说呢？在如此不同类型的论证之间，几乎没有任何比较的余地。

已签署合同的存在确立了对不履行责任的推定，这是否比公民一致反对一项联邦法律提案确立了法律的公正性**更好或更差**呢？

职业安全和健康管理局的规定与对员工的警告，是否就像票房统计数字与电影的艺术品质一样，多少有些不相关？面对这样的问题，我们看到，政治、合同法和电影评论中论证的好坏，就像粉笔的好坏、奶酪的好坏和诗歌的好坏一样。只有当它们是**同一类型的**论证时，我们对不同论证之间的理性比较才是有意义的。根据它们提出的是科学或法律的技术问题，还是个人生活和务实审慎的日常问题，主张的实际后果或影响是明显不同的。相应地，与所有这些主张相关的考虑因素也会有所不同。（与科学假说相关的"证据"和诉讼或影评相关的"证据"是不同的。）

不同类型的论证之间的差异可能是非常重要的。如果要求一种类型的论证具有只适用于其他类型论证的长处或优点，我们就只会造成混乱。回到一个熟悉的例子，在讨论"**疯狂**"在精神病学和法律之间的界限时，经常出现这种困难。由于我们心里不清楚这两个领域之间的关系，我们可能会过快地从一个领域转向另一个领域，例如，我们会诉诸医学上的常态和病态诊断来支持关于精神无能的法律主张，反之亦然。因此，在不同的语境中，"詹姆斯疯了"的说法可能会引起完全不同的反应。如果是作为医学诊断，它的意思可能是："詹姆斯的个人困难和困惑有精神病学的根源，这些都需要精神治疗。"如果这句话是为了主张他的正当法律地位，那么它的意思可能是："詹姆斯不能再处理自己的个人财务，必须受到司法限制。"鉴于精神病学和精神失常法的基本目的截然不同——一方面是精神分裂症的医学诊断的实际后果，另一方面是无行为能力的法律裁决——这两个领域之间（充其量）只有非常粗略的对应关系，而适合这两个领域的论证之间的联系也非常不可靠。如果不仔细审查具体个案中的问题所在，那么，精神病学诊断与法律判决之间究竟有什么样的相关性，或者反之亦然，就是不得而知的。

主张的不同效力

当我们从一个论证领域转向另一个论证领域时，所提出的主张在效力上有很大的不同，这取决于有关论证的确切特征。

> 如果一个体育爱好者对自己最喜欢的球队做出了大胆断言，他就会冒着公开预测的风险，而这种预测会招致集体的审视和批评："突击者队真的有这么大的把握吗？"
>
> 相比之下，如果一个电影迷评论一部新电影，他可能会期待独到的理解，而不是普遍的认同："我明白你的意思，新版《金刚》有更多的心理微妙性，但重拍版不是也失去了一些东西吗？"
>
> 如果双方都卷入法律纠纷，他们可能对说服对方不感兴趣。他们要说服的是法官或陪审团："法官似乎相信了我说的，但陪审团还是认定我有罪，真倒霉！"

请注意，这些断言的**效力**和赞成它们后**所引发的后果**（implications）都取决于所涉及的论证的"类型"。体育预测、美学评论、医疗诊断、法律诉讼、商业提案——所有这些都需要相当不同的回应，并带来相

当不同的后果。例如：

在体育案件中，问题将是"我们要期待什么？"
就电影评论而言，问题就成了"可以合理地采取什么样的批评态度？"
在司法方面，问题将是"谁来支持，谁来否决？"
在商业讨论中，问题就是"我们应定什么价格？"

为一项主张所做的辩护的成败同样会产生一系列后果，从一个极端的简单的智力容忍（intellectual tolerance）到另一个极端的重判监禁。

对抗性程序和协商一致程序

任何论证的成功究竟需要谁的同意，以及在什么条件下成功，也因领域和论证类型的不同而不同。特别是，有些领域依靠论证各方达成共识；其他领域则涉及对抗性程序，不需要达成普遍的一致意见。无论是自然科学还是艺术批评，都是以不同的方式来达成**共识**。

例如，在医院的例子中，有人声称感染是由食品服务设备传染的。支持性论证的目的是为共同接受这一主张提供基础——使任何懂相关知识的提问者都会对自己的说法采取同样的观点。

在电影评论的例子中，可能不需要完全一致的判断，但部分共识仍然是目的。对艺术作品的讨论永远不会结束。无论是《奥赛罗》、《合唱交响曲》、毕加索的《格尔尼卡》，还是两个版本的《金刚》，总有"更多可说之处"。就此而言，美学论证是永远不会自我终结的。一种美学主张需要的只是对部分真理的认同："是的，我明白你的意思，就你说的而言，它是不错"。

相比之下，许多司法论证都是按照**对抗性**程序进行的：

第23章 讨论的领域

在一个案件的开始，双方通常是对立的：一方是原告或公诉人，另一方是被告。在美国的法律体系中，提起诉讼的一方当事人必须提出符合相关案件证明标准的论证，并说服法院做出对他有利的"裁决"或"认定"。在刑事案件中，他必须证明被告有罪；在民事案件中，他必须证明原告有权获得某种补偿。如果成功地做到了这一点，论证就达到了目的。被告是否也被这个论证说服，现在是否承认最初的主张是"真实的"，这都没有任何关系，不需要协商一致。相反，一旦法院做出正式裁决，司法程序的目的就完全达到了，而不用管被告本人是否同意这一裁决。

在商业和公共政策方面，情况又有所不同。论证所需要的结果不是一个简单的共识，或一项对手间的裁决，而是一个实际的**决策**。与其期望就任何一种行动方案的优越性达成一致意见，还不如平衡对立的不确定性：根据政治智慧或金融战略的一般准则，权衡预期收益和可能的损失。而由此产生的妥协通常会涉及对抗性程序和协商一致程序的混合。

简而言之，当我们考虑在任何特定的讨论中需要什么样的理性批判时，我们必须注意到任何主张的效力和所引发的后果是如何随所涉及的论证类型而变化的。在科学会议、法庭、公司董事会和其他论证论坛上，论证的模式、批评的标准和确定性程度都有很大差异。

例如，朋友之间闲聊，或者和一群医生聊天时，我们可以合理地说出一些关于詹姆斯精神状态的事情，而这些事情我们绝不会在公开法庭上对法官说，对政治听众说，或者在教堂的讲坛上说。之所以如此，并不是因为我们在一种情况下比在另一种情况下可以自由地、"不那么严谨"地思考和说话。这些差异与我们的论证的**严谨性**无关，而是与它们的**相关性**有关。例如，按照他们自己的标准，精神病诊断需要相当谨慎地进行论证，就像按照他们自己的标准进行司法判决一样。这两种情况都关涉到很多问题，无论是运用医疗术语，还是运用公民权利术语，只有适当类型的有力论证才能被认为是令人满意的。

推理导论

关键的一点很简单：

> 语境决定标准。

我们用来评价和判断特定论证和主张的优点的术语取决于它们的"类型"，因此也取决于它们的"领域"。无论是政治还是伦理，科学还是美学，精神病学还是法律，人类事业的根本目标决定了有关论证和主张的基本背景，因此通过在可靠的基础上确立这些主张，赋予它们"具有说服力（carry conviction）"的力量。

练 习

阅读下列在所示领域中实际使用过的论证实例。准备一份分析报告。

公共政策

1. "议长先生，今天，教皇约翰·保罗二世陛下开始对中美洲这一世界上最动荡的地区之一履行历史性的和平使命。就在他开始他的使命时，我国政府正准备试图向专制政府再提供6000万美元或更多的军事援助，并扩大美国人员作为萨尔瓦多军方顾问的参与力度。

一年前我访问萨尔瓦多时，萨尔瓦多军方甚至说他们不希望美国人员更广泛地参与。萨尔瓦多主教里维拉·伊·达马斯说，对他的国家来说，最重要的是结束双方的杀戮，向萨尔瓦多军方增加武器会增加另一方的抵抗，无辜的人将遭受痛苦。

议长先生，萨尔瓦多的敌人是无知、贫穷、贫困和饥饿……我们需要的是人道主义援助。"

2. "总统先生，我……经常怀疑国会是否忘记了门罗主义。（我）赞赏国务卿乔治·舒尔茨反对与游击队谈判的坚定立场，并重申了我们对萨尔瓦多民主进程的承诺。舒尔茨国务卿说，让游击队开枪闯入政府的想法是'行不通的'。

……如果双方要进行对话，美国可以从萨尔瓦多东部地区撤出，但我们不能长期无视这种行动的后果。国会迟早要认识到，中美洲的安全和我们的安全才是关键。"

《国会议事录》

法律主张

1. "自由社会的最终基础是凝聚情感的约束力。这种感情是由所有那些可能有助于汇聚一个民族的传统思想和精神力量培养出来的。……国旗是我们国家团结的象征，超越了所有的内部分歧。……一个致力于维护这些文明终极价值的社会，可以利用教育过程来反复灌输那些几乎无意识的情感，这些情感将人们联系在一起，使他们理解忠诚。"

2. "宪法很可能会要求人们表达对宪法和宪法所建立的政府的忠诚，但宪法并没有命令人们表达这种忠诚，也没有以其他方式表明，强制表达忠诚在我们的政府计划中起过任何作用，以至于凌驾于宪法对言论和宗教自由的保护之上。"

美国最高法院

第 24 章 历史与批评

259　我们在这里给出的对实践推理的解释，越来越关注于推理和理性批判的**程序**。不同的活动领域（不同的**理性事业**）采用不同的推理程序。同样，批评推理的论坛和标准也因领域而异。现在总结一下前几章中提出的一系列观点是有帮助的：

——我们童年时期的教育向我们介绍了一整套的推理程序和批评模式。

——一个职业的学徒制包括学习与其活动有关的技术程序。

——这些职业的集体目标各有不同；在一种情况下，胜利可能是一个适当的目标，在另一种情况下，共识才是目标。

——各个职业的方法和目标在一定程度上因国家的不同和年龄的不同而有所不同。

——在任何给定的领域，不同的特殊场合和问题可能需要不同的推理程序。

推理程序的变化范围引出了一些关于历史和伦理的一般性问题。

实践推理的历史

如果实践论证的过程取决于你的出发点（即取决于引起一个问题的场合和指导随后讨论的初始假设），那么，另一组重要的问题就会立即显现出来。

第24章 历史与批评

——大家都要从同一个点出发吗？

——不同文化或不同历史时期的人，难道不可以从不同的初始预设开始吗？

——因此，在不同的文化和时代，实践推理的实际过程会不会有很大的不同呢？

——这是不是意味着，不同的论证方式对你来说是"理性的"还是"非理性的"，取决于你是谁和你在哪里？

如果这些建议得到落实，那么我们认为"理性"在决定争端和分歧时提供了一个公正的、普遍的仲裁者的概念会变成什么样的呢？在这一点上，我们对自己的论证程序似乎已经到了一种警惕的怀疑主义的边缘。

当然，在不同的历史阶段，不同的民族对法律、科学和政治问题得出"可以合理接受的"答案所依据的**程序**也有很大的不同。这肯定是众所周知的。例如：

1. 在许多中世纪的司法管辖区，人们熟悉的20世纪刑事法庭程序——提供物证和要求个人证词接受直接和交叉盘问——绝非通用的形式。取而代之的是，惯常的程序是通过对被告及其证人进行惩罚或折磨，以保证其"讲真话"，从而使争论的问题"不存在合理的怀疑"。（例如，任何人在宣誓后为一个最终被判有罪的人作证，都有可能被砍掉右手。所以他必须非常确定自己说了什么！）

因此，严酷的审判肯定与我们自己的审查证言和物证的审判模式**大相径庭**。但是，无论在我们看来如何野蛮，单就这个理由而言，这就一定是一种"不合理的"或"非理性的"对刑事指控进行检验的方式吗？

2. 在更早的年代，人们对自己可能的性格和行为的评价，往往不是看他们自己做了什么或说了什么，而是看他们的血统或祖

先。人们对"有教养"和"没教养"的人的期望相当不同。因此，当人们讨论他们的性格和行为时，不同"出身"的人属于不同的保证范围：

这不是一个绅士**应有的**行为。

（即使在今天，这种理念也仍未消亡，特别是在"美国革命女儿会"这样的组织中。难道有些行为方式还被认为或说成是"绅士的"，而另一些则被认为或说成是"粗野的"，也就是说"下里巴人的"？）

如果我们自己更倾向于根据个人的表现而不是其家谱来判断一个人的话，那么从社会变革和礼仪史的角度来看，这一事实确实很有趣。但是，由此一定能推出，我们是对的，我们的先人是错的，或者反过来的结论吗？在社会和礼仪发展的早期阶段，他们的估计不比今天更"合理"吗？而他们的论证方式在社会历史的某些早期阶段不比今天的更合适吗？

3. 几百年来，人们对待孩子的态度发生了一些根本性的变化。现在的孩子都被认为是父母关心和照顾的对象。如果没有表现出这种关怀和照顾，就会被视为"缺乏父爱"或"缺乏母爱"。在其他时间和其他地方，人们对孩子的看法大不相同。例如，孩子被认为是廉价农场劳动力的理想来源。

如果我们考虑到同样的"事实"在不同的时间和地点会被如何看待，因此，

约翰有三个儿子——乔治、詹姆斯和威利。

这种信息在不同的社会和历史环境中会被接受，成为不同类型的结论的依据，例如，关于约翰的世俗好运，而不是关于他的情感和财务承诺。（子女众多的家庭曾经是——在许多国家现在仍然是——唯一真正的养老保险形式。）换句话说，以前在自给自足

的经济中足够合理的论证，在今天这个人口过剩、社会服务发达的工业社会中，可能不再同样合理。

4. 被淘汰的论证方式，甚至在某些情况下可能会再次流行起来。在科学医学的鼎盛时期（即 20 世纪前五六十年），传统民间医学的所有理念和做法都如老妇人的传说一样受到了怀疑。因此，治疗是"自然的"而不是"科学的"这一事实对它产生了不利的影响。在 20 世纪的最后三分之一阶段，钟摆又摆了回来。甚至除了针灸这样的异国传统疗法外，如今给一种药物或其他类型的治疗方法贴上"天然"的标签也是无妨的。（电视广告中充斥着"天然"的药方——"天然"的汤药、泻药、皮肤护理等。）

在 1935 年，给某人提供头痛或便秘的自然疗法，可能被理解为由于缺乏科学的替代疗法而绝望地求助于非正统的传统疗法。如今，我们对自然的诉求听起来截然不同。它的意思是"顺应身体的方式"，"帮助身体恢复正常"，而不是"让身体充满人工药物"。那么，谁又能说这两种态度中的任何一种完全是"理性"或"合理"的对立面呢？在传统医学和科学医学之间取得合理的平衡，难道不是一项微妙的、长期的任务吗？在这项任务中，一些不同的立场可以被认为是相当合理的。

5. 即使是在科学领域，我们的论证所围绕的基本假设也会随着时间的推移而发生变化。现代科学运动是自 17 世纪以来发展起来的最重要的新事物之一，就是因为它有能力制定法律和原则（即保证），这些法律和原则显然对宇宙中任何地方和历史上任何时候的体系和系统都适用。例如，如果天文学家研究遥远星系中的光的产生，他们今天就会从最初的假设开始，认为无论此时此刻在地球上的物理实验室中发生什么，距离地球一百万光年之外的天体中也会发生类似的过程。因此，任何拒绝接受关于遥远星系中物理过程的论证的人都有举证责任，这些论证的框架与地球上的物理过程相同。

然而，就在五百年前，人们还很不清楚这种类比能不能得到发展——更不用说能不能被依赖了。物理学被分成两个相当独立的思想体系，其中一个适用于地球上及其附近的事物，另一个则适用于月球以外的事物。月球的轨迹是不同区域之间的分界线，属于两套不同的法则和原则的范围：**亚月球**（sublunary）代表"月亮下面（below the moon）"的东西，**超月球**（superlunary）代表"月亮之外（above the moon）"的事物。然而，就此而言，中世纪的物理学有什么"不合理的"东西吗？当然，找到一种能够超越超月球/亚月球划分的新术语来重新表述物理学的方法，是17世纪科学的一项重大思想成就。但是，在这一重新阐述没有完成之前，继续接受这一划分肯定是没有什么不合理的。毕竟，现有最好的物理学理论都是以理所当然的方式建构起来的。

简而言之，实践论证的实际内容和程序在历史上并不是不变的，大概也永远不会是不可改变的。各种情况为问题的出现提供了机会，在这些情况下分配举证责任的方式，不同类型的论证开始时的初始假设，以及因这些初始假设而具有分量的各种考虑因素——所有这些事情都**有其历史**。没有人保证——也不可能保证——同样的一般推理和同样的初始假设，在所有文化和所有历史时代一定被认为是权威性的和规范性的。

在一个极端，对政治问题的讨论明显地因国家和时代的不同而不同。例如，在17世纪，即使是像托马斯·霍布斯的《利维坦》这样一本"看起来很现代"的书中，提出了给予君主不受限制的主权的例子，这在某种程度上是我们现在所不熟悉的。他提出的关于"国防"压倒一切的必要性的论证，我们今天仍然相当熟悉。但他对《圣经》的广泛诉求，让我们感到惊讶，因为他似乎和我们有着同样的思维方式。

在另一个极端，自然科学论证乍一看似乎是按照某种普遍适用的"逻辑模式"或"科学方法"的规范，以永恒不变的方式进行的。然而，对历史进行更仔细的考察，也会发现在这些研究领域中实际采用的思维和论证的实际方法发生了重大变化。放弃对亚月球和超月球世界的划分只是这一点的一个例证；我们将很快看到一些其他的例证。

在这中间——在政治辩论表面上的狭隘性和科学论证表面上的持久性之间——其他的思考和探究领域在其论证的场合、推理的程序、最初假定以及其他方面都表现出或多或少的可变性。无论如何，弗洛伊德的发现和论证在某些行为的限定范围内极大地影响了我们"阅读"或"解释"彼此心理状态、动机等的方式。然而，在许多其他方面，我们仍然以可以追溯到古代的方式来看待和谈论彼此的行为，甚至在某些方面可能是所有文化所共有的。索福克勒斯悲剧中所描写的个人处境呈现给我们的困难，远远比不上亚里士多德的天文思想。（我们立刻就能看出科罗诺斯的俄狄浦斯是一个其情感和困难都能引发我们极大同情的人。）

我们的理性程序和判断标准的完全不变性，即使在柏拉图的"理性不变性"的范例，即纯数学中也找不到。数学论证的评判所依据的严谨标准，和自然科学、医学、法律、政治和心理学所依据的标准一样，都有其自身的历史。西厄蒂特斯和欧几里得的证明是严格有效的，但是仍然达不到在后来的古代丢番图和阿波罗尼斯要求的标准。沃利斯、牛顿和高斯在 17、18 世纪所接受的标准，也达不到戴德金和魏尔斯特拉斯在 19 世纪强加的标准。

事实上，如果一个人研究了在不同的实践论证领域所采用的理性充分性的最初预设和标准是如何在其历史进程中发生变化的，那么，整个人类生活和思想的历史就可以被绘制成一幅富有启发性的图卷。我们关于世界的最大和最全面的认识——我们关于自然和人类以及它们之间关系的一般指导性假设——实际上可以在我们**认为理所当然的**事情上得到最清楚的体现。我们通过观察某人认为不值得挑战的论证，以及他或她认为"不自然"或"违背自然"的考虑，来发现他或她认为是"自然的"东西，就像在直截了当地断言和声明信仰一样。

推理导论

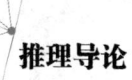

历史可变性和怀疑主义

然而，我们思维和论证方式上的这种历史可变性，却引起了一些争议。我们倾向于要求判断论证"合理性"的标准在我们允许它们具有真正的权威性之前是不可改变的。那么，为什么一个论证在当下的标准来看是可靠的，但在两百年后却被视为不可靠的呢？如果允许这种可能性，就肯定意味着我们自己目前的许多论证方式根本就是**错误的**！而且由于我们无法事先绝对保证目前被公认为合理的任何特定的论证程序最终不会遭受这种有失尊严的命运，因此，似乎我们**所有的**推理程序都同样会受到怀疑主义的质疑。如果在未来的某个时候，其他地方的人要**纠正我们**，我们怎么能避免得出我们已经**错了**的结论呢？这样一来，追求永恒的、不可改变的判断标准，就容易使我们再次陷入怀疑主义。

为了回应这些怀疑的诱惑，我们必须认识到，我们的理性程序所受到的改变本身就能够以理性的方式进行。这些改变，也可以有充分的理由，本着扎实、充分的考虑进行。也就是说，这种变化不需要完全**放弃**我们目前的立场和信仰，而去拥护其他完全不同的立场和信仰。相反，对从一开始就激励我们理性事业的同一个总体目标的进一步追求，会使我们进一步**完善**自己的立场和程序。

事实上，之所以能够把科学和法律以及管理等事业说成是"理性的"事业，既与它们在历史过程中改造自己的方式有关，也与它们在任何时期其内部采用的特定"理性标准"有关。自然科学的"理性"并不在于科学家在任何特定时刻所采取的立场的真实性或可靠性，而是科学程序和原则在面对新经验和新观念时的"适应性"。在这方面，刻板印象的**信念**并不比刻板印象的感觉或行为更理性。正是科学家**对论证的开放态度**——如果需要的话，他们甚至愿意修改他们最基本的论证程序——标志着他们的活动是一种具有某种真正主张理性的事业。

因此，新的推理程序和论证方法不仅要**被发明**，而且要**被证明**。例如，在达尔文或弗洛伊德之后的几代人看来很自然的事情，可能与牛顿或圣奥古斯丁看来很自然的事情大不相同。但是，这些差异并不是由人们武断或异想天开的选择而产生的。恰恰相反，它们是通过对早期观点的**逐步完善**而得出的。而即使是现在，由于还有待创新和发现，它们本身也仍然容易被进一步完善，甚至被取代。

当然，在不同的理性事业之间，新程序证明其价值并被接受的步骤是不同的。但它们都倾向于通过积累较小的变化来零碎地实现这一目标。作为所有这些变化的结果，人们对整个讨论和探究领域的整体看法逐渐发生转变，直到它不再与原来有任何相似之处。例如，在哥白尼和牛顿之间，天文学家和物理学家对他们推理太阳系的结构和工作方式进行了几十次微小的调整。而前哥白尼时代的行星观（围绕一个静止的地球组织）最终被后哥白尼时代，或牛顿时代的行星观（围绕一个中心太阳组织）所取代，这是所有这些变化的总结果。

然而，在任何特定的时刻，某些已确立的论证程序——科学的、法律的或其他的——都暂时拥有理性的权威，因此在相应的事业中具有分量。

论证的伦理准则

理性辩论和对论证的批判性评估所涉及的程序显然要求任何此类辩论的**参与者**在职业活动或日常生活行为中扮演明确的角色，并以充分理解的方式行事。

在实际工作中，只有案件当事人做好准备，有序地进入审判环节，法律案件才能得到解决。（故意扰乱法院的诉讼程序，不仅是对国家权威的挑战，也是对有关诉讼程序**合理性**的挑战。）同样，在实际工作中，只有当科学分歧的双方准备以一种形式，在一个论坛上提出自己的论证，让双方的论证能够得到其他充分知情的专业科学家的公正评判，科学分歧才能得到解决。［因此，科学家反对他们同事的"公开行为（going public）"，例如，在专业辩论结束之前将他们的工作报告泄露给媒体。］即使是在日常的家庭生活中，一旦脾气变大，分歧激化，也需要建立一些公认的"论坛"和"程序"，才能解决这些分歧，

266　比如，母亲要说服所有相关的人接受她的仲裁。（"来吧，现在让我们都坐下来解决这个问题……"）

　　希腊哲学家苏格拉底称暴君、恶霸和其他顽固不化的人——他们不愿意坐下来谈论分歧——为"反智主义者（misologists）"，或**厌恶理性的人**（haters of reason）。正如他所看到的那样，理性的讨论或合理的辩论只有在那些愿意以表明自己"愿意接受论证"的方式行事的人之间才能进行。简而言之，实践论证涉及其自己特有的**人类行为模式**，因而也有其自身的**道德准则**。

　　那么，哪些规则和考虑因素属于**论证的伦理**范畴呢？这是一个值得学生自己认真思考的话题。以下是一些初步的提示：

　　　　——对于任何一个"理性"的论证者来说，第一个不可推卸的义务就是**倾听**对方的意见，所以一个对所有论证都"充耳不闻"的人是没有按规则办事的。

　　　　——任何一个致力于理性辩论**精神**的人，都会试图理解对手是如何看待他们之间的分歧问题的，所以会"设身处地为对手着想"。

　　　　——在进入一个理性论坛后，每一方都有义务遵守其结果并接受既定仲裁人的裁决，但可以在另一个同样权威的论坛上上诉或重新提出问题；等等。

　　你不能靠掀翻棋盘赢得一场国际象棋比赛，也不能靠拒绝裁判的决定赢得一场足球比赛：你采用这些战术所取得的成功，只是暴露了你自己的性格和个性。（"她完全没有体育道德。"）同样，你不能通过绑架法官来赢得一场官司，也不能通过侮辱那些与你意见相左的同事来确立一项科学发现：同样地，你只是暴露了自己的性格缺陷。（"他完全不讲道理。"）发展实践论证程序和论坛的全部**意义**在于建立各种方法，使愿意在辩论中合作的人能够集体达成最符合其共同需要和利益的争端解决方案。（当然，也不一定能做到让各方都满意：谋杀案的被告听到死刑判决一定不会**高兴**，这是谁也不能假装的！但这些情况都是例外而非普遍规律。）

因此，在所有实践论证活动的背后，都隐含着对**合作伦理**的承诺。准备"通情达理"的人，是愿意合作创造达成相互理解的机会的人：也就是说，他们会倾听争论，试图看到任何案件的另一面，接受公正的仲裁者的决定，并以其他方式进入解决争端的程序，在这些程序中，"实践论证"找到了它们的位置和用途。

练 习

一、研究这些事实

1. 19世纪后期，医学科学承认卵巢是女性人格的中心。矫正女性各种人格障碍的选择程序是通过外科手术切除卵巢。到20世纪初，有数千名妇女接受了这种手术，所报告的结果是积极的。这种手术已经不再进行了。

2. 20世纪中后期，医学科学认为，周期性的不良情绪变化、经期疼痛和肿瘤的生长，甚至常见的子宫肌瘤类型，都会要求切除子宫。子宫切除术是治疗各种"女性"疾病的首选手术，到20世纪最后三分之一阶段，有数百万妇女接受了这种手术。如今，除非可以明确诊断为恶性肿瘤，否则不建议进行子宫切除术。

讨论导致这些医疗程序流行的原因。试着说说为什么这些曾经被认为是合理的论证在今天经不起推敲。答案是否仅仅是医学学到了更多的东西，如果是，你认为它学到了什么？

二、研究这些事实

1. 1896年，在"普莱西诉弗格森案（163 U.S. 537）"中，美国最高法院裁定，《吉姆·克劳法》（Jim Crow Act）要求荷马·阿道夫·普莱西坐在为黑人保留的、与白人隔离的车厢内，这一规定并没有侵犯他的宪法权利。其理由是，这并不是歧视，因为白人与黑人的分离程度，就像黑人与白人的分离程度一样。人们承认，第十四修正案的目的是加强两个种族在法律面前的绝对平等，但从本质上讲，它不可能是为了废除基于肤色的区别或加强社会平等，或者政治平等。该裁决如下："如果一个种族在社会地位上低于另一个种族，美国宪法就不能将他们置于同一水平上。"

2.1954 年，在"布朗诉托皮卡教育委员会案（347 U.S.483）"中，美国最高法院裁定，对两个种族实行隔离但平等的设施**确实**侵犯了宪法规定的权利。他们的理由如下："在处理这个问题时，我们不能把时钟拨回到 1868 年通过（第十四）修正案的时候，甚至不能拨回到 1896 年起草'普莱西诉弗格森案'的时候。我们必须根据公共教育的全面发展及其目前在全美生活中的地位来考虑公共教育。只有这样，才能确定公立学校的种族隔离并区别对待是否剥夺了这些（黑人）受到法律平等保护的权利。"

今天，教育也许是国家和地方政府最重要的职能。……（教育）是好公民的根本基础。今天，它是唤醒孩子文化价值观、为以后的职业培训做准备、帮助孩子正常适应环境的主要手段……

那么我们来谈谈所提出的问题：公立学校仅以种族为由对儿童进行隔离，即使在物质设施和其他"有形"因素相同的情况下，是否剥夺了少数群体儿童接受平等教育的机会？我们认为确实如此。

讨论这两个案例以及导致相反判决的理由。你是否认为 1954 年的判决"纠正"了 1896 年的错误判决？试着说说为什么在 1896 年有道理的东西在 1954 年经不起推敲。它在 1896 年讲得通吗？为什么？

三、研究这些事实

1.1977 年，食品和药物管理局宣布禁止在食品和饮料中使用糖精，因为有证据表明，使用糖精会导致实验动物患恶性膀胱肿瘤。很快，就出现了一种愤怒的反对声音，声称实验是在加拿大进行的，而不是在美国；实验的对象是老鼠，而不是人类；而且在实验动物身上使用的剂量比人类通常摄入的剂量要高。他们进一步认为，糖精有长期的安全记录，节食者和糖尿病患者会因为这种拒绝选择而受到影响。最终，国会将糖精作为法律要求食品和药物管理局禁止的一个例外，允许其至少在一段时间内继续使用。

2. 同样在1977年，消费者产品安全委员会（CPSC）投票决定，禁止生产和销售使用三羟甲基氨基甲烷（一种用于使某些织物阻燃的化学品）处理过的睡衣。这项禁令的证据是加拿大的一项研究，该研究表明，三羟甲基氨基甲烷对试验动物有致癌作用。没有引起公众的强烈抗议，禁令得以实施。

讨论这两个案例，并考虑为什么第一项禁令引起了极大的反对，导致禁令被取消，而第二项禁令基于基本相同的理由，却没有引起极大的反对，而被允许继续执行。难道一种情况是合理的，另一种情况是不合理的吗？如果是，哪种情况是不合理的？为什么？如果你认为两者都是合理的论证，那么请解释其中一个的成功和另一个的失败。

为进一步讨论这两个案例，请参阅查尔斯·R. 班茨的论文《健康与安全规定中的公共争论》（"Public Arguing in the Regulation of Health and Safety"），载《西方演讲沟通期刊》（*Western Journal of Speech Communication*）第45期（1981年冬季刊），第71~87页。

第六部分
特殊推理领域

第25章 导 论

到目前为止,我们集中讨论了在各种理性讨论中都可以找到的论证和推理方面。除了一些为数不多的小例外,论证基本模式的所有特征都可以从实践推理的任何领域中得以揭示。无论我们关注的是法律还是伦理,医学还是商业,科学解释还是美学鉴赏,我们都可以分别鉴别和思考如下问题:

1. 在任何特定背景下提出并且接受批评的**主张**。
2. 支持这些主张的**理由**,以及将理由和主张关联起来的**保证**。
3. 可以用来确立这些保证的可靠性和可接受性的**支撑**。
4. 指明最初主张的反驳强度和/或条件的**模态限定词**。

从各个方面来看,无论不同的人类活动为推理提供了怎样的论坛并因此定义了哪些"论证领域",实践论证都包含相似的要素,并遵循相似的程序。

在第六部分,我们将从不同的角度来探讨同样的主题。我们将考虑推理在一些特殊的领域中是如何进行的。法律和医学、科学和美学、体育写作和政治——每一项事业都有自己的基本目标,为进一步实现这些目标而进行的论证的程序也因事业的不同而相应不同。

推理导论

不同事业的不同程序

正式程度

首先，不同领域的推理程序的正式程度是不同的。在一些理性的事业中通常使用的论证方法比其他事业中的方法更形式化和程式化。

假设我们刚刚看了一个新电影，然后坐下来喝杯咖啡，讨论这个电影的优点。在这种情况下，我们交流意见是不需要按照一套设置好的固定形式或者一系列步骤来进行的。当然，如果要十分谨慎地弄清楚我们要阐明的观点或争论的问题，这些形式将有助于问题的解决，因为这会帮助我们互相理解。但是，如果我们最后的观点是一致的，通常也不是通过严格遵守任何正式程序，而是通过迂回和散漫的观点和看法之间的交流达成的。

相比之下，如果说有些论证需要满足有序步骤、"正当程序"这样的必要条件的话，那么法庭诉讼过程就是一个典型。实际上，不符合正当程序的法律论证往往会引发继续上诉：一个"形式上有缺陷的"法律程序通常会被宣布无效。对我们来说，在法律程序中容忍草率和随意的程序是非常危险的，所以我们要确保法律论证中例行一种严格的"形式"，以此来维护各方利益的公平和公正。

在电影评论和法庭审理这两个极端之间，我们可以找到各种各样的中间例子。例如，在自然科学领域，正式的期刊和学术会议是发表成果和进行科学论辩的标准渠道。但是，在科学语境中，论证的实际"有效性"并不像法庭上的论证那样紧密或直接地依赖于它是否符合任何既定的程序形式。同时，在一些其他领域——例如伦理讨论和商业决策，其中个人偏好可能比正式程序更重要——论证的程序往往比在科学中更简单和更缺少仪式感。

精确度

在实践推理的某些领域，**论证的精确性和正确性**比在其他领域具

第25章 导 论

有更大的空间。例如，在理论物理学领域，我们的许多论证都可以用精确的数学表示。尽管这种精确性在大多数领域并不常见，但是物理学理论中这种典型的抽象精确性在许多理性事业中也是存在的。例如，在商业和政治领域中，许多主张部分或全部取决于经济优势和劣势之间的微妙平衡，在这种情况下，用于进行"盈利与亏损"经济计算的数学机制就可以发挥作用。在许多类似的事业中，也已经开发出适合用计算机处理的形式化问题解决程序。这些程序必须被详细地说明，但是在常规情况下，使用它们大大简化了相应的论证方式。

相比之下，在许多经验领域，我们提出和论证自己观点的能力更多地取决于我们识别复杂模式或"一系列"特征的能力，以及引起他人注意到这些的能力。在日常心理学中，当人们的"心理状态"出现问题的时候，情况很大程度上就是这样的；在美学和文学评论中，情况也是如此，评论者可能会掌握和解释一幅布局丰富且有组织的画作或者一个复杂情节的微妙之处；在临床医学中也是如此，我们需要把全部观察到的小症状和体征归纳到一起然后形成一个可靠的诊断。在这些情况下，重要的是对所有相关特征之间的关系进行全面和定性的评价，而不是对任何单一特征本身进行精确和定量的衡量。因此，在"数量上精确"这个意义上的精确性，在多数情况下具有真正的重要性，但前提是它的主张与那些"更大图景"的主张之间要达成适当的平衡。

公元前400年左右，正是古希腊哲学家第一次明确地认识到了这种"数学上"精确性的知识力量。他们似乎把论证的整个事业或领域，划归为他们卓越地进行"理性"对待的范畴。（几何学是柏拉图最喜欢的例子。）但是，到目前为止，很明显，在某个阶段，这种精确性可能在任何领域或事业中都存在。即便是在一个看似"非正式的"活动中，例如文学评论，某些程序也可以方便地进行计算机化管理。而另一方面，任何事业都不能**单靠**这种严格或准确的论证。即便是精确的科学，例如物理学，也包含一些非形式化的解释阶段，而这种解释部分地依赖于个人判断的实践。因此，认为论证在某些领域是"正式的"(例如,在自然科学领域),而在其他领域总是"非正式的"(例如,在美学领域),这种假定是错误的。相反,无论我们在什么领域进行推理,我们可能都会提出这样一个问题:在处理不同类型的问题时,非常精确的论证和程序到底与我们目的有多大关系?

解决模式

由于不同的人类事业有不同的目标,其论证程序也会导致不同种类的**实现和解决**方式。尽管在所有实践推理领域中所运用的论证在开始时都有一些相似的地方——例如,它们都以提出主张开始——但它们的结束方式却没有任何相似之处。

在诸如法庭这样的论坛里,诉讼程序是在**对抗**的基础上进行的。也就是说,开庭前要有两个对立方,或"对手",他们要针对对方的主张收集信息并且进行最强的反驳。在这样的论坛中,当法院经过正当程序后,做出有利于一方或另一方的"裁定"时,诉讼程序即告终止。为达到这个目的或达成解决办法,**法庭本身**需要做的就是做出一个结论。没有必要让**败诉一方**相信其最初的理由和论证是不可靠的,当然,他经常会不顾法庭的判决,继续上诉表达自己的不满或无辜。事实上,一个争端实际上被提交法院这一事实本身,通常表明当事双方不诉诸司法程序就无法达成协议。因此,法院程序的基本功能是在两种对立立场之间做出选择(或"裁决"),而不是制定出一个双方都同意的中间立场(或"解决")。因为如果可以达成协议的话,问题可能早就("在庭外")解决了,而不需要走司法听证会的程序。

在诸如劳资谈判这样的理性事业中,目标恰恰是相反的。其目的是达成一项让最初立场截然不同的各方都能接受的实际**妥协或共识**。因此,一个成功的谈判结果并不是一个有利于一方而不利于另一方的决定。相反,它的目的是找到所有相关方都能同意或至少都能接受的某个中间立场。

这两种截然不同的程序和决定方式——对抗和一致——并不是唯一的程序和方式。在论证的其他领域,例如在美学领域,对于讨论的解决,完全一致的意见和外部的裁决都是不必要的。在这种情况下,

第25章 导　论

我们不需要坚持要求各方像在谈判中那样达成共同立场，也不需要坚持要求各方像在法庭程序中那样由一个充当"法官"的第三方宣布做出明确的决定。相反，论证的核心功能可能局限于**澄清**（clarification）。例如，如果我们被要求支持（因而"证明"）我们对一本小说或一部电影的最初主张，这个要求只需要我们更精确地阐明我们的主张与所涉作品内容的相关性。我们要解释我们的主张所具有的意义，而不是证明它们是正确的。其他人可以通过质疑我们的评论是否真的切中要害而自由地就我们对作品的解读进行辩论，但是一旦解决了这些初步的怀疑，我们就不必总是要继续下去，并在各种不同的解读中做出彻底的选择。坚持认为某一种解读是完全正确的，没有任何实际意义。在美学讨论中，如果其他人能认识到最初的解读是相关的和有充分根据的——如果他们最后能够回答说："是的，我现在明白人们会怎么说了"，这通常就是一个公认的终止标志。在这种情境下，我们就可以理性而优雅地结束我们的讨论，而不必假装已经在这个过程中解决了任何最终和绝对的"对"或"错"。

论证的目标

适用于任何特定论证领域中的程序种类，取决于所涉论坛内的利害关系（what is at stake）。回想一下前面的例子，在不同的人类事业的语境中，同一组单词（"杰克疯了"）很可能表达完全不同的主张。由于在两种不同语境中有不同的利害关系，因此这些不同的主张就必须用完全不同的方式进行判断。

> 一方面，提出这个主张的人可能是杰克的监护医生，而关键听者可能是一位精神科医生，监护医生正在就杰克病痛的确切诊断和合适的治疗方案向他进行咨询。

> 另一方面，提出这个主张的人可能是杰克妻子的代理律师，而关键听者可能是法官，代理律师正在向法官申请对杰克财务事务的管理权。

在第一种情况中，咨询的重点是达成某个一致的精神病学诊断，这可以作为临床治疗杰克病情的医学基础。因此，医学或精神病学的情境功能，要求双方采用**共识程序而不是对抗程序**。相比之下，在第二种情况中，**对抗程序而不是共识程序**可能是不可避免的。问题被带到了公开法庭这个事实，可能表明杰克自己（或者是某个近亲）希望阻止把他的财务事务转给他的妻子。只要有这种反对的存在，司法裁决就不能免除，而法院的任务就自带一种对抗的性质。

顺便说一句，在处理精神疾病方面的法律问题时，精神科医生的专业训练会给他们自己带来困难，这一点是不足为奇的。这种训练使他们能够主要在科学和医学的共识程序内开展工作，而当他们觉得他们的"专家证词"被削改或扭曲以适应对抗程序的司法搏斗时，他们就会发现卷入法律诉讼往往是令人沮丧的。需要更清楚了解的是这种"搏斗"的根本目的——即，通过这样或那样的方式，让司法问题得到明确解决的实际重要性，而不是模棱两可，悬而不决。正如大多数精神科医生非常清楚的那样，他们的诊断很少涉及完全透明的、是非黑白分明的问题；很多时候，精神疾病和诊断往往涉及不同的灰色地带，而拒绝明确或武断的断言。因此，一个案件可能是为了将诸如精神错乱、个人地位等司法问题处理为（只要有可能）仲裁事项，旨在就什么是公平达成共识；而不是处理为司法决定事项，做出关于什么是正确的裁决。然而，尽管法律的目标如此，但在任何情况下都坚持遵循这一做法，而不顾当事各方的利益，是不现实的。在这里和其他地方一样，实现公平仲裁的努力可能完全失败。不可能达成任何共识，而最终诉诸诉讼——即对抗程序——可能就是无法避免的。

这个例子很好地说明了我们的核心观点。在相邻的领域（精神病学和法律只是一种情形）进行的各种论证之间的特征差异，最好根据相关事业各自的目的来理解。例如，医学诊断和精神病治疗允许有一定范围的灵活度——但在处理法律和管理的相关问题时，这种"度"的变化则是行不通的，甚至是令人恼火的。临床精神科医生可以开一种或几种药，可以单独开，也可以结合其他治疗方法一起开，而且她可以按不同的剂量和比例开。但法院所面临的实际问题却很少能以这种灵活的方式处理。通常情况下，他们要求清晰明确的裁决——真正"决定性的"决定。杰克还能继续用他的银行账户开有效的支票吗？还是他的妻子拥有管理他的财务事务的权利？如果是这样的问题，就没有模糊或"度"的空间了。他的支票要么继续有效，要么就失去全部价值。

同样地，在其他的论证事业和领域中，我们期望在任何特定领域（自然科学或艺术批评、伦理讨论或其他领域）找到的实践推理模式，都将会再次反映相关领域的一般目的和实际需求。在接下来的章节中，我们将陆续看到五个为实践推理提供论坛的事业，并且我们将探讨在这些论坛中什么样的论证通常会占有一席之地。这五个推理领域——法律、艺术、科学、商业和伦理——被选为广泛代表了论证场合的情境。通过对它们的研究，我们将识别出在不同领域和事业中发现的大多数典型的推理模式，并认识到它们如何反映这些事业的根本目标。

常规论证和批判性论证

在论证和理性事业的所有领域中，我们都有机会以两种截然不同的方式进行论证。一方面，制定经验法则、自然法则、程序、方法、法规以及类似的推理方式的目的，是建立普遍可依赖的论证模式，以便产生相关事业所需要的各种结果。科学规律通常必须以成功的解释为结果；医学程序必须产生普遍成功的诊断和治疗；司法程序必须确定至少大致的公正；等等。因此，在大多数情况下，我们可以放心地依赖公认的**保证**体系，而不必在任何场合都对它们提出严重质疑。这样，我们依赖于公认的规则或保证所进行的一般性论证，可以被称为**常规论证**。

另一方面，如果我们从不去追问自己在受教育期间学会的论证规则是否具有充足性和相关性的话，那就是教条的和欠考虑的。如果我们具有批判性思维，我们就需要不时地重新考虑这些保证，并且问问我们自己迄今学到的思维方式是不是需要被抛弃，是不是在更加精确的问题上也同样具有解释力。或许我们已接受的电磁理论法则需要一些改善和修正；或许当前关节炎的治疗方法只对特定的患者有效；或许对精神错乱的罪犯的惩戒不能用通常的公正和可接受的方式解决。在所有的论证领域里，我们有时必须**重新思考**当前业已被接受的程序，并在必要时修改它们。以这种方式进行的论证在这里被称为**批判性论证**。

要注意的是，在常规性论证中，保证只是**被使用**；但在批判性论证中，它们是**被评估**。因此，常规论证是**使用规则**的论证，而批判性论证是**证明规则**的论证。

再次重申，我们只有深入到论证本身的背后，并审视为这些论证提供更大背景的人类理性事业，我们才能充分认识到论证所拥有的理性力量的深层来源。例如，一个领域的批判性论证可能与另一个领域的常规论证密切相关。例如，对科学生理学的考虑可能直接影响到对当前医学程序的批评；通过这种方式，生物科学创造出了用于医学批评的工具。在接下来的章节中，我们将开始了解将不同事业联系在一起的复杂关系。

领域间（interfiled）和领域内（intrafield）的比较

首先我们需要注意到一件事：我们目前使用的分析方法将是严格的**比较**方法。从一个领域到另一个领域，我们将注意到不同领域中典型论证的模式和风格之间的相似之处与不同之处。我们不会说实践推理的任何一个领域中的论证比其他领域中的**更好、更合理**。因此，我们将通过的唯一判断是"领域内的"判断，这种判断与使某些科学论证比其他科学论证更有分量、某些法律考虑比其他法律考虑更有力等这些特征有关。我们将不关心"领域间的"比较。例如，我们的目的不是要论证所有的科学论证——仅仅因为它们是"科学的"——比任何法律或伦理论证更有分量。

一定要强调我们目前这种分析的特点，即使只是因为很多人都倾向于做领域间（而不是领域内）的比较。例如，他们通常倾向于对伦

第25章 导 论

理论证的本质和科学论证的本质进行对比。通过这种方式，他们着手开发一种"理性的"价值顺序，将整个推理领域按更充分还是欠充分、更优秀还是欠优秀进行评级。

很多人倾向于认为像数学和自然科学这样的"硬"智力事业比伦理学或美学这样的情感讨论领域更"有逻辑性"或更"合理"。一个类似的假设出现在这样一个问题上：与**所有的**物理学知识相比，**所有的**历史性理解是更"合理"还是更"有充分根据"？再次申明，对于我们当前的目的来说，这些领域间的比较是无关紧要的。一些历史论证可能比其他的论证更可靠，一些物理论证可能比其他的论证更严格，但是比较**所有的**历史论证和**所有的**物理论证的优劣并没有实际意义。

同样，当涉及判定杰克是否精神正常这个问题时，我们不必选择**整个**精神病学而不是**整个**法律；或者反过来。相反，我们必须在可供选择的精神病诊断和/或在可供选择的司法裁决之间进行选择。法官批准了杰克的妻子提出的管理其财务事务权利的申请，但是法官绝不会拿自己的判断（即裁决）与建议利用锂治疗法的精神科医生的判断（即药方）进行比较；或者反过来。作为**问题**，安排对杰克的财务事务进行谨慎管理的任务和为他的精神疾病找到合适疗法的任务，基本上是独立的问题。因此，**解决**这些问题所涉及的一系列论证只是彼此部分相关。

因此，理解是什么赋予法律论证以力量的第一步，是认识司法事业的性质和目标。而理解是什么赋予科学论证以力量的第一步，则是认识在科学研究中什么是最重要的。如果我们能记住不同的"理性事业"的各自目的和目标，那么我们就能亲眼看到，把科学问题作为对抗性争端的议题而不是共识程序，将**如何以及为何**会扭曲自然科学的基本特性；或者反过来，以共识程序取代现有司法制度的对抗程序，将**如何以及为何**会破坏现行的法律事业。

因此，在接下来的每章，我们将探讨在我们所选的五个领域中每个领域**内**所产生的论证问题。这意味着我们要思考：

1. 每个事业的一般特征都为实践论证提供了一个论坛。
2. 每个事业内部存在的各种论坛，以及每种论坛所特有的问题和结果。

在此基础上，我们继续考察：

3. 在相应的实践论证模式中占有一席之地的主张、理由、保证和支撑的类型。
4. 适合于自然科学（或美学或法律）的各种判断和批评，反映相关事业基本目标和要求的方式。

鉴于这些领域内的考虑，我们会明白，**作为**发生在一个更大的司法框架中的论证，法律论证为什么是可靠的或不可靠的；**作为**在推动更大的科学事业的目标上成功或失败的论证，科学论证为什么是重要的或微不足道的；等等。仅仅因为它们缺乏几何论证的绝对"确定性"，而对科学和法律论证进行**一般性**的批评显然是无意义的；因为其没有服务于它自己领域的目的，而对**特定**的科学或法律论证进行批评则是完全有意义的。好的自然科学**作为**科学之所以好，并不是因为它成功地披上了纯数学的外衣，而坏的法律**作为**法律之所以坏，也不是因为它没有促进精神病学或社会科学的目标的实现。在其他情况下也是如此。

那么，在诸如自然科学和法律等人类事业中，推理和论证究竟起着什么样的作用呢？这些事业为论证提供了什么样的论坛呢？我们如何认识在这些情境中提出的论证的力量呢？从自然科学的立场出发，认定某个科学论证是**好的**论证，或者，从**法律**的立场出发，认定某个法律论证是**不可靠的**论证，涉及哪些认定因素呢？在我们选择进行考察的五个实践推理和论证领域中的每一个领域内，这些都是现在将引起我们注意的问题。

第 26 章 法律推理

无论我们知道事实与否，几乎我们所有的人对法律推理的一般规则和模式都有一定的了解。我们没有必要通过起诉某人或自己被捕，去感受律师和法官精心构造的论证的影响。法律本身就是一个关乎程序和原则的系统，旨在提供系统化的决策，这将有助于确保个人的生命和自由，保护财产，确保有效合同的履行，解决不同个体之间的矛盾，维护公共秩序，以及提供为社会目的而达成共识的其他结果。因此，即使你从来没走近过法庭，你仍然可能受到法律论证的影响或者在日常事务中用到它们。

孩子们虽然还很小，但我们已经可以听到他们对法律原理的运用了：

> 一个小男孩被指控拿了别人的钱。他对此否认并大喊道："在你们能证明我有罪之前，我是无辜的！"当被问及他怎么知道在被证明有罪之前他是无辜的时，他可能会回答说："人人都知道这一点。"

事实上，不是每个人都**知道**这一点，因为法律推理的这条基本理由规则并非在所有的司法管辖区都是有效的。在世界上的一些地方，一个人被起诉后即被视为有罪，直到证明其清白后才无罪。但这个小男孩基本上是正确的：如果他是被朋友起诉盗窃并且是交由一个美国的刑事法庭处理，那他将被推定为无罪。因此，尽管没有受过正式的

法律培训，也没有以往的法制经验，但这个孩子对于法律决策的一个重要方面还是有一个大概的了解的。

在整个社会中，我们往往是运用法律推理的一般原理去解决我们的日常冲突，而实际上很少真正对簿公堂：

> 大学生抗议说为了搜集某些纪律处分的证据，学校的行政人员无权在未经允许的情况下搜查宿舍房间，从这样的非法搜查中获得的证据，也不能用来定罪于人："每个人都知道一个人的家就是他的城堡。"

事实上，不可能每个人都**知道**这一点，因为当涉及运用诸如禁止非法搜查和扣押的这些法律规则时，大学宿舍房间是否被视为和公民的私人住宅完全一样，并没有十分明确的说法。不过，这一事例也说明，学生们对通过法律推理消除"污点证据"的需要也是有初步了解的。

> 某天晚上，你在开车回家的路上被一辆巡逻车拦停，因为你被怀疑酒驾。警方要求你进行一些测试：向酒精测试机吹气，沿直线行走，用手指触摸你的鼻子。在同意做这些测试之前，你要求打电话给律师，并坚持她在场的情况下进行测试。当被问及是什么让你认为自己有这个权利时，你回答说，每个人都知道被指控的人有请律师为自己辩护的权利。

同样，我们很难说每个人都**知道**这一点，因为这种权利也是因时间、地点和场合的不同而不同的。不过，你的确掌握了我们法律推理程序的一个基本特征，即，训练有素的辩护律师会代表委托人进行论证，而我们不必亲自为自己进行辩护。这是一个非常基本的观念，以至于律师们中间一直流传着这样一句话："对于一个委托人来说，凡是进行自我辩护的（即使是最能干的律师）都是傻瓜。"

因此，法律推理遍及我们社会生活和实践的许多方面。在我们所

第 26 章 法律推理

有的社会制度中，法律制度为推理的实践和分析提供了最强大的论坛，并且已经被践行了数百年。所以，毋庸惊奇的是，法律推理的许多技术已经出于其他目的为社会的其他要素所用，因此我们先从考察法律推理入手来开始我们对实践论证的研究一定会卓有成效。

作为论证论坛的法律

幸运的是，个人之间的日常小冲突大多可以不通过诉诸法律制度而解决。当你和你的伴侣分手时，在甲壳虫乐队的原版唱片归谁和金表归谁方面可能会存有争议，但正常来说，这些问题你们都可以自己解决。如果你因为被承诺高薪而接受了一份工作，到了工作单位才发现实际工资比你预期的少，你可能会向老板抱怨，并且如果工资不调整的话你可能会拒绝这一职位，但你极可能不会去起诉老板。

即使当人们无法自己解决冲突时，还会有其他的咨询和中介服务可以帮助他们解决这些矛盾，而不用去法庭起诉解决。心理学家、精神科医生和咨询师就是以此谋生的，宗教组织为那些有分歧和问题的人提供训练有素的帮助，劳资纠纷则由经验丰富的调解员处理。

但还是会有很多这些咨询和调解的方法也无法使冲突各方都满意的时候：

> 你的公寓屋顶漏水，水从天花板滴到你的地毯上并留下斑痕。你可以采取何种措施呢？首先，你要告诉房东，希望他会同意修理屋顶。但是，如果修了以后还是漏水并且房东拒绝支付你的地毯清洗费，你可能要去当地的纠纷解决中心。但是，如果房东拒绝与纠纷解决中心合作，你可能就会觉得只好去找律师了。

找律师并不会自动使这一争端成为一场法律论证。相反，很多纠纷是通过这种方式得以解决的，而从未正式进入法律程序。你的律师听了你的问题后与房东约见，和房东说了你的不满并告诉他如果事情不能得到妥善解决，那么他就可能会收到一纸诉讼。这时候，房东可

能会同意再次修理屋顶，甚至会支付一些清洗地毯的费用。如果这次屋顶真的不再漏水，如果你的地毯看起来干净如初，并且如果所有的费用都不用你支付，那么你可能会满意于这种处理并结束这场纠纷。至此，尽管提交诉讼的威胁在这一结果中已经明显发挥了作用，但也一直没有进入真正的法律推理。

还是你的公寓事件，但让我们设想另一种情景。当你的律师与房东谈话时，你的说法可能会受到质疑：

> 房东声称，实际上，你才是有过错的一方。你每周六晚上都举行疯狂派对，从而造成了地毯上的污渍和天花板上的水痕。他出示了一张来自屋顶修理公司的标有"已付"字样的账单（账单表明在你搬进来的一个月之前，公寓已经换了一个新的屋顶），还有一些你的邻居们的书面投诉，其中之一就是说你在你的地板上撒了很多的液体，而这些液体已经漏到楼下的房间。

有鉴于此，你的律师可能会建议你忘了整件事情，并对未来的当事人更加小心，以防自己面临官司。在这里，严格的法律推理同样尚未使用，仍旧是你的律师清晰地从法律的角度评估了整个情况。如果这一纠纷提交法庭，你很少或根本就没有胜算。你的论证与房东的那些相比，太过微弱，事实上微弱到甚至连协商妥协的机会都没有。

纠纷中牵涉到的利害关系越大，潜在的基本分歧（关于实际承诺了什么、到底发生了什么或者法律实际上允许什么）越严重，那么就越有可能进入正式的法律程序。当双方当事人不能达成双方都可接受的解决方案（即使是在调解员、咨询师和律师的帮助下），并且如果他们忽略该冲突会使得他们获取或损失太多，那么剩下的唯一解决办法可能就是转向有执法权支持的社会组织决策系统。这是法律所规定和提供的。

但是，法律系统提供的要远远超过执行权。此外，法院还承诺做出"合理的"裁决，这样，即使未来发生冲突，律师也能对如果分歧

第 26 章　法律推理

提交法院，法院很可能会如何裁决做出正确评估。其结果是，实际上很少有冲突是必须走正式的法律程序来解决的。许多冲突在律师办公室就解决了，律师会告诉客户法院可能会作何判决，并让他们认识到通过协商和解而提前结束冲突将会大大降低成本和风险。

超越所有这一切的是进一步的承诺，即法律决定必须是以与更广泛的原则［我们称之为**正义要求**（demands of justice）的原则］相一致的方式做出的。如果发生冲突时，个人能转向社会机制寻求帮助以解决他们的问题，那么他们就不会满足于抛硬币或任意选择的裁定做法，他们要的是一个公正的判决。无论冲突是个人与社会之间的（涉及刑事指控），还是个人或利益相关者之间的（如民事诉讼），当事方想要的不仅仅是一个**裁定**。他们坚持认为这一裁定要反映出对双方对立故事公平公正的考虑，也要显示出对立双方是如何被既定的法律、法规或普通法判例协调的。

从根本上说，法律论坛（legal forum）的存在就是出于对纠纷中存在的相反故事的这种考虑和评价。争端的每一方都会提出己方的说法来说明引起争端的原因，双方的律师也会提请目击证人、出具书证物证或任何可以合法呈现的东西，目的在于说服决策者（无论是法官还是陪审团）他们的委托人所讲的才是正确的。然后法官或陪审团再一起确定"事实"究竟为何，即出于法律目的来确定哪个版本的故事是"属实"的。在不出现任何程序上错误，即，没有违反法律标准或冒犯社会公正公平（如不成比例的巨大损害赔偿）的情况下，如此做出的判决将是最终的和可执行的，而且当事双方必须服从。

尽管如此，当事一方或另一方经常会觉得自己没有得到公正的对待，他们会指控发生在诉讼过程中的一些违规行为，要求撤销判决或至少重新进行审判。因此，他们会对最初判决提出上诉。这样，就需要第二次法律推理论坛（受理上诉的法院）以审查下级法院的审判决定。上诉法院的安排因管辖区的不同而不同。通常，有至少两个层次的法院（由最高法院监督的地区性上诉法院网络），各自负责审查其直接下属法院的推理和决策。在大多数情况下，上诉法院不会重新评

285

估有关案件的事实，他们接受来自原审法庭判定的"事实"并依照此记录进行审判裁决。因此，上诉法院通常不会听取证人证言，接收文件和物证，甚至不阅读证人的证词笔录；他们会辩称，需要亲自听取和见到证人，才能判断他们的可信度。这样一来，上诉机构就没有资格对审判法庭的有关口头证词进行事后猜测。

因此，上诉法院会听取律师的论证，并阅读双方推理的详细摘要。他们会考虑对相关法律、法规和先例的对立解释，他们也会接受主管部门给出的建议，即，这些论证的意义应该是什么。归根结底，上诉法院的任务就是给出理由来说明哪方的立场更符合整体的正义要求；或者是根据美国宪法中所规定的广义价值观和规定，或者是根据我们的社会发展中那些明显的价值观和规定。因为上诉法院的判决影响的不只是这一特殊争议中的当事者个人，全社会的律师包括其他上诉法院的法官也会看到；而且其他人也会以本次法院推理为基础，在以后相似的争议中做何为公平或公正的判决。因而，通过其支持论证的力量，每一个上诉判决本身都具有促进法律发展的潜力。

总之，法律首要的也是最常见的作用，就是为通过调停和调解无法解决的冲突中所涉及的事实的不同版本提供一个争论的论坛。因此，法律推理主要关注的是这些"事实"是什么，即，根据合法的判决裁定目的，到底什么会被接纳为"事实"。作为二级论坛，上诉法院则侧重于有关"法"的论证的相反意见，即，与下面发现的"事实"相关的法的准确表述是什么或应该是什么。而且借由判决的书面理由，也有可能影响法律的未来发展。

法律问题的本质

在对法律论证的主要论坛首先所作的大概描述中，我们已经提到两种普遍类型的法律问题："事实问题"和"法律问题"。当然也还有一些其他的从属问题，如关乎适当管辖区的问题，诉讼关系中各方的立场问题，以及提交给法院的诉因是否适当等问题。

从直接当事人的角度看，真正的问题只有一个：到底谁对，原告

第 26 章 法律推理

还是被告？控方还是辩方？对于陪审团来说很可能也是这样。虽然在他们审议之前，法官已为陪审团指示有关法律，退出公众视野后，无论他们是否相信一方或另一方，以及在此基础上他们会做何决定，陪审团会做出决定。除了之前的陪审员所告诉我们的，以及我们从模拟陪审团实验中所学到的之外，在真正的陪审团房间里到底发生了什么，我们不得而知，但就这些消息源来说，有许多证据表明，陪审员实际上就是以这种方式做出决定的。

然而，就法律目的来说，区分事实问题和法律问题是非常重要的。这决定着辩护律师将如何准备自己的诉讼案，以及法官何时可以驳回诉讼或直接判决做出裁决，而且它被看作是审判法院和上诉法院判决中的关键问题。因此，我们必须对这一区别给予更仔细的关注。

事实问题

当一位潜在的客户与律师坐在一起向律师讲述一个故事的时候，他就迈出了走向诉讼的第一步。"您听我说，"这位发现自己遇到了一家大型竞争对手的商人说，"然后告诉我能不能通过法律获得救济保护。"律师听完后，考虑了可能的法律补救措施，对商人说："也许，你可以指控你的对手违反反垄断法。"不过，根据以往的判决先例，这将意味着需要向法官或陪审团提供五种不可或缺的"事实"：

1. 和你的商业竞争对手之间有一个协议，不向你出售或从你处买入。
2. 这个行为已经造成了你的损失。
3. 你已经支付律师费来解决这个问题。
4. 本行为已经涉及了州际贸易。
5. 这些问题属于联邦法院的管辖范围。

"现在，"律师说，"我们结合可能的补救措施看一下你的情况。你的情况是这样的"：

"你自己有一家小生产厂，而一家大集团公司的代表提出要买下它。当你拒绝后,为你的生产流程提供主要部件的公司(你后来发现竟然是这家大集团的子公司)通知你,它无法再满足你的订单。此外,你听说这个集团向你的客户施加压力,让他们不要购买你的产品而且通过大幅降价为他们提供竞争产品。其结果是,迄今为止你的总销售额损失了25万美元,而且这些损失还在以大约相同的速率继续着。你请律师来帮助你,但与集团的谈判没有带来任何改变。他们否认你所说的有关他们的所作所为,你的工厂坐落在伊利诺伊州,提供主要部件的供应商在犹他州,而取消了你的订单的客户分布在其他三个州。"

一旦你准备好了你的主张并提交了法院,你未来的对手也就知道了这些,事实问题就变成了"事实问题"。现在,他们将准备他们的回应,当他们否认你的事实陈述时,出现具体"问题"(分歧点)的地方,将由法院裁定:

该集团、其子公司和你的客户都回应说,是你而不是他们先提出了出售你工厂的想法。当集团表示不感兴趣时,你就宣称该供应商没有履行订单。事实上,供应商正如在过去的两年中一样继续卖给你同样数量的货物。你的客户回应说,他们没有受到任何压力;相反,他们发现你的竞争对手的产品和价格比你所给出的更合意可取。你被指控通过寻求把责任推给他人的行为来掩盖自己企业经营不善的做法。无可否认,这种贸易是跨越州界的,因此争端属于联邦管辖范围。你的损害赔偿要求被拒绝;相反,它表明你自己正在经营一家濒临倒闭的企业。

如此一来,问题出现了:①被告们是否联合起来拒绝与你进行贸易?②你目前的25万美元的损失是否由这种所谓的针对你的组合所造成?如果审判法院同意你在一个适当的情况下,所有五个事实问题都必须得到解决;你的对手也会尽最大努力去反驳论据所表明的事实问题中你所主张的这两点。

第 26 章　法律推理

在法律推理的实际过程中，其实每个事实问题都将会被进一步分解为下属的问题。例如，是否有拒绝你交易的组合，你需要证明确实是该集团首先接近你，其目的是收购你的企业。（他们说是你去找过他们。）

你可以做如下推理：

・**理由**

1. 你需要证明与该集团合伙人琼斯先生在办公室会面。
2. 你需要提供预约簿，证明这个会议是计划好的。
3. 你的秘书作证说，他记得在你提出这个话题之前，琼斯先生就曾谈过买你的工厂的事。

・**保证**

由于会面是在你的办公室进行的，而且是琼斯先生首先提出购买问题，因此可以合理地进行推断。

・**主张**

该集团接近你，想买下你的工厂。

被告们对这个问题提出异议。他们说事情是这样的：

・**理由**

1. 琼斯先生作证说这次会议是应你的要求在你的办公室举行的。
2. 他提交了一封你写给他的信，信里要求会面。
3. 他作证说是你首先提到出售你的工厂的问题。

法官或陪审团的任务就是要在这两个故事中做出选择，或者更确切地说，因为是你提出了投诉，所以，他们要决定你的故事版本是否具有说服力。除非它确实这样，否则你对该集团的诉讼就会失败。

法律问题

法律问题是围绕对事实问题的界定而展开的。仅仅在两个不同的

推理导论

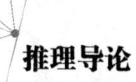

说法之间做出选择是不够的，这种选择还必须要着眼于对法律和正义的要求而进行。在整个诉讼过程中，主审法官会就法律问题做出许多决定。为了增加通用性，她将不得不问自己这些问题：

——这是法律应该考虑的适当问题吗？
——这个特别的法庭是考虑这个问题的适当法庭吗？
——鉴于目前的指控性质，这是一个需要争论的适当问题吗？
——此事诉诸法庭并公开庭审符合适当的程序吗？
——这是一个询问证人的适当问题吗？
——将此类文档或证物作为证据合适吗？
——在审议之前，我怎样才能以有关法律正确地指导陪审团？
——陪审团行为是否得当，他们有没有偏见？
——陪审团的决定在正义的范围内可以接受吗？
——做出的决定所依据的法律与该州或美国的宪法相符吗？
——今天所采取的行动与正义的总体要求一致吗？

一旦诉讼一方对法官的判决提出异议，上述的这些问题就成了"法律问题"。辩护律师所谈及的"建立和保持一个记录"，意味着要建立一份庭审记录，为向更高一级法院上诉提供依据。当然，在审判开始之前，对方律师也可能提出异议，要求法官予以裁定，如果上诉成功，审判就可能根本无需进行。例如：

一些人举着写有"雇佣婴儿杀手——200 美元起"的牌子在一家妇女诊所外示威，诊所的一名支持者请求法院禁止示威行为。但是这个提出诉讼的人被认为在这个事件中不具有充足的"资格（standing）"；也就是说，她被裁定个人对这个事件的参与不够，因此法官驳回了起诉。

诉讼人可以就这一裁决继续上诉，法官的判决可能会被上级法院推翻。如果是这样的话，那么审判将继续进行，也还存有其他对法律反对的意见的可能性，等等。

第 26 章 法律推理

在本案中，被告声称原告没有诉讼资格，而原告则声称她有，由此就产生了法律问题，而法官做出了裁决。本案中，裁决对原告不利，因此诉讼被驳回。如果有上诉，原告就会成为一个上诉人（一个挑战现有裁决的人），而被告则会成为被上诉的人。但是，法律的问题仍和以前一样：法律是否允许这样的个人以所述行动为由去起诉抗议者呢？

在一个严格假设的例子中——因为这个案子事实上并没有上诉——有关的争论可能会这样发展：

上诉人：

- 理由

1. 原告布朗女士，是这个妇科诊所的志愿者。

2. 美国最高法院在 Figbee v. Alloys 案中裁定，志愿者有资格起诉那些被指控"归咎犯罪活动"的人。

3. 这场诉讼宣称被告将犯罪活动归咎于妇女诊所。

- 保证

因为美国最高法院是美国的最高法院，而且它已经裁定志愿者在这种情况下有资格提起诉讼，我们可以推出：

- 主张

布朗女士应该被允许继续她的诉讼。

被上诉人：

- 理由

1. 原告布朗女士实际上在妇女诊所并没有固定的角色。她已经有一年多没有出现在那里了，她只是一个志愿者，因为她的名字出现在一个潜在的志愿者名单上。

2. 美国最高法院在 Snodgrass v. Shagnasty 案中裁定，志愿者必须积极参与到日常运作当中，才有诉讼资格。

- 保证

因为 Snodgrass v. Shagnasty 案比 Figbee v. Alloys 案更适用于这

个案件，并且由于美国最高法院被承认在这里进行裁决，因此可以得出结论：

- **主张**

  布朗女士不应该被允许继续她的诉讼。

然后，上诉法院将做出裁决，这样做，它将完成两件事：首先，它将决定当前案件的命运；其次，它将有助于普通法，有利于未来的案件。

法律与事实的相互作用

既然与回答事实和法律问题有关的基本推理已经阐明，我们就可以在实际的应用情况中检查这两种类型的推理之间的相互作用。首先，我们需要回顾三个在法律推理中具有重要意义的基本概念：①推定；②举证责任；③表面上证据确凿的案件（prima facie case）。

对**推定**的理解必须在如下两个情境中进行：一种是作为由法官裁定的法律问题，另一种是作为陪审员的视角。在法律上，推定描述了论证的理由、出发点和决策指南。它是一个出发点，因为法律将无罪或无过失等推定作为论证应如何进行的指标。如果一个人被推定为无罪，那么他或她将一直保持清白，直到有人通过举证责任证明他或她是有罪的。推定是一种决策指南，因为在没有明显的证据优势（或者在刑事案件中存在合理的怀疑）时，它会决定判决。如果在审判结束时我们还是不能决定哪一方的情况更好怎么办？假设双方的论证是相互抵消的，那么，推定就会指导决策：在没有明显的证据优势的情况下，判决偏向于持有推定的一方。

就作为陪审员的视角而言，推定同时还描述了他们的出发点，但这可能**与法律假定相冲突**。在刑事案件中，在法律上被证明有罪之前，被告是被假定无罪的。但是，陪审团可能会介入审判过程，并且假定被告有罪。例如，两个黑人慢跑者在犹他州盐湖城自由公园跑步时被枪击而丧生，约瑟夫·保罗·富兰克林因侵犯慢跑者的公民权利而在联邦法院受审并被定罪。此后不久，州法院指控富兰克林谋杀。考虑到一审判决广泛宣传的影响，参与二审的陪审员可能会从有罪推定而

第 26 章 法律推理

不是无罪推定开始。

总之，律师一定要从法律和陪审团两个角度来关注推定。法律要求的是一个基于其推定概念的程序，但陪审团在计划审判时的心态也应当受到关注。

举证责任与推定是一致的。寻求过分推定的一方负有证明其主张的责任。也就是说，如果我们主张某人应为过失行为而付钱给我们，那我们的责任就是以**明显的证据优势**来证明其过失。从法律的角度来看，我们要做的不仅仅是与对方进行论证，我们必须提出比他们更有力的主张来推翻他们的推定。

同样，从陪审团的角度来看，举证责任也可以被表述为说服责任。如果陪审团认为被告有罪，但是法律推定其无罪，那么辩方将承担说服他们改变其观点的责任。当然，如果可以证明陪审团怀有偏见，那么就可以要求换新的陪审员，可以更换新的审判地点，也可以获得新的审判机会。但很少有陪审员承认自己有偏见，且要证明这一点也很困难。

表面上证据确凿的案件，也必须从法律和陪审团这两个方面来考虑。在法律上，表面上证据确凿的案件是提出裁决一方的决策**表面上**得到了证明的案件。但是拥有表面上证据确凿案件的一方不一定会被判定为赢家。表面上证据确凿的案件是指其提出的主张对与审判原因有关的基本要素或问题都给予了肯定。例如，就过失行为提起诉讼的一个表面上证据确凿的案件而言，需要其主张确定下列基本要素：

1. 你受伤害的地方有防止意外入侵的保护措施吗？
2. 对方行为是过失造成的吗？
3. 他人的行为有没有在法律上对你造成伤害？
4. 你的行为免于共同过失吗？

由于你所指控的另一个人被假定为没有过失，就需要你提出一系

列的主张，并附有一定的证据，对上述每个问题进行肯定的回答，**被告才需要提出任何主张**。

在对方提出任何论证之前，通常会询问法官所提出的是否是表面上证据确凿的案件。例如，假设你的案件只讨论了上面的前三个问题，并没有对你自己潜在的共同过失的可能性进行任何陈述，那么在这种情况下，从表面上看，就无法确保会做出对你有利的判决。也就是说，即使你的**所有**主张都有明显证据确凿的优势，你也不该得到判决。在这种情况下，法官会驳回案件而不要求辩方进行任何辩论：如果不存在证据确凿的案件，推定方就没必要进行辩论。

让我们在这里暂停一下，以确定事实问题和法律问题的相互作用。法官是从哪里得出过失案件的基本要素的？她如何知道一个表面上证据确凿的案件所需要的是什么？这些基本要素源于法律推理。根据上诉法院过去的判决、与管辖权有关的法典和法规以及权威的判决，如果上诉法院复审本案，它将要求这些基本要素来满足表面证据要求，这似乎是合理的。该法律问题可用图表示，如图26-1所示。

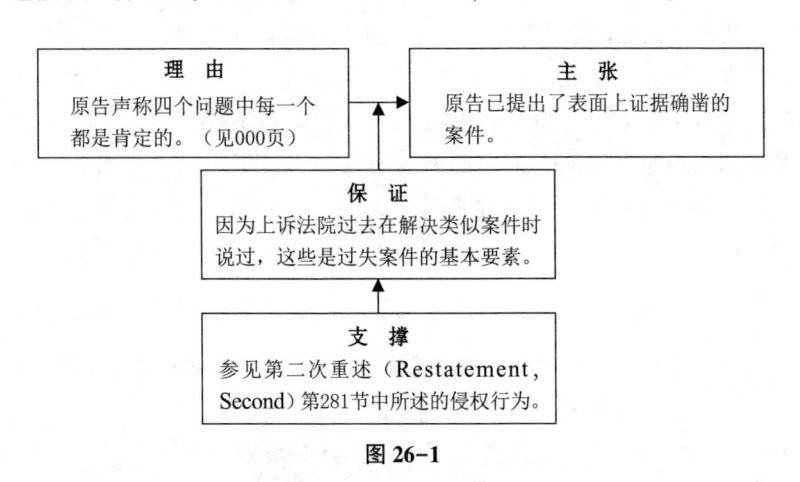

理　由	主　张
原告声称四个问题中每一个都是肯定的。（见000页）	原告已提出了表面上证据确凿的案件。

保　证
因为上诉法院过去在解决类似案件时说过，这些是过失案件的基本要素。

支　撑
参见第二次重述（Restatement, Second）第281节中所述的侵权行为。

图 26-1

这里用于支撑的参考文献是美国法学会出版的关于法律判例和解释的权威讨论，也可能提到具体的先例。

第 26 章　法律推理 ▲

对于我们的例子而言，它已经在法律问题方面满足了表面上证据确凿的过失案件的条件，接下来我们必须把注意力转向陪审团的要求。既然法官已经接受了表面上证据确凿的案件的法律主张，有关事实问题就可以交给陪审团了。然而，满足陪审团对过失案件的判断的条件很可能与法官所要求的条件不同，陪审团对原告的论证要求可能比法官要求的更强或更弱。一旦法官给予他们回答事实问题的权利，他们就可以按照他们认为合适的方式自由地进行审理。在审议中他们做出的裁定也许有利于原告，但这也将是他们自己独自处理的事情。

对于法官而言，说已经提出证据确凿的案件，并不意味着确定了事实问题。在这种情况下，事实问题可能是什么呢？

如果我们回到律师事务所，刚好有一位新客户过来咨询，我们就可以从中看到事实和法律问题之间的相互作用。利比·斯科特告诉律师，她是在 6 月 13 日入住萨瓦布克酒店的客人。在夜间，有一块石膏从天花板上掉下来砸到她的头，导致其休克、脑震荡和持久性头疼。她已经花了 2000 美元的医疗费，且费用还在继续增加。她可以起诉酒店吗？

从法律主张的方面来考虑这个案件的基本要素，律师会考虑在酒店过夜的客人中是否有未被石膏击中的。因为知道司法先例，他会倾向于认为这样的事情是不言自明的（res ipsa loguitur）、不需要进一步的事实证据。但是，为了保险起见，律师会问："有没有可能因为你楼上发生过骚乱，才导致石膏掉下？""有没有出现音爆或爆炸或地震？"律师熟知法律，他明白这样一个明显的事故会归咎于酒店老板的过失，除非酒店老板能够提供一些其他的干预事实，以减轻人们对其过失的联想。如果这个案件诉诸庭审，律师就需要准备好这样的事实论据。我们看一下酒店老板/被告人可能给出的说法（图 26-2）。

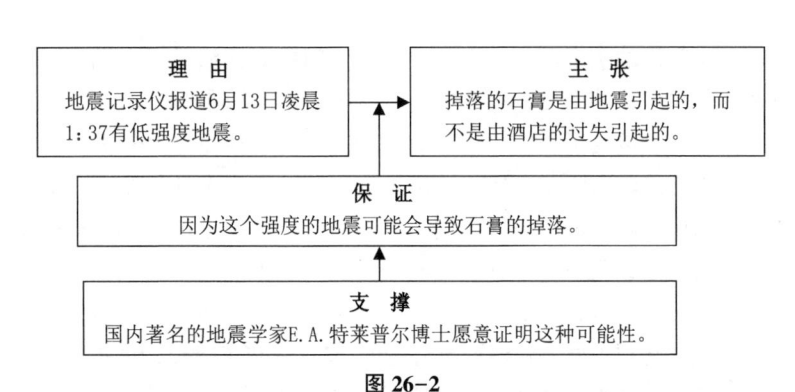

推理导论

理 由
地震记录仪报道6月13日凌晨1:37有低强度地震。

主 张
掉落的石膏是由地震引起的,而不是由酒店的过失引起的。

保 证
因为这个强度的地震可能会导致石膏的掉落。

支 撑
国内著名的地震学家E.A.特莱普尔博士愿意证明这种可能性。

图 26-2

现在,利比·斯科特的律师必须考虑是否有可能在酒店老板有能力就地震的**事实**进行辩护的情况下,支持酒店的过失这一**事实**。尽管这件事还没有结束,但想要说服陪审团认为这是酒店的过失现在看来不太可能。原告通过不言自明的事情(脱落的石膏本身就说明了存在着过失)而可能获得的推定失败了,但争论并没有结束。

通过进一步调查,利比的律师可能会找到另一个基于事实的论证基础(见图 26-3)。

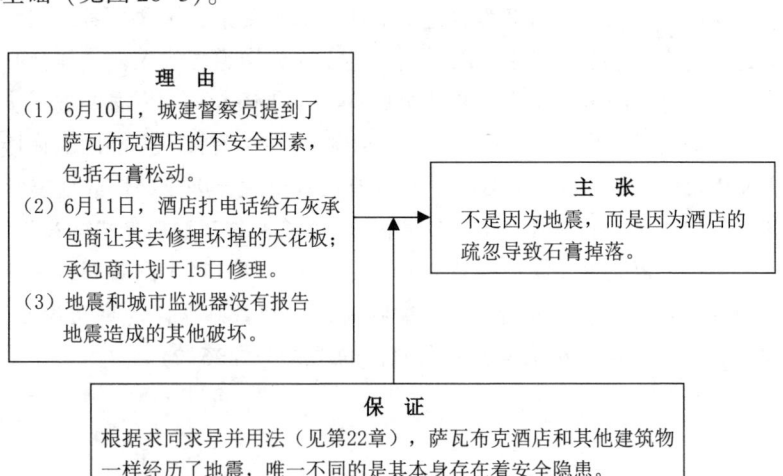

理 由
(1) 6月10日,城建督察员提到了萨瓦布克酒店的不安全因素,包括石膏松动。
(2) 6月11日,酒店打电话给石灰承包商让其去修理坏掉的天花板;承包商计划于15日修理。
(3) 地震和城市监视器没有报告地震造成的其他破坏。

主 张
不是因为地震,而是因为酒店的疏忽导致石膏掉落。

保 证
根据求同求异并用法(见第22章),萨瓦布克酒店和其他建筑物一样经历了地震,唯一不同的是其本身存在着安全隐患。

图 26-3

第26章　法律推理

这些关于事实问题的相互矛盾的主张将会在审判过程中被提出，因为法律已经确定这是一个由陪审团决定的合法问题，答案将来自陪审团的审议。在这一点上，事实问题和法律问题的相互作用是显而易见的。

本质上有争议的问题

我们到目前为止所考虑的例子反映的都是日常的法律案件：这些案件都是普通人的普通问题，在较短的时间内就可以通过直接应用相当明确的法律规则得到解决。事实上，在所有案件，即使是通过官方渠道提起诉讼的案件中，大多数都是在审判前就经双方当事人通过协商解决了。而那些真正进入法庭的案例，大多数都是通过陪审团或法官的判决来解决的，也没有出现继续上诉的情况。而在书本、电影和电视上常见的激动人心的叫喊——"我们会一直上诉到最高法院！"——并不代表常态。在实际提出上诉的案件中，大多数最终都以低于美国最高法院级别的上诉法院的裁决而告终。

然而，某些案例确实引发了一些如此重要的基本问题——一些仍在争论中的问题——以至于它们需要最高法院的关注。在这里，人们关注的焦点不再是所涉及的特定个人，也不再是案件的结果对他们的生活所产生的影响。实际上，这些个人很快就会被遗忘，人们真正关注的是他们的案件所引发的关键问题。很少有人能记得"米兰达"是谁以及在他身上发生了什么，但是很多人会认识到在这桩案件中出现的与他的名字有关的那些被指控犯罪的人的权利声明。

人们可以通过阅读任何有关宪法的完整文本去了解这些在本质上存有争议的问题，在这里，我们的目的并不是全面地考察这一系列问题。我们只是想指明，常见于最高法院案件中的论证在整个法律事业中是如何发挥作用的。为了达到这个目的，有两个例子就足够了。

总统的执行力

纵观美国历史，总统的确切权力已经受到了挑战。近年来，围绕尼克松辞职的案件，已经提出了关于限制总统权力这样的问题。例如，

有几位总统在国会未宣战的情况下就派兵参与国外冲突，还声称这是出于履行总统作为国家总司令的职责。这种权力受到了挑战。

国会再次要求允许监听总统私人办公室的会议录音，以调查可能存在的不当行为。理查德·尼克松以行政特权为由，援引宪法规定的三权分立原则，拒绝了这种要求。他说，行政当局履行其正当业务的能力需要能对一些会议和其他材料进行保密。这种说法也遭到了质疑。

此外，尼克松声称他有权像他的许多前任那样做，并在卸任时带走他收集的大量总统文件。这一权利也受到了质疑。

然而，在尼克松执政期间，人们提出的最引人注目的问题也许是：总统作为首席执行官是否可以凌驾于法律之上？按照行政命令行事的总统和联邦调查局、中央情报局或其他机构的成员，在执行工作的过程中是否存在违法行为？尼克松声称，答案是肯定的。另一些人则质疑了这一回答，甚至认为行政部门的几名成员犯有联邦罪行。简单地说，这里所涉及的论证可能是这样的：

·理由

1. 总统是由国家选出来领导我们的行政长官和总司令。

2. 有时，行政当局认为，对一般国家利益的追求，可以通过无视诸如禁止窃听、非法入境，甚至在极端情况下禁止谋杀等较狭义的法律而得到加强。

·保证

由于对总体国家利益的追求优先于对更狭义、更具体的法律的整合，因此，当这些主张发生冲突时，

·主张

行政部门可以采取凌驾于法律之上的行动。

另一方可能会以这种方式辩论：

·理由

1. 法律是由国会和其他立法机构的人民代表通过的。

2. 这些法律是由法院解释的，法院的任务是根据美国宪法进行调解和行动。

3. 美国的制度将立法、行政和司法部门设置为平等的，行政部门并不凌驾于其他两个部门之上。

- **保证**

因为法律是由与行政部门平等的政府部门制定和解释的，所以，可以推出：

- **主张**

行政人员不能凌驾于法律之上。

言论、出版和宗教自由

在所有本质上有争议的法律问题中，最普遍的和具有原则性的可能是那些与宪法第一修正案有关的问题。许多人认为，言论自由是自由民主国家的基本要素。有了言论自由，所有其他的问题都可以解决，但是如果没有言论自由，一切其他权利都很容易会失去。但是，也有许多人认为，完全不受约束和不负责任的言论表达会造成很大的危害。一个社会如何能既保持言论自由，又对其加以合理的限制呢？

宪法第一修正案简单地规定：

> 国会不得制定关于下列事项的强制性法律：确立宗教或禁止信教自由；或剥夺言论自由或出版自由；或剥夺人民和平集会和向政府请愿申冤的权利。

但是，如何将这些简单的条文应用到现实生活中诸多的具体问题上呢？

——它们是意味着不允许学校里的孩子在公立学校学习宗教或在学校祈祷吗？

——修正案是要求我们将硬币上的"我们相信上帝"去掉吗？

——这是意味着，如果你在公开辩论中声称对手的上级是黑手党的前爪牙，你就不会被起诉吗？

——如果你在报纸上发表了一篇文章，声称你的州长是不诚实的和无能的，会有什么后果？难道他就不能采取行动来对付你吗？

——依据宪法第十四修正案，"国会不得制定法律……"这句话可以应用于国家和地方管理机构吗？

——我们应该把这条规则理解为任何人都不能剥夺这些自由吗？如果是的话，**剥夺、言论、新闻**和**集会**这些术语的意思是什么呢？

如果国会有权通过保护国家安全或维持国内秩序的法律，那么他们在这样做的过程中会"剥夺表达"的权利吗？没有人挑战政府保护美国免受暴力革命的权利。所以，如果你公开表明支持暴力革命，那么政府必须等到枪击事件发生才逮捕你，还是他们可以提前把你关起来，以确保枪击事件永远不会发生？如果你是报纸的出版商，并收到了一些从美国政府那里偷来的机密文件，你会选择出版它们吗？或者你能被阻止这么做吗？

自由表达的问题中包含着一些极富争议的方面，其中包括防止散布那些被认为是淫秽的书籍、电影和图片。几乎没有人会维护淫秽本身，但对于到底什么是淫秽却存在巨大的分歧。这是一个几乎无法进行理性分析的问题。据报道，一位最高法院的法官曾经很沮丧地说过："我无法定义淫秽，但是当我看到它时我能够知道。"人们一直在试图为淫秽的东西设定标准，但这些标准在法庭上似乎总是没有足够的说服力，不足以为市民提供明确的指引。例如，判断一本书或一部电影是淫秽的，是说它的整体都是淫秽的，还是仅说它包含有少量的淫秽片段就足够了？这种淫秽，是根据它对儿童、成人以及那些很容易性冲动的人的影响来判断，还是（就像有人不友好地说的那样）根据它对九个迟暮老人的影响来判断？在农村地区被大多数人视为淫秽的东西，而在城市却被大多数人认为是完全可以接受的，这些东西也是违法的吗？如果一本书或一部电影有一定的社会价值，尽管很小，这是否足以保护其不被指控为淫秽的，又或者这种"社会价值"在某些情况下可能太微不足道，其影响抵不过淫秽部分？我们如何判断某样东西是"吸引好色的情趣"和"有明显的攻击性"？一个常规选任的六人或十人陪审团能被认为表达的是"当地社区标准"吗，还是法庭必须进行更大规模的民意调查来确定这些标准？

在这里，通过讨论淫秽问题，我们触及了现行法律推理的有效边界。由于这种推理所依据的理由和保证的标准是不断变化的，因此，据此形成的论证没有明确一致或可靠的支撑，法律的运作仍然要受到持续的怀疑。

法律判决的性质

无论一个问题多么引人注目，无论其最终对社会的影响多么广泛，任何法律裁决所针对的都是单一争端。马布里诉麦迪逊案所确立的一般原则是国会的行为应当受到司法审查，但它是专门解决威廉·马布里的问题的，即总统约翰·亚当斯在他的总统任期末承诺任命威廉·马布里以法官的职位，而即将就任的国务卿詹姆斯·麦迪逊却并没有履行。在这种情况下，马布里并没有得到他的法官职位，但首席大法官约翰·马歇尔成功地维护了司法复审的权利，从而保护了最高法院的独立地位。

因此，法律的核心在于解决这些没有其他办法可以解决的具体争端。最高法院并不需要把我们的一般声明都转化为宏观的法律。例如，如果法院要想为宪法第一修正案中规定的**淫秽**一词的含义赋予一些新的说法，他们就必须等到有一个适当的争端上诉到他们那里。这可能发生于几年前，在北美平原的某个小镇，一名警官买了一本书，然后就逮捕了书店的老板，因为当地人认为这本书是淫秽的。当地法院审理后判定书店老板有罪，书店老板对判决提出上诉，认为初审法院所依据的**淫秽**一词的含义与宪法第一和第十四修正案不符。该案拖延甚

推理导论

久，法律费用颇高，并多次出现在不同级别的法院，最终该案上诉到了美国最高法院。然后，如果法院选择这样做，案件将被考虑，有关**淫秽**含义的新的一般性说法就可能会在为这个特定判决的目的而写的意见过程中被提出。

虽然解决具体纠纷可能是法律过程的首要目的，但"规则设定（ruling-setting）"的决策往往成为后续最受关注的焦点，并最终在社会中发挥更重要的作用。如果所有的争议都要在法院解决，那么法律体系将在压力下崩溃。法律顾问必须在他们的办公室里解决大多数问题，他们的建议来自他们对可能的司法决策的估计。因此，许多法律决定根本不是在法庭上做出的！它们是由专业律师，甚至是知晓法律的公民做出的，他们可以根据目前的争议或问题的事实，依照法院在先前类似案件中制定的规则进行推理。

在过去，许多法律哲学家教导说，严格应用形式逻辑将有助于法官和其他人做出决定。设法律陈述为一个"前提"，本案中对事实的陈述为另一个"前提"，那么逻辑规则将规定恰当的判决，作为从这些前提中得出的有效和必要的推论。虽然目前用于表示法律判决的论证仍然常常采用来自传统逻辑的形式和术语，但很少有人真的会再相信逻辑规则能够充分说明法律裁决所涉及的实际程序了。相反，现在大多数评论人士更多地将法律形容为旨在实现"可估量性（reckonability）"的规则体系。据某些权威的说法，这些规则的作用不是规定裁决结果，而是引导推论。通过规则来引导或调节，而不是绝对的决定导致任何判决的推理。结果是，一些批评者指控法律的"非理性（irrationality）"；而另一些人则主张，要在形式逻辑所无法获得的确定性，和这种非理性指控背后的明显不可预测性之间，找到一个中间点。

鉴于我们在实际过程中所使用的推理方法，法律推理所具有的"规则导向（rule-oriented）"特征是很容易理解的。如果法律判决仅基于形式有效的或"逻辑的"论证，那么对于任何争议中的每一组特定事实来说，就必须有一个单一的法律规则来决定最终的裁决结果。那么法院的任务就变得非常简单了，就是找到这个"正确的"规则，

第 26 章 法律推理

然后把它作为一个"前提"放到逻辑中。然而，至少在某些方面，每场争论都是独一无二的，而且每场争论都设定了许多针对彼此的不同原则。因此，这是一个不切实际的法律决策模型。另一方面，那些指控法律非理性的评论者认为，法院可以根据政治、个人、团体、意识形态以及其他方面的直接压力，自由地做出自己想做的决定。但这种说法不能解释司法判决中实际存在的显著的规律性和可预见性。从实践推理的角度看，任何争议的事实都可以看作是独一无二的，所提出的原则可能是相互冲突的，法院可以被看作是进行明确的选择，但法律裁决的**规律**（orderliness）还是能够被认知的。因为法院的任务就是从当前案件的独特事实出发，通过相互权衡法律领域内所有相关的保证来进行推理并做出判决，同时铭记这些保证的适用性所依据的立法历史和其他支撑。

在选择用哪些保证来证明法院最终判决的正当性方面，确实是**有选择的**，但这种选择是在所谓的**普通法传统**范围内做出的。这一传统是由数百年来以合理有序的方式演变的法律决定建立起来的。当任何案件的具体事实清楚无误地被先前阐明的规则所涵盖时，我们就可以依据规则进行裁决。在存有疑问的地方，法律理论从更广泛的考虑上给他们的推理以指导。而当怀疑是实质性的时候，他们的决定就必须努力与整个法律理论和传统的整体精神相一致。

任何法律判决都涉及复杂的推理过程。它不仅仅决定冲突中特定当事人的命运，还必须在一个长期存在的既定法律传统中发挥作用，以解释和适用法律规则，使法院的工作"可估量"（即，能够充分理解），以便律师在大多数情况下都能可靠地预测如果他们的委托人将某个特定的问题提交给他们，法庭会怎么做。正是从这个意义上说，人们可以真正地把法律事业描述为法律制度的体现，因为，对任何具体案件来说，裁决绝不是最终的目的：它仅仅是法律论坛中决定社会纠纷的持续过程中所迈进的一步。

法律论证的特点

用于支持"事实问题"和"法律问题"主张的论证所具有的一些具体特点值得我们考察。在原审法院，开庭审理的争议通常是围绕同一事件的不同叙述展开的。每一方都在讲述自己的故事，而法官或陪审团的任务就是确定哪些是"事实"。因为解决争端是当下的首要目标，对事实进行"合理的"评估并不总是达成判决的首选机制。事实上，在盎格鲁-撒克逊时代，"决斗审判（trial by combat）"就是一种可接受的方法。原告向被告提出个人决斗的挑战，而决斗的胜者就成了纠纷的胜者。（有理由认为，有罪的一方会缺乏勇气站出来进行这样的比赛。）后来，采用的是"调查审判（trial by inquisition）"的方法。有争议的邻居们被召集在一起作为一个法庭，通过对当事人的了解以及他们所处的情况来决定纠纷的处理。后来，这种由邻居组成的法庭被正式纳入一个12人的小组，再后来，他们被授权可以召集其他人对当时的情况提供额外的证词。最后，最初的12人小组，也就是我们今天所说的陪审团的选择基础发生了改变。现在，他们被选进陪审团是因为他们个人对争端**不**了解，因此可以信赖他们作为事实的**公正法官**。

在审判中，一个公正的陪审团能够做出有利于一方或另一方的具有约束力和法律上可执行的决定，对证据进行合理的审查是必不可少的。在法律上，证据是一种使法院能够辨别争论者所讲述的故事的各个方面真实与否的手段。在早期的审判中，双方都会叙述他们认为真实的东西。在审判的开场白里，对方律师会告诉陪审团他们打算证明什么。到目前为止，这些都不是"证据"。审判的核心就是呈现证据，在此（作为"理由"）基础上，律师们会提出他们的论证来支持他们的反对主张。但是，一开始不会出现这些论证。它们是在审判结束时，在所有的证据都呈现出来后才提出的。

多年来，详细的证据规则已经逐步形成，该规则限定了陪审团允许被知晓的事实范围。与政治推理形成鲜明对比的是，宪法第一修正案对言论自由的承诺允许各种推理（甚至那些即使是最理智的人也认为是荒谬的推理），在法律上，陪审团是被小心防范的，不被允许接触那些被认为不适合他们注意的证据。亚里士多德曾将政治推理和法律推理之间的这种区别阐释如下：他说，在政治或立法背景下，法官——无论是选民还是其推选的代表——都与结果有利害关系，并使用这种自利心态来筛选不相关的或不恰当的证据。相比之下，在法律上，法官——无论是公正的、不知情的陪审员还是指定的法官——在该争议中并无利害关系。事实上，如果他们中有一个与争议有关，他们就将被取消资格。亚里士多德推理说，因为缺乏开明的自我利益所提供的过滤器，陪审员需要一部证据法来为他们进行筛选。

法律推理相应地以证据的审查为中心。这种证据是经过仔细筛选的，因此陪审团只能得到那些有一定真实性的证据。此外，对证据进行筛选也是为了避免那些分散陪审员注意力的信息。例如，在大多数司法管辖区，陪审团不应该知道被告是否在他们可能做出不利于他的判决（例如，医疗事故）上投保。这一规则的目的是确保陪审团不会仅仅依据保险公司而不是被告必须赔偿的理论来做出有利于原告的裁决。此外，这些规则还保护某些阶层的人不会被迫说出他们所知道的事情，因为某些类型的秘密比仅仅解决争端更为神圣。因此，医生和病人、律师和委托人、牧师和忏悔者以及夫妻之间的秘密通常不被要求作为证据。

主 张

审判中所提出的主张范围与社会上可能出现的纠纷一样广泛。它们的范围从声称 X 犯有在人行道上吐痰、醉酒和乱扔杂物罪，到声称他犯了谋杀罪或叛国罪。它们也包括对于以下行为所提出的主张：X 违反了合同条款、出售有缺陷的产品、损坏辆车、破坏声誉、通过劳动保险金的方式获得裁定额、占领别人的土地、未能偿还所欠债务、侵犯他人的公民权、欺诈他人、违规建设州际高速公路、没有支付最低工资或违反了分区条例。这些主张源于原告和被告、控辩双方相互对立的故事，陪审团或法官的任务就是在他们之间做出决定。

推理导论

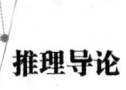

理 由

最常见的理由来源是证人的证词。那些对争议中的事项有直接了解的人会受到双方律师的询问。为了测试其可信性和一致性，他们的证词会受到交叉盘问（cross-examination）。按照证据规则再次对其进行测试的目的，是为了确定所述的与案件问题**相关**，是**实质性的**（或具有足以引起注意的重要性），而且是**合格的**（或具有真实性并且符合可受理政策）。这样，对方律师就只能根据经得起审查的证词进行辩论。

其他的证词可能来自那些虽然对当前争端没有直接了解但能够利用他们的专业知识得出权威**意见**的人。医学专家、精神科医生、笔迹专家、精算师、科学家和其他专家经常被邀请对一些有争议的问题发表他们的专家意见。而他们的意见也要经受同样严格的考验——通过盘问、交叉盘问以及证据规则。

更少见的是，证人被允许为他们没有亲身经历过的事情作证。这样的**传闻**（hearsay）证据也有可能勉强被承认，因为它不具有亲身体验的特征，但有时候，某些其他方面的考虑会使得传闻证据/非直接证据值得被关注。

间接证据（circumstantial evidence）也被用来作为确定事实问题的理由。在这里，证人不是证明对主张中**所包含**的事实有直接的了解，而是证明他对其他事实有直接的了解，这些事实支持对这一主张的**推论**（inference）。获得证词的过程是一样的，推理的基本思路也是相同的，只是从提示性的情况到所主张的事实中间多了一个附加的步骤。

当然，并非所有的理由都来自口头证词。此外，法院可以接受实物以达到同样的目的。虽然物品不能被反复盘问，但可以就物品询问人们，以显示物品的真实性并为将其作为证据奠定基础，也可以进一步检测这些物品的相关性、重要性和能力。诸如合同、信件、备忘录以及其他官方文书这样的文件，都可以作为以下主张的理由：它们确实存在且实际上已达成主张中提到的共识。实际上，**最佳证据**（best evidence）理念下的法律要求是，实际文件要优先于从证人口中获得的

第 26 章 法律推理

口头证词。还有一些其他的实体物件被称为**实物证据**（real evidence），这个短语指的是惊悚小说或电影中常见的实物：血迹、武器、指纹、照片、录音带、在事故现场捡获的材料，以及可能有助于支持主张的其他物品。

保　证

显然，对证人的信赖依赖于一种普遍的根本保证，即那些直接与过去事件有关的人能够以足够的准确性报告过去的事情并为对立双方中的一方提供支持性要素。有关推理如图 26-4 所示。

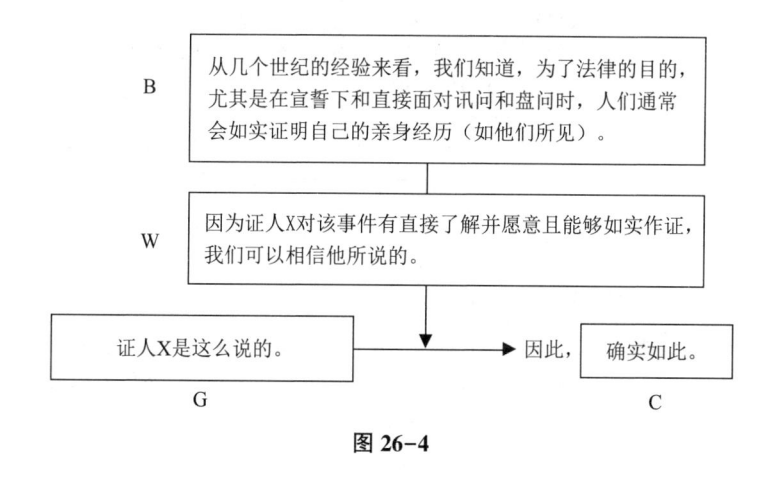

B: 从几个世纪的经验来看，我们知道，为了法律的目的，尤其是在宣誓下和直接面对讯问和盘问时，人们通常会如实证明自己的亲身经历（如他们所见）。

W: 因为证人X对该事件有直接了解并愿意且能够如实作证，我们可以相信他所说的。

G: 证人X是这么说的。 → 因此, C: 确实如此。

图 26-4

与此同时，最近关于认知心理学的研究告诉我们"细节和准确性"不是无限的。人们不太擅长感知，也不太擅长事无巨细地报告他们所经历的事情。此外，信息传播方面的研究也使人们对法律程序是否能够通过严格的直接询问和盘问，对过去的经验做出准确的报告产生某种怀疑。相比之下，一个有说服力的律师却往往能够混淆或诱导证人，从而歪曲证人所说的内容。因此，保证的关键要素是"如他们所见"和"为了法律的目的"这两个短语。当支持案件各方的证人的证词经受住了严格的考验时，通常就已经为陪审团和/或法官准备好了充分的材料（按照审判的目标所要求的），以供他们就一系列将解决

争议的"事实"做出决定。

使用**专家意见**作为证据,需要更精细的保证。鉴于我们假设普通证人能够以普通的准确性和真实性来叙述直接经历,我们进一步假设,具有特殊专长的证人也可以被依赖,以形成可靠的判断(图26-5)。

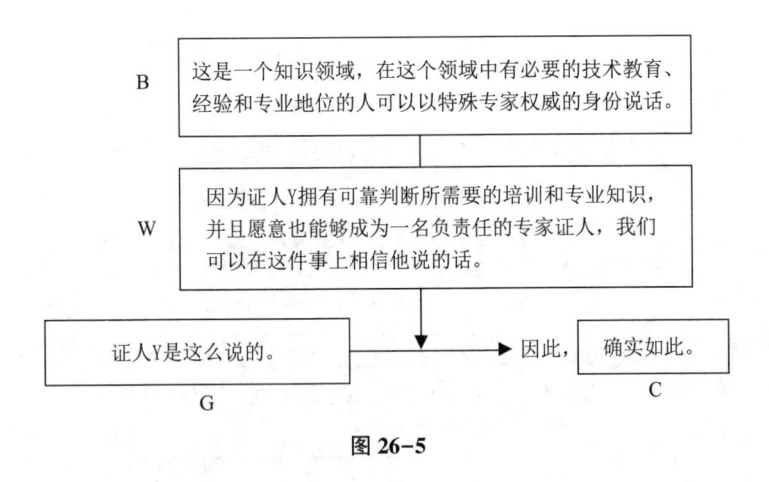

B: 这是一个知识领域,在这个领域中有必要的技术教育、经验和专业地位的人可以以特殊专家权威的身份说话。

W: 因为证人Y拥有可靠判断所需要的培训和专业知识,并且愿意也能够成为一名负责任的专家证人,我们可以在这件事上相信他说的话。

G: 证人Y是这么说的。

因此,

C: 确实如此。

图 26-5

间接证据使用更具体的保证。例如,如果警察发现有人在黑暗中沿着街道跑,他们可能会对这个人产生怀疑,并拦下他对其进行讯问。后来,当其他证人证实不久前在距离同一个地点一个街区的地方刚发生了一起抢劫案时,警察就可以提供间接证据。(图26-6)。

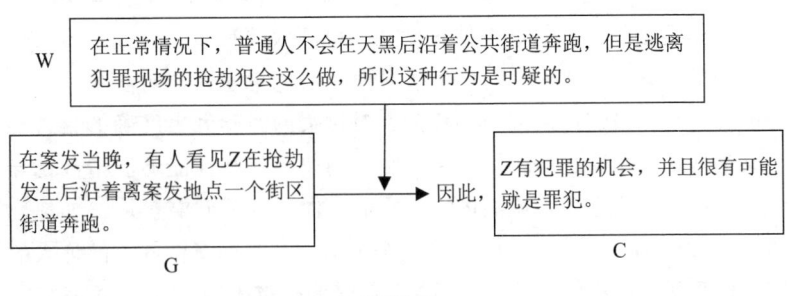

W: 在正常情况下,普通人不会在天黑后沿着公共街道奔跑,但是逃离犯罪现场的抢劫犯会这么做,所以这种行为是可疑的。

G: 在案发当晚,有人看见Z在抢劫发生后沿着离案发地点一个街区街道奔跑。

因此,

C: Z有犯罪的机会,并且很有可能就是罪犯。

图 26-6

第 26 章 法律推理

物证采用类似的保证。有时，就像文件一样，仅仅将它认作证据就会直接支持它存在的主张（见图 26-7）。

```
[合同已经被认作证据。] ──→ 因此, [合同存在。]
         G                              C
```

图 26-7

在其他时候，物证也许只是间接的。在谋杀案发生的房间的桌子上发现了 B 的指纹，这一证据直接支持的只是 B 在某个时间或其他时候曾在那个房间里的主张，但并不一定是谋杀发生的时间。当然，该保证是当一个人的指纹在某处被发现时，他一定曾经在那里出现过。

模态限定词

审判的各方将对所涉及的主张持有不同的保留意见。各方支持者会极力推进他们自己的主张，几乎没有保留。他们的专业职责就是坚定地表达自己的观点。而另一方面，陪审团则不公开陈述他们的推理，要从他们的实际决策中来推断他们的保留意见。例如，在金钱损害赔偿的案件中，陪审团可以通过判给更多或更少的钱来表明其保留意见，尽管在理论上法律可能不允许这样做。同样，在刑事案件中，从其裁决结果中就能很明显地了解陪审团的态度，也就是说，从以下方面来看，是宣布被告在最严重的指控中无罪还是有罪，还是在较轻的指控中有罪，或者是在某些特定的指控中有罪。

法官有机会在公开法庭上陈述自己的限定条件和保留意见。他们可以在正式记录中表明，他们对法院最终裁决所依据的论证的力度或多或少地保留意见，有时法官会表达得很强烈：

> 对法官来说，这是一场伟大的审判，不得不忍受双方所表现出来的那种表演。令我感到诧异的是，这座城市的地位在这里得到如此少的体现。纳税人应该得到更好的待遇。

不过,在这种案例中,法官必须一如既往地提出上诉。考虑到会犯有某些司法错误的风险,提交上诉会导致裁决被推翻,法官往往会控制自己不直接坦诚地表达他们的保留意见。

反驳

法律审判的结构规定了反驳的系统表达方式。对方律师会一直准备进行反驳。他们对对方提出的每项主张的有力反驳,都会成为正式记录的一部分,以便上诉法院以及直接法官和陪审团可以充分了解。陪审团之间的相互驳斥不会被公布。一旦达成一致的裁决,我们通常不知道在陪审团房间里有过什么不成功的反证(counterarguments)。我们知道,只有当陪审团无法达成共识时,才会有真正的冲突。在没有陪审团的情况下,单独做出裁决的法官,可以在做出判决前指出双方案件的优缺点。事实上,无论法官是单独裁决还是指示陪审团,他都会将这种双边总结或"平衡考虑(balanced account)"记入到记录里,这种情况并不少见。

上诉决策

上诉法院的推理和论证特征的模式与初审法院的推理和论证特征的模式有所不同,主要是因为现在的重点从"事实问题"转移到了"法律问题"。

在有关法律问题的推理中,**主张**可能覆盖的范围很广:从努力驳回一个案件,或者因为它没有提供一个适当的行动理由,或者因为没有将它呈现在适当的司法管辖区,或者因为提起诉讼的一方不具有追究该案件的法律地位;到努力排除某些证据,因为其违反证据规则;再到撤销一个判决,因为一些程序错误,甚至因为该判决所依据的法律与宪法相抵触。

上诉决策所依据的**理由**来自原始审判记录,以及其他上诉法庭之前的判决内容、适当的法律文本、法律当局的证词等。有一个高度简化的依据**先例**进行推理的例子,如图26-8所示。

第 26 章　法律推理

```
┌─────────────────────────┐                    ┌─────────────────┐
│ 本案的事实包括1、2、3项。先前 │                    │ 本案应该按照与本案判例 │
│ 的（即已经决定的且有权威的）  │ ──► 因此 ──►      │ 相同的方式判决。     │
│ 案件也包括1、2、3项。        │                    │                 │
└─────────────────────────┘                    └─────────────────┘
            G                                          C
```

图 26-8

当对**保证**进行检查时，我们会将许多决定前例所依赖的法律规则与一般的一致性原则结合在一起，这就是人们所熟知的遵循先例原则（stare decisis）。在图 26-9 中，可以看到添加了保证和支撑时，推理是如何进行的。

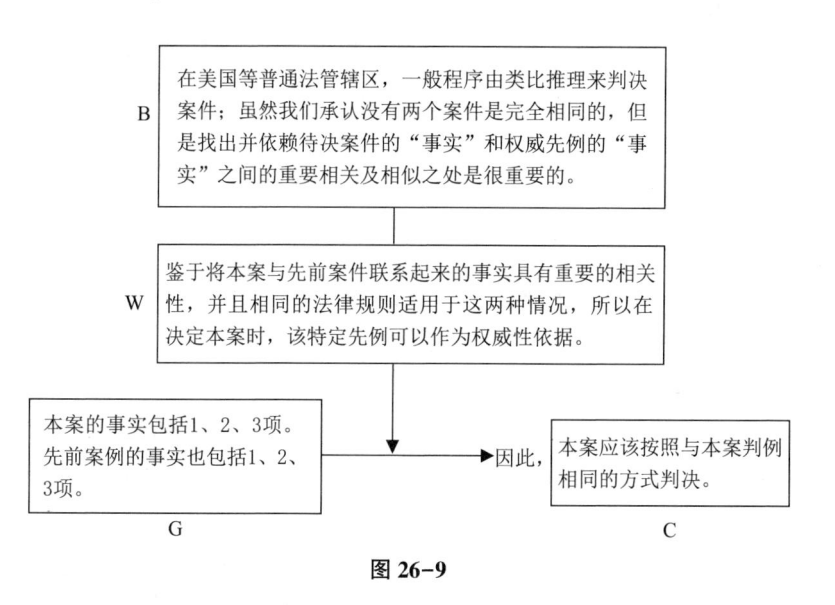

```
       ┌─────────────────────────────────────────────┐
   B   │ 在美国等普通法管辖区，一般程序由类比推理来判决 │
       │ 案件；虽然我们承认没有两个案件是完全相同的，但 │
       │ 是找出并依赖待决案件的"事实"和权威先例的"事 │
       │ 实"之间的重要相关及相似之处是很重要的。        │
       └─────────────────────────────────────────────┘
                              │
                              ▼
       ┌─────────────────────────────────────────────┐
   W   │ 鉴于将本案与先前案件联系起来的事实具有重要的相关 │
       │ 性，并且相同的法律规则适用于这两种情况，所以在 │
       │ 决定本案时，该特定先例可以作为权威性依据。     │
       └─────────────────────────────────────────────┘
                              │
┌─────────────────────┐       │           ┌─────────────────┐
│ 本案的事实包括1、2、3项。│       ▼           │ 本案应该按照与本案判例 │
│ 先前案例的事实也包括1、2、│ ──► 因此 ──►      │ 相同的方式判决。     │
│ 3项。                │                   │                 │
└─────────────────────┘                   └─────────────────┘
         G                                        C
```

图 26-9

在上诉推理中，理由的一个重要部分往往包含于所援引的一个或多个判例中固有的法律规则中。这一法律规则是以援引判决先例的法院的书面意见的形式进入推理的。有了这一证据，就会衍生出进一步的法律法则，这种法律规则可以作为法院判决目前案件的保证。

上诉推理的**模态限定词**将会被清楚地表达在法院的书面意见里。

推理导论

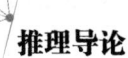

通常，上诉法院都会明确地说明在他们的判决中隐含的法律规则的应用范围和强制效力，因为它们知道，未来的法院在决定其他案件时也将会援引他们的意见。而在美国最高法院的意见中，对任何判决的范围都做了明确规定，这并不少见。如果某条规则不能被普遍适用，而只能在一定条件下或有保留地运用，法院在表述时通常会很小心。

在上诉决策中，反驳的形式通常表现为**异议**（dissents）。那些不能同意多数意见的法院成员有责任发表其持有异议的理由。由于多数意见反映的是几个法官的个人观点之间的妥协，并且必须是对现行法律的一种表达，因此它的书写风格也通常较为谨慎，能够呈现出缜密的推理和严格的限制。另一方面，异议往往反映的是某个法官的个人意见，而它们的作用也不是表达法律。相反，它们的工作是把错误归咎于多数人的推理。因此，异议的措辞往往更强硬，书写风格更夸张，其目的不仅是表达对当前案件的关切，而且还旨在左右未来的法院，希望有朝一日异议会成为多数意见（从而成为执行意见）。

一个例子

作为一个法律论证的实例，我们将考察的是美国最高法院的推理。法院的意见反映了摘要中提出的论点、口头辩论中的论点、法院成员在会议和审议期间交换的论点，以及法院主要机构的主张。因为意见实际上就是论点，法官必须证明其判决的合理性，这样他们的决定才能对发起案件的直接当事人和整个法律界有意义，并且将此意见作为未来判决的基础。

在这个例子中，我们还将通过一系列相似案件的意见说明法律的演变过程。多年来，我们所谓的法律——对法院行为的预测——随着法院对所使用的推理的修改和完善而不断发展。昨天的一个判决中可能包含着潜在的一系列推理，虽然这些推理没有得到多数人的关注，但它表明了律师在未来类似案件中可能会如何辩论，并最终让多数人走得更远。与此同时，随着社会、经济、政治和文化的变化，法院的人事也会发生变化。所有这些因素产生的保证可能会变得更强，并最

第 26 章 法律推理

终可能促进法律的演变。

这个例子的主题是在刑事案件中律师的权利问题。问题是，在一个刑事定罪的被告没有雇佣律师的情况下，是否会有一个律师能够去倡导这样一个本质上有根据的权利，指出法院忽略了被告的权利，并且能够援引美国宪法第六修正案中明确规定的："在所有刑事诉讼中，被告应享有权利……请律师为他辩护。"我们例子中的关键问题是，这个联邦权利是否也适用于通过宪法第十四修正案的各个州，该修正案的表述是：

> 凡出生或归化于美国并受其管辖的人，都是美国公民，也是其所居住州的公民。任何州不得制定或执行任何限制美国公民特权或豁免权的法律；未经正当法律程序，任何州也不得剥夺任何人的生命、自由或财产；也不得拒绝任何人在其司法管辖区内受到法律的平等保护。

表面上，宪法第十四修正案似乎为各州提供了联邦政府的所有宪法保障，但是很多法院没有选择这样解释它，而是做了有选择的应用。例如，关于《平等权利修正案》的斗争，主要是为了追求适用于各州反对基于性别的歧视的宪法保障。表面上，宪法第十四修正案似乎是这样做的，但是法院还没有看到接受这种主张的合适性。

具体来说，直到 1963 年最高法院才允许州立法律设立公民的权利，而且如果一个州（例如马里兰州）不授予公民申请律师的权利，美国最高法院是不会推翻马里兰州的决定的。这一点在贝茨诉布雷迪案（316 US 455）中得到了证实，贝茨在马里兰州申请律师为其辩护被拒绝，被定罪并判处监禁。于是他上诉到美国最高法院，声称马里兰州院拒绝让他申请律师的行为侵犯了他根据美国宪法第六和第十四修正案所享有的权利。但是，最高法院不同意他的主张。

这个意见明确表示，既然判决与马里兰州的法律是一致的，那就是正确的。宪法第十四修正案的适用在这个特定案件中被否决的保证是，贝茨申请律师为其辩护的被拒绝并未"对普遍的正义感造成冲击"。

  第十四修正案的正当程序条款并不包括第六修正案中的具体保障，尽管在某些情况下，或者在与其他要素相关的情况下，由一个州拒绝承认该修正案和前八条其他修正案的权利或特权，在一个给定的案例中，可能剥夺了当事人的正当法律程序，违反第十四修正案。……它的适用不是一个规则问题。断然的拒绝要通过对特定案例中全部事实的评估来检验。在一种情况下，可能是对基本公平的否定，对普遍正义感造成了冲击，但在其他情况下，并且从其他考虑来看，可能就不是这样的否定了。

这个论证可以通过图表（图 26-10）得到检验。

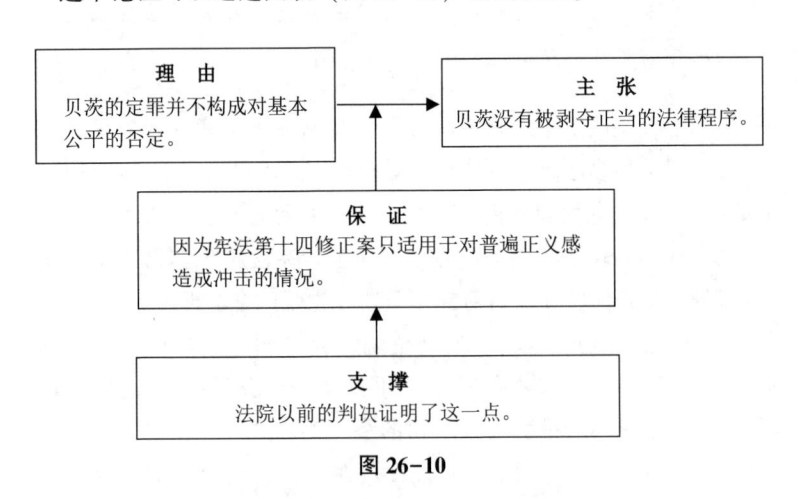

```
┌─────────────────────┐         ┌─────────────────────┐
│      理 由          │         │      主 张          │
│ 贝茨的定罪并不构成对 │────────▶│ 贝茨没有被剥夺正当的 │
│ 基本公平的否定。    │         │ 法律程序。          │
└─────────────────────┘         └─────────────────────┘
              ▲
              │
    ┌─────────────────────┐
    │      保 证          │
    │ 因为宪法第十四修正案 │
    │ 只适用于对普遍正义感 │
    │ 造成冲击的情况。    │
    └─────────────────────┘
              ▲
              │
    ┌─────────────────────┐
    │      支 撑          │
    │ 法院以前的判决证明了 │
    │ 这一点。            │
    └─────────────────────┘
```

图 26-10

  支持贝茨的定罪并不构成对基本公平否定的主张的论证，变成了图中论证的理由，而这个论证是以这样的方式表述的：

  最初，在英国，一个囚犯不允许听取律师对任何叛国罪或重罪指控无罪的一般问题的意见……1695 年，这一规定被放宽了……在允许被控叛国罪的犯人有听取律师意见的特权的范围内……直到1836年,法律规定了律师为即决定罪和重罪指控进行辩护的权利……

但是,在反对这一多数人决定的异议中,有少数人声称,任何拒绝律师的做法都会对普遍正义感造成冲击,他们认为:

> 听证包括……哪些内容?从历史和实践中看,至少在我们自己的国家,它一直包括主张上述权利的人当需要和提出这种要求时获得律师帮助的权利……甚至是聪明和受过教育的门外汉……即使他的案件无可挑剔,他也缺乏足够的技能和知识来准备他的辩护。在诉讼过程中的每一步他都需要律师的指导,没有这种指导,即使他没有罪,他也面临被定罪的危险,因为他不知道如何证明自己是无辜的。(参见图26-11)

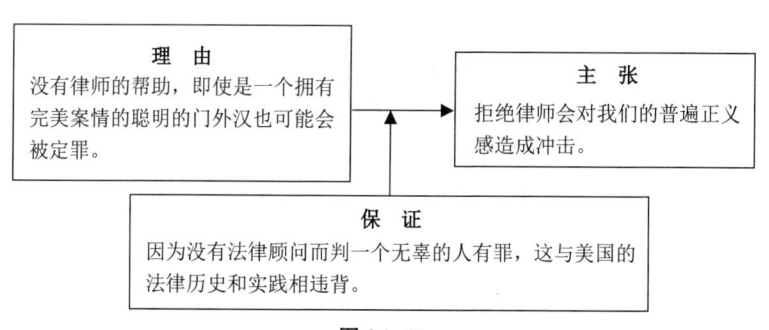

理由
没有律师的帮助,即使是一个拥有完美案情的聪明的门外汉也可能会被定罪。

主张
拒绝律师会对我们的普遍正义感造成冲击。

保证
因为没有法律顾问而判一个无辜的人有罪,这与美国的法律历史和实践相违背。

图 26-11

就在这一判决之后的几年里,另一起具有相似事实的案件也被提交到了美国最高法院:吉迪恩诉温莱特案(372 US 335)。在先前案例中写下书面异议的法官现在提出了多数人的观点。法官雨果·布莱克代表多数人写道,最高法院在贝茨诉布雷迪案中"突然打破了自己成熟的先例"。从本质上说,他反对的是先前提供给保证的支撑,这个保证就是,拒绝律师没有对普遍正义感造成冲击。布莱克说:

理性和反思要求我们认识到，在我们的刑事司法的抗辩制度中，如果一个人由于太穷而请不起律师便被拖上法庭，就不能保证他会得到公正的审判，除非为他提供律师……州政府和联邦政府通常会花费大量资金去建立完善机制、雇佣律师来指控有罪的被告。在任何地方，辩护律师都被认为是一个有序社会中保护公民利益所必不可少的……政府雇佣律师来起诉被告，有钱的被告雇佣律师来为自己辩护，都有力地表明了这样一种普遍的信念：律师在刑事案件中是必需品，而不是奢侈品。

图 26-12 是这一论证的图表。

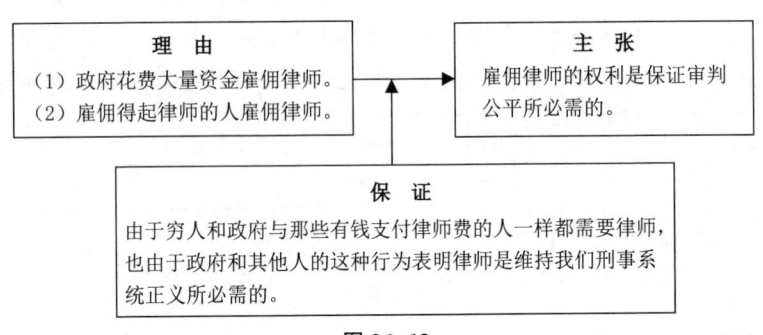

理 由
(1) 政府花费大量资金雇佣律师。
(2) 雇佣得起律师的人雇佣律师。

主 张
雇佣律师的权利是保证审判公平所必需的。

保 证
由于穷人和政府与那些有钱支付律师费的人一样都需要律师，也由于政府和其他人的这种行为表明律师是维持我们刑事系统正义所必需的。

图 26-12

练 习

阅读以下"时代公司诉詹姆斯·J. 希尔案（385 US 374）"中作为异议所陈述的论证，在此案中，希尔指控《生活》杂志的一篇文章侵犯了他的隐私。本案为宪法第一修正案保障新闻自由侵犯个人隐私权进行了辩护：

但我不相信，无论用什么语言表达的，无论它对个人权利有多大的侵犯，都不在法律制裁的范围内，无论它对他人的权利有多不重视——无论它与公共目的有多遥远，无论它是多么的鲁莽、不负责任和不真实。我不相信第一修正案排除了对隐私权的有效保护——或者，就此事而言，排除了对诽谤权的有效保护。为了尊重那些对第一修正案的范围有绝对看法的人，我不认为我们必须或应该巧妙地取消所有的国家行动，无论多么谨慎，因为它们惩罚的是将言辞作为侵犯和人身攻击的工具的行为。我们的社会有许多伟大而重要的价值观，没有一种价值观比第一修正案中反映的价值观更伟大，但这些价值观也是基本的，理应得到最高法院的悉心尊重和保护。在这些权利中，隐私权一直受到学者和法院成员的高度颂扬。

1. 用图解法表示这个论证。
2. 对这个论证进行批判性讨论，指出其优缺点并且提供推理来支持你的判断。

第 27 章 科学论证

在每个时代和文化中,人类都会共享一些对自然世界的特定观念。自然界的许多方面最初都引发了人们的敬畏、惊奇、恐惧和好奇之心,而这些反应又会激发人们的反思和行动。它们一方面鼓励人们进行理性的讨论和批判,另一方面也促进了实用技术和宗教仪式的发展。这样,人们的生活模式和制度就或多或少地都是依据他们对世界的不同视角而构建起来的。

在早期,那些融入了人类思想和行动的自然世界特征往往反映了当地人类的生活条件。在干燥的沙漠文化中,人们专注于以各种形式获取水资源;在北极文化中,人们专注于生火和取暖;等等。因此显而易见的是,那些能够对人们的公共生活产生影响的东西是不同种群的人们就"自然的本质"进行集体论证的起点。实践和理论的需要也要求人们对自然世界的观念和看法是充分**现实的**。如果农民对于自己所在地区的季节交替——温暖和寒冷、雨水和干旱——缺乏可靠的预期,那他就肯定无法完成种植的任务。同样的,那些在理解自然世界的深层力量方面存有困难的人在构建自信、有序的生活方面也会有障碍。

因此,每一种人类文化都有一些被普遍接受的集体思想,这些思想提供了关于自然运行的最准确和最完整的解释。每一种人类文化也都发展出了体现这些思维方式的机制体系,同时也为这些思想的重要传播做出了一些制度上的规定。在这些宽泛的限制范围内,不同的文化间存在着很大的差别：

1. 在某些文化中，这些共享的观念（idea）以文字的形式被精准地代代相传，包括传统的神话诗歌和实际的科学理论。而在另外一些文化中，它们通过文化的传统习俗和仪式，以一种非文字的形式含蓄地传递下去。

2. 在某些文化中，这些观念是整个社会的普遍属性，可以被用来教导后代。在另外一些文化中，它们则被局限于某些有限的团体，例如祭司或手工业行会的成员。

3. 在某些文化中，这些被接受的观念会受到有意识的、批判性的重新评价和改进。在另外一些文化中，它们则被保守地处理，形成一种静态的正统观念，受到习俗保护，不受批评和变化的影响。

尽管存在着这些不同，但通常我们还是很容易能够识别一种特殊的文化处理和传播自身关于自然世界的共享观念的方式，也能够比较容易地识别出在这种文化之内存在的批判那些共享观念的可能。当这些观念和概念被清晰地表达出来并接受公众的批评时，它们就可以被恰当地归为科学的范畴，而这种文化中关于自然的集体理解十分接近于我们自己的自然科学。然而，尽管每一种文化都会可能拥有**一些**关于自然世界的集体观念，但并不是每一种文化都拥有可以被称为"自然科学"的东西。每一个人类共同体都必须自己去发现一个明确而清晰的"科学"思想体系的优点，以及对其进行批评和提炼的独立机制。

就我们目前的目的而言，我们将把科学事业的基本价值观——包括科学批评的必要性——视作理所当然的并且考虑如下问题：

1. 由此产生的"科学"辩论需要什么样的论证论坛。
2. 哪些类型的实践推理对应着这些不同的形式特征。
3. 更具体地说，在这些科学讨论中，哪种论证（主张、理

由、保证等）是最常见的。

科学事业的本质

无论具体内容是什么，任何时期的科学都会表现出三个非常普遍的特征，这在很大程度上决定了理性批判或论证的范围。

1. 它必须处理有关自然世界的某些广泛和熟悉的问题，对于这些问题，任何科学的自然观都可以给出一些解释。

2. 它必须提供一些系统化的观念体系来对那些观察到的自然事件做出解释，并且帮助我们认识那些用于批评和提炼上述解释的程序。

3. 在社会中一定存在着某些集团或群体，他们承担着保护和传承这个重要传统的责任。

广泛而熟悉的问题

无论进展到何时何地，自然科学都会面临以下四个一般性的问题：

——自然界中存在多少种事物？
——这些事物是如何形成的，而那些形成元素又是如何影响它们的行为或运行的？
——所有的这些事物实际上又是如何形成的？
——每种自然事物以及/或者它的部分所具有的特殊效用是什么？

总的说来，科学家们已经通过不同的术语和理论或多或少地对这些问题做出了全面的回答，但是所有关于世界的"科学性"解释都包括了上述这些话题的某一部分。实际上，当希腊哲学家和科学家亚里士多德在公元前四世纪分析科学的任务时，就以比较的方式描述了这些基本问题。他认为，自然界的一切事物都应当以四种不同的种类来加以考虑、解释，"是什么""源于什么""做了什么"和"为了什么"。在这里我们可以对我们自己的四个基本科学任务有一个明确认识：为自然物进行分类；揭示它们的组成元素和运行模式；重构它们的起源；理解它们固有的功能模式。

一个系统的思想体系

对于一切文化背景下的科学家来说，无论是否形成了类似数学结构和机械原理的理论，他们都发展出一种**系统程序来表示**自然界及其组成、功能和起源。（这些可能包括"自然法则"或计算机程序，分类法或图表，推论或计算方法，历史叙述或永恒的理论。）实际上，对于任何特定的时间或地点，我们都可以把这些当前可接受的系统视作对其科学传统内容的定义：这是该文化在产生关于自然世界的现实概念方面的最佳尝试。

当然，从各自对自然的思考方式来看，有些文化是不科学甚至反科学的。在某些高度稳定的社会，他们对自然的普遍态度是非常保守的，几乎没有对思想进行理性批判的空间。在这样的背景下，知识的变革被认为是一种颠覆或腐败，而我们自己的核心问题——"是什么使一个科学论证是好的或可靠的？"——在他们的理性活动中很少或者说完全没有体现。

科学组织

只有通过专注研究那些真正拥有"科学"并且能够将自身形成的自然观念置于理性批判下的文化，我们才能认识到科学论证的性质和力量是如何与更大的科学事业的目标相关联的。这意味着我们需要着眼于由大学院系、科学社团、学术期刊、诺贝尔奖、裁判等组成的专业科学世界，因为正是这些专业机构决定了科学**论坛**的性质。

我们不需要详细讨论不同文化中论证论坛之间的差异，更重要的是了解所有这些不同论坛所共有的、普遍的核心特征。所有论坛面临的共同任务是创造条件使得关于自然世界的思想观念能够公开、有效地得到完善和提升，使得新概念和科学假设中的隐晦思想能够顺利得到阐述、逐渐清晰，进而接受评估和筛选，以便有价值的创新可以被接受并融入当前的科学思想传统。那些经受住了这种批判性评估的思

推理导论

想观念将会成为"好的"**科学思想**。如果有充足的理由和可靠的论证能够清楚地证明它们的优长,那就意味着它们的**科学基础**也是"可靠的"。当批判性评估表明这两个要求都得到满足时,我们就可以确信,实践论证证明了这些新思想的"理性"基础。

所以,在分析和评价科学家的**论证**时,我们必须记住三件事:①科学的一般目的,②任何时候任何领域中出现的思想和理论的特殊类型,③从事科学工作的机构。

科学论证的论坛

在这个普遍背景下,现在我们应该看一下:

1. 科学家处理问题时所采用的程序方法。
2. 使这些科学问题得到解决的制度安排。
3. 上述特性对科学论证自身的特征产生的影响。

正如法律的一般目的是通过合法性论证来说服对方一样,科学的一般目的是保证关于自然科学的推理和论证能够趋向一致和共识。

从表面上看,科学问题似乎存在着相互敌对和冲突的方面,但是从更深层次来看,它们都旨在使有关各方达成一种共识,或理性一致。假设一位科学家从生物化学、地球物理学或者大脑生理学角度提出了一个全新的假设。在开始的时候,与该领域直接相关的科学家们会对此产生较大的意见分歧。无论是作为个人还是作为集体性组织(或"学校"),他们都会对新的假设展开激烈争论,争论应该接受还是拒绝这个假设,甚至还会争论这个假设应该被认真对待还是完全忽略。当出现这种情况时,个体参与者的很多方面(他们的个人声誉、职业前景和学术追随者)都会受到考验,因此,对于眼前的科学问题,一开始可能会像诉讼一样充满激烈、紧张甚至痛苦的斗争。

尽管如此,如果认为让一方赢得这场论证而另一方输掉,与作为自然科学家的任何一方有任何直接的利益,那就大错特错了。在法庭

第 27 章 科学论证

上,输掉一场官司可能会造成严重的个人后果,这可能意味着要支付一百万美元的赔偿金或者承受二十年的牢狱之灾。相比之下,在科学争论中,没有任何一方的胜利是以对方的失败为"代价"的,确切地说,双方都是最终结果的"受益者"。当我们面对批判无法证明自己的科学论点时,或者当我们不得不承认自己起初反对的对手实际上提出了非常好的科学观点时,我们可能会感到气愤和失望。但是作为科学家,实际上没有必要这样,因为我们没有**失去**任何东西——除了我们之前毫无根据的信念。但是,无论科学论证的风格多么具有争议性、好争辩性,甚至是对抗性,科学问题的解决**对所有科学家都有职业上的好处**。因此,尽管深刻而真实的利益冲突不可避免地使法律诉讼倾向于呈现出一种基本对抗的性质,但组织专业的科学机构的目的是促进**公共的、集体的目标和利益**,而在这些机构中发生的利益冲突是暂时的和偶然的。

科学辩论和评估的实际程序中确实包括某些程式化的对抗性程序要素。从理论上讲,每个科学家都有能力成为自己最严厉的批评家,人们期望他的作品能够真正认真严肃地讨论那些与他自己的新想法相左的观点。因此,原则上讲,像法律领域中那种不可避免的正面对抗在自然科学中是没有必要出现的。但是,通常情况下,**不同的**科学家往往更方便成为**支持或反对**任何新建议的"倡导者"。例如,一篇提交在科学期刊上发表的文章,通常会被发送给一位匿名的评审,该评审会仔细审查文章中所提出的论证并且留意是否存在明显的缺陷。科学家对待任何期刊的严肃性,实际上反映了他们对文章评审过程的信心。同样,在科学会议上,个人科学家通常不会以一种没有商量的口吻直截了当、不加批判地提出自己的新观点,而是由事先看过新论文的评论员(commentator)或"答辩人(respondent)"在发言者提出观点的同一场合,提出自己的评价和批评意见,以便让听众听到关于所讨论问题的不止一种观点。

通过这些或者其他方式,自然科学的知识事业被构造为服务于科学思想的可靠性和"合理性"所依赖的重要功能。从长远来看,对

推理导论

"真理"——或者,至少是**更好的科学**——的共同追求,可能会让所有科学家都受益;但是,如果个别科学家暂时"站在一边",充当支持或反对新观点或假设的"倡导者"或"辩护者",并以个人的方式论证其优缺点,那么就能最有效地促进科学思想的短期改进。因此,就出现了科学论证所特有的短期对抗**程序**和长期共识**目标**奇怪混合的特征。所有科学家的基本志趣在于要达成理性的一致,即关于自然世界的新思想,如果得到现实论证就可被接受,如果论证不够充分就应当被拒绝。从这方面来说,科学推理过程中的共识性因素占据主导地位。但是如果我们想要保证最终形成的一致意见是真正"合理的",就必须要找到一些重要方法来公开检验这些思想是否能够接受严格的批判,而必要的批判性评估程序必然包含着对抗性因素。

科学问题的本质

科学家承担的理性认知任务的一般本质是什么?推理或论证是如何参与这些任务的?科学家从事着各种不同种类的任务,他们设计和制造实验设备,进行数学计算,为计算机编程,并进行实地研究;他们写论文,参加公开讨论,评论彼此的想法;他们提出和讨论新的假设、理论、解释、分类等。但是,所有这些不同的活动都涉及对当前世界的科学图景中尚未被充分解决的问题做出改进式的科学解释,或者说"表达(representation)"。

这样的观察引出了两个问题:

1. 某个事物需要被科学解释的标志是什么?
2. 有哪些迹象表明科学家已经成功地将其解释为可接受的?

哪些事情需要被解释?

首先,我们如何知道什么时候自然的特性**需要**我们解释?我们什么时候意识到某件事对科学研究来说是一个真正的**问题**?当然,并不是发生的**每件事**都给科学带来问题,很多事情的发生是不会引发特殊

第27章 科学论证

的科学评论和质疑的。这可能是因为它们完全"符合预期"：

> 我把玻璃杯掉在水泥地板上摔碎了。那又怎么样呢？这种事情完全不会令人吃惊，因此也不会引发任何科学问题。但是如果杯子**没有碎**，可能就会引发一个科学性的探究："玻璃杯为什么没有碎呢？"玻璃杯当中存在着一种在掉落时保护它不被摔碎的物质吗？它掉落的确切角度有什么问题吗？否则的话，我们如何解释它没有像预期的那样被摔碎？

也就是说，科学问题的出现往往与一些反常情况的发生直接相关，这些事情违背了我们的合理预期，并不符合我们通常说的科学"假说"。

另外，有些事件以不可预知的方式发生，因为其依赖的自然条件十分复杂，无法追踪和记录。但是从科学的视角来看，这并不会造成它们神秘难解。例如，天气预报就对科学提出了严峻的挑战，要想办法用公认的物理学原理来计算所观测到的气象事件的过程。但是这并不意味着科学家的责任是解释每天、每时每刻天气的变化。一般来说，这些变化是由当地大气条件下的小气流波动这种完全可以理解的方式引起的，而具体地追踪和研究小气流波动不是科学的真正旨趣。只有当**明显的**反常现象出现时——例如，根据大气状况明显排除了风暴可能，一场风暴却"莫名其妙地出现"时——我们才会面对一个真正的**科学问题**。

换言之，这种观点就是"不是每件发生的事情都是一种**现象**"。这个术语在科学中常常被用来从一般**类型**的事件中划分出那些挑战现有观念、需要进一步的科学研究和解释的事件。针对一般事件的常规论证和运算方法可能满足了很多诸如医学方面、技术方面的目的，但是它们对科学本身做出的贡献是微乎其微的。这些科学研究结果的常规应用对从事具体事件的人（医生、工业设计师等）来说是很重要的，他们通过这些应用**将我们的思想和具体的世界**关联起来，但是这对"推动"科学世界的进步、促进科学成果的诞生无甚帮助。

我们如何知道某件事情已经得到解释了？

一旦我们认识到了异常现象，我们要判断它是不是在什么时候已经被做出了满意的解释，这是一个更复杂的问题，无法对其做出简短的回答。对这个问题，我们应该分为两个阶段去解决。首先，我们将给出一些具体的例子来说明在自然科学中普遍可以接受的**具体种类**的解释。为此，我们将使用熟悉的日常例子，而不是复杂的技术性例子。其次，我们将继续对这种解释是怎样从**一般意义**上促进科学事业进步做出更加全面的阐述。

我们可以把这些具体的解释类型划分为四组：通过已经了解的相关事情去解释这些事件、物体或现象，这些已知的事情可以是关于我们正在处理的事物的**类型**，也可以是关于它的**材料成分或组成**，或者是关于它的**历史或发展**，又或者是关于它的**目的或效果**。

通过类型解释。

问题：你的宠物老鼠不吃东西、不活动，只是蜷缩在位于角落的它自己的盒子里；但实际上它并没有死，也没有显示出有任何严重疾病的迹象。你怎么解释这件令人困惑的事呢？

解答：现在是十二月，而你的宠物是一只睡鼠。睡鼠是一种冬眠动物，冬天处于蛰伏状态，春天它们就会活跃起来。

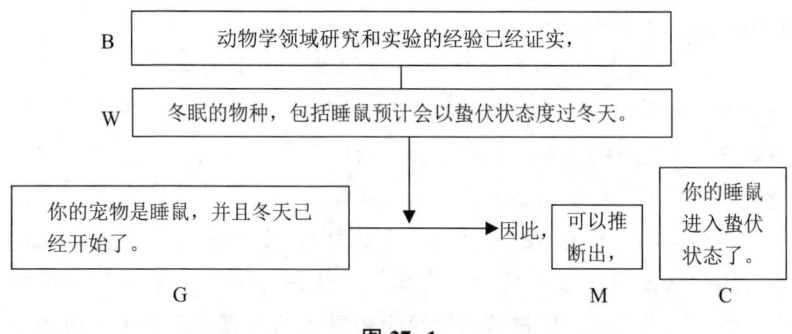

图 27-1

第 27 章 科学论证

这种例子与我们的标准模式十分吻合，一些逻辑学家已经把它们作为各种科学解释的通用例子（"你的宠物鼠看上去迟钝，是因为它是一只睡鼠""你的宠物鸟是黑色的，因为它是一只乌鸦"等）。在这样的例子中，论证的保证显然是关于睡鼠这一物种的一般性陈述，也就是"睡鼠在冬天会冬眠"。通过引用这个动物学的一般性常识，并指出当前状况的补充性事实（例如，现在冬天刚开始），就可以为上述问题做出一个非常合理的回答，如图 27-1。

从更专业的层面上来看，类似的问题可能会出现在一些或多或少具有全面性**类型**的事物之间的关系上，而不仅仅是出现在特殊**个体**（比如你的宠物睡鼠）和它们所属的物种之间的关系上。例如：

> 问题：芦笋属于哪类更大的植物物种？
> 解答：我们往往倾向于将芦笋归入百合花科，尽管芦笋不怎么会开出吸引人的花朵，但是它的很多其他不明显特征（F_1、F_2、F_3……）——雄蕊数、基叶种类等——是符合百合花科特征的；此外，芦笋极小的花穗也是符合百合花科特征的。

在这里我们可以再次以标准形式去进行论证（图 27-2），但是理由本身必须是一般性陈述，而不能是特殊的。

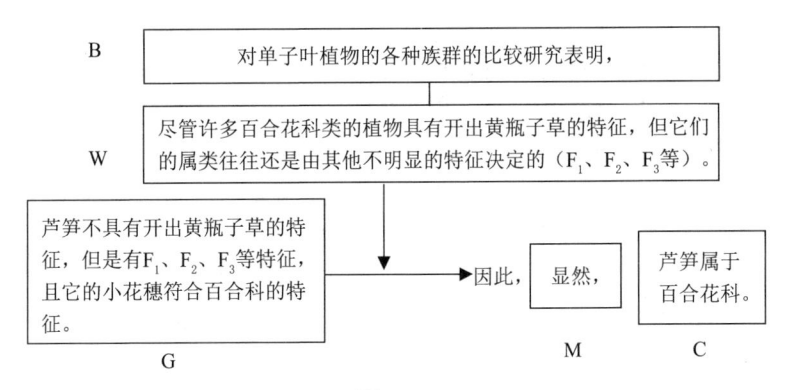

B：对单子叶植物的各种族群的比较研究表明，

W：尽管许多百合花科类的植物具有开出黄瓶子草的特征，但它们的属类往往还是由其他不明显的特征决定的（F_1、F_2、F_3 等）。

G：芦笋不具有开出黄瓶子草的特征，但是有 F_1、F_2、F_3 等特征，且它的小花穗符合百合科的特征。

M：因此，显然，

C：芦笋属于百合花科。

图 27-2

这种类型的解释并不只限于那些有生命的生物，也适用于其他事物。有些物理现象也会展现出类似的**规律**（regularities），例如我们在第 13 章中提到的，通过一种对冷锋等气象学理解来阐明理由和主张、保证和支撑之间的关系。我们完全可以用龙卷风去替代上述论证中的睡鼠和芦笋：

> **问题**：龙卷风掀掉了马路对面学校的屋顶和我们房子后面的杂货铺。为什么我们没有受伤？
>
> **解答**：龙卷风在袭击地面时候形成的漏斗形风眼在一般的气象条件下是呈线性移动的。但是在行进过程中，它们经常会扩大或者缩小，所以它们只会伤及行进沿线的某些特殊点，而不会伤及处于风眼正中的树木和建筑。

为了强调科学问题来源于异常现象这个观点，我们有必要把这个案例分为**两个阶段**进行分析。最初的询问者必须给出他怀疑这个问题是个异常现象的理由。随后应答者才提供一个解释作为答复，这个解释刚好可以精确地解决询问者认为的异常点（见图 27-3）。

类似地，在其他两个案例中，一只既不吃东西也不乱跑的宠物鼠很可能被认为是生病了或死了，而芦笋乍一看似乎不像是百合花科的一员。在任何一种情况下，首先需要被建立的是"异常"——读者可以为自己设定阶段 1——而在阶段 2 中提供的最终解释则表明了异常现象是如何与当前的科学观念相吻合的。

通过材料成分解释。这类解释包括了各种不同类型的例子。为了从熟悉的种类开始，让我们先考虑到守恒的思想。在大约公元前 500 年的古希腊科学讨论中，一些哲学家表达了确定的信仰，"严格说来，没有什么事物是会凭空出现或彻底消失的；事实上，只有物质的混合和分离这个过程是永恒存在的。"这样的普遍性概念往往决定着我们对日常生活中一些自然现象的理解，物质是不断地被重新构造、转化而不是彻底消失。

第 27 章　科学论证

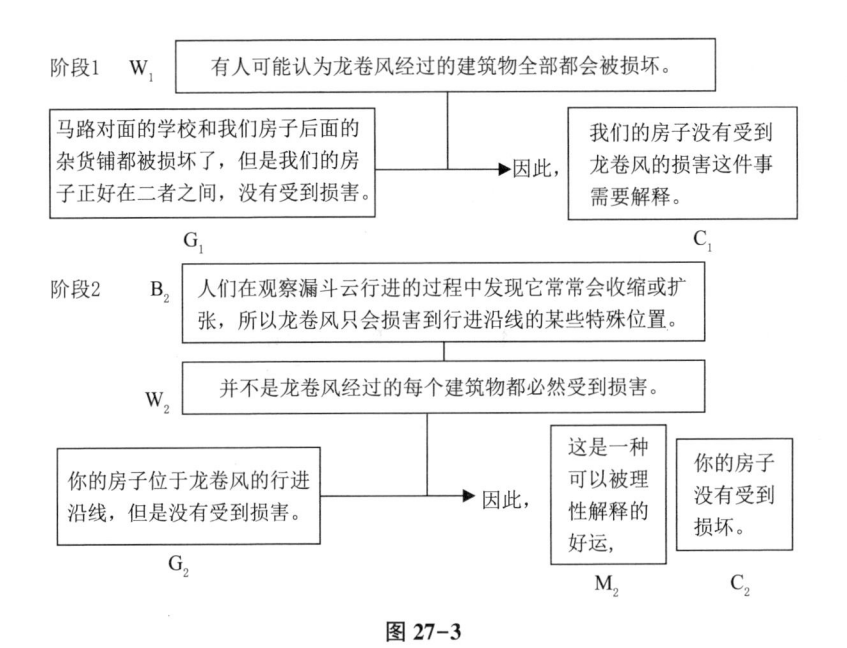

阶段1　W_1：有人可能认为龙卷风经过的建筑物全部都会损坏。

G_1：马路对面的学校和我们房子后面的杂货铺都被损坏了，但是我们的房子正好在二者之间，没有受到损害。

因此，

C_1：我们的房子没有受到龙卷风的损害这件事需要解释。

阶段2　B_2：人们在观察漏斗云行进的过程中发现它常常会收缩或扩张，所以龙卷风只会损害到行进沿线的某些特殊位置。

W_2：并不是龙卷风经过的每个建筑物都必然受到损害。

G_2：你的房子位于龙卷风的行进沿线，但是没有受到损害。

因此，

M_2：这是一种可以被理性解释的好运，

C_2：你的房子没有受到损坏。

图 27-3

一个常识性例子：

问题：比利总是喝啤酒，然而他一直没有上厕所。为什么？

解答：这些喝入的啤酒最终当然会以另一种方式转化出来。但是想想比利通过汗水蒸发掉了多少，再看看他的啤酒肚！如果能测量他的汗水中的液体质量和他的脂肪含量，你就会很惊讶地发现这两项在很大程度上消耗掉了他喝下的啤酒。

这个例子的一个有趣特点，就是向我们展示出了科学领域中假设和反驳的模式是如何运作的。应答者给出的解释实际上承认了问询者在阶段1提出的论证是有效的，但是转而通过展示一些相关的反例来得出相反的结论。（见图 27-4）

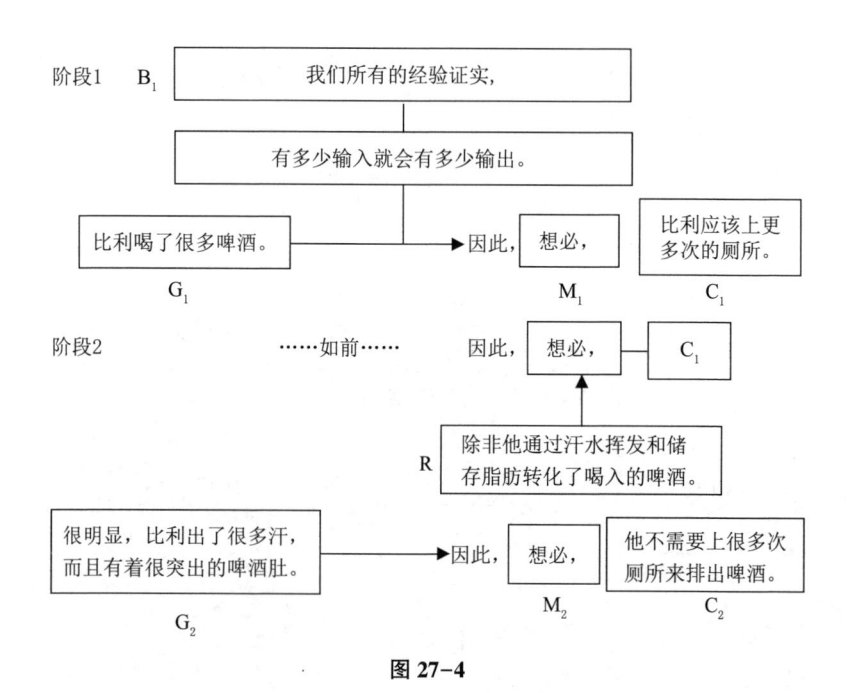

```
阶段1    B₁  ┌─────────────────────┐
             │ 我们所有的经验证实,  │
             ├─────────────────────┤
             │ 有多少输入就会有多少输出。│
             └─────────────────────┘

   ┌──────────────┐          ┌──────┐   ┌──────────────┐
   │ 比利喝了很多啤酒。│ →  │因此,想必,│→│ 比利应该上更 │
   │              │          │      │   │ 多次的厕所。 │
   └──────────────┘          └──────┘   └──────────────┘
          G₁                    M₁            C₁

阶段2          ……如前……     →  │因此,想必,│──┤ C₁ │
                                      ↑
                              ┌─────────────────────┐
                           R  │ 除非他通过汗水挥发和储│
                              │ 存脂肪转化了喝入的啤酒。│
                              └─────────────────────┘

   ┌──────────────┐          ┌──────┐   ┌──────────────┐
   │ 很明显,比利出了很多汗,│→│因此,想必,│→│ 他不需要上很多次│
   │ 而且有着很突出的啤酒肚。│ │      │   │ 厕所来排出啤酒。│
   └──────────────┘          └──────┘   └──────────────┘
          G₂                    M₂            C₂
```

图 27-4

　　当然,当我们从日常生活转向更专业的科学时,守恒的概念必须应用到一些比简单的"液体体积"更技术、更普遍、更狭义的东西上。物理学的很大一部分一直在关注这样一个问题:"在物理和化学变化的过程中究竟什么东西是守恒的?"但是在自然科学中,守恒的整体概念仍旧是日常常识性概念的直接后裔,适用于其中一种的推理形式一般也可以扩展到另一种。

　　通过历史解释。一种稍微不同类型的科学解释,是通过把某件发生的事情或一种现象放在一段时间或历史序列中,使其变得容易理解。同样,这种解释可以在一个相对简单的描述性层面完成。在仔细记录某个特殊类型的事件时,我们可能会发现存在着特定的重现模式。这涉及的可能是纯粹的重复,就像哈雷彗星已被证明每间隔76年或77年就会出现一样。在1682年已经有人绘制出了它的路径,埃德蒙·哈雷准确地预言了它在1758年的再次出现,并且回溯性地解释了这颗彗

第 27 章 科学论证

星在贝叶挂毯（Bayeux Tapestry）上的出现，与 1066 年诺曼征服英国有关。

此外，我们还可以发现一些单独的周期性循环过程以"叠加"的方式共同产生了令我们感兴趣的特定时间序列。水文工作者往往依靠这种计算方式来绘制潮汐表，展示未来一年任何一个给定时间内的海岸线上潮汐到来的预期时间和高度。同样**时间序列**也经常被用作经济预测和解释的基础：

问题：工业产量数月来一直缓慢稳步上升，但是你预测经济会放缓增长甚至衰退。你是要令我们对国民经济失去信心吗，或者你对这种预测有其他真正的基础吗？

解答：目前有些事实已经非常明确地反映出经济将会衰退，第一部分是房屋建筑。在过去的三个月，在建的建筑数量已经大幅度持续下降，人们的行为已经表明他们开始对建筑失去信心。你指出当前的工业产量增长只不过是先前的商家投资所形成的后续反映，建筑业的滑坡是这种经济起伏的首要证据。

像这种经济活动的复杂现象已经被证明是由在就业、投资、工业产量等方面的一些简单的时间序列构成的，其中一些会对其他的产生影响，另外一些则会受到整体波动的滞后性影响。

暂时的或者历史的这两种解释方式实际上都是通过让人们关注**起源**来对事件和现象进行解释的。因此，我们可以通过追踪特定的船舶货物中有被感染的老鼠来解释一场瘟疫的暴发，通过一根掉进废纸篓的燃烧着的火柴来解释整栋建筑被烧毁的原因，或者也可能是任何其他的原因。

最后，"通过历史进行解释"会涉及关于某个特殊个体或特殊物种的生命周期的整体进展。据此我们可以解释儿童早期的经历会如何塑造其个人品质和能力，儿时的营养不良为什么会造成发育迟缓，或者为什么植物上的嫩枝有的变成了花骨朵，有的变为了叶子。这种丰富多样的历史性解释通常也可以被称作是对**发展**的解释。当我们明确

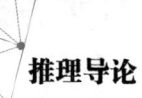

了一种典型事物的发展过程如何导致它的结果时，我们也就能够理解它为什么会以这样的形式被解释了。正确地理解发展过程将会帮助我们在不同的情况下做出合理的解释，不管事物是依照正常的过程发展，还是由于某些元素的缺失、不足而产生异常的结果：

问题：杰克是一个来自堪萨斯州的农家孩子，但是他对土耳其语运用和理解得很好。这不是很奇怪吗？

解答：是的——但是他没有接受堪萨斯州农场通常的教育。当他还是个年轻人时，他的爸爸在服兵役，属于驻守在伊兹密尔爱琴海上的美国陆军。杰克有一个当地的保姆，并且在那个最容易受到他人影响的年纪处于土耳其语的环境中。因此，尽管他九岁的时候回到了农场，也没有忘记过这种语言。

这是一个非常简单的、常识性的、基于一般知识推断而形成的科学解释，或者说是由于个体发展的特殊性而造成的不符合正常预期的例子。毫无疑问，通过发展进行解释与通过类型进行解释拥有一些共同的特征。例如，和前面提到的龙卷风的例子一样，当前情况下的一些事物被证明了是违背通常的"正常发展"基础的，这也就证明了某些假设是失败的（见图 27-5）。这种相似的模式也可以在其他更具技术性的例子中得到体现，比如生理学、医学或者植物学。

通过目标解释。最后这组包含着几种不同的解释。它们的共同点是对过去的关注——就像通过历史进行解释——少于对未来的关注，对未来的关注特别是指思考现象的发展过程所带来的结果或影响。也就是说，在某些情况下当我们尝试着去认识"这样做有什么好处"时，我们就会更好地理解这个过程或现象。益处、目标、影响或结果——在不同的情况下我们用不同的术语来表达——实际上就是亚里士多德及其后来的希腊哲学家所谓的目的（telos），或"结果"。下面是这个大标题下的一些解释。

在一种情况下，某些过程或现象的目标是维持必要的平衡：

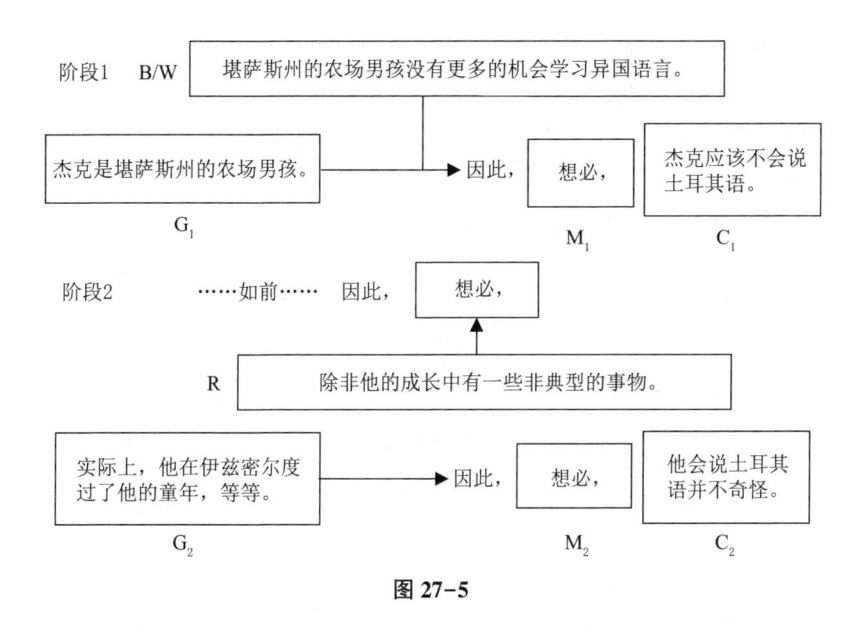

阶段1　B/W　堪萨斯州的农场男孩没有更多的机会学习异国语言。

杰克是堪萨斯州的农场男孩。　　因此，　想必，　杰克应该不会说土耳其语。
　　G_1　　　　　　　　　　　　　　　　　　　M_1　　C_1

阶段2　……如前……　因此，　想必，

R　除非他的成长中有一些非典型的事物。

实际上，他在伊兹密尔度过了他的童年，等等。　　因此，　想必，　他会说土耳其语并不奇怪。
　　G_2　　　　　　　　　　　　　　　　　　　　　M_2　　C_2

图 27-5

问题：我们做剧烈运动的时候会出汗，天气越来越暖和，我们出的汗会越来越多。那么这样做的好处是什么呢？

解答：出汗——打开毛孔，蒸发汗水——是将人体温度稳定在 98 华氏度的身体机制的一部分。（狗是毛茸茸的，这种身体机制不容易排汗，它们必须凭借喘气来蒸发嘴里的液体从而散热。）因此锻炼——尤其是在炎热的天气里——会产生大量的汗液，而这正是释放我们身体里余热的重要途径。

当然，这种解释的根本基础是个一般性假设，即生理过程或者类似的东西**的确**会导致一些"好处"或"结果"。以这种方式产生的特定类型的好处往往表现为**一种均衡**——就像温血动物的恒定体温一样，负责维持均衡的机制被称为**体内平衡机制**，保持这种平衡的整体过程被称为**内稳态**（homeostasis），源自希腊语"保持不变"。

一般来讲，生理过程通常是由它们的**功能**来解释的。（对体内平衡过程和现象的解释只是"功能"解释的一个特例。）例如：为什么猫的瞳孔和人的瞳孔有这么大的不同？因为猫是天生的夜间猎手，它们眼睛的特殊结构使得它们可以在晚上捕捉猎物。在这里，我们对这些特殊功能的存在进行了解释，指出一些在没有它们的情况下不可能发生的事情（夜间狩猎）成为可能。

当然，目标在本质上可以是生理的也可以是心理的，或两者兼而有之。（当我们紧张时释放到血液中的肾上腺素就会对我们产生上述两个方面的影响。）具体地说，就是还存在另一种通过目标而进行的解释，即通过**心理**目标进行解释。例如，当我们讨论那些看起来非常令人费解的行为模式时，我们可能会发现这些行为背后存在着特定的目标。这种解释更多地揭示出行为的**目的**，而不是功能：

> **问题**：为什么对话进行到一半时吉姆要那么大声地清嗓子并且转而开始谈论美国的超级杯足球赛？
>
> **解答**：有人提到了玛丽的名字，这让他很尴尬。他们已经在一起一年了，但是在十天前分开了。他自然发现会有被问到玛丽的风险，因此突然改变话题只是自我保护而已。（见图 27-6）

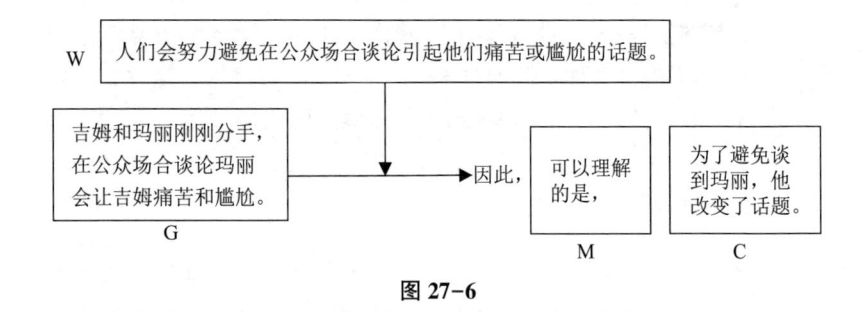

W：人们会努力避免在公众场合谈论引起他们痛苦或尴尬的话题。

G：吉姆和玛丽刚刚分手，在公众场合谈论玛丽会让吉姆痛苦和尴尬。

因此，

M：可以理解的是，

C：为了避免谈到玛丽，他改变了话题。

图 27-6

科学世界图景的建立

到目前为止，我们已经通过四种类别而考虑了各种不同的在科学中（就像在日常生活中）发挥作用的解释，但是我们尚未对这些不同的解释与整体性的科学之间的关系进行探讨。解释事物为什么会依据

第 27 章　科学论证

它们的类型、物质构成、历史、目标而产生，实际上并不是要将科学划分为一个专业性的研究领域，所有这些事情都是我们在日常情况下会遇到的。

科学事业的目标不仅仅是要解释那些引发科学家关注的各种不同类型的事件、现象、过程，还需要建立起一整套连贯的、全面的观念、理论和方法——也就是说，建构一个单一的清晰连贯的世界图景。因此，在科学中出现的以这四种解释方式去应对的全部**特殊**问题之外，我们还需要面对一些更**普遍**的其他关键问题。它们与问题或者现象本身无关，但是能够帮助我们去理解何以通过解释事物的不同方式去构建起更大的科学世界图景。

更进一步说，到目前为止我们针对各种问题而提出的答案在根本上是不应被看作一项严肃的科学任务，或者引发了科学问题的。只有当特定的例子和问题具有更广泛、更一般的含义和影响时，它们才会成为科学研究的旨趣。因此，除了这四组我们一直关注的对特定问题的解释方式之外，我们还有一些其他的基本问题需要处理。比如说，在每种情形下，我们都可能会被问到："解决这一特定问题**对科学**有什么意义？"

让我们转向这些更普遍的问题，特定的科学研究可以通过几种不同的方式促进整体科学的发展。简要地看看这四种我们找到的科学家的说法：

1. "先前有一些问题我们没有办法解释，但是通过对它们的特殊调查，现在这些问题可以被置于一个有关科学的更大的框架中考虑。"

2. "有一些问题我们认为已经有了满意解释，但是通过对它们的特殊调查，发现原本我们所想的方法并不适合更大的科学理论。"

3. "有两个一般性的理论框架和解释模式一直是相互独立的，但是通过对它们的特殊调查，我们发现这二者可以整合为一个单一的理论。"

4. "有两个通用的理论框架和解释模式是处于一体的，但是通过对它们的特殊调查，现在我们必须将它们分开和区别看待。"

推理导论

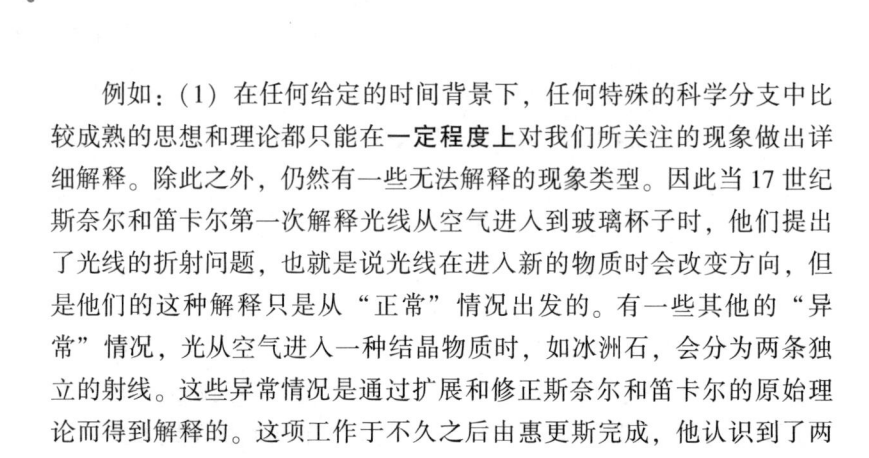

例如：（1）在任何给定的时间背景下，任何特殊的科学分支中比较成熟的思想和理论都只能在**一定程度上**对我们所关注的现象做出详细解释。除此之外，仍然有一些无法解释的现象类型。因此当17世纪斯奈尔和笛卡尔第一次解释光线从空气进入到玻璃杯子时，他们提出了光线的折射问题，也就是说光线在进入新的物质时会改变方向，但是他们的这种解释只是从"正常"情况出发的。有一些其他的"异常"情况，光从空气进入一种结晶物质时，如冰洲石，会分为两条独立的射线。这些异常情况是通过扩展和修正斯奈尔和笛卡尔的原始理论而得到解释的。这项工作于不久之后由惠更斯完成，他认识到了两极分化的现象，也就是说普通光线包含两部分，它们会以不同的方式折射，可以被分离和独立处理。（这些对应于我们现在所说的**偏振光**。）

（2）在另外一些时候，一种迄今为止被普遍接受为令人满意的解释必须受到**限制**而不是扩展。19世纪中叶，物理学家们似乎形成了一个关于比热容的全面理论。经由固体和液体物质的实验研究，这个理论几乎已经完全确立。但是，当使用气体进行系统实验时，先前的理论出现了问题，导致了模棱两可的结果。因此，限制现有理论的范围是必要的，至少可以帮助我们去继续寻找这些模棱两可的结果出现的更深层的原因。

（3）还有一个典型的例子是詹姆斯·克拉克·麦克斯韦的电磁理论。19世纪中叶之前，电力和磁力一直是被分别研究、建立理论的。但是存在着一些线索暗示这二者之间是有联系的。例如，据观察，金属碎片被闪电击中时会被磁化，而闪电显然是带电的。另外，研究电力和磁理论的数学表达式也有惊人的相似之处，而且迈克尔·法拉第在他的电磁感应研究中充分利用了这些联系，使得发电机的诞生成为可能。但是在麦克斯韦提出他的综合电磁理论之前，这些类似和关联都没有得到恰当的解释。

（4）在19世纪早期，尤其是在德国，许多著名的生物学家和化学家都认为生命过程理论可以像热和其他现象一样，归到**能量**这个大标题下。他们假定有一种特殊的形式多样的"生命能量"是生物的特性，这种生命能量就像其他现象所对应的有磁性的、带电的、化学的

第27章 科学论证

和其他形式的能量一样。[例如，尤斯图斯·冯·李比希在1841年写就的第一本关于有机过程的化学性质的教科书《动物化学》（*Animal Chemistry*）中，就认真地提出了这个想法。]然而在科学现场徘徊了一段时间后，这个假设最终没有任何结果。尤其是没有办法建立任何一种守恒律能够把生命力转化为其他形式的能量，比如像化学能和机械能能够等量转化一样。因此，**生命能量**的概念最终把科学家引向了死胡同。

科学论证的构成要素

显而易见，迄今为止已经存在着许多种类的科学论证和解释方式。因此，要指出科学论辩中的**主张**、**理由**、**保证**和其他要素所具有的一般特征，似乎是一项困难的任务。虽然这项任务十分复杂，但是我们可以通过回顾之前研究的某些科学事业的本质和涉及的科学问题来进行接下来的讨论。

假设我们已经接受全部科学工作的总目标是提升我们的思想（理论、概念、解释程序等）与我们对自然世界的实践经验之间的整体匹配度。在这种情况下，真正的科学问题将出现在科学调查和论证中，只要我们能找出当前关于自然世界的思想观念中存在的**缺陷**，这些缺陷可以通过目前可行的调查加以解决。从这种观点入手，我们先前已经确认了五种与这些问题相关的一般性科学问题：

1. 我们可以扩展这种普遍性理论（T）以便去解释一些迄今没有得到科学解释的特殊现象（P）吗？

2. 我们难道不应该认识到，某些特定的现象（P）其实是无法用当前被接受的理论（T）来合理解释的吗？

3. 我们能够找到一种整合两种或两种以上的目前还相互独立的理论（T_1和T_2），并使之形成一种单一的、更全面的思想和解释体系（T_3）吗？

4. 我们难道不应该认识到，两种目前被等同起来并一起处理的理论（T_1和T_2）需要被区别和分开处理吗？

5. 我们能够找到一种重建整个科学理论框架的途径来对自然世界做出更好的全面的解释吗？

每种类型的问题都为相应的**科学主张**提供了材料。每个尝试着为处理这些问题提供方法的人都会以自己的方式推进这个问题。例如，他会说"这是一种把 P 现象纳入 T 理论范畴的方法"——对于其他类型的问题也是一样。

此外，与任何科学分支和科学解释模式相关，每种类型都可能有新的问题会出现。无论我们是通过类型或物质组成、历史渊源还是目标进行解释，只要我们想要提高和完善思想观念和实践经验的整体匹配度，上述五种类型的问题都会产生。假设我们的特定任务是将一些令人困惑的异常事例融入当前的思想观念适用的范围内：讨论的问题可能关于一些天文物体（如一个可能的新行星），关于一种存在相互矛盾的特征的新物种（如产卵的哺乳动物），关于一种新颖的放射类型（如伦琴射线），或者关于一些迄今为止还未被确切了解的生理系统（如淋巴系统），那么针对这些案例，需要完善和扩展的思想观念就分别是太阳系的天文描述、动物学分类系统、电磁辐射理论、人体的生理功能。

与其他类型的问题一样，无论我们讨论的特殊问题是否已经具备了分类系统、因果关系、历史进程分析、功能目的解释，我们都可以去对比（或区分）这些不同类型的现象，整合（或分化）不同的科学思想系统，并且/或者重新构建我们的整个理论分类体系。从长远来看，这四种科学解释（或亚里士多德所说的"aitia"）必须依据相同的基本程序来进行扩展和完善。

但是，在我们对科学论证的组成要素进行具体的探讨之前，必须进一步区分：

——一方面，是科学家在理论内部或者作为这种理论的应用而提出的那些论证，他们并不挑战这些理论的可信性（credentials）。

——另一方面，是科学家试图通过它们而挑战现有观点，并

第27章 科学论证

提出替代观点或改进观点的那些论证。

在第一种情况下提出的主张和论证实际上**预设**了当前的思想是可信的、有针对性的并适用于当前研究的现象,可被用作可靠保证的来源。(想一想"力学定律"在基础物理学中是如何应用的,例如,一个光滑的圆木从静止状态开始,在45度的斜坡上滚下10英尺需要多长时间。)由此产生的论证**符合**当前科学思想的理论含义,并且遵循了这些思想中隐含的规则,而不是对它们提出质疑。因此,我们可以把它们称为**常规的**科学论证。

另一方面,当科学家对当前观点的可信度提出挑战时,相应保证的可靠性、相关性和适用性也就不再被认为是理所当然的了,我们也不能继续不加批判地使用它们来支撑我们的科学主张。我们将这第二种情况下出现的论证称为**批判性论证**。这类论证意味着它们涉及的理论原本具有的优长不再是可以被预设的了,而是需要自我批判和重新评估的。正如我们即将要看到的,主张、理由、保证等之间的关系在**常规**论证和**批判性**论证中是有着系统性的差别的。

为了澄清这些差异,想想我们在处理以下两个问题时会有多大的不同:

"假如不考虑空气阻力,一颗铁铸的球形炮弹从40英尺高的防卫墙上滚落到地面,需要多长时间?"

"假如我们现在想把空气阻力的影响考虑进去,以使我们对这一时间的估计更准确,我们应该如何着手去研究这部分必要的宽让时间呢?"

在第一种情况下,不考虑空气阻力的作用,我们可以使用一个简单明确的程序去计算**任何**物体在给定的距离里下降到地表的时间。这个公式是17世纪早期由伽利略提出的。因此我们可以直接使用伽利略的自由落体公式作为一个确定的**保证**,并且用精确的数学方法计算结果。通过这种方式,我们根据伽利略的自由落体公式而得出了关于需要解决的问题的常规科学论证。事实上,我们唯一需要确定的条件是

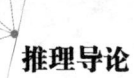

防卫墙的高度，甚至都不需要了解物体的形状和材料，我们就可以计算出物体降落的时间。

相比之下，在第二种情况中，我们处于一种不十分尽如人意的情况，必须用一种更迂回的方式来处理这个问题。与之前那种直接建立一个常规的科学论证，依据简单的公式推断出物体从防卫墙落下的时间不同，在这里我们必须进行一个更为详细的考察。显然，伽利略的公式给了我们期望结果的第一个近似值；但我们会面对进一步更困难的问题：“在空气阻力的影响下不同形状和材料的物体降落的时间会有怎样的不同？空气阻力会使炮弹的降落速度放慢多少？”对此，我们并没有可以简单直接使用的程序和依据。因此，我们对第二个问题的回答就会比对第一个问题更加不精确、更依靠经验，也更散乱。在第一个问题中，我们可以理所当然地接受伽利略公式的实用性和适用性，但是相反地，在第二个问题中，我们必须要考虑这个公式在特殊应用过程中的准确性，而空气阻力就是影响准确性的重要因素。

这个例子的情况其实在现实中是非常普遍的。可以说，关于自然科学的全部批判性论证要比我们打算重新评估的"常规"论证缺少精确性，富于自由性。因为常规的科学论证遵循并且依从它们所依赖的标准理论和保证中所规定的规则，但是批判性论证则是试图远离——或者超越——现有的保证并且将这些保证的有效性、适用范围或准确性作为考察和理性批判的对象。

常规的科学论证

在常规论证中，推理的目标是通过诉诸目前公认的科学观点来建立一个事实结论。这样的论证通常通过使用相对简单明确的事实根据来支持明确简单的事实结论。让我们看看如下的四个主张：

——这颗炮弹将会在触及防卫墙后近1.6秒落到地上。
——马铃薯植物的叶子和浆果很可能是有毒的。
——目前可知的最早的类人猿生活在非洲中部的大裂谷。
——甲状腺肿大是由饮食中碘缺乏造成的。

第 27 章 科学论证

每个主张都提出了一个事实性陈述。在当前能够理解的程度上看，这些事实可以根据适当的理由、保证等被"确立"起来。

理由。至于这些**必要的理由**，它们往往也是由一些直接的事实性报告组成的，这些报告可能简单或者复杂。例如在炮弹的案例中，我们需要指出的就是防卫墙的高度而已。相比之下，在类人猿的例子中，我们需要收集大量的地质古生物学数据，这会涉及世界的许多地方，然后我们才能证明我们的结论。从这方面来看，另外的两个例子则处于中间地带。关于出现甲状腺肿大的医学和流行病学的数据是相当简单并且具有关键作用的，而关于马铃薯植物的主张则是很薄弱的（只是"很可能"而已），并且这只是推论，没有确凿的证据。那么，我们可开始建立如图 27-7 这样的论证。

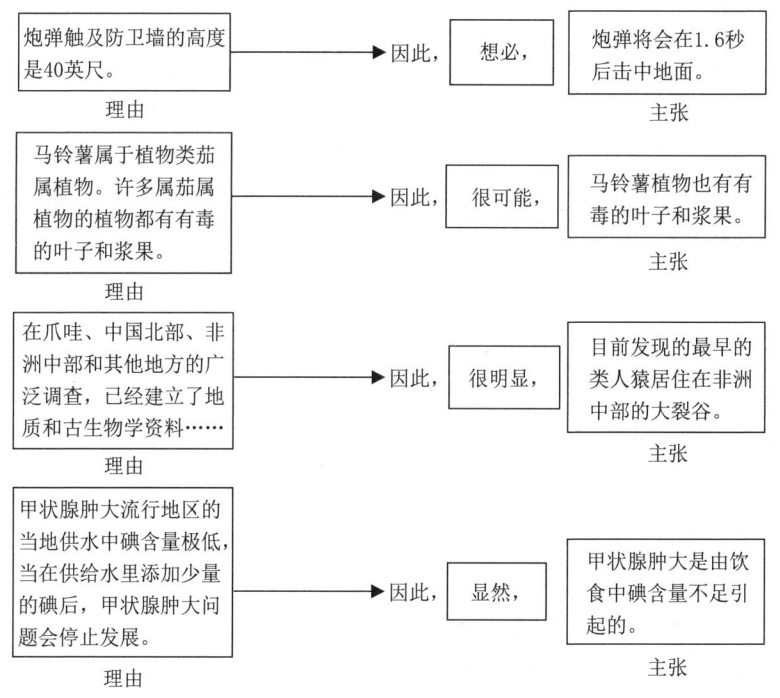

理由		主张
炮弹触及防卫墙的高度是40英尺。	因此，想必，	炮弹将会在1.6秒后击中地面。
马铃薯属于植物类茄属植物。许多属茄属植物的植物都有有毒的叶子和浆果。	因此，很可能，	马铃薯植物也有有毒的叶子和浆果。
在爪哇、中国北部、非洲中部和其他地方的广泛调查，已经建立了地质和古生物学资料……	因此，很明显，	目前发现的最早的类人猿居住在非洲中部的大裂谷。
甲状腺肿大流行地区的当地供水中碘含量极低，当在供给水里添加少量的碘后，甲状腺肿大问题会停止发展。	因此，显然，	甲状腺肿大是由饮食中碘含量不足引起的。

图 27-7

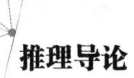

保证。科学家将如何证明从其数据、证据或其他理由（G）到原始主张或结论（C）的合理性？与往常一样，这个问题问的是这个步骤的**保证**。我们怎么能保证炮弹从这么高的防卫墙上落下的时间是1.6秒而不是5.4秒？又怎么能保证马铃薯在植物学上的亲缘关系会引起人们对其叶子可食性的充分怀疑呢？

在第一个例子中，我们可以利用伽利略在17世纪发现的数学公式来计算，它涉及从静止到运动的自由落体在给定的时间内所通过的距离：

距离 = 1/2 重力加速度 × (时间)^2

或者简写为：

$S = 1/2\, gt^2$

在这里我们只需要一个额外信息：这个方程中的常数——重力加速度，或者说g——已经被重复测量确定为32.2，以单位尺和秒来计算（即，在降落中自由落体的速度每秒增加了32.2英尺），这样一来我们就可以开始通过论证去支持上述的原初主张，如图27-8。相应的其他情况如图27-9所示。

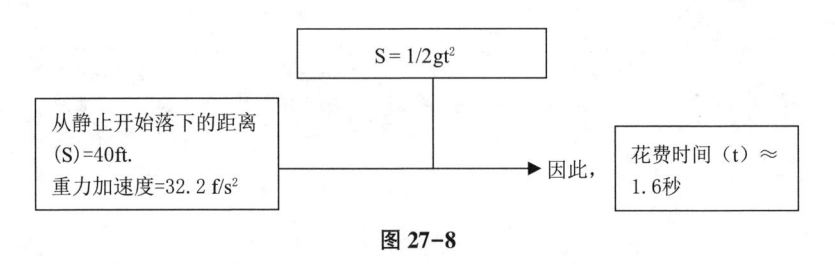

$$S = 1/2\, gt^2$$

| 从静止开始落下的距离 (S)=40ft. 重力加速度=32.2 f/s^2 | → 因此， | 花费时间（t）≈ 1.6秒 |

图 27-8

然而，这四种不同的例子只是在很小的程度上揭示了保证的多样性。在自然科学中使用的保证可以包括数学公式、计算机程序、图表、图形、物理模型、"自然法则"、历史规律等。这些保证能够为我们的科学主张提供"合理支持"，只要我们拥有对任何特定情况下事件的实际情况进行刻画的额外数据（理由或事实）。

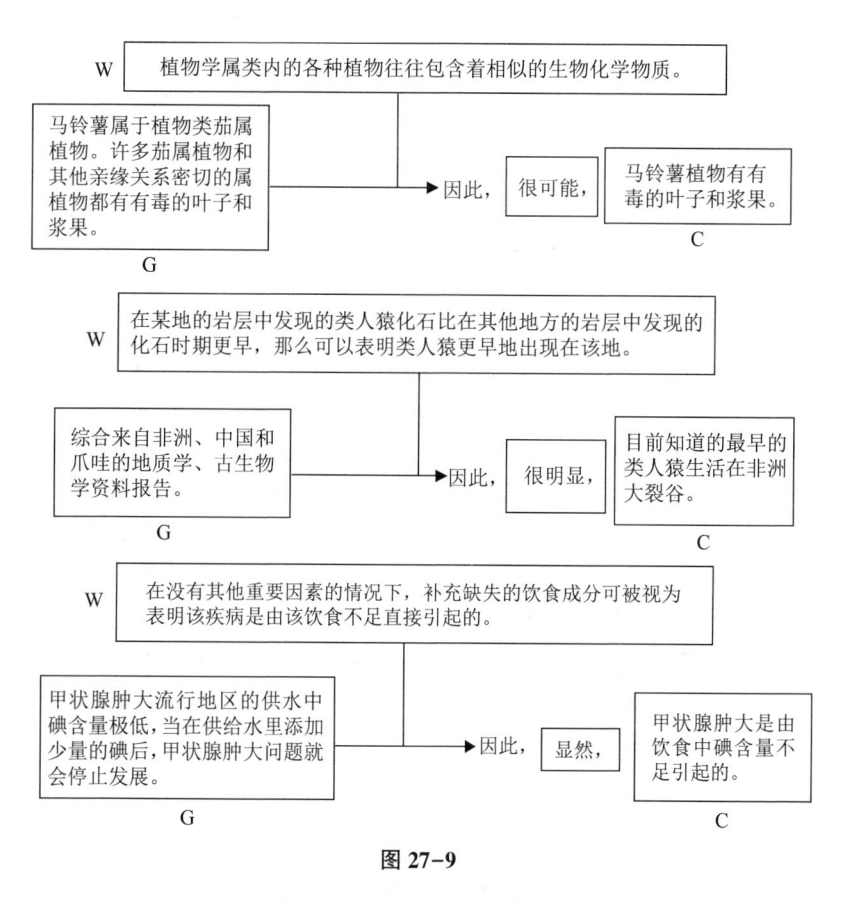

W　植物学属类内的各种植物往往包含着相似的生物化学物质。

G　马铃薯属于植物类茄属植物。许多茄属植物和其他亲缘关系密切的属植物都有有毒的叶子和浆果。

因此，很可能，

C　马铃薯植物有有毒的叶子和浆果。

W　在某地的岩层中发现的类人猿化石比在其他地方的岩层中发现的化石时期更早，那么可以表明类人猿更早地出现在该地。

G　综合来自非洲、中国和爪哇的地质学、古生物学资料报告。

因此，很明显，

C　目前知道的最早的类人猿生活在非洲大裂谷。

W　在没有其他重要因素的情况下，补充缺失的饮食成分可被视为表明该疾病是由该饮食不足直接引起的。

G　甲状腺肿大流行地区的供水中碘含量极低，当在供给水里添加少量的碘后，甲状腺肿大问题就会停止发展。

因此，显然，

C　甲状腺肿大是由饮食中碘含量不足引起的。

图 27-9

支撑。然而，所有的这些保证在实践中都只能在一定程度上被信赖和使用，也就是当它们本身得到适当的**支撑**的时候。在特定的例子中，科学家们讨论从植物谱系来推断它的习性和可食性；或是讨论从地质学和古生物学的观察结论来推断最早的灵长类动物；又或是从医学或流行病学的数据推断罕见疾病原因；等等。他们对自己的理论具备信心，事实上是因为用于每个例子中的保证的可靠性已经在过去的经验中得到确认了。

也就是说，自然科学中存在着多样且复杂的**支撑**，它们为我们的保证提供支持，并且维持着保证发挥作用的整个过程。科学家们在选择他们准备使用哪种论证时，也会在一定程度上考虑哪些保证已经在过去相似的情况中得到可靠的证明，并且考虑哪些相应的解释概念对构建自然世界整体的科学图景而言同样是"有意义的"。

当然，证明特定的科学保证是如何在当前已接受的理论中得到足够支撑的这项任务首先应当是自然科学的任务而不是逻辑学的。对此，我们通常做的就是简单地陈述四个例子中相关的论证形式以及相关的支撑（B）的本质，而不是对每个例子的内容进行充分解释（如图27-10）。这类科学论证的图示法显然无法保证 B 到 W 的直接相关性，但是它们确实能够帮助理解看到在什么样的标准下，科学理论的保证（W）才可以被很好地建立起来，并且具备一个坚实的基础。

模态和反驳。 为了完成我们当前的主体任务，我们应该简要地说明与常规论证相关的**模态限定词与反驳**。让我们再一次从伽利略的公式开始。前面提到的炮弹的降落时间依赖于严谨的数学证明，因此，原初的主张是与它的支持理由严格联系在一起的，这个严格联系就意味着不承认例外。用于提出这样一个论证的自然"模态"副词将会强调这种形式上的特征，例如：

G (S = 40 ft.); 因此，**必然**，C (t = 1.6 secs.)

或者是采用强调相应的物理情境下没有歧义的词：

G (S = 40 ft.); 因此，**很明显**，C (t = 1.6 secs.)

不管是哪一种，这样的数学推理都没有为"例外"或"反驳"留下任何空间；实际上，如果提出一个可能的反驳问题，那么整个论证的地位都会受到挑战。也就是说，这将涉到对整个常规性论证的反驳，从而以全新的角度重新考虑全部自由落体的问题。

第27章　科学论证

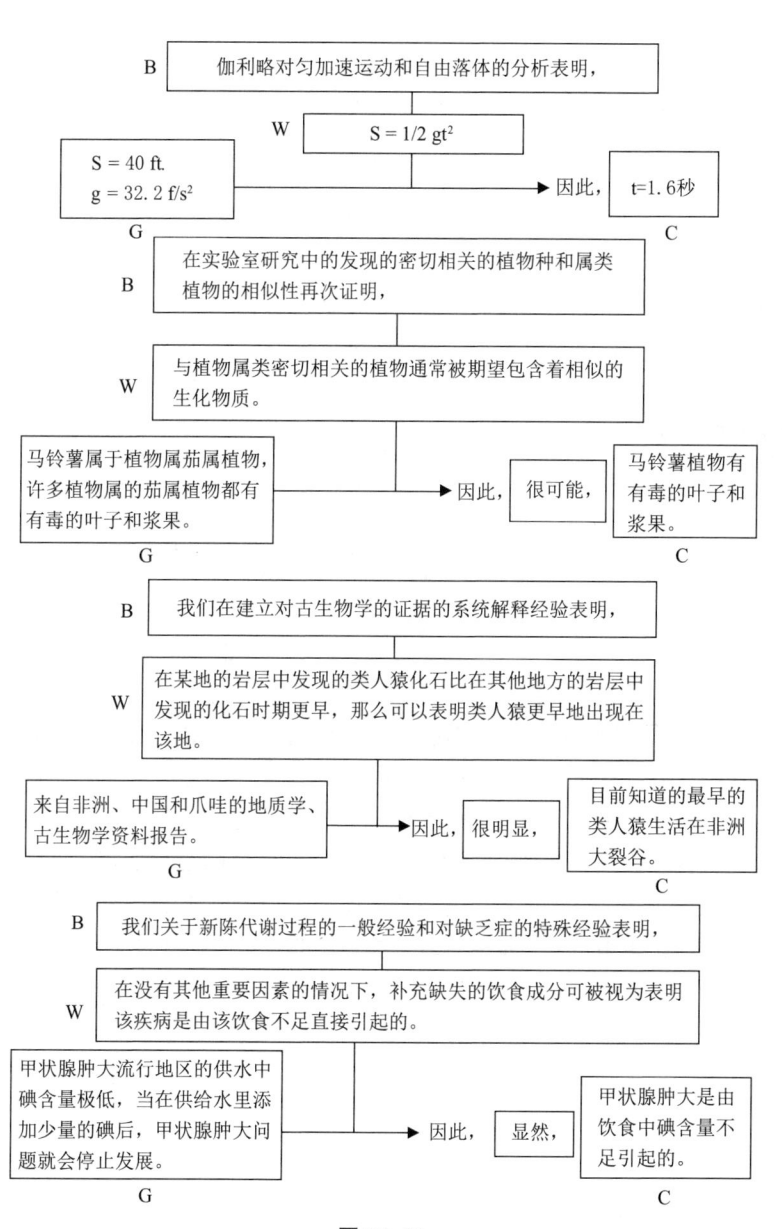

```
B ── 伽利略对匀加速运动和自由落体的分析表明，
         │
         W ── S = 1/2 gt²
               │
S = 40 ft.     │
g = 32.2 f/s²  │──► 因此，  t=1.6秒
G                                C

B ── 在实验室研究中的发现的密切相关的植物种和属类
     植物的相似性再次证明，
         │
W ── 与植物属类密切相关的植物通常被期望包含着相似的
     生化物质。

马铃薯属于植物属茄属植物，                    马铃薯植物有
许多植物属的茄属植物都有  ──► 因此，  很可能，  有毒的叶子和
有毒的叶子和浆果。                              浆果。
G                                              C

B ── 我们在建立对古生物学的证据的系统解释经验表明，
         │
W ── 在某地的岩层中发现的类人猿化石比在其他地方的岩层中
     发现的化石时期更早，那么可以表明类人猿更早地出现在
     该地。

来自非洲、中国和爪哇的地质学、              目前知道的最早的
古生物学资料报告。        ──► 因此，很明显，类人猿生活在非洲
                                              大裂谷。
G                                              C

B ── 我们关于新陈代谢过程的一般经验和对缺乏症的特殊经验表明，
         │
W ── 在没有其他重要因素的情况下，补充缺失的饮食成分可被视为表明
     该疾病是由饮食不足直接引起的。

甲状腺肿大流行地区的供水中
碘含量极低，当在供给水里添                   甲状腺肿大是由
加少量的碘后，甲状腺肿大问  ──► 因此， 显然， 饮食中碘含量不
题就会停止发展。                              足引起的。
G                                              C
```

图 27-10

推理导论

339 　　相比之下，在马铃薯植物的例子中就有存在例外的空间和反驳的可能。按照实际情况来说，马铃薯植物的叶子和浆果"很可能"有毒的主张已经内置了一个模态限定词。这个主张所要声称的是马铃薯因为其植物种属关系而使得它的一部分"真的很有可能"有毒。那么，"马铃薯植物的叶子和浆果是更像茄属植物（有毒的）还是更像茄子（无毒的）呢？"这个问题就成了一个合理的植物学问题，且事实证明马铃薯植物的绿色上半部分的确是不能吃的。就目前的情况来说，我们的论证可以陈述为图27-11中所示的这样。

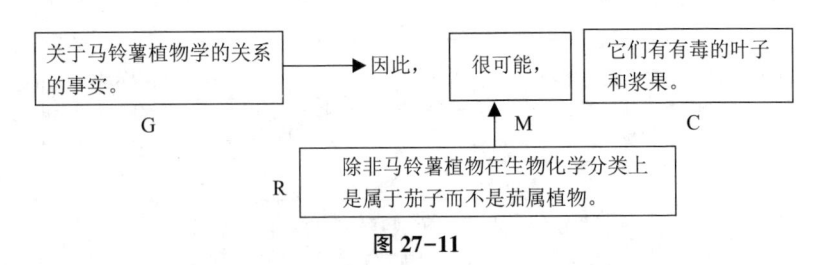

```
┌──────────────────┐         ┌──────────┐    ┌──────────────┐
│关于马铃薯植物学的关系│ ──因此──→│ 很可能， │ →  │它们有有毒的叶子│
│     的事实。      │         │          │    │  和浆果。     │
└──────────────────┘         └──────────┘    └──────────────┘
         G                         M                 C
                                   ↑
                         ┌──────────────────────┐
                         │除非马铃薯植物在生物化学分类上│
                         │是属于茄子而不是茄属植物。  │
                         └──────────────────────┘
                              R
```

图 27-11

　　在早期类人猿的例子里，论证的难点在于作为最终结论的基础的地质学和古生物学的证据的细节和复杂性。论证是否有力主要是有赖于对详细数据的解释，而不是数学公式和解释机制。的确，从年代学出发和从地质学出发进行类人猿研究的科学家们往往持有各自有理的——有时候甚至完全相反的——解释。但是根据可用的观察证据，这一领域的任何主张都应当被加上适当的模态限定词，如图27-12。相应地，这一领域中也不可避免地会出现一些意外的对先前解释的反驳。

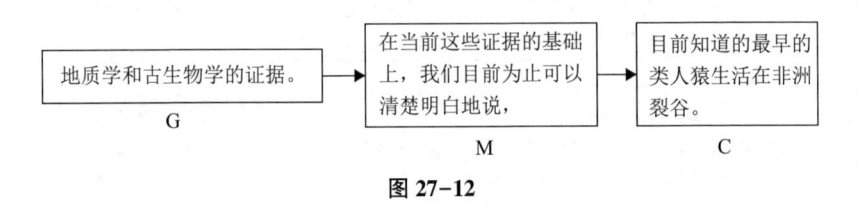

```
┌──────────────────┐    ┌──────────────────┐    ┌──────────────┐
│地质学和古生物学的证据。│ → │在当前这些证据的基础│ → │目前知道的最早的│
│                  │    │上，我们目前为止可以│    │类人猿生活在非洲│
│                  │    │清楚明白地说，    │    │裂谷。        │
└──────────────────┘    └──────────────────┘    └──────────────┘
         G                       M                     C
```

图 27-12

340 　　在第四个医学例子中，涉及的解释的目的既不如古生物学例子复杂，也不如它困难。综上所述，已经确定的流行病事实（甲状腺肿大出现最频繁的地区的供水中碘含量极低）和相关的医学事实（添加微量的碘到供给水中就可以消除疾病）为有力的论证奠定了基础。的确，在人体生理代谢机制里缺乏碘的基础作用会导致甲状腺肿大，这个论证是一个纯粹的"经验"论证，也就是说，是一个完全基于观察疾病和饮食中碘的存在关系而得出的论证。但是鉴于这种关联的强度是有限的，一些其他的解释仍然需要被考虑，这样的话，主张自身也会变得更有说服力，如图27-13所示的。

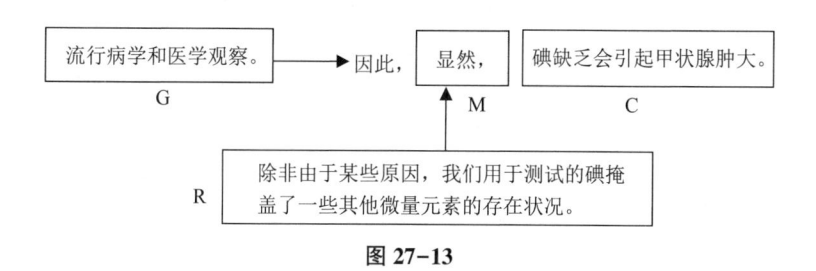

```
流行病学和医学观察。 ——因此，  显然，  碘缺乏会引起甲状腺肿大。
        G                  M              C
              除非由于某些原因，我们用于测试的碘掩
         R    盖了一些其他微量元素的存在状况。
```

图 27-13

批判性科学论证

除了简单地**使用**这些常规的论证模式外，科学家的职责还包括**批评和改进**这些论证模式。因此，科学中需要批判性论证；这些代表了**关于我们常规科学论证方式的论证方式**。当我们达到需要批评的层面时，我们在常规论证中使用的解释和分类等理性程序本身就要受到审查。就像医学或者工程学方面的论证主题主要是针对我们在治疗诊断、电视设计或桥梁建设的使用过程中可以进行怎样提高，批判性科学论证的主题也在于帮助我们思考如何改善常规科学程序。

因此，批判性科学论证的主题不仅仅是自然世界的对象、系统和/或过程，更重要的是我们关于这些对象、系统和过程的**理论**。在这样的论证中所出现的问题首先不是关于自然本身的，而是关于当前我们对自然的看法是否充分合理。回顾一下，惠更斯关于偏振和双折射理论实际上表明早期斯奈尔和笛卡尔理论过于简单了。在诠释结晶物质

中的光学现象时，斯奈尔使用了一系列较为简单的观念，这些观念被后来惠更斯的**偏振**这一更加复杂的概念及其内涵所取代。

从我们目前的观点来看，惠更斯提出的**问题**属于这一章前面提到的第一类普遍性科学问题，亦即，有一系列现象无法通过当前的理论得到解释，但是能够被融入更宏观的科学问题中从而带来观念的革新。相应地，惠更斯的**主张**实际上具有如下形式，"理论 T_1（斯奈尔理论）应当被理论 T_2（我的）取代。"

为了支持这样一种主张，我们需要哪类**理由**呢？如果我们继续鼓励科学家去改变他们常规的论证方式，他们很可能会追问为什么应当这样做——进行这样的改变**会有什么好处**，等等。所以这类理由应当是更加直接地与批判性科学论证相关的，从而使得那些在当前理论观念体系下无法（或者说无法轻易地、准确地）得到解释的现象在替代的、修正的理论中得到解释。比如，惠更斯能够为证明自己的**双折射**和**偏振**概念提出的最佳证据就意味着他利用这些理论解决了在斯奈尔早期的简单解释体系中悬而未决的问题：

> 我们可以分离出这两种不同的偏振光，并考虑这两种光在晶体的不同面所处的方向等，独立地跟踪它们通过晶体。

因此，这种批判性科学论证具有一种**实用性**特征。科学的一项重要任务或者说使命就是推动科学程序的改进并且证明这些改进如何促进了科学的发展。相应地，批判性科学论证包含的**保证**以如下的形式出现：

> 理论（T_2）能够对现象（P_1，P_2……）等一系列在该领域内先前被接受的理论（T_1）体系中无法解释的现象做出合理说明，因此，它应当替代 T_1。
>
> 理论（T_3）成功地融合了迄今为止相互独立的理论（T_1 和 T_2），且保留了它们各自的理论解释力，因此 T_3 应当替代这两种独立的理论。

第 27 章 科学论证

将惠更斯在偏振理论中运用的主张、理由、保证聚集到一起,我们就能够将他的论证以图 27-14 的形式表现出来。类似地,我们也可以通过图 27-15 的方式表现麦克斯韦的电磁理论,他的理论证明了我们前面提到的第二类普遍性科学问题。

W_1: 一个理论(T_2)能够使得当前的理论(T_1)中不能解释的现象(例如,双折射)得到解释,从表面上看,它超越了理论T_1。

G_1: 例如,通过新的极化理论(T_2)能够成功地解释斯奈尔理论(T_1)单独所无法解释的"双折射"现象。

因此,从表面上看,M_1

C_1: 惠更斯的新理论应该取代斯奈尔的理论。

图 27-14

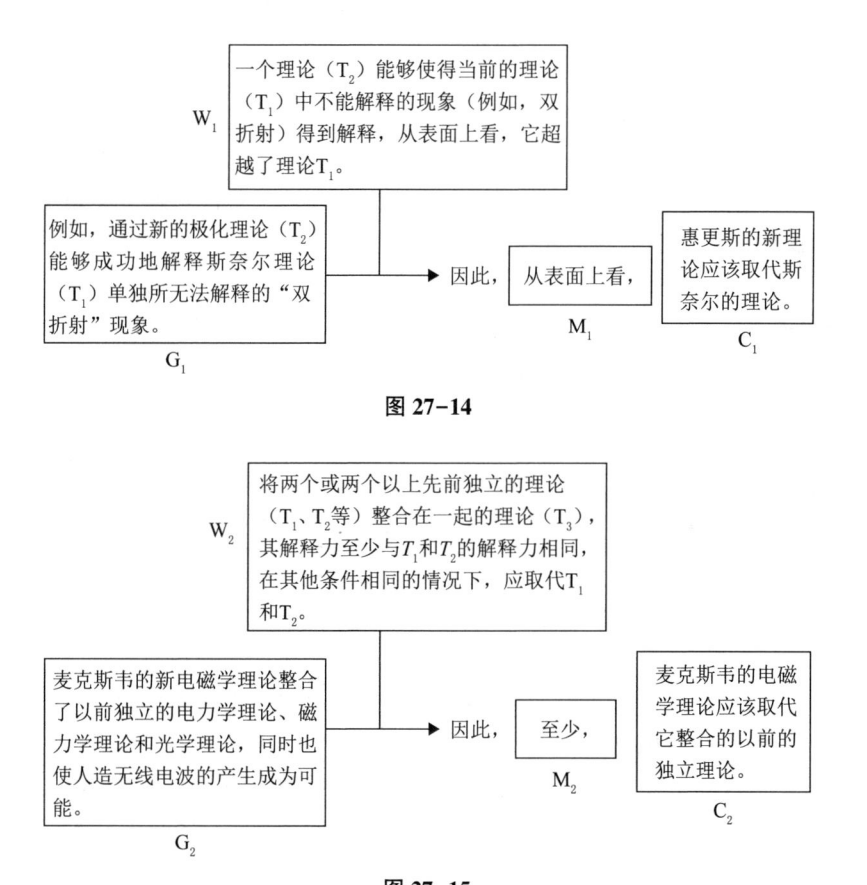

W_2: 将两个或两个以上先前独立的理论(T_1、T_2等)整合在一起的理论(T_3),其解释力至少与T_1和T_2的解释力相同,在其他条件相同的情况下,应取代T_1和T_2。

G_2: 麦克斯韦的新电磁学理论整合了以前独立的电力学理论、磁力学理论和光学理论,同时也使人造无线电波的产生成为可能。

因此,至少,M_2

C_2: 麦克斯韦的电磁学理论应该取代它整合的以前的独立理论。

图 27-15

当然,通过适当的替换,我们可以很好地阐明这两种一般性保证——W_1和W_2——在植物学分类、生理功能,或者关于有机物质的假设等方面的应用情况;简而言之,就是阐明它们如何完善了我们先

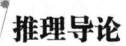

前讲过的四种科学解释类型。在每个案例中，那些能够促使我们关于分类、功能、古生物学或者任何其他的观念得到改进和提升的理由就是科学进展的实际**成果**，也就是说，在我们改进后的观念体系下，究竟有多少新的内容可以被"解释"——或者说可以被更加准确、全面地解释。

如果我们现在继续去探究这些根据背后的**支撑**，那么就会出现很有意思的情况。因为我们并不清楚，W_1 和 W_2 这样的保证的可靠性和合理性是否还需要进一步的支撑。通过批判性的论证而创造出的新理由实际上已经证明了当前的理论进展为科学做出了贡献。这并不是说像 W_1 和 W_2 这样**缺乏**支撑的保证可以被合理接纳。相反，我们认为在这些案例中再去探究进一步的支撑实际上是一种误解。因为如果科学的基本任务是令我们信服，那么惠更斯和麦克斯韦的论证所依赖的保证（W_1 和 W_2）也能够让我们信服。在此之外，关于批判性论证的支撑已经不需要再进行更多诠释了。

另一个方面，关于**模态限定词**的话题则会引发更多严肃的实质性的思考。在惠更斯和麦克斯韦的论证中，我们关注到了许多模态限定词，比如"从表面来看"和"其他条件不变"。当然，正如它们所代表的意思，这些限定词通过口语化的表述弱化了结论的强度，从而为例外和反驳的出现留有空间。但是如果我们认真对待这些问题的话，例外和反驳也必须要用非常明确的方式表达出来。从**必然**和**肯定**这样的一个极端，经过**想必**，到**好像**甚至**很奇怪的是**，这些词所表现的是论证强度各不相同。

什么样的模态限定词是合适的，以及我们要如何认真地审查隐含的例外和反驳，这会根据情境的不同而不同。在某些场合，当我们想法中提出的某种改变与我们当前的想法非常不一致时，我们可能会倾向于使用模态频谱中较弱的一些词（**好像**或**很奇怪的是**）。在其他场合，当我们所想到的改变可以很容易地与我们更为一般的观点相适应时，我们将选择表示更少保留的模态限定词（如**想必**或**非常可能**）。有时，某个新颖的理论会取得惊人的成功，就像麦克斯韦的理论那样，我们很可能会接受它的优长认为它是**肯定**可接受的。

在对我们选择的两个例子（惠更斯与麦克斯韦）进行分析时，我们必须允许可能的甚至是想象性的反驳存在。只有通过这种方式我们才能够尽可能完整地形成科学实践所需要的论证模式（见图 27-16 和图 27-17）。

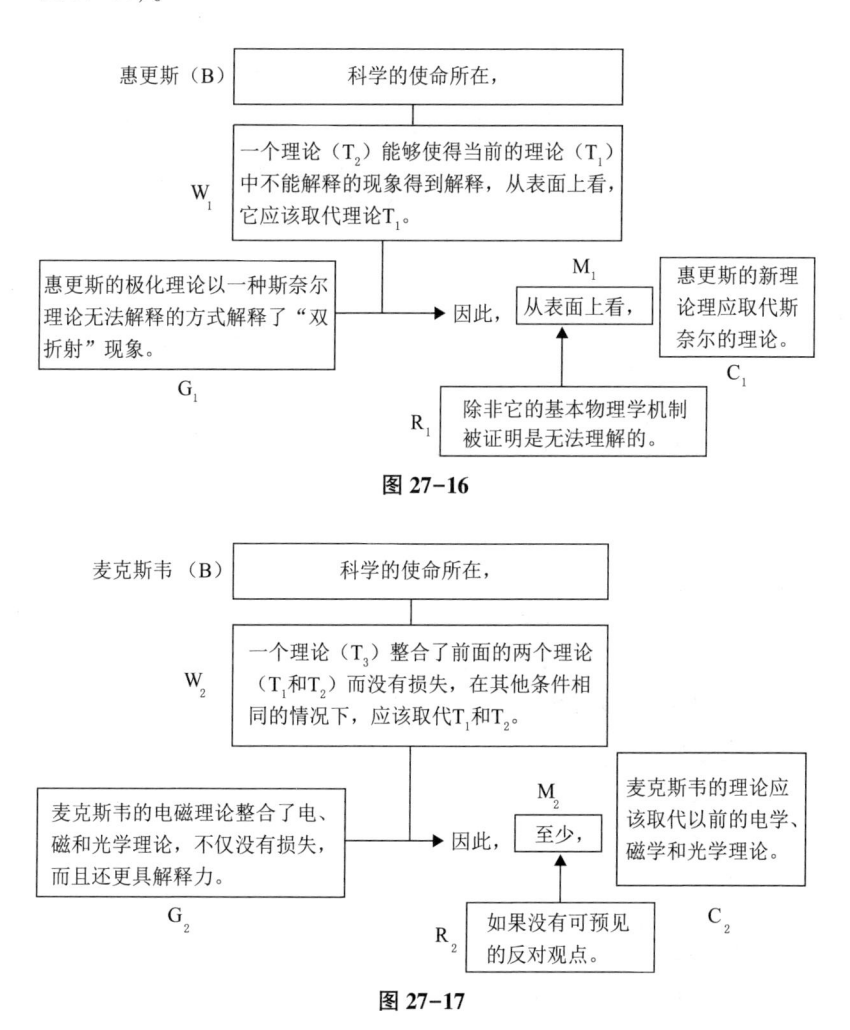

惠更斯（B）：科学的使命所在，

W_1：一个理论（T_2）能够使得当前的理论（T_1）中不能解释的现象得到解释，从表面上看，它应该取代理论 T_1。

G_1：惠更斯的极化理论以一种斯奈尔理论无法解释的方式解释了"双折射"现象。

因此，M_1：从表面上看，

C_1：惠更斯的新理论应取代斯奈尔的理论。

R_1：除非它的基本物理学机制被证明是无法理解的。

图 27-16

麦克斯韦（B）：科学的使命所在，

W_2：一个理论（T_3）整合了前面的两个理论（T_1 和 T_2）而没有损失，在其他条件相同的情况下，应该取代 T_1 和 T_2。

G_2：麦克斯韦的电磁理论整合了电、磁和光学理论，不仅没有损失，而且还更具解释力。

因此，M_2：至少，

C_2：麦克斯韦的理论应该取代以前的电学、磁学和光学理论。

R_2：如果没有可预见的反对观点。

图 27-17

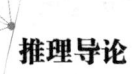

实践推理中的利益和程序

我们对比了两种不同的实践推理模式——法律中的论证和科学论证——从而强调了典型的论证程序与它们所描绘的理性事业的深层目的之间的联系。比如，鉴于推理在法律和科学这两个领域内的不同功能，那么现在有些问题就是明确的了：①为什么我们强调的论证内容和论证程序之间的平衡，在法律和科学领域会有十分不同的表现；②争论各方的**个人利益**在这两种不同的论证中分别扮演着怎样的不同角色。

（1）法律问题通常只有在争议的主要当事方明显存在真正冲突且他们的主张不可妥协或仲裁的情况下才会进入司法法庭。法院对争端的正式解决使得一方成为赢家，而另一方成为输家，而且败诉方的实际后果可能会很严重。只有在司法公正十分明显的情况下，也就是说，只有在处理案件和确定处罚时采取了所有适当的谨慎措施，才应执行相应的处罚，这是一个对公众具有普遍意义的问题。因此，法庭必须像重视辩论内容一样重视辩论程序。

在自然科学领域，内容和程序的相对重要性是完全不同的。在基本的知识层面上，科学争议不涉及真正的利益冲突，也不存在因其解决而产生的永久赢家或输家。相反，严格评判所有的科学主张，看看支持的论据是否足够有力，是否足以令人信服，想必对所有相关的人都有好处。只要科学论证的**内容**明确，并受到严格审查，科学讨论中的实际论证程序就不必像在法庭上那样正式或枯燥。如果任何参与的科学家随后质疑由此产生的专业共识，他将需要拿出新的证据，说明科学论证实际**内容**中的缺点和长处。在法律领域，质疑辩论受到批评的论坛，或辩称辩论中遵循的程序步骤不公平或不符合规程，这是永远不够的。

（2）法律和科学纠纷的参与者也带来了非常不同的承诺和利益。法庭诉讼的形式反映了当事人之间真正的利益冲突、承诺和动机，而双方愿意接受当前司法制度的结果可能无助于削弱他们之间目前的对立。相比之下，在自然科学领域，各方都对发展可靠的、有充分根据的理论有着强烈的共同兴趣。尽管不同的科学家最初持有相反或矛盾的立场，但这并不意味着他们作为科学家，对看到自己的观点获胜有任何长期兴趣。

当然，作为人类个体，科学家首先会提出自己的观点，如果他们的论证没有得到同行专业人士的重视，他们难免会感到沮丧甚至羞愧。但这些感受是科学家个人必须以个人方式处理的私人问题，它们并不代表公众认可的利益，在集体科学辩论中也没任何地位。从更大的、集体的角度来看，所有的自然科学家都必须准备好通过公认的科学论证程序合作解决科学争议，并且他们也被认为——与法律论证的情形不同——应当在建立可靠的、有充分根据的科学理论方面分享共同利益。

一个例子

我们通过引用达尔文《物种起源》中的一个关于科学论证的争论性很强的经典案例来结束这一章：

> 在变化着的生活条件下，生物构造的每一部分几乎都要表现个体差异，这是无可争论的；由于生物按几何比率增加，它们在某年龄、某季节或某年代，发生激烈的生存斗争，这也确是无可争论的；于是，考虑到一切生物相互之间及其与生活条件之间的无限复杂关系，会引起构造上、体质上及习性上发生对于它们有利的无限分歧，假如说从来没有发生过任何有益于每一生物本身繁荣的变异，正如曾经发生的许多有益于人类的变异那样，将是一件非常离奇的事。但是，如果有益于任何生物的变异确曾发生，那么肯定的是，具有这种性状的诸个体在生活斗争中会有最好的机会来保存自己：根据坚强的遗传原理，它们将会产生具有同样性状的后代。我把这种保存原理，即最适者生存，叫作"自然选择"。自然选择导致生物根据有机的和无机的生活条件得到改进，

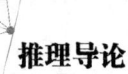

结果，必须承认，在大多数情形里，都会引起一种体制的进步。然而，低等而简单的生物类型如果能够很好地适应它们的简单生活条件，也能长久保持不变。

根据品质在相应龄期的遗传原理，自然选择能够改变卵、种籽、幼体，就像改变成体一样的容易。在许多动物里，性选择能够帮助普通选择保证最强健的、最适应的雄体产生最多的后代。性选择又可使雄体获得有利的性状，以与其他雄体进行斗争或对抗；这些性状将按照普遍进行的遗传形式而传给一性或雌雄两性。

自然选择是否真能如此发生作用，使各种生物类型适应于它们的若干条件和生活处所，必须根据以下各章所举的证据来判断。但是我们已经看到自然选择怎样引起生物的绝灭，在世界史上绝灭的作用是何等巨大，地质学已明白他说明了这一点。自然选择还能引致性状的分歧，因为生物的构造、习性及体质愈分歧，则这个地区所能维持的生物就愈多——我们只要对任何一处小地方的生物以及外地归化的生物加以考察，便可以证明这一点。所以，在任何一个物种的后代的变异过程中，以及在一切物种增加个体数目的不断斗争中，后代如果变得愈分歧，它们在生活斗争中就愈有成功的好机会，这样，同一物种中不同变种间的微小差异，就有逐渐增大的倾向，一直增大为同属的物种间的较大差异，甚至增大为异属间的较大差异。

我们已经看到，变异最大的，在每一个纲中是大属的那些普通的、广为分散的、分布范围广的物种，而且这些物种有把它们的优越性传给变化了的后代的倾向。正如方才所讲的，自然选择能引致性状的分歧，并且能使改进较少的和中间类型的生物大量绝灭。根据这些原理，我们就可以解释全世界各纲中无数生物间的亲缘关系以及普遍存在的明显区别。这的确是奇异的事情——只因为看惯了就把它的奇异性忽视了——即一切时间和空间内的一切动物和植物，都可分为各群，而彼此关联，正如

第27章 科学论证

我们到处所看到的情形那样——同种的变种间的关系最密切,同属的物种间的关系较疏远而且不均等,乃形成区及亚属。异属的物种间关系更疏远,并且属间关系远近程度不同,乃形成亚科、科、目、亚纲及纲。任何一个纲中的几个次级类群都不能列入单一行列,然皆环绕数点,这些点又环绕着另外一些点,如此下去,几乎是无穷的环状组成。如果物种是独立创造的,这样的分类便不能得到解释,但是根据遗传,以及引起绝灭和性状分歧的自然选择的复杂作用,如我们在图表中所见到的,这一点便可以得到解释。

　　同一纲中一切生物的亲缘关系常常用一株大树来表示。我相信这种比拟在很大程度上表达了真实情况。绿色的、生芽的小枝可以代表现存的物种;以往年代生长出来的枝条可以代表长期的、连续的绝灭物种。在每一生长期中,一切生长着的小枝都试图向各方分枝,并且试图遮盖和弄死周围的新枝和枝条,同样的,物种和物种的群在巨大的生活斗争中,随时都在压倒其他物种。巨枝为分大枝,再逐步分为愈来愈小的枝,当树幼小时,它们都曾一度是生芽的小枝,这种旧芽和新芽由分枝来连结的情形,很可以代表一切绝灭物种和现存物种的分类,它们在群之下又分为群。这树曾仅仅是一棵矮树,在许多茂盛的小枝中,只有两三个小枝现在成长为了大枝,生存至今,并且负荷着其他枝条。生存在久远地质时代中的物种也是这样,它们当中只有很少数遗下现存的变异了的后代,从这树开始生长以来,许多巨枝和大枝都已经枯萎而且脱落了。这些枯落了的、大小不同的枝条,可以代表那些没有留下生存的后代而仅处于化石状态的全目、全科及全属。正如我们在这里或那里看到的,一个细小的、孤立的枝条从树的下部分叉处生出来,并且由于某种有利的机会,至今还在旺盛地生长着,正如有时我们看到如鸭嘴兽或肺鱼之类的动物,它们借由亲缘关系把生物的两条大枝连络起来,并由于生活在有庇护的地点,乃从致命的竞争里得以幸免。芽由于生长而生出新芽,这些新芽如果健壮，就会分出枝条遮盖四周许多较弱的枝条，所以我相信，这巨大的"生命之树"（Tree of Life）在其传代中也是这样，这株大材用它的枯落的枝条填充了地壳，并且用它分生不息的美丽枝条遮盖了地面。

练 习

讨论我们从《物种起源》中选取的例子，回答下列问题。

1. 达尔文的理论对生物科学的分类意味着什么？
2. 文中讨论了哪些代表系统和"自然法则"？
3. 达尔文期望自己的论证受到批判吗？如果是，他期望怎样的批判？
4. 达尔文在论证中讨论反常现象了吗？如果有，请指出。
5. 下面的哪种观点是被坚持的：
   a. 生物科学研究的事物的类型？
   b. 物种的构成？
   c. 它们的历史或发展？
   d. 所考虑的过程或现象的影响？
6. 针对最后一个问题中列出的主题所做的主张的基础是什么？
7. 我们在生物中发现的有序或无序有哪些方面是需要解释的？
8. 讨论科学中常规论证与批判性论证的区别。我们的例子中哪些方面会让你将其归为一类而不是另一类。
9. 模态限定词在文章中是如何发挥作用的？
10. 文章中有哪些观点是被拒绝的？
11. 根据我们的标准分析模式来分析第一自然段的论证。也就是说，指出所提出的主张，以及它们所依赖的理由，所诉诸的保证，等等。

全国性的报纸和新闻杂志经常刊登有关科学最新发展的文章。有些杂志，如《科学》（*Science*）、《科学美国人》（*Scientific American*）和《今日心理学》（*Psychology Today*），存在的目的是让大众了解科学领域的最新研究成果，学生们可以从这些杂志中找到适合课堂分析和讨论的文章。每个学生都应当通读这些资料，并且准备好在课堂上讨论其中的推理。

第28章 艺术之辩

本章首先对艺术与法律和科学（我们在第26章和第27章中所关注的）以及管理学（我们将在第29章中讨论）进行对比，并以此作为下一话题的序言。在法律、科学和管理这三种事业中，推理和论证都发挥着重要乃至核心的作用。事实上，法律和科学领域的主要职责之一就是进行**论证**。律师的职责之一是构建论证，从而为其客户打赢官司；而科学家的职责之一则是确立论证，从而解释迄今为止仍然神秘难解的玄妙现象。因此，在这两个领域中，推理都发挥着核心作用。此外，在管理领域中，论证也是达到其他目的的一种手段：由于该领域在本质上是集体性的（collective）——在这个集体中，许多人的精力、活动和利益必须得到有效的协调，所以，管理人员必须掌握对同事和股东具有说服力的论据。所以，尽管推理在企业管理中所发挥的作用也许不如在法庭和科学会议上那么重要，但是人们也很难想象20世纪的管理者在履行职责时如何在不诉诸"理由"和"论据"的情况下解释和证明自己的决策。

艺术与这三个领域有着很大的不同。在法律和科学领域中，律师和科学家的职责是设法获得令人信服的论据，而在艺术领域中，艺术工作者的职责则是创作交响乐或雕像、诗歌或照片、小说或项链。与管理者的集体合作活动不同，艺术工作者通常形单影只、孤军奋战。他们将自己关在书房、画室或工作间，以自己独有的方式独自进行艺术创作，而且通常只对自己负责。

当然，艺术的各个分类之间的创作形式也是不尽相同的。比如，电影制作、戏剧和其他表演艺术只有在极少数的情况下才需要进行独自创作和表演，所以电影制作人或戏剧导演的工作，不仅需要艺术想象力，还需要拥有管理才能或独断技能。建筑领域亦是如此。从此种意义上说，以下的论证就像应用于那些更复杂的媒体一样，需要一些限定条件。但是，为了从一开始就把问题弄清楚，我们将在这里集中讨论个别的艺术活动，如绘画和音乐创作。

因此，艺术家个人的日常生活和工作通常很少为人类其他领域的活动提供进行"论证"的机会。有一个故事讲的是19世纪英国画家J. M. W. 特纳与乔舒亚·雷诺兹爵士的一些学生共度了一个夜晚，彼时，这些学生正在热烈地讨论着崇高与美之间的关系，以及其他一些华而不实的美学话题。特纳没有参与这场热烈的讨论，而是在令人不安的沉默中度过了整个晚上。人们听到他说的唯一一句话，就是当他在午夜时分披上外套离开房子时所说的："绘画，是一件奇妙的事！"由此可见，关于美学，一定存在着足够供我们思考、推理和讨论的空间，但正如我们将看到的，由此产生的论证对于艺术家所关注的核心问题来说还是太过肤浅，与科学家或律师的职业使命相去甚远。

艺术的创作与批评

如果说论证在美学领域的作用对艺术事业来说是无关紧要的，那么艺术领域的论证机会也是支离破碎的。例如，关于美学理论的规范，与当今特定的艺术作品的批评几乎没有关系，更与绘画、作曲、剧本创作等实际工艺中的技术问题没有关系。(巴勃罗·毕加索的批评比特纳更加严厉，据报道，毕加索曾说过，"工作中的艺术家们探讨的唯一一个与美学相关的问题就是，在哪里能够买到上好的松节油。") 鉴于20世纪后期艺术工作者与他们的赞助人、客户、观众以及评论家之间的关系，这些不同群体就艺术问题进行辩论的场合略有不同，他们的讨论在不同的圈子和论坛中进行，而这些圈子和论坛通常十分独立且彼此之间几乎毫无沟通。

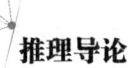

推理导论

在法律领域，各种理性的考虑最终聚集在法庭上，而法庭是争议性问题能够得到最终裁决的唯一地方。同样，在科学领域也是如此。若要确定某些新论点的可靠性和重要性，那么就要由掌握相关科学知识的专业人员进行集体辩论，然后做出最终决定。但是在美学领域，不存在单个的集体论坛，在其中必须对新作品和新程序的"合理充分性"进行最终的权衡，无论这些作品和程序是工作着的艺术家的还是评论家的、历史学家的、理论家的。

还有一点值得介绍，以帮助进一步区分律师、科学家的专业工作和艺术家的专业工作。律师的工作**目标**在很大程度上是由司法事业的集体特征从外部为其设定的。此外，律师为了实现其工作目标而必须履行的各种**程序**在很大程度上也是根据正当法律程序的正式要求而确定的。因此，在法律工作中，工作目标和方法在很大程度上取决于集体决策和集体共识，个人律师的任务就是在这些集体要求规定的限度内找到为特定客户争取利益的最佳途径。同样，科学家专业工作的**目标**也是由集体所决定的。因此，一名有机化学家只有将他的注意力转向该科学领域中公认的当前问题之一时，才能证明其能力。但是，相比之下，他随后采取什么**程序**来解决他所选择的问题，则是他自己的事。他可以自由地发挥他的想象力并利用他的最佳判断力来设计他认为最有前景的调查活动。开始时，人们可能会对他所开展的调查活动的意义存有异议，但是一旦他取得了有益成果，那么所有分歧将不复存在。也就是说，在科学工作中，只有目标或结果是由集体决定的，而至于在攻克科学家所选问题时所采用的程序或方法，可以由科学家自行决定。

从事美术工作的人发现他们的处境恰好与科学家相反。最典型的就是，艺术家们需要遵守多种集体认同的程序和技巧，这些程序和技巧为即将创作的媒介和流派提供了既定储备。但是，这些程序的技术要求具有一定的限制，在此界限内，艺术家可以根据自己的意愿开展他们认为合适的工作或活动。对于一个艺术家来说，预先设定好的东西并不是工作的目标或目的，他们更注重可用的技巧、程序或手段。因此，他最初可能会选择撰写十四行诗或制作版画，制作16毫米电影

（16-millimeter movies）或创作弦乐三重奏；但是无论他采用何种媒介或流派，他都要尽自己最大的努力从掌握其集体技术和问题开始。完成这些工作之后，他才可以继续把它们投入到创作中去，来表达自己的个人计划和个人想象力。

因此，当我们从科学转向艺术，集体和个人之间的关系就反过来了。科学家使用任何自己认为合适的程序来解决集体性的明确问题，而艺术家则使用经过集体制定和改善的技术程序来服务自己自由选择的项目。对这种反转关系的清醒认识能够帮助我们理解为什么当前美学领域内的论证论坛会如此支离破碎。实际上，"艺术之辩"是在三个独立的论坛上进行。在第一个论坛中，工作中的艺术家之间互相探讨的主要是技术问题。在第二个论坛中，是创造性艺术家的受众群体的成员之间互相探讨他们对该艺术家的作品的看法和解释。而在第三个论坛中，则是历史学家和艺术理论家分析这些作品的形式结构、历史渊源和美学意义。

此外，这三个论坛中所讨论的问题类型也各不相同。但是毫无疑问，某些问题在实际上也会出现重叠。在比较他们对特定电影的看法时，如果这些电影观众对电影的拍摄、剪辑、导演和制作有一些技术上的了解，可能就会对电影的评论十分有益。（学院派的艺术史家对他们所谈论的画作如果毫无感觉，那就像缺乏幽默感的心理学家在讨论什么让笑话变得有趣一样。）但是，这三个讨论领域之间的联系是脆弱和间接的，所以我们将在这里分别讨论每个论坛的论证模式的特点。

艺术论辩的相关问题

技术问题

无论其媒介或流派为何，工作中的艺术家之间互相探讨的主要是技术问题。毕加索故意所做的关于"买到上好的松节油"的讽刺性评论，就是对其本质的讽刺。虽然工作中的艺术家的日常关切并非都与这类现实家务事有关，但它们往往与达到某种预期效果的**手段**——"如何做"——有关。旁观者和批评人士可能会关注"艺术家试图做什么"，但这是艺术家自己很少有机会**谈论**的事情。毕竟，这正是他想要**展示**的。与其解释他要做什么，他宁愿继续**做**下去。如果他停下工作并与其他艺术家交谈，那通常是因为他的这些工艺人伙伴拥有他可以借鉴和学习的实际经验。

因此，绘图员可能会放下手中的铅笔，然后向他的老师或同事说："我的这只手有问题，它和前臂的连接方式出了什么问题。你能帮我吗？"或者，一位电影导演可能会坐下来，与协作人员喝上一杯，然后说："我还没想好如何处理这次警车追逐与地方检察官办公室正在进行的采访之间的情景变换。你有什么建议吗？"再或者，一位诗人可能会对朋友说："我不满意这首十四行诗的中间四行——内在韵律和节奏产生了令人不快的刺耳声。你能看出问题出在哪里吗？"我们可以轻易地举出很多其他种类的艺术家（如雕刻家、作曲家、园艺师）的例子。

当然，在这些情况中出现的问题与"品位问题（matters of taste）"并无多大关联，但是却与相关媒介中集体的实践经验传统关系密切。从学徒开始，这位想成为画家或作曲家的人发现自己被这种传统所吸引，并以掌握任何他需要的和他能掌握的由他的前辈开发和测试的技术为自己的事业。此后，在他的职业生涯中，他可以自由地从这些技术资源中进行选择，并在创造自己选择的产品时对其进行改进。但是，无论其最终的创作多么富有想象力以及设计风格多么自由多变，其工作过程中所克服的实际技术问题还是实实在在的集体性问题（collective problems）：

——如何最恰当地稀释油画颜料，以便创作出"亮化"的纹理？

——究竟哪种音质是单簧管低到中音区范围的特点？

——如果反复并快速地交切不同场景的镜头，会对电影观众造成哪些令人不安的视觉影响？

如果一位艺术家想要获得预期的效果，那么这些就都是他必须知道

第 28 章 艺术之辩

和理解的事情。因此，这些技术问题，不仅仅是集体性问题，而且还是（具有重要意义的）**客观**问题，通常都会有一个"正确或错误"的答案。

解释性问题

艺术家的受众群体会对艺术家的作品提出多种不同的问题。通常情况下，评论家和观众会在相对封闭的环境中——画廊、电影院或音乐厅——欣赏艺术家的完整作品。这些评论家和观众既不牵涉也不参与创作该作品时所涉及的所有问题和实验、脑力思考和体力劳动。从长远来看，理解这些事情可以帮助他们更好地欣赏艺术家的完整作品，但是如果要从根本上"回应"或"理解"该作品，那么观众的首要任务是了解该作品的类型、内容，以及如何观看、阅读或倾听该作品。因此，艺术家的受众群体对艺术家的作品提出的首个问题是理解性问题，而非技术问题，例如：

——在这部电影中，超长的静态开场片段有何意义？是导演的自我沉溺还是导演在试图设定某种场景氛围？

——在这幅画作中，我们应当如何理解两个条理紧密的区域之间的关系？以及这两个区域是如何融入其他平展的扇形之中的？

——在这部小说中，作者是否故意将人物的性格刻画得比较肤浅？如果是这样的话，我们又该如何理解作者的意图呢？

一旦我们的思维达到了这种水平，那么辩论中的争论点就是品位问题和更直接的技术问题。但是也不能想当然地认为品位问题是个人化问题或主观性问题。有品位的人——尤其是受过良好教育且阅历丰富的人——绝不会滔滔不绝地谈论自己对某件艺术作品的个人看法。相反，他们所接受的教育和丰富阅历意味着他们可以帮助我们深入地了解这些艺术作品，这样我们就可以通过自己的理解挖掘出很多之前从未留意过的主题思想。

"看看画家是如何将这条线从左下角延伸至右上角，并将所有较饱和的色块对称地排列在对角线上的。"

推理导论

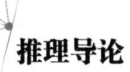

"听听这个由鼓声和长号和弦组成的重复节奏;整个乐章是帕萨卡利亚舞曲的一种,而该节奏充当了一个通奏低音。"

"这些特殊的诗歌中表现出了刻意的粗野;而矛盾的是,这些诗歌的作者却是犹太版杰拉德·曼利·霍普金斯。"

如果工作中的艺术家在艺术作品**创作**过程中的哪个地方遇到技术问题,观众在**接受**过程中就会在这个地方遇到感知和理解问题。很少有电影观众自己是电影制作人,也很少有听众自己是作曲家,这两种问题出现于拥有迥然不同的基本经验的人身上,所以由此产生的"问题"必然会彼此不同。

理论问题

如果我们现在转而探讨第三组辩论论坛——主要涉及学术历史学家、哲学家以及将美术作为研究重点的其他学者——那么结果亦会如此。若要著述历史观念、审美意识,以及其他与文艺复兴时期的绘画、华兹华斯和柯勒律治(Wordsworth and Coleridge)的诗歌改革、19世纪后期德国文化中瓦格纳歌剧的作用或荒诞派戏剧的社会意义等方面相关的问题,那么我们必须要"理解"这些不同的艺术作品中所出现的一切相关事宜。但是,学术理论家却一直在关注所出现的新问题,即,作品内部的组成和结构问题,因为该问题涉及了较多的音乐、诗歌或电影"形式"方面的一般性理论,或者是某个特定艺术片与当代文化和其他社会外部特征之间的相互关系,因此,现在人们只是简单地将艺术作品看作是更广泛的现象特征中的一些元素而已。

因此,学术理论家对美学的看法不同于创造性艺术家和直接受众对美学的看法。艺术家是在积极地创作艺术作品,而观众则是由于自身的原因并根据自身的条件来诠释和理解艺术作品,但是对于理论家来说,艺术品只是诸多其他物品中的一个,只有当艺术品体现了更广泛的一般关系时——无论是内部关系、正式关系,还是外部关系、社会关系或历史关系——理论家才会对艺术品加以关注。

"是否有人会将18世纪最早期的奏鸣曲式实验视作早期声乐形式的器乐曲改编,如亨德尔咏叹调?"

"20世纪早期英国诗歌的表达性资源是如何通过用内韵和重音模式取代旧的押韵模式而得到扩展的?"

"19世纪中期德国和奥地利戏剧作品的特性的哪些方面受到了这些国家的贵族赞助的持续影响?"

"流行音乐与政治抗议运动之间的联盟在多大程度上促进了20世纪60年代的流行音乐家对旧式民谣传统的复兴?"

虽然这些问题本身十分引人入胜,但是这个层面的问题既不能帮助工作中的艺术家解决实际问题,也不能帮助观众理解所创作的东西到底是什么。相反,这些问题可以成为纽带,将我们对美学的思考方式与对其他学科(例如,历史学和社会学,认知心理学和文化变革理论)的理解联系起来。

艺术中本质上有争议的问题

在法律和科学领域中出现的本质上有争议的问题起初并不明显,而且往往需要进行论证说明。在美学领域中,此类争议则较为常见。关于什么是或不是"真正的"音乐或绘画(或统称为"艺术")的争议频繁出现,尤其是在20世纪。对于生活在20世纪初期的很多人来说,立体主义"根本不是艺术",而对于当今社会的很多人来说,约翰·凯奇所创作的噪音"根本不是音乐"。而且在记忆中,电影作为艺术创作的合法媒介的现状仍然面临着挑战。任何不厌其烦地了解艺术流派和风格的历史发展以及其公众接受度的人都知道,20世纪所面临的这些挑战与早先几个世纪所面临的挑战极其相似。(布莱克的画作最初看上去十分幼稚笨拙,贝多芬的音乐听起来"不成曲调",而至于艾米莉·狄金森的早期诗作……)事实上,在共享性艺术事业中,富有创造力的艺术家一直都在致力于重新划定其艺术界限。

我们可以更进一步。人们长期争论的美学问题不一定非要涉及当

前可用媒介的合理界限。如果从更长远的历史角度来看待美学的话，我们会发现，艺术家是作为独立的创作主体而存在的，今天我们承认艺术家的这种地位并认为这是理所当然的，但是艺术家却将这种地位视为是自己的一个选择而已。在其他时期，人们对艺术与其他人类事业之间的关系的看法也不尽相同。例如，艺术和工业技术之间应该存在怎样的适当关系？美学与严格的技术工艺有哪些不同？富有创造力的艺术家能否始终而且无一例外地主张自己可以完全自由地选择表达自我的方式以及如何使用他在做学徒时所学到的技术？

如果更深入地追究这些问题，我们会发现，我们所熟悉的20世纪北美和欧洲对艺术品的创作自由远未普及。在其他时期和其他地区，人们通过完全不同的方式认识到了艺术家的身份。例如，直至18世纪后期，我们现在称之为**艺术家**的工人群体与**工匠**（artisans）之间几乎没有任何区别。在这一阶段，与工业艺术、医学艺术相比，美学仍然只是"艺术"的一个类别。总之，对于生活在18世纪的人来说，**艺术**这一术语已经与我们现在所称的技术领域出现了很多的重叠，而且他们认为我们今天所称的工程学培训与美术习艺之间没有任何区别。因此，在18世纪的英国，为鼓励工业技术创新而新成立的官方社团被称为英国皇家艺术协会就是非常自然的了。

再进一步追溯，如果我们认真地审视中世纪的这些杰作，这些数量剧增的屹立在西欧主要城市的教堂，我们不禁会问，"是哪些杰出的艺术家构想并指挥创作出这些崇高的艺术作品？"如果我们提出这一问题，会发现很难得到答案。这些中世纪教堂应运而生所遵循的程序并不适用于20世纪晚期关于美学的理论或实践两方面的描述。当然，还有很多"熟练的石匠"，他们在制定教堂建设计划的工作中发挥了重大作用，而且显然，他们还监督了工程的建筑工作并将这些建设计划付诸实践。此外，似乎至少有五六名其他人员曾密切参与了教堂建筑计划的最终决策。所以，在最后的分析中，我们很难将这些建筑杰作归功于某一位艺术家，就像我们不能将一场棒球赛的胜利归功于任何单个球员。这并不仅仅是因为建设伟大的中世纪教堂是团队协同工作的结果，也是因为创造这些杰出建筑的整个事业从来就不是任何单个人的艺术性的自我表达。

追溯到更早的公元11世纪后期，我们会发现这一时期东正教教堂中所使用的彩绘圣像和壁画在我们看来绝对是精美的艺术品。但是，探究这些绘画作品究竟出自何人之手却与查明是何人设计了西欧中世纪教堂一样困难。在创作期间，这些神圣的绘画作品并不是某个个人的自我表达，因此，与当今艺术相关的思维方式和争议似乎与参与创作的人员并无多大关联。如今我们可能会从20世纪的美学角度来探究不同圣像画家的风格、亲和性和个人特质，并制定一个适用于他们的绘画作品的类型学和批评体系。但此处出现了一个很大的问题，那就是，我们所提出的问题是否真的与圣像画家本身的意图或行为有任何关联。不同时期和不同文化对艺术概念的理解截然不同，因此对艺术家的作用的看法也千差万别。从这个意义上说，当脱离最初的背景考虑时，美学总是容易成为"本质上有争议的问题"的根源。

其他的推理模式

我们已经指出了在三个不同且独立的**论坛**中所讨论的美学问题。简而言之就是：

1. 工作中的艺术家们互相谈论他们工艺中的**技术问题**。
2. 艺术品的观众、听众和实践批评家讨论与特定作品的结构和意义相关的**解释性问题**。
3. 历史学家、社会学家和学术评论家就**理论问题**进行辩论，这些理论问题主要是美学与其更大背景之间的关系问题。

正因如此，我们可以预期，在处理这些不同问题时所采用的论证形式和模式也会相应地有所不同。

这样说并不意味着每种情况中出现的问题——技术问题、解释性问题和理论问题——都是完全独立且互不相干的。相反，如果我们没

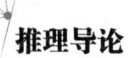

有掌握足够的与相关媒介中所涉及的基本技术问题相关的知识，那么我们就很难诠释文学、音乐或艺术的内在含义或相关性；如果我们不能理性而自信地解决技术和解释性问题，那么我们也无法条理清楚地谈论更深奥的理论问题。下面让我们看看各论坛中出现的一些问题的实例。

技术上的讨论

正如前面所说，艺术家之间所探讨的问题主要是如何完成某件艺术作品（即，完成某件艺术作品的直接方法）。例如，假设一位艺术家正在创作一组画像，而且起初她不知如何处理最终的角度问题，尤其是如何让人们将注意力集中在这组画像中的一个核心画像上。她需要在该画像的周围区域制造特殊的层次感，这样才能吸引观察者的眼球。她如何才能做到这一点呢？她与同事进行探讨，她同事的话让她想到了17世纪荷兰画家处理类似问题的方法。例如，伦勃朗最惊人的创新之一就是围绕画的主要部分使用一束电筒光似的集中线，从而吸引人们的注意力。所以，也许今天我们也能够使用相同的方法进行试验。

通过这种方法，我们构建出了一个论证概要，如图28-1所示。

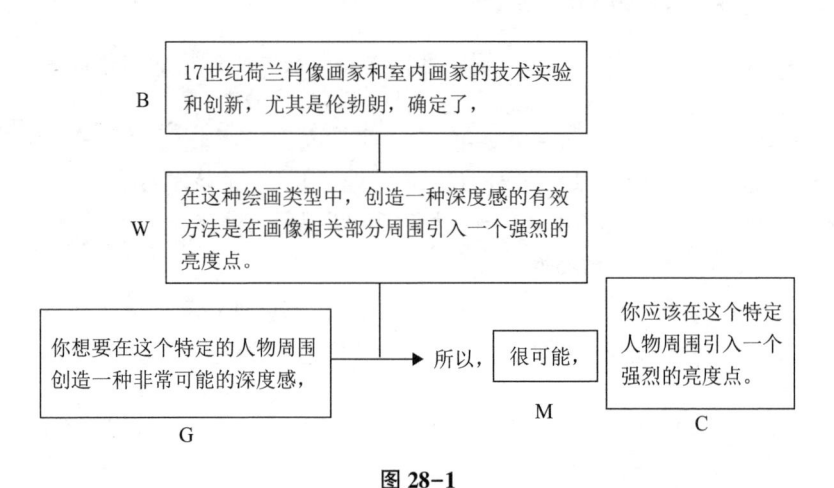

B：17世纪荷兰肖像画家和室内画家的技术实验和创新，尤其是伦勃朗，确定了，

W：在这种绘画类型中，创造一种深度感的有效方法是在画像相关部分周围引入一个强烈的亮度点。

G：你想要在这个特定的人物周围创造一种非常可能的深度感，

M：很可能，

C：你应该在这个特定人物周围引入一个强烈的亮度点。

图 28-1

如果我们将该论证说成是与"技术"问题相关的，那么我们是经过深思熟虑的。此处涉及的问题——"我怎样才能在画面中的这一部分创造出特殊的层次感?"——是一个简单的方法性问题,与"我怎样才能治疗这位患者的呼吸道感染?"是一样的。绘画艺术与医学艺术一样,都依赖于传承下来的技术经验主体,如果我们在当今的相应艺术领域中遇到了相似的问题,那么我们的首要选择就是诉诸这些经验主体(或专业知识)并获得帮助。

一旦掌握了这种手段-目的式推理的一般特征,就无需多说别的了。美学领域中技术问题的讨论与实际生活中任何其他领域中技术问题的讨论十分相似,只要我们知道我们想做什么,那么剩下的唯一问题就是相关艺术领域中的哪些技术经验传统能够帮助我们解决所面临的实际问题。

解释性交流

观众、听众和评论家在探讨已完成的艺术作品的过程中所遇到的问题与艺术家在创作艺术品的过程中所面临的问题截然不同。通常情况下,创造性的艺术家清楚地知道他想要做什么,而他所面临的问题就是如何将他的意图付诸实行。但是旁观者却常常很难弄清楚某些特定艺术作品到底是"怎么回事"。所以,不同的旁观者和评论家就会互相交流意见、看法以及他们对该艺术作品的理解,希望以此走出困境,撩开艺术品的神秘面纱。

这种交流的主要议题是什么呢?有些人认为,他们最关心的是艺术家本人的"意图"。这种观点认为,我们在任何特定作品中所感知到的内容就是艺术家想要我们感知到的内容。其他人则认为,如果将艺术家的意图纳入考量,那将是一种谬误。他们认为,艺术品应独立于"艺术家的意图"并直接接受观众的批判性关注和分析。但是这种分歧似乎或至少在某种程度上是因为志趣不同。当然,"反对艺术家意图论"的观点也确有道理:如果艺术家未能通过作品将他的意图表现出来,那么我们可以在不受他未能实现的意图的影响下批判性地对他实际创作出来的作品加以评论——或好或坏。但是"支持艺术家意图论"的观点也很有道理:"作者的意图"必然会影响到读者对小说的正确把握或错误理解,从某种意义上来说,"作者的意图"不是**他的**

推理导论

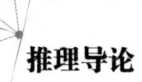

意图，而是**他想要传达的信息或意义**。

例如，假设读者在阅读托尔斯泰的小说《安娜·卡列尼娜》时遇到了一些问题。《安娜·卡列尼娜》的读者往往很难了解到托尔斯泰本人对其书中描写的女主角持怎样的态度。鉴于安娜与渥伦斯基的一段热情激烈的婚外情对她的生活造成了灾难性的影响，所以很多读者对安娜是持反对态度的：大概这是一篇描写道德的文章，托尔斯泰有意将列文和基蒂堪称典范的谦逊和无私与安娜和渥伦斯基冲动的自私和傲慢进行对比。但是这种理解是否正确呢？其他批评者和评论家指出，托尔斯泰在很多章节中颇为严正地描述了安娜的同事和同时代人的社会态度和行为，并通过描写安娜丈夫的朋友的呆板、墨守成规的虔诚以及客厅社交界的自私物欲反衬出安娜的热情和慷慨。毫无疑问，与基蒂相比，安娜的经历是彻底失败的，但是从这一观点来看，托尔斯泰是在富有同情心地向读者展示——情有可原、无可厚非的失败胜于有失体面的失败。

这一讨论的解释性论证特征如图 28-2 所示。

B：在现实生活和小说中，我们个人的同情和反感往往是由一个人的个人处境（近亲、亲密伙伴等）所引起的，就像由他或她自己的实际行为引起的一样。

W：因此，如果一个小说家有意让我们谴责他的女主人公，而不是同情她，他就会小心翼翼，不让她的近亲和伙伴对她产生高度的不同情。

G：托尔斯泰把卡列宁和他的伙伴描写成无情、冷酷和虚伪的人物。在与孩子的所有交往中，安娜表现出发自内心的爱和关心，这是卡列宁永远无法做到的，等等。

Q：因此，显然，

C：托尔斯泰并不想让我们谴责安娜，而是希望我们同情她。

图 28-2

第 28 章 艺术之辩

在此示例中，G 和 C 之间的联系并不严密。在文学作品和现实生活中，我们都要有分寸地并通过慎重甄选出的重点思想来判断人物的性格和动机。因此，我们很少能够展示出像"几何学"一样严密的论证。尽管如此，评论家有时也可以根据对作品的全面、详尽和细致的分析构建这样一个旁证结构，并得出令其他读者十分满意的结论，从而验证他对该作品的"解读"。但是，与所有间接论证一样，以这种方式构建出的论据从来都不够全面。说科学家可以计算出一发炮弹回落的时间以及对文学、音乐和美术的批判性讨论拥有比较适度的目的，这些都是可能的。但是无论这些评论或讨论多么具有说服力，它们仍然会受到进一步的批评和限定，因为我们会从新的角度看待一部作品并赋予它新的感性认识。

相应地，文艺批评的词汇在情态词和词组方面尤为丰富。我们从来不会用下列形式来展示我们的论证：

"因为 G，所以必然得出 C。"

相反，通常我们会通过展示提出这些主张和结论的独特立场或视角来限定我们的主张和结论：

"因为 G，所以（从心理上讲）C。"
"因为 G，所以（从情节架构上讲）C。"
"因为 G，所以（一百年以后从美国角度考虑）C。"

在对艺术作品的评论中，如果论证的形式严谨、方法简单、计算精确，那么论证的说服力就较弱，而如果论证的形式丰富多样、方法错综复杂而且"栩栩如生"，那么论证的说服力就相对较强。

批评理论

那些参与到第三个"艺术之辩"论坛中的人，对所考虑和讨论的作品采取另一种截然不同的立场。在第一个论坛中，主要出现的是半成品——一幅肖像、一本小说、一段弦乐四重奏或其他作品——而此

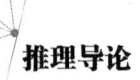

时艺术家所关心的问题是如何采取行动完成这项作品。在第二个论坛中，评论家、观众或听众主要探讨的是一项完成的作品本身——一幅画、一本小说或一件音乐作品，他们所面临的问题就是对这一特定作品进行理解和解读。在学术论坛的辩论中，主要是理论性讨论，让人们置身事外，然后以更广阔的视野看待整个艺术事业。新视角带来了新问题，那就是，通常需要人们考虑**一整类**音乐、艺术或文学**作品**，或者着眼于这些作品的内部特征和形式特征（十四行诗、奏鸣曲，等等），或者着眼于这些作品与更广阔的社会和文化创作背景之间的关系。例如：

"我们能否发展一些与奏鸣曲形式相关的一般理论，以便帮助我们更好地倾听和理解巴赫和舒伯特这段时期所创作的器乐和交响乐？"

"在过去的三百年中，西欧和北美社会结构的变更对艺术家的自我认知造成了哪些影响？"

"摄影术的发明对19世纪后期的肖像绘画艺术产生了怎样的影响？"

"英美口语中节奏和元音的变化在哪些方面影响了英语抒情诗的风格和结构？"

因此，在这个学术论坛中工作的批评理论家们，既要审视艺术作品本身，又要考虑他们自身的利益，还要将他们对其他学科（历史学、社会学、心理学，或其他任何学科）的理解与他们的批判性思考结合起来。

举一个具体实例。熟悉古典音乐形式和风格发展的音乐爱好者，一定对1780年到1820年间在处理这些形式和风格上所发生的一场非凡的"巨变"印象深刻。例如，我们见证了莫扎特早期音乐与贝多芬晚期作品之间的巨大反差。如果我们要问，以何种言辞才能最恰当地解释这种变化的迅速，那么我们将提出批评理论的真正问题，因为只要集中关注以下几个方面，就可以从几个不同的方向来解决这个问题：

1. 音乐创作艺术本身所处理的技术问题的变化。

第28章 艺术之辩

2. 所涉个人作曲家的个人特质。

3. 在所讨论的那个时期，正在发生变化的音乐创作和音乐会演出的社会环境。

乍一看，这三种方法中的哪一种更适合解决目前的问题还很不清楚。我们可以先排除第二个选项。出现某些最明显的间断的原因不是从海顿到莫扎特的过渡或从莫扎特到贝多芬的过渡，而是一个作曲家的作品**内部**出现了过渡，例如，从莫扎特的《伊多梅纽斯》到《费加罗的婚礼》，或者贝多芬的《第二交响曲》到《第三交响曲》。但是，其他两个方法中的任何一个似乎也无法回答我们的问题。当然，《伊多梅纽斯》与《费加罗的婚礼》之间也有明显的差异，但是这主要是因为莫扎特决定抛弃旧的**正歌剧**传统，转而支持一种新的社会讽刺喜剧，而且这个决定让这位作曲家遭遇了一些严重的技术难题。但是我们如何解释这一决定？为什么莫扎特会选择跳出旧式歌剧风格的限制？显然，我们并不能从技术角度解释这一变革，因为技术问题是在做出这个重要决定之后才出现的。

因此，在应对批判理论问题时，我们应该把网撒得更大一些，并更多地关注音乐和其他事物之间的联系。例如，如果结合莫扎特的生活背景深入地探究莫扎特的作品，我们会发现其中必然存在一定的关联。莫扎特在担任萨尔茨堡的宫廷音乐家期间创作了《伊多梅纽斯》，这也是他担任宫廷音乐家期间所创作的最后一部歌剧。他与萨尔茨堡大主教之间的关系不是十分融洽，且在他完成此部歌剧后不久，他与他的赞助人发生了最后的、无法挽回的争吵。从那时起，他开始在维也纳以自由职业者的身份工作。他接下来的三部歌剧（《费加罗的婚礼》《唐·璜》《女人心》）都是为维也纳的商业剧场而创作的——也就是所谓的"音乐剧"，后来被改编成更受欢迎的歌剧，但品位却不那么高雅了。更重要的是，由于莫扎特所处的环境发生了变化，他可以自由地选择主题和情节，当然，这些主题和情节往往会引起大主教的不悦。从那以后，莫扎特只在《狄托的仁慈》中再创作了一次正歌

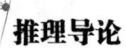

剧，《狄托的仁慈》是莫扎特后期的作品，且相对来说不太成功，而且这是他唯一一次在贵族的赞助下创作歌剧。

同时，莫扎特后期歌剧作品中彰显出的新的自由思想也蔓延到了其他流派和形式的作品当中。在交响乐或弦乐四重奏中，莫扎特风格的发展出现了间断，但是与歌剧中出现的间断相比，这些间断并不突兀，也不明显，尽管如此，我们还是注意到了同样的变化趋势，即，从老式、风格化、宫廷式、矫揉造作向原始、更为流畅和个性化转变。至于贝多芬，他从职业生涯之初就是一位自由作家，而且并未遭受到种种约束和限制（这些约束和限制对生活在18世纪的贝多芬的前辈们造成了很大的影响）。

通过这一示例，我们阐明了批评理论论证特征的一般模式。鉴于艺术家之间的讨论（第一个论坛）中所出现的保证通常涉及技术问题，而艺术家作品的受众之间的批判性讨论（第二个论坛）的特点与受众对特定艺术作品的解读直接相关，相对而言，与艺术相关的学术讨论所诉诸的保证则更具理论性和普遍性。例如，在本示例中，其中一个隐含的保证可以表述如下：

> 任何特定环境中音乐或艺术创作的主导性流派和风格都应在某种程度上反映出该媒介或流派的内部问题以及现行庇护体制和相关艺术"市场"的外部需求。

我们呼吁人们关注莫扎特生平的传记事实，而该传记事实也支持了这样一个观点：无需通过诉诸音乐作品艺术中的"内部"或"技术"变化来全面解释1800年前后对古典形式问题的应对中出现的快速变化。在标准模式中列入该论据，就可以得出图28-3。在本例中，正如之前所举的托尔斯泰的示例一样，我们也必然无法阐明事件的"全貌"。尽管与相关问题相关的内容丰富且复杂，但是也不太可能详述事件的本末。通过采用新的视角并扩大相关外部因素的考虑范围，我们能够证明各种其他的、更多的观点，并因此让我们对早期的海顿到晚期的贝多芬之间的风格转变的理解变得更加丰富、更加具体。**这样，就其本身而言**，每一种主张都可以被判断为合理或不合理的，即使人们随后还会对这些主张做进一步的解释和完善。

```
┌─────────────────────────┐
│ 在任何特定情况下，音乐或艺术创作的主导流派 │
│ 和风格都可能反映出，部分是所涉媒介或流派的 │
│ 内部问题，部分是当前市场和赞助人制度的外部 │
│ 需求。                  │
└─────────────────────────┘
            │
┌──────────────────┐      │      ┌──────────────────┐
│ 莫扎特的歌剧风格从1780年的《伊多梅 │      │      │ 从1780年到1820年间， │
│ 纽斯》到1786年的《费加罗的婚礼》之 │      │      │ "古典"音乐形式的 │
│ 间的变化与他从萨尔茨堡的宫廷中离职 │      │      │ 放松反映了赞助和音 │
│ 直接相关。莫扎特重新回到贵族的赞助 │      │      │ 乐会的社会传统的变 │
│ 下创作的作品只有《狄托的仁慈》，但 │  所以，│ 看起来，│ 化，同时也反映了音 │
│ 该剧却是一部失败之作，很大程度上是 │─────▶│       │ 乐创作的内部需求和 │
│ 因为他试图回到早期更正式的处理风格， │      │   M   │ 艺术要求的变化。  │
│ 但没有成功。与莫扎特不同的是，贝多芬 │      │       │                  │
│ 几乎没有受到过贵族的赞助，他的交响 │      │       │                  │
│ 乐作品主要是为一场中产阶级的音乐会 │      │       │                  │
│ 而创作的，等等。        │      │       │                  │
└──────────────────┘      │      └──────────────────┘
            G                                C
```

图 28-3

美学解释的合理性

在考察法律和科学情境下的论证程序时，我们必须特别注意论证的对抗模式和共识模式的对比。尽管在法律领域中经常出现对抗模式，而在科学领域中经常出现共识模式，但是在实践中（正如我们看到的），这两种模式却在上述两种事业中都占有一席之地。在公开的诉讼过程中，司法单位可能会表现出无条件的对抗性，但是在劳动管理仲裁和从未送交法院审理的案件中，律师往往会像科学家一样，旨在求得达成共识。相反，在开展科学辩论时，如果要让新想法接受彻底的批判，那么即使他们的长期目标是就正在讨论的科学思想问题达成重

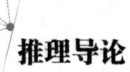

要共识，科学家也可能采用辩护和回应的对抗性程序。

然而，目前我们关于美学的推理讨论表明，对抗和共识论证模式并不是唯一可能的模式。在美学领域中，我们进行推理的方式和最终得出的判断都具有与司法程序和判决以及科学讨论和结论不同的特征。当我们在谈论绘画、交响乐或电影时，我们通常关心的不是以牺牲他人为代价而"获得对我们有利的判断"，甚至不是以驳斥别人的观点为代价来"证明自己的想法"。相反，我们通常感兴趣的是，对正在讨论的作品"讲得通"或"提出合理而有趣的观点"。也就是说，在美学讨论中，无需在双方所持的立场之间制造直接的竞争或对立。在法庭上，要么是检方赢得官司，要么是被告方赢得官司。在科学讨论中，某个新理论的倡导者要么可以证明自己的观点，要么无法证明自己的观点。但是，在关于美学的讨论中——无论是批评性的还是学术性的——会存在自由且多样的诠释，这样的诠释无论是在法律论坛还是科学论坛中都不存在。正是由于这个原因，我们在前文中才说，关于艺术的讨论，其最终的讨论结果可能是讨论双方最终说道，"现在，我明白你的意思了——我理解了你的观点，而且通过采纳这种观点，我能了解到你对这部作品的看法。"

这种解释的**多样性**在一定程度上促使人们把审美问题说成是"主观的"——这意味着，每个人都可以自由地采用他所选择的任何立场和解释模式。而有些人甚至走得更远，他们得出的结论是，在相互对立的解释和批评理论之间的冲突中，可以不存在"对与错"的问题，即不存在某种"合理性"。（他们认为）对艺术作品的看法完全是一种感情或情绪问题。同一件艺术作品可能会对不同的人产生完全不同的影响，所以缺乏美学共识也就不足为奇了。

最后一种观点太过极端。批判性分析工作和解释工作都涉及一个筛选过程，即，从对艺术作品的误解性、误导性或不当的观点中挑选出能够正确表达该艺术作品的解释或观点。一方面，虽然很少有解释可以声称是唯一正确的，但是只要某一个特定的理解或分析非常有洞察力且有据可查，那么就可以将这个理解或分析视为是"决定性的"。

第28章 艺术之辩

但是，即使是在这种情况下，以后的评论家也可以从不同的角度提出同样有洞察力且获得充分支持的其他解释。因此，当艺术领域中出现批判性问题时，如果坚持为这些问题找"正确答案"，这种做法就是错误的。

另一方面，如果认为批判性问题很容易回答，也是完全**错误的**。例如，如果你不知道鲁本斯的许多大型组画都有富有寓意且象征性的主题，那么你对这些画作所做出的解释可能就只是荒谬的。如果你不了解这些作品中隐含的希腊神话之类的典故，那么你就可能会把它们看成是狂欢的画面。也就是说，在谈论艺术时，人们太容易误入歧途。因此，即使撇开所有技术问题不谈，对文学、音乐和其他类型的批评——从来都不是唯一正确的——也往往会出现严重的错误。

那么，美学中的"合理性"的正当要求究竟是什么呢？这些要求更多地与作品的丰富性、坦诚性和"生活的真实性"有关，而不是与几何论证的形式的简洁性和数学的严谨性有关。某部新影片的批判性解释很有说服力，但是若要成功地说服人们认同这种解释，就要将与该部影片相关的丰富的、详细的且精心选择的一组事实综合起来予以说明，而不是通过形式演绎加以说明。这些个别的事实性陈述中的任何一条本身无法"证明"任何东西，就像个别的铅笔笔画无法构成一幅完整的图画一样；但是，如果将它们组合起来，就可以形成一个生动的、令人信服的且得到充分支持的有关作品的观点。

由此产生的美学论证的合理性可能不是法律或科学的合理性，但它仍然可以是经验、反思性思维、慎重考虑和精心挑选的语言的产物——简而言之，这是一个独特的理性成果。无论它表达了怎样的个性化观点，它都会像在任何其他理性事业中所提出的主张一样，以同样公开的方式接受反对和批评、限定和改进。因此，选择自己立场和观点的自由并未将我们置于理性讨论和批评的范围之外。在艺术批评中，尽管试图寻找唯一的"恰当"解释或"正确"程序的诱惑可能依赖于一种错觉，但是，我们仍然可以继续以理性的方式排除毫无价值、纰漏百出的误导性论述和观点。

推理导论

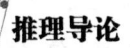

练 习

20世纪70年代早期,当克里斯·克里斯托弗森录制《我和波比·迈克吉》(Me and Bobby McGee)、《星期天早上的到来》(Sunday Mornin' Coming Down)、《助我度过长夜》(Help Me Make It Through the Night)、《崩溃》(Breakdown)和《爱她更容易》(Loving Her Was Easier)等歌曲时,他看起来可能成为下一个伟大的美国歌手/作曲家。他拥有着一切:汉克·威廉姆斯的随性、鲍勃·迪伦的超凡魅力,以及每一位直率而又多愁善感的艺术家所需要的那种特殊的、说不清道不明的力量,将天真烂漫的陈词滥调升华为本土神话。

然后,随着《银舌恶魔和我》(*The Silver Tongued Devil and I*, 1971)的问世,克里斯托弗森最初的歌曲储存已经用完,接下来的一切都很尴尬。现在,在经历了多年的音乐沉寂之后(在此期间,这位歌手幸运地开辟了第二职业,成为一名相当不错且成功的演员),克里斯托弗森带着一张新专辑归来,他似乎很想为这张专辑背书:"我为这张专辑感到骄傲",他在专辑封面上写道。

除了他显而易见的努力(听听他的歌声就知道了),好消息是《复活节岛》(*Easter Island*)这张专辑并不是一场灾难。坏消息是,这仅仅是一个平庸的记录,离最差只有一步之遥。"八盎司手套,现在是冠军时间/……恐怕我们已经走了,把它放在了线上。"克里斯托弗森在LP的第一首歌曲《危险的交易》(Risky Bizness)中唱道,你听着有些兴趣。但九首歌之后,你就不知道他在说什么了。

主打歌和《活着的传奇》(Living Legend)都被当作赞美诗来处理,而且听起来很重要,这足以说明一些事情,但如果真的是这样,那也是个被藏得很好的秘密。《军刀与玫瑰》(The Sabre and the Rose)模仿莱昂纳德·科恩,却运气不佳;《幽灵女士的复仇》(How Do You Feel)毫无意义地流于形式,而《虚度光阴感觉如何》(Spooky Lady's Revenge)则是半途而废。只有《永远在你的爱里》(Forever in Your Love)真正留在人们的脑海里,那是因为副歌中那熟悉的旋律。

第28章 艺术之辩 ▲

如果《复活节岛》不怎么样，但总比什么都没有好。这就是克里斯托弗森最近给我们带来的作品。

《滚石》杂志

1. 用我们的标准模型重写这个论证。也就是说，区分主张与主张所依据的理由，以及用于证明主张与理由之间联系的合理性的保证。这些保证是否明确？它们是否有限定条件？如何反驳它们？

2. 这个论证适合讨论艺术问题的哪个论坛？

3. 论证的哪些特性是流行音乐（相对于某个其他论证领域）讨论的特征？在这个论证中，模态限定词是如何体现的？

4. 论证中有反驳吗？如果有，请指出。

5. 共识的概念在论证中起作用吗？

6. 我们认为，理性讨论艺术有以下几个特点：体验、反思性思考、慎重考虑、精心选择语言。你能在文章中找到每一个特点的迹象吗？

7. 《滚石》(Rolling Stone)、《乡村之声》(The Village Voice) 和类似的报纸，以及全国性的新闻杂志，每周都会刊登对艺术的批评和讨论。准备一篇类似的文章进行分析，比如说，你在这些出版物中读到的一篇影评。

第 29 章 管理推理

在过去的数百年里,商业、工业、政府以及其他社会机构的范围经历了前所未有的增长,这激发了人们对运营这类复杂的人类组织的兴趣,特别是催生了一个新阶层——"职业经理人"。以前的产业都是由工匠或商人(如机械师、裁缝和会计)来经营的,而现代的管理者则是一类新型的专业人员,他们的主要技能就在于指导组织的运作。因此,管理者拥有决策者和执行者的双重身份,其任务是确定在企业中应该做什么,然后观察组织中的不同成员是否按照预期的方式行事。

与政治、科学、法律或美学分析相比,对管理学的严谨分析尚属一种新事物,因此其特有的推理形式并没有像其他领域的分析那样受到足够的重视,也没有发表出像其他领域那么丰富的论证分析文献。但是,管理仍然是现代社会中一个极其重要的领域。许多人发现他们被要求参与管理推理,因此这是一个值得我们在此关注的领域。

管理行为的发展侧重于关注商业和工业活动,但是在政府、教育、研究和慈善机构中的管理和组织实践也变得同样重要。在我们的讨论中,我们将把商业世界作为主要关注点,但是我们对推理实践的观察研究通常也适用于商业之外的其他复杂组织。

作为论证论坛的管理

就在几年前,典型的商业组织只有一两个老板和相当少的员工。通常是老板自己创建公司,在前几年中自己完成公司的大部分工作,

第29章 管理推理

直到业务规模扩大到只靠他一个人的力量无法完成时才开始雇佣其他员工。在这种情况下，任何商业决策背后的"推理"就是极不明确且很难找到的。老板把事情想清楚，然后宣布接下来做什么，通常并不鼓励员工提出异议，他们只是听令行事，因此并没有一个内部的"论证论坛"可以供员工对雇主的决定进行公开的集体讨论或批评。此外，在20世纪初，企业通常只局限于当地发展，他们的活动范围也受到限制：每个企业只生产有限的几种产品，至于其他产品则由其他公司负责生产。另外，政府在企业中的参与程度也是极小的，许多公司仍然是私有企业或是家族企业，没有任何外部股东。因此，没有必要向外界或政府机构解释和说明商业决策的合理性。

到20世纪中叶，典型的组织在规模和复杂程度方面都有所扩大，甚至拥有多个部门，每个部门都由自己的经理管理，而这些经理和最终的老板之间至今仍然差了好几个级别。甚至连老板也不再像从前那样是一个"独裁者"——自己一个人拍板说了算。现在，他可能要与执行委员会和董事会一起共事，他必须向他们陈述所做决定的理由。公司也可能包含在全国或全世界各地不同地点的各种构成成分或子公司，每个子公司都由一群管理者组成；而且这个公司还多半是一家上市公司，因此必须以"合理的"方式向股东们解释和证明其经营业绩与决策的合理性。（依据法律，上市公司"必须对股东负责"。）

政府也越来越多地参与到日常的商业活动中。人们决定通过选出他们的代表来密切关注商业和工业对社会其他部分和自然环境的影响。公众希望避免可能会扰乱市场的股市操纵行为；他们反对由于竞争对手之间的串通造成的价格的大幅波动；他们担心可能会带来伤害的产品或由虚假广告推出的产品，也很反感那些从工厂排出的烟雾或废弃物对环境造成的破坏。由于这些和其他原因，政府部门提高了对企业经理人的要求，责令他们对其行为做出合理解释。

现代的这些发展引出了各种各样的管理论坛。尽管不同情境下的论证各不相同，向董事会提交的报告与和政府机构谈判或向股东集团提交的报告有所不同，但有两点可被视作管理论证的特征：一方面，

推理导论

371　管理者被要求做出有充分理由、可以进行合理辩护的决策；另一方面，他们所做的大部分推理都是为了向消费者、股东、政府等证明他们的决策和业绩的合理性。所以在此，我们将集中讨论管理推理的两个主要类型：决策制定和政策论证。*

决策制定

老式管理者习惯于以一种可以称之为"直觉"的方式来做决定。生意人用"本能感觉（gut feeling）"这个词来表示一个旧式老板是如何凭直觉行事的。无论在某种业务问题上有多少合理的论证，总是会有一些非常出色的老板或企业家，他们的才能、洞察力、精明和商业意识让他们有一种做出明智决策的感觉，即使他们无法清晰地说出做出这个决策的"理由"。而且在很多情况下，这些听从直觉的人的决策和专家意见相左，但他们最终被证明比专家顾问更有远见。

随着组织机构变得越来越复杂，这种决策模式呈现出一种新的维度：对直觉的合理解释。今天，仍然有一些当权者可以凭直觉行事，但是他们越来越需要提供最终支持其行为的理由。随着董事会和监管机构的作用变得越来越重要，管理者时刻准备向他们说明决策的合理依据。而无论是制度上还是社会上都要求这些理由经得起批判性检验。对管理者个人的信任和信心也许能构成决策背后的一条推理线，但还需要给出其他的理由。

但是为什么我们把这种推理叫作**"制定决策"**？而不是**"解决问题"**或**"寻求知识"**？决策制定的基本特征（不仅在商业中，在其他管理情境中也是如此）在于：有关论证要求人们在一定限制或约束条件下，特别是在时间的约束和资源的限制下，做出抉择。其他的推理论坛主要关注结果的质量而不在乎花了多长时间，因此允许人们耐心地寻找理由和分析论证；但管理者通常必须在最后期限前做出决策或选择。当然，他们也同样关注结果的质量——毕竟，他们的工作取决

---

* 作者尽管在此处提到要讨论管理推理的两个主要类型，但实际上书中只讨论了"决策制定"，而未见对"政策论证"讨论的影子。——译者注

第29章 管理推理

于他们决策的成功——但是这种成功本身却取决于他们及时做出有效决策的能力。

相比之下，科学家们也许会就一个问题争论数年，而且永远不会就一个主张达成一致以说明这个问题已经得到解决。同样，艺术评论家也可能会与他们观点相悖的人争论不休。甚至像律师这样在审判过程中需要在压力下做出抉择的人来说，在未来依然有很多年的时间去提起上诉或申请复审。而管理者却没有这样奢侈的时间，他们面临的问题必须当下决定。管理者的决策就是这样做出的。不做决定本身就意味着一个决定——什么也不做。比如，一个公司有机会为其生产线增加一种新产品，一个负责的管理者必须决定是否在竞争对手抢先占领市场之前或消费者口味改变之前就这么做。拒绝做决定实际上就是做出了拒绝的决定。尽管在管理决策中偶尔会有第二次机会，但一般来说，该论坛的特点是需要**快速**做出决定。商业管理者的行为通常不是为了自身利益，而是为了成千上万股东的利益。错误或迟缓的决策将会影响股东们的收入，而真正糟糕的决策甚至会毁掉整个公司，从而使他们的投资变得一文不值。

这并不是说每个商业问题都有且只有一个正确决策，或者每个商业问题都有且只有一个有效的解决方案。管理者们并不是这样运作的，相反，他们的任务是识别出几种可供选择的行动方案，然后根据某些一般的经验或原则选择其中的一种。例如，公司通常希望所有的管理者都能理解并同意其商业组织的基本"目标"，且就这些基本目标所作的决策往往能确定一般原则，并据此做出其他更具体的决定。尽管如此，在某些特定情况下所要解决的问题可能仍会受到多种反应的影响，而每种反应的合理性都是可以被证明的，因为它们诉诸与公司目标相关的一个或几个原则。一种决策的合理性可能是基于可获得的利润，另一种决策可能是基于多样化的意愿；第三种决策可能是根据经济投资的原则而提出的，还有一种可能是根据未来可能的趋势做出的。

组织运营的观察者已经发现了各种各样的决策模式。标准程序常常要求有深思熟虑的过程，这与科学、法律或其他领域中发现的程序十分类似：寻求事实，制定判断决策的标准，提出备选的决定，然后经过谨慎的论证选出最佳选项。在实际工作中，还常常会使用一些其他决策方法。所谓的"满意法（satisficing）"就是一个常用的方法，这种方法会选择能够满足最小需要的第一个选项。在这里，论证的中心就是一个又一个地比较与一系列需要有关的选项。为了避免纯粹使用"满意法"，其他论证会试图证明还存在比第一个发现的选项更能满足需求的选项。"渐进法（incrementalism）"也是实践中发现的另一模式。那些使用渐进式论证的人，并不试图讨论整个问题和全部解决方案，而是把问题分解成一系列更小的问题。然后，论证就会指向随着时间推移而连续做出的一系列相对较小的决定，直到经过相当长的时间，整个问题才可能得到解决。事实上，渐进式决策可能会将论证延长很长时间，以至于永远没法说问题已经得到了解决，因为到那时情况又会有很大的改变。

在管理推理过程中，"**筛选**（scanning）"这个词的意思是同计算机进行类比。这个过程包括：每种情况下都会生成许多可供选择的主张，依次对它们进行审查，最后依据越来越严格的标准进行逐一排除。选择这些标准是为了最好地实现公司的整体目标，这些标准的选择要求管理者将整个公司视为一个有许多关联部门的运营系统。因此，公司不同部门的管理者必须互相交换意见和交流思想。这样，来自不同部门（比如生产、销售和人事部门）的主管就必须向由高级行政人员和董事组成的综合决策小组作报告。这些报告可能主要包括支持某个管理者想要做出的决策的论证，或者为她之前做出的某个决策进行辩护的论证，论证过程就是在这两个方向上进行的。挑战和批判在组织中既会由下而上发生，也会由上而下发生，而推理和决策的过程永远不会结束。

管理问题的本质

尽管现代商业组织非常复杂，但无论其规模大小，往往都只有一个单一的目标：盈利。当然，不同的企业有其不同的具体目标，但任何长期亏损的企业最终都将不复存在，也就无法去追求任何具体的目标。因此，在描述管理问题的本质时，我们不能忽视任何主张或建议所引发的核心问题：这将如何影响盈利能力？

基于这一基本观点，商业问题自然要涉及战略考虑，而不是永恒思考的问题。个别管理者经常会从一个组织转到另一个组织，今天关注汽车销售，明天则试图进行武器制造。尽管每一种努力的细节可能会大不相同，但管理者依然面临着同样的问题：接受任何建议将如何有助于组织的经济运作？与其他共存的提案相比又如何呢？在很大程度上，管理者不必询问出售汽车的价值或制造武器的重要性。该组织通常不要求管理者深入思考这样的问题：销售更多的汽车（或制造武器）会如何让孩子变得更好？就像一位军事领导需要为执行政府已经确定的政策而制定战略，而不是花时间去考虑这些政策的优缺点，因此商业管理者必须在他所服务的任何组织的框架内，为组织的经济和盈利运营制定战略。

考虑到大多数商业的竞争环境，这种与军事的类比可以更进一步。对于战略家来说，他需要考虑的主要问题是事实问题。士兵需要情报：敌军在什么位置，敌军兵力有多少，敌军的作战计划是什么，敌军的心理状态如何？士兵还需要了解有关友军的数据材料：我方武器的相对能力是什么，我方军队的优势和劣势是什么？只有获得可靠的数据，才能制定战略。商业管理者就像战略家一样，也要处理事实问题：我们的竞争对手处于什么样的位置？我们的原料来源是什么？新技术领域发生了什么？我们有什么组织上的问题？哪些市场在增长？哪些市场在衰退？资本的可用性是什么？我们的竞争对手正在开发什么新产品？我们自己的产品竞争力如何？通过对所有这些问题的实际评估，商业管理者就可以转而考虑以下这些策略性问题了：

——如果我们增加一个新产品，它能卖得出去吗？
——如果能卖得出去，我们的竞争对手会反击吗？
——如果我们的竞争对手进行反击，我们有额外的资金做广告来使销售额增加，让这笔钱花得有意义吗？

推理导论

——如果我们投资一个新工厂，最终会带来更大的利润吗？

——如果我们公司通过收购增加一个新成员，那么它是从长期看会有回报，还是短期就有回报，还是根本就没有回报？

显然，管理者的关键任务就是提出包含对未来可靠预测的主张（这种主张就像一种政治主张，即如果颁布了某些法律，就会出现一些可预测的结果）。然而相比于政治家，管理者需要做出更具体的预测，并且他的预测将面临更直接的评估。当一个管理者为采取任何具体的政策进行辩护时，他或她必须清楚地说明这一政策对最初和最终的生产量、销售或整体业绩会产生怎样的预期后果，以及它会为整个组织带来怎样的贡献。

商业管理者与立法者在另一个方面也是相似的，他们都需要在预算受限的情况下做出实质性决策（在任何大型组织的运行中，时间和资金是两种相当稀缺的商品）。这些资金决策构成了最有效的计量模式，而将资金分配给企业组织中的各个要素则是持续性的管理问题。任何引入新产品线的决定都首先意味着既有产品线资金的缩减。如果新产品初期没有热销，就有必要做出选择：是应该继续加大广告、包装、市场推广和生产设备的投入，还是应该作为亏损撤销这条新生产线为更多成功的生产线节省资金？无论一个提案在技术方面有多吸引人，管理者必须面对这样一个问题：如何向董事会或股东证明由此产生的支出是合理的。

在这些日常的实际和策略问题背后，商业管理者还需要处理涉及组织本身构想的问题，包括它的未来目标和目的，以及制定未来战略决策的原则。这些问题通常是高层管理者需要考虑的，尽管在一些现代组织中，更多人有考虑这些问题的责任，但此类问题通常涉及一些实质性疑问：

——在什么情况下应该建立一项新业务？

——它应该生产新产品还是老产品？

第29章　管理推理

——现在的公司需要通过组织重组、改善公共和客户关系、引进更先进的制造设备、注重更好的劳资关系来加强吗？

——应该提高交易量吗？

——我们是应该通过降低成本还是提高售价来扩大成本和售价之间的差额？

——我们应该集中精力减少开支还是提高质量？

在多元化时期，某些特别重要的管理问题来自整个企业的兼并，也来自对可能的收购的考虑：

——这次收购将如何通过让我们进入一个新的市场或保护供应源来服务我们的整体业务战略？

——我们从这次收购中能得到什么——品牌认同还是研究数据？专利还是工艺？增加了分销渠道还是流动资金？借贷能力还是税收优惠？

——这个新元素将如何融入整个组织系统——管理者是替换还是保留？是批准开发资金，还是剥离新收购的资产？

——应该如何衡量这个政策的成功——应该用什么标准来判断这次收购活动？

——除了收购外还有什么选择？是自己推出新品牌，还是放弃整个领域？

在解决这些问题的过程中，管理者必须考虑整个组织系统与整个行业的关系，与更大市场的关系，以及与整个社会的关系。

在一些高度发达的商业组织中，各种形式的"系统分析"或者"运营分析"被用来帮助制定决策。将组织作为一个系统处理，意味着要考虑构成它的子组织（suborganizations）是以怎样的方式相互联系、相互依赖的。使用术语"**相互依赖**（interdependency）"意味着拒斥单向的原因-结果思维，而是将注意力集中在各组成部分之间的相互关系和相互影响上，以及它们对整个系统运作的贡献的性质上。

推理导论

所谓的"系统分析"有很多种形式，然而一般来说，它涉及评估全系统内的相互作用以及在单一部门内做出的决策对整个组织的影响。利用现代计算机技术，人们可以生成关于整个企业的一个量化"模型"，通过这个量化"模型"我们就能够了解任何一个决策是如何影响企业的各个部门的。这个"模型"是通过汇集和整合直接参与商业要素的人的经验而建立起来的。向生产专家咨询生产某种产品的成本是多少；向市场营销专家询问该产品定价多少才可以保证它在市场中具有竞争力；金融专家将对不同企业的资金可用情况给出量化意见；而其他管理者则必须评估人事问题增加的可能性。所有这些元素都内置于"模型"中，可以通过计算机进行多种方式的操作。这样，决策者就可以根据"模型"提出问题，比如：

假设在某种市场情况下，我们采取了某种行动，结果会是什么？

如果全面给出这样的备选方案，管理者就能依据更好的事实信息和评估来做出最后决策，就这方面而言，它们应该更高效和更可靠。

一些观察家认为系统分析缩小了管理问题的范围，这可能不是真实情况。相反，采用系统分析方法的管理者必须解决一系列与模型本身的建构有关的问题。计算机必须被输入信息，它并不定义信息。然而，举例来说，什么是"信息"？一旦一个评估被用数字的方式定义，并被输入模型中，计算机就会像对待任何其他数据那样对待它。但是在商业中，要把"商业评估"和"销售目标"分开常常是有些困难的。在他们想要做得更好的热情中，商业管理者为自己制定的目标可能更多是理想化的争取而不是现实可能。这样的目标或许会获得财务赞助人和股东的支持，而不需要证明其对未来业绩的稳定预期是合理的。在人们相信计算机模型会给出可靠的答案之前，管理者必须使自己确信，输入计算机的信息确实是能够支持可靠推断的信息。在这种情况下，人们很容易忘记必须对未来某一事件发生概率的所有主张进行限定的模式。如果我们把六种估计结合起来,每一种估计只有0.85的概率,我们最后可能会得到一个可靠性远远低于50%的估计——这正好是可能会发生,也可能不会发生的情形。一旦这种数字概率估计被编入计算机模型,人们就很容易忘记每一项主张所附带的许多不同的条件。

管理者还必须确定模型所假定的潜在"价值"。例如,在建立一个食品服务公司的模型时,他们就必须问一些基本问题,比如人们喜欢吃什么,在什么样的环境下更有食欲,以及人们愿意花多少钱去吃一顿饭。因此,只有当人们挑战传统的餐馆理念——餐馆是一个安静闲适的地方,以不紧不慢的方式提供精心准备的食物——并且认为很多人更喜欢在其他地方快速消费低质量的食物,"快餐"革命才开始。除非将相应的数值编入计算机模型,否则它当然无法自动计算出这种观察结果。

总之,管理问题在很大程度上是以事实和战略问题为导向的,它们主要处理现有行业或产业中发展和维持现有组织所涉及的问题。但是,当有必要向股东或政府机构等决策群体提出辩护性(justificatory)论证时,就会涉及更广泛的政策问题。像立法者一样,管理者必须处理预算问题,这些问题对所有的政策主张都有很大的限制。最后,出于计算机建模的目的,现代管理者必须确定如何将组织的整个"系统"概念化,并且将这个系统和与之交互的其他系统之间的关系概念化。

本质上有争议的问题

显然,商业管理者不会像其在科学和法律领域的同行那样花费太多时间去面对"基本的哲学问题"。尽管如此,在商业组织内部,仍然有一些本质上有争议的问题一再出现,并且它们的解决方式极大地影响着未来的商业决策和行为模式。让我们来看看这些问题。

商业领导的最佳风格

在"领导"这个总称下,商业组织中出现了许多基本问题。我们

推理导论

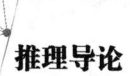

早些时候将19世纪创建或掌控企业的老式企业家描述为：大亨、独裁者、老板。我们称之为**直觉**的领导。韦斯特·丘奇曼（C. West Churchman）在其所著的《对理性的挑战》（*Challenge to Reason*）一书中讲到"直觉"管理者，认为世界是其创造的，是其天才的产物。这种领导崇拜政府和业界的大人物，被这些大人物称为"给我们董事会增光添彩、举止端庄的白发父亲们"。

丘奇曼还指出了另外两种典型的领导风格：合理化建模者（model-building rationalizer）和实践哲学家（practical philosopher）。实践哲学家用**行动**来思考：他心目中的英雄是实干家，即那些把事情做好并带领人们不断成长和进步的人。合理化建模者把世界看成是一个可以用**数学**来描述的世界：他的英雄是科学家和其他能够理解现实并按照他们的愿望来塑造现实的人。

组织结构

走进大多数商业主管的办公室，询问他们的工作情况，他们的第一反应可能是给你看一张组织架构表。通常这种图表类似于军事结构，最上方是"首席执行官"，下面是一些副总裁，越来越多的人在更下面。图表中任何一个特定管理者的位置都是其地位和权力的标志。从整个组织的角度来看，该图表应该与组织的有效运作直接相关，但情况并非总是如此。事实上，关于构建一个复杂组织的最佳方式的争论一直没有间断过。

各级组织都会发生争论。如果一个新上任的经理负责一个部门，其早期的工作可能是对该部门进行重组。经理需要向最高管理层提供令人信服的理由以证明改革是合理的，如果这些改革主张得到该级别的批准，经理还需要对部门内的员工做出其他论证，以获得他们的热情支持。最高管理层的会议可能会引发对整个业务组织的结构的争论。

现代理论主张对人们熟悉的军事型结构进行修改，这种结构正式地指定角色和权利，并被批评阻碍了自由的交流。有些人更愿意将组织看作一个系统，确定各种不同的职能，并分配人员履行职能。此外，组织的一个主要价值是员工的满意度和绩效，而员工满意度越来越被认为是组织持续成功运作的一个贡献因素。甚至有人认为，决策应该由与某个问题有关的所有员工共同参与，而不是把这个职能交给少数高管。看看可能发生论证的例子：

维持组织平衡。 企业的规模和范围从小型零售商店到大型国际集团不一而足。一些公司专注于几个密切相关的产品或服务，而另一些公司则广泛开展多样化业务。有些公司只在一个地区运作，有些公司是全国性的，有些公司在世界各地运作。因此，商业组织经常面临这样一个问题：什么样的规模和职能范围是最佳的。例如，几年前，《生活》（*Life*）杂志曾经是所有同类出版物中发行量最大的杂志之一，但它最终却因不盈利而停刊。在一个一直将发行量大作为保持高广告费率和订阅收入的一种方式的领域，该杂志实在是发展得太大了。广告商现在想要与更具体的受众交流，因此，他们不再愿意为了达到自己较小的目标而支付大量发行所要求的高额费用。所以，《生活》杂志已经被各种各样的专题出版物所取代，这些出版物可以为广告商提供更多精选的受众。

在其他情况下，公司失败的原因可能是，忽视了对维持其平衡的最佳结构的分析。例如，一个公司可能依赖于一种产品，铁路公司或武器制造商就是这样。当需求大幅下降时，这样的公司可能会损失严重。为了避免这种风险，一些公司进入到更广泛的领域，结果却发现，在一个领域的成功管理不会转移到新的领域。在一项没有能力管理的新项目上投入巨资后，公司可能会遭受损失，也可能会倒闭。公司的目标是平衡：一个维持良好平衡的公司，既充分专注于自己的专长，以保证有效的管理；又充分进行多样化业务，以保证在不断变化的市场中继续生存。问题在于发现每种情况下促成平衡的原因。显然，没有人反对平衡，一直存在的争议集中于采取哪些步骤最有可能确保续稳定的问题上。高管们在为保护公司的成功地位而设计的最佳步骤方面可能会产生巨大分歧，组织中的每一次拟议变革和公司财务状况的每一次重大变化都可能引发关于长期平衡的争论。

创新和当前活动之间的资源分配。 与平衡问题类似的问题是，要在创新和研发上投入多少资金和精力。在这个问题上,两方观点基本持平。一方面,一些管理者对研发的盈利能力缺乏信心,他们倾向于把精力集中于生产、营销、广告和其他可以促使当前生产线即时成功的领域。在他们看来,研究会耗费大量的资金,而这些资金可能永远不会以增加利润的形式回到公司。另一方面,一些管理者认为应该把最大的精力投入到研发上;不仅投入到实验室研究,也要投入到人员的培训和发展上。在他们看来,在这些领域投入资源的公司,总是拥有最先进的产品和最有效的管理,从而能够确保相对于竞争对手的优势。

获取利润和服务活动之间的资源分配。商业组织的直接目标是获取利润,然而,在一个复杂的社会里,公司可能需要将部分资源投入到与盈利无关的活动中。确定如何进行这种分配是一个老问题。早年间,一些企业的基本理念是支付尽可能低的薪水和维持最经济的工作条件以赚取最高的利润。这种企业的吝啬鬼老板会拒绝向社区捐款或提供服务,理由是这样做对他的企业利润没有帮助。

如今,所有的商家都在压力下为各种有价值的活动出钱和管理时间。商家被邀请出资建造公园和医院,开发娱乐场所,协助社区事务和支持当地管弦乐队,并自愿承担减少工厂污染和使工厂更具吸引力的费用。所有这些与公司利润的关系很远而且只是被看作公司的一种公共责任。显然,如果一个公司在这类项目上花费大量时间和金钱,以至于利润大幅下降,那么它将陷入困境。另一方面,一个只专注于挣钱的公司也会受到公众的严厉批评,甚至会受到政府的干预或法律行动的影响。

资本主义、社会主义和"利润动机"。在我们结束这个话题前,我们应简单地关注一下最后一个非常普遍的问题。在最后两节中,鉴于目前美国对"商业"的理解方式,我们一直在讨论商业过程中出现的管理问题——既有直接的,也有存在争议的。在这个框架内,我们一直考虑的各种因素——盈利能力、效率、多样化、长期增长前景等——都是真实而严肃的考虑因素。除其他规定外,公司法**要求**管理层根据

"公司章程"（即成立任何商业公司的基本文件）的要求，审慎关注这些问题，而且就这样的股份有限公司来说，如果股东有证据证明管理者故意忽视这些义务，他们实际上可以起诉管理者。[有一份完整的商业不当行为（"剥离资产"和其他行为）清单，据此，股东可以把企业管理者告上法庭，因为管理层不诚实的或粗心的管理措施可能会损害股东在企业中的利益。]

当然，在社会主义社会，大型组织的管理者所面临的论证和问题有所不同。在社会主义制度下，企业的正式目标在某种程度上不受同样严格的公司章程的限制，例如，管理者首先追求利润的正式义务就更少些。在这个意义上讲，商业管理变得更像行政管理。管理推理所围绕的大多数其他问题在任何一种经济组织中都同样适用，一家企业是"非盈利性的"，并不意味着它可以忽视效率、长期生存能力和其他方面的考虑。

不过，从最一般可能的意义上讲，美国商业的现状本身就是一个**有争议的问题**，就如法律和科学的地位和范围也是有争议的问题一样。在这三个场合中，都有一些人对当代美国的法律、科学和商业事业在实践中的工作方式提出了伦理、政治或哲学上的反对意见。例如，一些人认为，最高法院过多地侵犯了政治和立法的正当事务；另一些人认为，科学是在削弱宗教；还有一些人认为，商业追求利润损害了社会福利和环境。当然，对这些人来说，我们在这里讨论的论证和问题的意义有限，并且如果我们自己相信有必要重新评估和重新定义每个事业的适当范围——从而重新划定法律与政治、科学与宗教、商业和社会服务之间的界限——那么我们也应该重新考虑和修正每个事业中的许多基本保证和论证。

我们在这里所做的这种研究只能审查人类**实际**事业中**实际**的推理模式。其他可能的事业——或者我们现今事业的历史继承者——将使用不同的或经过修改的、适合他们自己目标的推理模式。但是，只有知道了这些新目标是什么以及为实现这些目标可能设计出什么样的组织手段，才能确定这些其他的论证模式是什么。

管理决策的本质

到目前为止所提供的材料相当清楚地表明了管理决策的本质。总的来说，管理决策可以分为三类：

1. 为组织建立目标。
2. 通过一系列的运营决策来指导这些目标的实现。
3. 监测结果并决定是否需要以及什么地方可能需要修正。

更具体地说，典型的商业组织被分为不同的活动部门，每一个活动部门都需要不同类型的决策。在**研究和开发**部门，决策与未来应开发的产品或服务元素以及在潜在创新中可以从中获得最大利润的投资有关。**生产**部门需要的决策与当前技术在制造产品中的应用以及对从事这项工作的人员进行管理有关。**营销**部门的决策与市场经济以及现今和未来顾客的口味和习惯有关，也涉及产品和服务从一个地方转移到另一个地方以及吸引顾客所需要的销售技巧等问题。**财务和控制**是两个不言自明的术语。记录公司内部的资金流动会在许多方面影响公司的经营模式，例如，会计方法的改变会影响整个公司的其他决策；借入资金而不是发行更多股票的决策，和将海外盈余资金转换为特定外币的决策一样，都会影响公司的经营进程。**人事**决策与雇佣和解雇以及保持员工的快乐和高效有关。**对外关系**部门涉及如何将组织及其活动以一种有利的方式展示给其他个人和系统，而该部门的管理者必须参与公司的其他决策，以确保与公众的关系在变成问题之前都得到了慎重考虑。最后，该组织的**秘书和法律**部门处理的是我们在法律推理一章中讨论的各种决策。

高层管理者决定是否、何时以及如何获取要添加到系统中的新元素，特别是针对"接管"整个运作中的业务，这就要求他们在价值、风险和其他可选方案方面，将拟议的收购与整体业务战略联系起来。此外，他们也负责重大资本投资的决策；是否及何时购置新厂房和设

第 29 章 管理推理

备或者扩建现有设施。同样，他们必须决定是否或何时进行多样化经营、开发新产品，甚至进入一个新行业；是否进行合并或合资；或者是否参加某种形式的卡特尔协议或其他集体协议。正如我们先前所提到的，一个特别艰难的决定是确定到底有多少资源要投入到研究和开发中去。管理者必须决定将组织的权力下放到什么程度，或者是否保持集中控制。例如，由于外国往往对缺席者所有权更敏感，因此有必要决定是参与以外国为基础和部分拥有运营权的业务，还是保留一个核心业务基地。

管理论证的特点

在描述管理论证时，必须特别强调**理由**的重要性。因为如此多的管理决策基本上都是**战术**决策——组织的总体目标通常是不用质疑的。对此，必须着重强调为有效决策建立必要的数据库。

管理者需要处理明显是"事实"的信息，这些理由通常会以量的形式呈现给他们。由于它们的保证和支撑往往只是隐性的，因此商业报告和演示（presentations）通常会显得不平衡，所有的重点都放在了数据和主张上。不过，我们可以举例说明每个基本要素在管理论证中所体现出的一些特征。

主　张

管理层的主张，大多数情况下，涉及的是政策建议。例如，他们主张，公司应生产一些产品或提供一些服务，应采取某种人事制度，应签订某项劳资合同，应获得某种新的操作系统或改进一台生产设施，应投资一些新的设备或保留一些广告公司或法律事务所的服务。极少数情况下，管理层的主张不涉及当下策略，而是为业务提出新的目标，或者为组织分析提出新的模型。有时，主张还会引发评估问题：组织运营的某些方面应该如何评估，或者公司应该如何应对一些新的法律或法规。然而，大多数情况下，这些主张都具有战略或战术性质；也就是说，它们提出的是完成公司已经要做的事情的方法。

推理导论

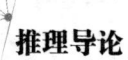

理　由

大型企业在开发数据库上投入了大量的精力和资金，以此作为管理层主张的安全基础。这既包括从组织内部，也包括聘请专门生成相关信息的外部机构来收集信息。例如，他们会收集关于社会趋势和消费者行为的信息——财富的影响、教育的普及以及空闲时间的打发方式，他们会研究社会发展——家庭生活的变化和女性解放，新的解压方式或压力等级。而且他们还需要掌握有关广告和包装、环境保护和消费者保护的政府法规的最新信息。

尤其是，他们必须收集和分析经济信息，以便为最终的管理论证提供理由。必须跟踪了解财富和收入的增长和分配；必须记录利率、价格政策、国际汇率以及资本、劳动力和原材料的相对价格的变化；产业内的活动必须进行彻底检查。哪里出现了增长和衰退？市场上正在发生什么？哪些因素影响着劳动力的供给？公司如何同竞争对手并驾齐驱？

他们还必须收集有关新经营方式的信息。管理者需要了解市场营销、组织、生产和管理方面的新的专业技术；他们需要关于分配趋势的信息；他们需要对组织沟通和决策的新见解，以及管理推理的新模式。

他们还必须收集有关自己企业运作的信息。他们不断收到关于销售、销售成本、毛利、其他成本（管理费用、营销费用和研发费用）、营业利润、利息成本、税前和税后净利润等的报告，所有这些数据都经常作为管理论证中的理由。

除了这些具体的理由来源，典型的管理者还会从主流报纸、商业杂志和时事通信中，从政府报告和《国会记录》（Congressional Record）中，从专门机构的统计摘要和报告中，查找其他类型的信息。他们会为广告分析、市场研究、信用报告以及该行业中其他公司的调查支付费用。他们会参加专业会议与其他管理者分享信息。

他们通过组织成员以及对业务各阶段的风险和不确定性水平的专门分析获得评估（estimates）。这种评估将以量的形式表示，根据是销售一定数量指定产品的可能性，增加或减少一定数量市场的可能性，或者原材料供应发生重大变化的可能性。如果某个特定产品失败，可能造成的损失同样需要评估，包括对竞争对手可能做出的反应的评估。

从管理角度来说，一个至关重要的数据和论据来源在于考虑所有可能的替代方案。在使用各种决策制定技术时，管理者必须详细阐述在任何给定情况下所有可行的备选方案。这可能包括使用"头脑风暴"技术，旨在显示所有可能的主张，无论它们最初看上去多么不可能。此外，一个可能的决定来自那些最了解其细节的人对情况的仔细分析和讨论。无论采用何种技术，这种努力的结果都会是一份相对有限的备选决定或主张清单。

一旦这份可能的决策清单产生，将添加对每个备选方案的评估结果和风险。结果将是一个"矩阵"，显示所有可能的选择、结果和风险的排列组合，连同不同结果的评估值。有了组织及其目标的数学模型，这些数据有时可以被编入计算机，各种可能的决策连同它们的价值和责任都可以显示出来。

虽然这种计算机操作不能直接**做出**管理决策，但是它们可以为管理者自己的主张提供强有力的理由。注意这样的论证是如何展开的（见图29-1）。

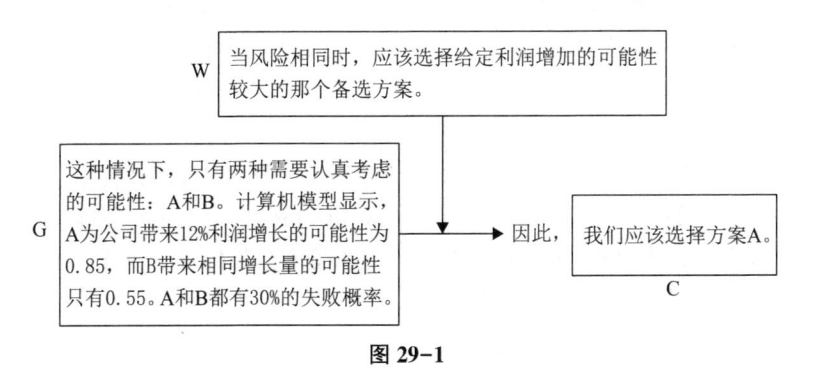

W	当风险相同时，应该选择给定利润增加的可能性较大的那个备选方案。
G	这种情况下，只有两种需要认真考虑的可能性：A和B。计算机模型显示，A为公司带来12%利润增长的可能性为0.85，而B带来相同增长量的可能性只有0.55。A和B都有30%的失败概率。
C	因此，我们应该选择方案A。

图 29-1

保　证

这种论证背后的基本的**普遍**保证是非常清楚的：在不危及公司生存的情况下，应该做那些承诺增长利润的事情。这个保证中隐含的另一个基本原则是：公司的生存应得到保障，因此让公司陷入危险之中的事情不应该做。虽然这些陈述被大大简化了，但它们表明了在管理背景下提出的论证中所发现的保证的主要核心的重要性。

丘奇曼在"一个社会机构被认为可以像其他机构一样运行，就这一点来说，它是理性的"这条一般规则的基础上提出了另一组保证。例如，一个商业组织可能会像在使用系统分析时一样，以科学组织为模型进行建模，并且可能会依赖科学组织结构中隐含的保证。因此，作为一个保证，越来越多的管理论证认为，任何"科学"分析的结果都是合理的，且都应该被尊重或采纳。与此同时，丘奇曼认为，一套不同的保证受到那些更加务实的人的欢迎，并且也源于这些人。对于他们来说，基本的保证是，任何"有效"的东西都应该得到尊重和继续，言下之意是：过去被证明是成功的行动方案，在未来也很可能保持成功。

有时，管理论证的保证还包括诉诸某些大佬的直觉洞见：密切关注过去成功人士的管理实践。如果某人在担任一家公司的首席执行官时取得了显著成功，那么人们就认为他或她能够认识到在另一家公司取得成功所需要的东西。因此，保证可能仅仅是："如果某人说这件事应该做，那我们就做"（这是**诉诸权威**论证的一个主要例子）。不过，类比推理在管理论证中也很常见。当一个人要在任何给定情况下确定重要的备选方案时，他自然而然地会从观察他人处理类似问题时的经验开始。当公司 A 遇到这种问题时，他们做了 X，而且很有效。所以，备选方案 X 可能会被推荐，保证是"对公司 A 有效的，对我们也应该有效"。

我们可以提出一些在管理论证中常见的其他保证：凡是能降低成本的都会受到青睐，就像凡是能提高效率的都会得到青睐一样；承诺会增进组织的整体运行或与整个系统的总体目标相一致的主张往往会得到推崇；在组织的价值观和期望范围内工作出色的"团队"成员往往会受到重视；不能保证立即获得可观的利润，但能给公司带来长期利益的主张可以被接受。

人们十分倾向于支持那些基于"可行性（practicality）"保证的主张。在商业用语中，"blue sky"一词常用来反对那些被认为仅仅是

第29章 管理推理

理论上的、理想化的、不太可能在现实世界"生效"的主张。另一方面，那些基于明确的可行性保证（"可以做到"）的主张将更受欢迎。鉴于当前商业组织的性质和结构，确实存在某种对所谓的技术要求的依赖："如果能做到，就应该做。"（当然，与其相反的一个基本原则是："如果做不到，那就不应该做！"）

因此，在实际的商业环境中，不像在许多其他领域那样能清楚而明确地陈述论证的保证。通常保证只是隐含的：它们很容易被理解，因为所有相关人员都非常熟悉组织的目标和价值观，而这些目标和价值观决定了大多数此类论证的有效保证。主张被构造成一个战略或战术提议，直接基于事实数据或理由，而由于其众所周知的机构性质，没有陈述保证。当然，当意外引入其他不一致的保证时，这种方法可能会产生严重的问题。

当新的保证生效时，商业管理者可能会同样感到惊讶。长期以来，许多管理者已经习惯了使用这样的保证："凡是对企业有利的，就是对国家有利的"，但他们却迟迟没有认识到要接受并利用与保护环境和为子孙后代保存资源有关的保证。这一变化带来的结果是，之前被认为有坚实基础的主张可能不再有效。今天，管理者可能不得不关注这样的一些论证，即有关商业利益的主张是由与社会更大利益有关的概念来保证的。

请注意保证的这种变化是如何影响论证框架的（图29-2）。

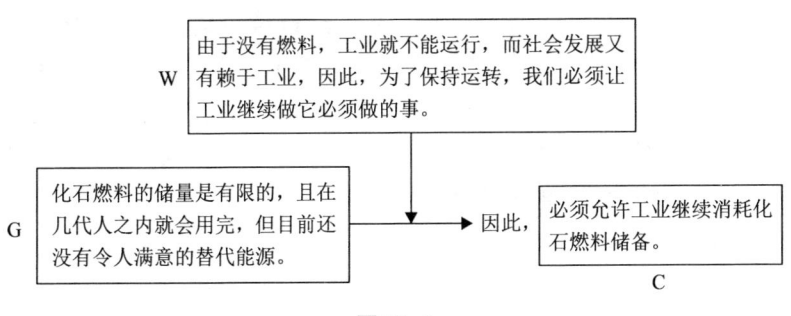

W：由于没有燃料，工业就不能运行，而社会发展又有赖于工业，因此，为了保持运转，我们必须让工业继续做它必须做的事。

G：化石燃料的储量是有限的，且在几代人之内就会用完，但目前还没有令人满意的替代能源。

因此，

C：必须允许工业继续消耗化石燃料储备。

图 29-2

只要稍微改变一下观点，该论证就可以被重新表述（图29-3）。

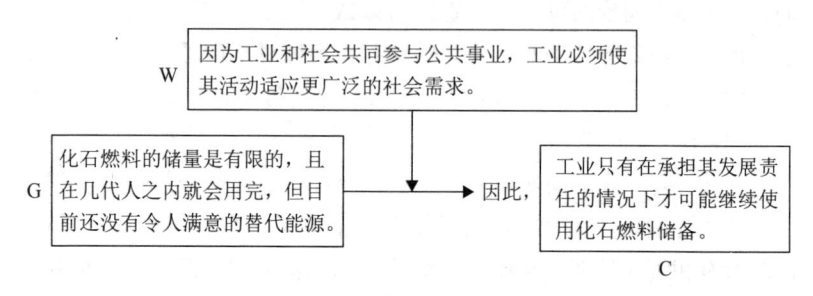

```
W: 因为工业和社会共同参与公共事业，工业必须使其活动适应更广泛的社会需求。

G: 化石燃料的储量是有限的，且在几代人之内就会用完，但目前还没有令人满意的替代能源。

→ 因此，→ C: 工业只有在承担其发展责任的情况下才可能继续使用化石燃料储备。
```

图 29-3

尽管非盈利组织或政府部门可能与商业机构有许多相似之处，但它们的决策不能完全基于相同的保证。正因为它们的定义非常不同，这类组织必须依赖不同的保证来证明它们的决策。例如，收入可能不如所提供的服务重要；成本可能不如质量重要；在就业不足时期，目标可能是增加从事某种工作的人数，这与以利润为导向的经营形成了鲜明的对比，后者的目标可能是仅仅依靠机器完成几乎所有的生产。

支　撑

尽管系统分析和计算机建模的结果为管理主张的理由提供了重要来源，但是它们在为具体的保证提供支撑方面可能更为重要。有关一个商业组织的最佳特征、其目标和价值，以及与其他社会系统的关系的决策构成了保证的支撑，这些保证在该组织的日常战略和战术决策中发挥着作用。将组织定义为纯粹的盈利性企业验证的只是与增加利润有关的保证的有效性。同样，定义商业和工业在社会中的作用的新方法验证的是其他种类的管理保证的有效性。效率、成本控制、产品有效性、人事管理等的定义为更具体的保证提供了支撑。

模态限定词

事实上，商业中所有的决策或主张都带有价格标签。除非一个组织愿意为了接受一个主张而消耗它的一些资源，否则这种接受就可能是毫无意义的。同样，一个组织愿意记录在案——公开它与某个主张的联系——也是一个重要的考虑因素。在复杂的组织中，管理者必须小心地维护自己的地位和信誉。公开与一项被彻底拒绝的主张或者被证实在应用上不可靠的主张扯上关系，就是在拿自己的地位和前途冒险（"当一个外交官说'不'时，他的意思是'也许'；当他说'也许'时，他的意思是'是'"）。因此，管理者可能需要清楚地区分他们究竟是私下里赞同一个主张还是要公开支持它。

最后，管理模态限定词可以用日常带有保留意见的词汇来表达。一个系统分析员会用定量的术语、概率的程度来表达他的主张。以这种方式提出主张，仅限于一般性条款，即对主张内容负有责任。因此，气象局倾向于用"概率"来预测天气，如成功的概率是60%；预测者让管理者来决定是否支持这一选项。反过来，管理者可以通过使用一个或多个表示保留意见的常用模态限定词来表达一种选择，例如，可能（probably）或也许（possibly）。（然而，在现实的商业世界里，无论在做决定时使用的是哪种模态限定词，最终的考验都是成功，而那些与失败相关的人——无论他们如何用语言保护自己——最后都可能失业。）

反 驳

反驳进入管理论证的方式再次引发了与政治推理的比较。管理决策在几乎总是要求其为许多不同的个体或群体所接受的社会情境中起作用，并且依赖这些社会互动来对那些持有不同观点的人提出反驳。在任何一个典型的组织中，每一个决定都是几个有相关利益和经验的人所关心的；当一个人提出主张时，其他利益相关者通常会找出其不足并表达他们的保留意见。因此，在一个主张最终被决策小组接受前，它必须经受住许多人的审查，其中包括一些人，他们之所以被选中，正是因为他们能够发现所涉及的推理中的缺陷。此外，如果真的有什么缺陷的话，这些人有找出缺陷的强烈动机，因为一旦接受了一个主张，他们就会在制度上与之联系在一起，而决策的成败将决定他们自己的成败。

因此，批评者会以可能的反驳形式，向那些提出任何主张的人发

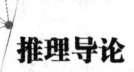

问,而(主张者)为了应对这些质疑必须提出反主张(counterclaims)。作为这种互动的结果,最终决策应该考虑到所有相关的反驳或反对意见。

一个例子

一种常见的管理论证是公司高层管理人员在给股东的年度报告中提出的。下面这段话摘自万豪集团1983年3月7日的年报:

> 万豪集团的战略和对管理基础的关注在1982年起到了很好的作用,时处最近记忆中最困难的商业环境之一。
>
> 美国实际国民生产总值下降了1.8%——这是近四十年来的最大降幅;失业率达到了10.8%;商业出行减少,航空公司损失超过6亿美元,国际旅行因经济不稳定而中断。以标准普尔500指数衡量,美国公司的收益在这一年里大致下降了14%。
>
> 尽管条件恶劣,万豪的净收入还是增加了10%,每股收益增长8%,并将股本回报率保持在20%的水平。在过去的5年里,公司的每股收益折合成年化率达到了27%,而股本回报率几乎翻了一番。我们相信,万豪在20世纪80年代能够实现平均每股20%的收益增长,相应地增加股息,并保持超过20%的股本回报率。

让我们运用图表来考察一下万豪报告在这一部分提出的推理。图29-4展示了这条推理线。

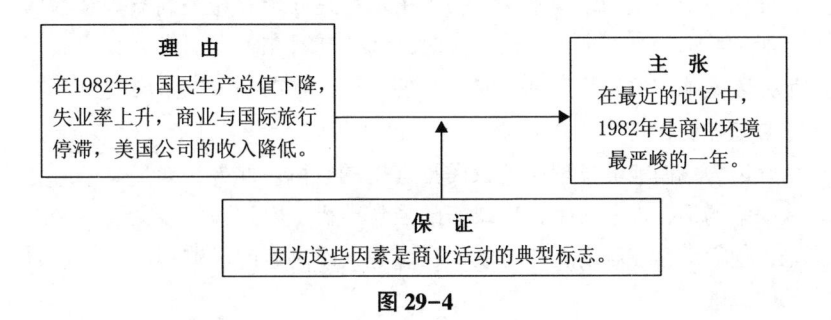

理 由		主 张
在1982年,国民生产总值下降,失业率上升,商业与国际旅行停滞,美国公司的收入降低。	→	在最近的记忆中,1982年是商业环境最严峻的一年。

保 证
因为这些因素是商业活动的典型标志。

图 29-4

第29章 管理推理

并且,利用这个论证的主张来达到主要的主张,推理过程如图29-5所示。

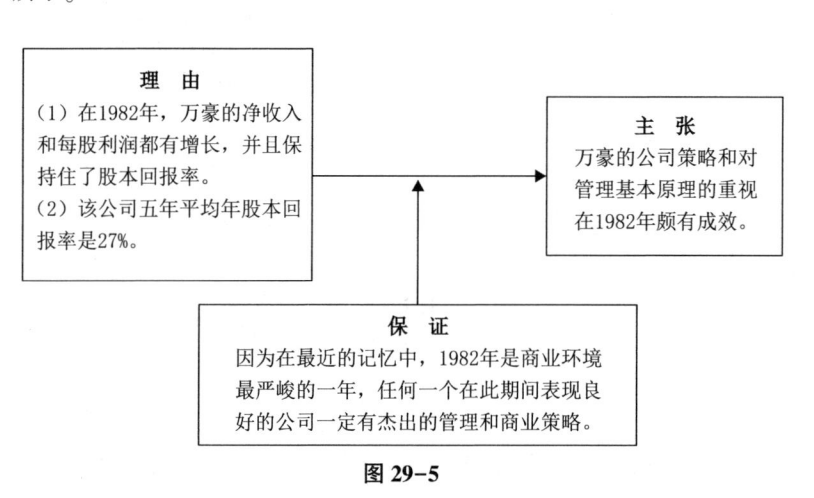

理由
(1) 在1982年,万豪的净收入和每股利润都有增长,并且保持住了股本回报率。
(2) 该公司五年平均年股本回报率是27%。

主张
万豪的公司策略和对管理基本原理的重视在1982年颇有成效。

保证
因为在最近的记忆中,1982年是商业环境最严峻的一年,任何一个在此期间表现良好的公司一定有杰出的管理和商业策略。

图 29-5

在万豪集团年报的另一部分,呈现了如下论证:

> 我们的住宿业务始于1957年,当时只有一家位于华盛顿特区的酒店。如今,住宿是公司增长最快的业务,占万豪总运营利润的一半以上。
>
> 如今,在美国、墨西哥、中美洲、加勒比海、欧洲和中东的81个城市中,有118家万豪酒店、度假村和特许经营酒店。这些酒店得到了《美孚旅游指南》(Mobil Travel Guide) 和其他公认权威机构的高度评价,这使得万豪成为住宿行业质量领域连锁运营商中的领导者。

图29-6展示了来自权威的论证:

```
┌─────────────────────────────┐                      ┌─────────────────────────┐
│           理　由            │                      │        主　张           │
│ （1）住宿是公司增长最快的   │ ──────────────────→ │ 万豪是住宿行业质量      │
│ 业务，它的产值是总利润的    │                      │ 领域连锁运营商中的      │
│ 一半。                      │                      │ 领导者。                │
│ （2）在81个城市中有118家    │                      │                         │
│ 酒店。                      │                      │                         │
└─────────────────────────────┘                      └─────────────────────────┘
                    ┌─────────────────────────────┐
                    │          保　证             │
                    │ 因为《美孚旅游指南》和其他  │
                    │ 公认权威机构给出了很高的    │
                    │ 评价。                      │
                    └─────────────────────────────┘
```

图 29-6

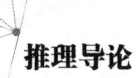

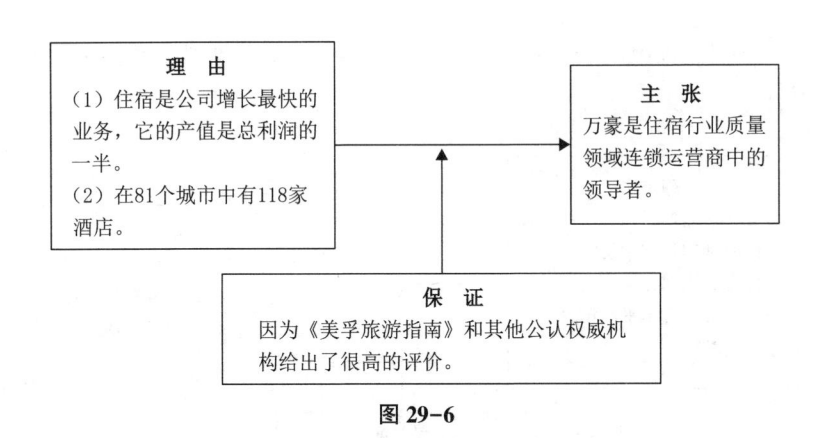

练　习

以下节选自另一份年度报告——西北能源公司1982年的年报，用图表表示其中提出的论证，然后进行批判性讨论。

1982年的经济衰退和天然气价格上涨，导致公司市场区域对天然气需求的减少。西北管道公司在某些天然气采购合同下的天然气成本一直在持续上涨，主要是由于价格上涨条款和照付不议（take-or-pay）义务。因此，天然气的成本现在已经超过了剩余燃料油的成本，由于这种价格竞争，公司的销售已经遭受了损失。

1982年4月以来，西北管道公司已经将其购买天然气的成本降低了大约1亿4000万美元或每百万英热单位42美分。这相当于比去年减少了10%，主要是由于西北管道公司增加了成本较低的国内天然气的比例，并减少了加拿大天然气的使用量。

尽管出现了这种下降，但西北管道公司的工业用天然气销售还是出现了亏损，原因是其天然气组合中包括的加拿大天然气的成本持续居高不下，以及剩余燃料油的价格较低。

1. 在这份报告中，报告了哪些类型的决策并证明了这些决策的合理性?

2. 这些决策的目标是什么?

3. 早期决策的哪些结果影响了当前决策,并与当前决策的合理性相关?

4. 这些当前决策是如何影响盈利能力的?

5. 报告中出现了哪些模态限定词?

6. 哪些生产要素与最近的决策有关?

7. 哪些营销因素与最近的决策有关?

8. 企业的平衡是如何维持的?

《福布斯》(Forbes)和《商业周刊》(Business Week)等杂志都包含来自管理领域的论证。除了它们之外,学生们应该从《华尔街日报》(The Wall Street Journal)、《星期日报纸》(Sunday Newspapers)和其他全国性周刊上寻找更多的例子以供讨论。

第 30 章　伦理推理

作为我们分析方法的最后一个例子，我们这章要讲的是伦理推理的性质和作用。这是一个很大的议题——大到我们在此对它的讨论无法做到全面和彻底。传统上，这也是一个有争议的话题：人们总是倾向于强硬而热情地坚持自己的伦理观点，而伦理上的分歧所产生的却不仅仅是智力上的差异。

此外，伦理问题本身在许多不同的场合都会出现，因此，要找出伦理讨论存在的**所有**不同种类的场合，以及通过合理的方式协调和解决这些争议所能运用到的**所有**不同程序，将是一项艰巨的任务。尽管如此，如果将伦理推理与我们在最后四章中所探讨的其他类型的推理和论证进行比较的话，我们还是有很多可说的东西。

伦理辩论的场合

在什么情况下会产生"伦理"问题，所产生的问题是关于一个决定、一项行动、一项政策、一项立法、一种个人生活方式的，还是关于其他什么的？首先，我们可以讨论伦理论证的两个典型场合。在这两种场合中，伦理问题以不同的方式出现，使它们有别于在法律、科学、管理等更狭窄和更专业的领域进行论证的场合。

具体来说：

　　1. 在前几章中讨论的所有事业，或多或少都是"专业的"知识和分析领域。在将法律问题与管理问题或科学问题进行对比时，我们首先必须考察所涉及的**专业**领域，以及将律师、科学家或商业管理者团结在一个共享的专业事业中的**技术**问题。

每一个这样的事业都为直接参与其中的人提供了明确定义的"角色"。任何一个特定的参与者都有以其特殊身份进行工作（和推理）的任务，比方说，作为辩护律师而不是陪审团主席，作为总会计师而不是生产经理。相应地，每个事业和角色都有自己特有的程序、论坛和解决事业内部出现的具体问题的标准。我们能够简洁明了地解释在这些专业论证论坛中问题产生和解决的方式，这一事实恰恰反映了这些不同的职业角色、工作、问题和程序的**专业性**。

另一方面，这些专业型事业的工作和技术如此狭窄和专业化的事实也引发了一个反问题（counterproblem）：当不同事业自身的需求相互冲突时，会发生什么？任一个特定的人——就职业来说——可能是生物化学家、税务律师或电子厂经理，因此可能需要掌握相应的专业论证。但从来没有人**仅仅**是一位生物化学家、律师或工厂经理，从事研究的生物化学家也可能是一位执业医师，税务律师也可能是政界人士。除了这些职业角色和爱好者身份外，他们中的任何一个可能还是父母、朋友、教会成员和/或有选举权的公民。伦理问题产生的一个特征点（characteristic point）是介于不同职业角色之间的**边缘**，或者是在职业生活和私人生活相交和重叠的**地方**。

2. 不仅这些专业型事业的技术问题相对容易界定；而且解决此类问题的程序通常也都是独立和自足的，在许多情况下可以相当迅速地得出确定的结果。很多时候，科学、法律、管理或其他任何问题都可以直接研究，而且我们可以准确地**从相应的专业立场**来决定对问题发表什么样的意见。

但这种立场并不是普遍的或包罗万象的。因此，我们所要得到的问题的答案将受以下限制性短语的约束：

"就科学所能告诉我们的而言……"

"从法律的角度来看……"

"从财务上来说……"

等等。

其结果是,我们在所有的专业论证中所得到和给出的答案,都将以特定的立场为框架,而这些立场的关联性是预设的。毕竟,如果参加任何特定讨论的各方没有共同的专业立场,他们就会——用专业术语来说——目的相左(cross-purposes)。双方从一开始就根本不理解对方,接下来的讨论也就不会有任何结果。

相比之下,在其他场合,我们不得不问,我们专业事业的具体技术问题和解决方案,是否真的有能力为我们提供我们所需要的答案?就目前而言,他们可能会为我们的问题提供"技术上正确的"解决方案。但问题就这样解决了吗?难道其他的考虑不需要我们**推翻**——并因**此否决**——这些技术上正确的答案,无论它们是如何有效地从有关的某个特定立场得到的?

一个三岁的孩子得了白血病,医生们宣称,从技术上讲,只有进行一个疗程的强度化疗才有可能不让这个孩子很快死去。而另一方面,这种治疗的成功性是非常不确定的,而且化疗本身是痛苦的和有不良副作用的。

然后可能会出现这样的问题:"这种技术上的答案就是最后的定论了吗?难道孩子的父母不能代表孩子去选择尽管短暂但却快乐的几个月生活,而不是为了那微乎其微的治愈可能,让孩子遭受病痛和化疗带来的痛苦吗?"

因此,像科学、法律和医学这类被明确界定的事业角色可能会受到以下任一方面的挑战:①我们所提出的专业问题,和我们作为科学家、律师、医生或其他角色所遵循的专业程序可能是相互冲突的;②鉴于这些专业问题对人类生活的较大影响,出于更广泛和更普遍的考虑,

第30章 伦理推理

这些专业事业的技术问题和程序可能会被忽略：

1. 一位生化研究工作者，碰巧也是一名执业医师，发现从科学角度来看他的一个患者病情复杂。探究这些疑难杂症特点所需要的程序是"科学上的"，但治疗病人所需要的程序是"医学上的"，而这两套程序却有可能并不兼容。

在这样一种情境下，他如何平衡医学和科学上的主张？究竟在哪个点上，对这一案件进行科学调查所需要的研究程序正好不可避免地干涉到了进行良好医学治疗的需要？这个问题本身**既不是**医学问题，**也不是**科学问题。在这个案例中，在科学和医学两种需求之间进行仲裁，就成了一项伦理工作。

或者：

2. 在幼儿白血病的案例中，到底在化疗有多大成功的概率时，才能使父母有理由让孩子遭受所有相关的痛苦，而不是说服他们顺应孩子的死亡，让孩子在余下的几个月里快乐地生活？

这个决定（从严格意义来讲）也不仅仅是一个医疗决定。确切地讲，这是一个关于是否将专业医学的技术要求放在一边，以支持其他更重要的伦理考量的决定。

因此，与更专业的事业论证相比，**伦理推理至少具有两个独特的功能**：

1. 在不同专业事业的需求发生冲突时进行仲裁。
2. 确定在哪些特殊情况下，更大的人类关切需要我们超越专业事业的技术论证。

更进一步说，虽然科学、法律和其他的专业问题通常是在相应的专业论坛（科学会议、法律法庭等）中遇到和解决的，**但伦理讨论却没有专门的论坛**。更准确地说，没有哪种情况**不会**伴有某种伦理问题

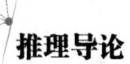

的出现。无论我们处于什么情况下，我们的行为和程序始终会面临伦理上的问题和挑战。无论当下讨论的主题是什么，我们的注意力总是有可能被吸引到我们忽略了的、外部的、相互冲突的考虑上，或者被吸引到我们原来未加准备的、人类更为关切的问题上。

伦理考量的本质

因此，至少有两组考量因素会影响伦理问题及其解决。在任何群体中——任何社会、文化或社区——我们都能找到围绕着这两种对应模式的伦理讨论：

1. "对"与"错"：某些类型的行为、程序和/或后果被建议为或排除为**绝对**可接受的或不可接受的。
2. "好"与"坏"：某些类型的行为、程序和/或结果被认为**在某种程度上**是合意的或可取的。

当第一种强烈的考量出现时，它们通常被视为**凌驾**于其他更技术性的考量之上的对错问题。相比之下，如果所讨论的问题是权衡不同技术事业各自的优先事项，伦理论证本身所关注的是什么**更可取**，也就是说，权衡不同种类的好与坏。因此，我们已经注意到，作为不同专业事业之间仲裁者的伦理，与对所有技术考虑的权威性加以明确限制的伦理两者之间的对比，就对应"好与坏的问题"和"对与错的问题"之间的对比。消极地讲，总是可以提出这样的问题，即我们的行为是符合还是违背对与错。而从积极的角度来说，我们也总是会提出这样一个问题：考虑到科学研究和医疗，或者管理效率和法律的严谨性等问题上存在的对立主张，我们是否已经适当地权衡了摆在我们面前的不同类型的好与坏。

这两个标题包含了哪些考量因素？不同国家和社群中有影响的伦理考量之间的差异经常被夸大。实际上，几乎所有的社会和社群都认可伦理观念的核心是对与错和好与坏。无论在哪种情况下，这种伦理核心通常也与不同社会、文化和群体表现出的不太一致的其他边缘问题（marginal issues）和考量因素相关联。例如：

1. 在几乎所有的社群中，对**对与错**的考量都包括一个人对另一个人施加不必要的痛苦是错误的。与此同时，每个社群也有自己独特的、地方性的是非观念，涉及更多的边缘问题，如衣着、在公共场所吸烟、准确的称呼方式、性表达方式，等等。

2. 在几乎所有的社群中，**好与坏**的范围同样包括身体健康为好和疾病为坏。与此同时，不同的社群在更多的边缘问题上有其他完全不同的偏好，例如，推广棒球运动而不是板球运动，或者看重好的住房条件而不是美食。

对与错

在任何社会或社群中，都有一类伦理问题与那些使某些决定或行动方针具有内在强制性或招人反对的考量因素有关。在任何一个特定的社会中，对于许多此类行动和考量因素，都有清晰和明确界定的共识。在这种意义上讲，也就相应地明确和接受了确定义务或提出反对意见的程序。

此外，还有一些方法可以用来识别并不普遍存在的伦理异议，例如个人顾忌（personal scruples）。因此，鉴于伦理问题具有压倒一切的特征，负责任的个人往往认为某些行动方针**对他们自己来说**是强制性的或者是不可接受的，即使其他人可能有不同的看法。

这种良知自由（liberality of conscience）再一次延伸，但首先只局限于边缘问题上。对于在四旬斋（Lent）期间吸烟，我们可以自由地表达个人顾虑，但是我们不能出于个人感情而放弃对谋杀的伦理上的反对。

因此，当有人问"对这一做法有异议吗？"时，这个问题的总旨通常是询问①是否有任何普遍认可的考量因素妨碍它，或②基于个人顾忌等，有关当事人是否有更多个人反对意见。例如，"明天晚上我不

推理导论

应该和你一起吃饭"这句话可以用两种不同的方式来解释:

"明天晚上我不应该和你一起吃饭。"
"为什么?"
"我已经答应了要和家长教师会学习小组一起工作。"

(这里隐含的保证是一种**一般性**保证:"任何人违背承诺都是错误的。")

"明天晚上我不应该和你一起吃饭。"
"为什么?"
"作为一名正统的犹太人,我要遵守一些饮食规矩,而在非犹太人家庭中维持这些饮食规矩是不切实际的。"

(这里隐含的保证是**个别性**保证:"我个人的宗教信仰使我冒险违反正统的犹太饮食规矩是错误的。")

注意两点:

1. 伦理上的对错问题都是以一种相当简单的**形式**出现并处理的。任何人只要声称某种行为在伦理上是强制性的或不可接受的,都会立即被问及理由。在大多数情况下,他会毫不费力地给出他的理由,即说明是什么使得有关行为是强制性的或不可接受的("这是之前的一个承诺"或"这将违反我的饮食规矩")。因此,此时采用的论证模式非常简单,如图30-1所示。

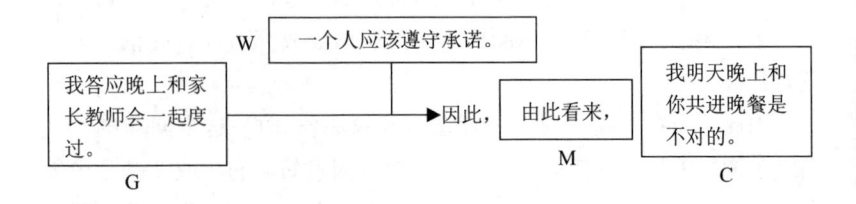

```
               W ┌─────────────────┐
                 │ 一个人应该遵守承诺。│
                 └─────────────────┘
┌──────────┐           │           ┌──────────┐
│我答应晚上和│           ▼           │我明天晚上和│
│长教师会一起度│──────▶│因此,│─▶│由此看来,│─▶│你共进晚餐是│
│过。        │           │           │不对的。    │
└──────────┘                        └──────────┘
    G                    M                C
```

442

第30章 伦理推理

或者，另一种情境是：

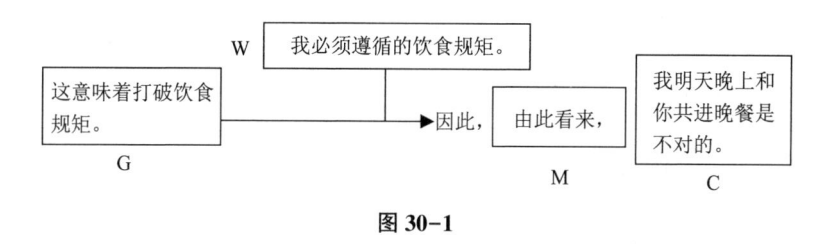

```
         W ┌─我必须遵循的饮食规矩。─┐
           │                        │
┌─────────┐│                        │    ┌─────────┐
│这意味着打破饮食││                  │    │我明天晚上和│
│规矩。    │├──→ 因此，─── 由此看来，│    │你共进晚餐是│
└─────────┘                              │不对的。  │
    G              M                     └─────────┘
                                              C
```

图 30-1

2. 同样，不同的个人和群体认为正确或错误、强制性的或不可接受的**各种**事物通常也不是非常有问题的。大多数情况下，每个人都会同意谋杀和施加给他人不必要的痛苦在伦理上是不可接受的，而忠诚和信守诺言在伦理上是值得赞赏的。

实际上，只有在这些术语的适用范围有多大以及适用于哪些实际类别的**情况**这两个有争议的问题上才会产生严重的意见分歧：

如果一名被俘的巴勒斯坦突击队员试图就巴勒斯坦解放组织的计划误导或欺骗他的以色列审讯者，那么这是忠诚（因而**义不容辞**）的表现还是撒谎（因而**令人反感**）的表现？

如果一个校长对一个长期不听话的学生进行体罚，这是一件性格塑造（因而**值得赞赏**）的工作还是一件残忍（因而**令人无法接受**）的事情？

如果一个未婚妇女，因月经没来而和她的妇科医生约好了进行一个常规的刮宫术，这是正常的卫生保健（因而是**无辜的**）还是可能谋杀了一个未出生的孩子（因而是**恶劣的**）例证？

因此，我们最终如何从伦理立场**判断**任何一种特定的行为，与我们如何接受**描述**该行为的方式密切相关。一旦巴勒斯坦突击队员的行为被描述为"忠诚地保守秘密"或"撒谎"，人们在对他们表示赞同或反对的路上就已经走了十之八九。同样，一旦将妇科手术描述为

推理导论

"常规的卫生保健"或"剥夺一个胚胎的生命权",实际上就已经预先判断了所涉及的伦理问题。因此,如果要明确地面对这些伦理分歧的**实质**,就必须找到某种方式来提出所涉及的问题,以公平地对待双方提出的考量。

例如,我们可以更加注意任何这类论证中所隐含的**模态限定词**和**反驳**。我们刚刚说过

"撒谎"(因而令人反感),或者
"卫生保健"(因而是无辜的)。

我们也许本可以说得更准确些,

"撒谎"(因而**想必**是令人反感的),或者
"卫生保健"(因而**想必**是无辜的)。

在每一种情况下,都必须对提出的伦理主张的力量与可能**反驳**原始主张的相反考量进行权衡(见图 30-2 和图 30-3)。

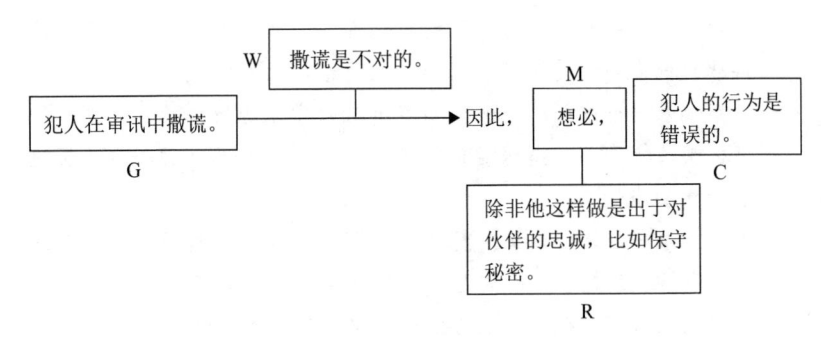

```
                    W  撒谎是不对的。
                                            M  想必,         犯人的行为是
犯人在审讯中撒谎。  ─────────→  因此,                         错误的。
         G                                                           C
                                          R  除非他这样做是出于对
                                             伙伴的忠诚,比如保守
                                             秘密。
```

图 30-2

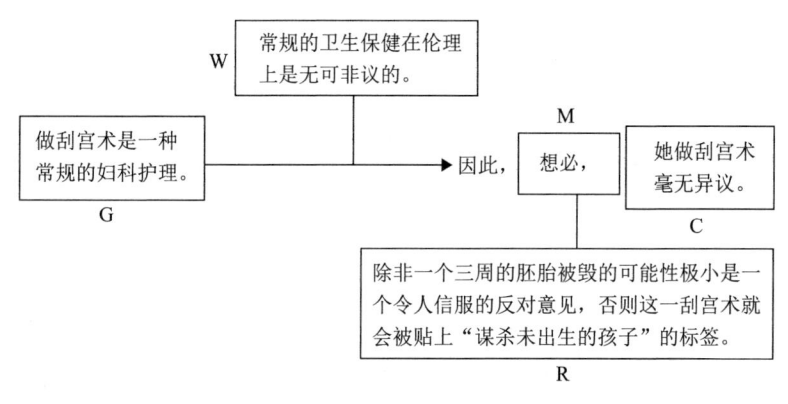

```
         ┌─────────────────┐
         │ 常规的卫生保健在伦理 │
       W │ 上是无可非议的。   │
         └─────────────────┘
                │
┌──────────────┐│        M
│做刮宫术是一种  ││    ┌──────┐   ┌──────────┐
│常规的妇科护理。├┼──▶│ 因此,│   │她做刮宫术 │
└──────────────┘│    │ 想必,│   │毫无异议。 │
       G        │    └──────┘   └──────────┘
                │       │              C
                │    ┌──────────────────────────────┐
                │    │除非一个三周的胚胎被毁的可能性极小是一│
                └───▶│个令人信服的反对意见,否则这一刮宫术就│
                     │会被贴上"谋杀未出生的孩子"的标签。  │
                     └──────────────────────────────┘
                                    R
```

图 30-3

在道德生活的实际行为中，我们只知道哪些**特定的考量**对任何特定类型的行为有利或不利是不够的。（在谎言和忠诚、卫生保健和谋杀等问题上，人们几乎没有理由产生分歧，只要这些术语的使用没有冲突或含糊不清。）此外，我们必须对这些考量发生冲突时可以相互权衡的情况和方式有一些明确的了解。

实际上，对实际伦理推理的任何研究，不仅能很快揭示出有关人员所诉诸的原则，而且还能很快揭示出在发生**义务冲突**（conflict of obligation）时指导其决策的一般理解（general understandings）：

1. 在战争伦理中，人们普遍认为，在军事机密问题上误导审讯人员的犯人是在表现忠诚，而不是在撒谎。如果说巴勒斯坦突击队员的案例中有什么特别难以理解的地方的话，那是因为阿拉伯人和以色列人在看待他们的身份上存在分歧，也就是说，是把他们看作是真正的士兵，只是因为被俘而成了战俘，还是把他们看作缺乏公认的战俘特权的犯罪恐怖分子。

2. 同样，正如美国最高法院在"**罗伊诉韦德案**"中阐明的那样，关于终止妊娠，已有长期的传统理解，即，在妊娠的前三个月内将新植入的胚胎移位的妇科手术是合法的卫生保健程序，而在胎动初感之后的最后三个月中,不应在无严重原因的情况下流产胎儿。

如果说妊娠头三个月的堕胎是有争议的话题,那是因为传统的理解受到了挑战,"生命权运动"要求在整个妊娠期间对胚胎给予传统上的等同于妊娠最后三个月的关怀。

这一点可以从初始假设和举证责任的角度加以重申。在平衡忠诚与撒谎、卫生保健与可能的谋杀等相互冲突的主张时涉及的一般理解,也代表了从伦理角度对举证责任之所在的一般理解:

"如果他是个战俘,你就不能抱怨他在战友的秘密上误导你。"

"但他并不是真正的战俘;他只是一个普通罪犯和恐怖分子。"

"这正是有争议的地方,因而也是你在谴责他是个骗子之前必须证明的地方。"

类似的:

"既然刮宫术是一种常规的妇科手术,那么你确实不能反对它。"

"但是,如果一个女人仅仅是为了避免可能的怀孕,而选择去做不必要的刮宫术,这就等同于杀死她未出生的孩子,所以这是谋杀。"

"这正是人们的意见普遍不统一的地方,因而也是你必须**证明**的地方。因为在传统上,胎儿只有在经过胎动初感后才会被认定是未出生的孩子。"

因此,在对与错的问题上,目前的伦理论证模式是简单而直接的,除非在义务和举证责任的冲突上存在严重分歧。反过来讲,这些问题只有在一般理解受到挑战时才会成为**本质上有争议的**问题。因此，诸如：

巴勒斯坦突击队员是"士兵"还是"恐怖分子"？
胚胎在什么时候会变成一个"未出生的孩子"？

此类问题，既是**事实**问题，也是**伦理和法律**问题。在任何一种情况下，无论允许还是不允许给被俘的突击队员贴上**战俘**的标签，或者给新植入的胚胎贴上**未出生的孩子**的标签，这样的决定都绝不是一个简单直接的事实决定。确切地说，只有当我们权衡了双方的伦理和法律需要：一方是社会秩序的需要，另一方是人道审讯的需要；或者，一方是妇女自主权的需要，另一方是三四周胚胎的假定权利的需要，它才能被理性地证明是合理的。

好与坏

除了这些关于哪些行为本身是**义务性的**或**令人反感的**问题之外，还有另一组伦理问题，关于决策和行为的后果所产生的影响，具体来说，这些影响是**可取的**还是**令人遗憾的**。第二类问题通常被当作是好与坏的问题来讨论，而不是对与错。

当然，在这一点上，人们的看法并不一致：

尼克松总统辞职是"一件好事"吗？有些人为此欢呼，但也有些人对此表示遗憾，还有一些人则认为，总的说来，这是一个非常微不足道的事情。

如果在这种情况下出现分歧，则很大程度上是因为所涉及事件的复杂性。在由这些事件引起的所有考量范围中，不同的人倾向于选择不同的因素，并以不同的方法来平衡好与坏之间的关系。

尽管这种分歧特别容易在涉及复杂和多重考量因素的情况下出现，但在较简单的情况下也会出现。例如：

推理导论

成为某个运动队的狂热支持者,以至于你每个周末都花一部分时间来关注他们的比赛,这是不是"一件好事"?显然,很多人都认为成为一个忠实的粉丝是一件很好的事情,然而也有些人会谴责把所有注意力都放在某个特定的运动队是浪费时间的幼稚行为。

在任何一种情况下,对好与坏的分歧就像对对与错的分歧一样,主要是对外在问题的影响。对于某个核心话题,则分歧要少得多,共识要多得多。例如,虽然对于如何度过周六下午的时间没有普遍的一致意见,但是对于健康和疾病等基本问题的分歧就少得多了。再比如,有谁会对车祸中断腿是不好的,以及找到一份能够充分发挥自己能力和兴趣的工作是一件好事这两种情况持强烈的怀疑态度呢?

同样,在**好与坏**的讨论中所使用的伦理论证形式通常与**对与错**的讨论中所采用的形式一样直接。例如,假设有人说:

"这是种很美好的生活。我身体状况良好,工作很有趣,并且每个周末我都可以在电视上看红人队的比赛。"

第一个句子("这是种很美好的生活")与紧随其后的句子之间的关系并没有什么问题。该发言者只是在提请人们注意那些阐明他最初声明内容的事物。事实上,如果坚持详细地呈现隐含的论证模式,那几乎就太学究了,如图30-4所示。

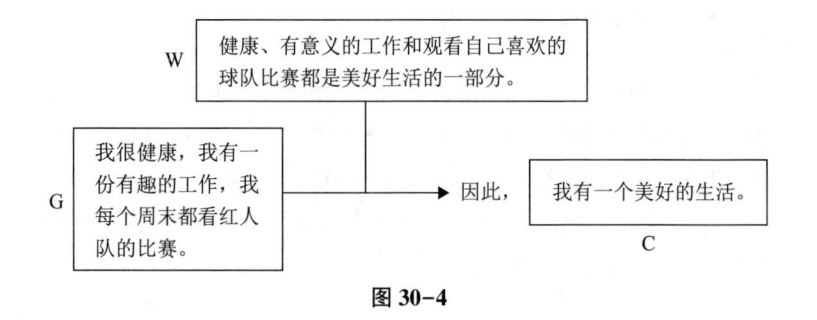

W: 健康、有意义的工作和观看自己喜欢的球队比赛都是美好生活的一部分。

G: 我很健康,我有一份有趣的工作,我每个周末都看红人队的比赛。

因此

C: 我有一个美好的生活。

图30-4

第30章 伦理推理

当然，我们都有个人的偏好，并且我们每个人都有各自的理想信念，这些都是可以理解的。就像人们可能会承认自己因宗教信仰而与外邦人一起吃饭时会有顾虑一样，一个人可能会形成个人对"美好生活"的愿景，包括成为一名忠实的红人队支持者。**任何一个人无论**是摔断了腿还是丢掉了工作，我们都会对其表示同情，但是只有当我们知道某人是红人队支持者的情况下，我们才能对他为红人队最近的失败表示同情。然而，反过来说，我们每个人都**在某种程度上**基于个人品位和偏好构建着"一种美好生活"，这一事实并不意味着**所有**好与坏的问题都是个人的和随意的。对朋友说："老兄，这条断腿可真棒！"这显然是一种可怕的幽默。

因此，尽管关于好与坏的伦理讨论**在本质上**因人而异，在不同的社群之间也有所不同，但这样的讨论确实有一个共同的一般**模式或程序**。当问题变得棘手时、当"好"与"坏"相互冲突且必须在两者之间取得平衡时，就会出现困难和分歧：

> 杰克从他的工作中得到了极大满足，这是好的方面。然而另一方面，他的工作使他付出了很多，但他并没有得到足够的锻炼机会来保持健康，这是一个遗憾。
>
> 建立联邦制度对新独立的殖民地大有裨益，因为它帮助殖民地巩固了自治权。与此同时，它阻碍了革命时期由塞缪尔·亚当斯等领导人率先实现的朝着更有效民主迈进的行动，损害了许多美国人的利益。

特别是在社会和政治变革中，一个人的佳肴总是容易成为另一个人的毒药。不过，即使对个人而言，每一种好也都往往包含着相应的代价。因此，在关于好与坏的讨论中，就像我们在关于对与错的论证中看到的那样，我们也常常以同样的权衡论证结束——包括最初的假设和举证责任（见图30-5）。

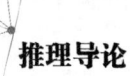

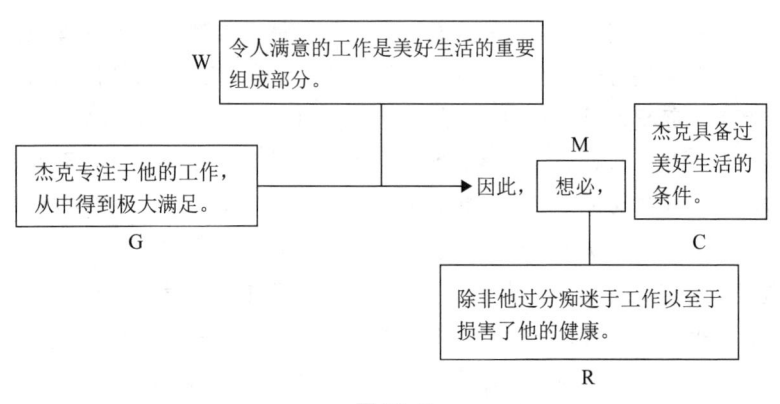

```
                    ┌─────────────────────┐
                  W │ 令人满意的工作是美好生活的重要 │
                    │ 组成部分。            │
                    └─────────────────────┘
                              │
                              │                ┌─────────────┐
                              │              M │ 杰克具备过    │
┌─────────────────┐           ▼                │ 美好生活的    │
│ 杰克专注于他的工作, │────────► 因此,  想必,──────►│ 条件。       │
│ 从中得到极大满足。  │                          └─────────────┘
└─────────────────┘                  │                C
         G                           │
                                     ▼
                           ┌─────────────────────┐
                           │ 除非他过分痴迷于工作以至于 │
                           │ 损害了他的健康。       │
                           └─────────────────────┘
                                     R
```

图 30-5

在研究伦理辩论和决策的实际**做法**（practice）时，我们不仅需要考虑人们认为好的各种项目（身体健康、满意的工作、奖励性休闲，等等），而且还需要考虑当这些不同的项目发生冲突时，平衡这些不同项目主张（或价值）的方式。

例如，请注意"杰克是个**工作狂**"这一说法的含义。新造的术语"**工作狂**（workaholic）"表达了一个关于**好与坏**的修辞性观点，即并非**所有的**努力工作都同样可取。在这方面，这个词的作用与称呼巴勒斯坦突击队**士兵**或新植入的受精卵**婴儿**的方式相同——这些词在**对与错**的问题上也表达了类似的修辞性观点。人们可能会对工作"上瘾"从而损害到他们的身心健康，这直到最近才被明确承认。毫无疑问，这种态度的转变部分源于对成瘾的心理动力学有了更好的理解。但像往常一样，在这种本质上有争议的案例中，争论的重点绝不**仅仅**是"事实"这一方面。在接受**工作狂**一词作为批判的正当依据时，我们也致力于重新考虑我们的**优先选择**（preferences）：

> "如果一个正值上升期的产业管理者现在每周工作 75 个小时并从中获得了短期的满足感，然而却在 45 岁时就心脏病发作了，那么长远来看，这有什么好处？"

第30章 伦理推理

公正与公平

此外，有关好与坏的伦理讨论要求我们关注这样一个问题："我们在谈论**谁的**好？"伦理不仅涉及**价值**方面的考量（例如，平衡良好健康的主张和令人满意的工作的主张），而且涉及**公正**方面的考量（例如，平衡某个群体或个人的健康、教育和福利与其他群体或个人的健康、教育和福利）。在伦理问题上引起强烈争议的一个地方是，我们如何判定"公正"和"公平"到底应该要求什么：

这种争论始于幼儿园，在那里孩子们就非常关心公平问题——"妈妈，这不公平！"所以，讨论公正的主要论坛是**家庭**。但它却会贯穿人的一生，因为只要缺乏必要的资源和服务就会使不同人的利益发生冲突。

在伦理论证和政治论证最为重叠的**社会**正义领域尤其如此。"劫富济贫"到底在多大程度上是**一件好事**？也就是说，为了将资源转移到那些不能完全自给自足的人身上，究竟可以在多大程度上限制某些人的自我富足的（self-enriching）活动？

通过使用政治手段来促进实现社会公正的目的的基本困难，来自在伦理上将整个社会视为类似于一个家庭的困难。在足够小的群体中轻松而明确地运作的伦理论证模式，当扩展到整个州或国家时，不可避免地会引发问题。在家庭成员中公平地分配蛋糕是一回事，但在政治层面上，我们又该如何判定和衡量国家"这块蛋糕"的大小呢？"公正"的分割方式是什么呢？（我们是应该首先确保每个人都有适当的最低份额，然后把剩下的留给拍卖或自由竞争？还是应该干脆在各方面都争取平等？）这些问题只是一场更为长久的论证的开始，我们在这里没有足够的篇幅展开。这是与以下伦理和政治口号相关的论证：

——各取所需。
——各得其所。
——按劳分配。
——各尽所能。
——给每个人一个公平的机会来赢得他自己的份额。

伦理论证的要素

"我真不应该把那个故事告诉他。"

"有什么问题吗?"

"那是骗人的。"

"你应该把他的轮椅还给他。"

"我有什么义务这么做?"

"你只是借来的,况且没有它他就没办法活动了。"

"我真不应该参加那个宴会。"

"为什么不应该?"

"我不能确定它是否符合犹太教的饮食规矩。"

"你应该更认真地考虑重返学校的事。"

"你有什么想法?"

"没有适当的专业培训,你就无法充分发挥自己的才能。"

"我们真应该更加努力地招聘女性高管。"

"为什么?"

"到目前为止,我们的招聘做法相当不公平,更不用说性别歧视了。此外,我们还可能面临反歧视诉讼的风险。"

"那个法官处理那次审讯的方式真可耻。"

"你为什么这么说?"

"他让控方放过谋杀罪。他们玩弄证据,以'密谋'来迷惑陪审团,还恐吓证人。"

当在讨论其他问题的过程中引入伦理问题时,它们会将讨论从实际或专业上的问题转移到另一个层面。当这种情况发生时,我们经常会发现"真(really)"这个副词是被用来执行主题转换的。例如,在我们最初举的几个例子中,辩论的并不是**一般性的**伦理问题——我们是否应该归还借来的物品,是否该充分开发我们的能力,或者其他什么。确切地说,问题在于当前的**特定**情况是否属于这些规则或准则的范围。例如:

"我真不应该把那个故事告诉他。"

"有什么问题吗?"

"那是欺骗。"

"为什么要担心这个?你以为他是谁?你所需要做的就是告诉敌方审讯官你的名字、军衔和编号。除此之外,你应该对他隐瞒一切,这就是忠诚。不管怎样,你怎么能欺骗一个不指望你说出真相的人呢?"

在这个案例中,进行伦理上的讨论是不能开玩笑的,因为对诚实和忠诚要求的方向不同。因此产生的一个问题是,误导敌方审讯人员是否属于**欺骗**这一术语的范围。

理由与保证

在伦理论证中,理由和保证的相互依赖性尤其明显。在支持任何主张时,值得提及的事实都是那些——而且只有那些——与被援引的伦理准则相关的事实。因此,我们援引那些被视为对我们施加义务的任何情况的具体特征作为理由。但是我们如何识别和挑选这些特征呢?我们为此常常会着眼于某些特定的保证。我们之所以挑选出那些明显带有欺骗性的(或者不公平的,或者不虔诚的,或者其他的)东西,恰恰是**因为**真实、公平、虔诚,以及其他最常见的伦理保证。

实际上,在伦理论证中,理由和保证之间的联系是如此紧密,以至于我们很少会费力将两者都解释清楚。它们彼此都隐含着对方,因此,与其说"我真不该把那个故事告诉他,那是骗人的",不如说"我真不应该把那个故事告诉他,欺骗是不对的"。在第一种情况下,主张(C)显然是由理由(G)单独支持的,而在第二种情况下,是由保证(W)单独支持的(见图30-6)。当然,严格来说,这两种情况

推理导论

都依赖于同一个完整的论证（见图30-7）。但在这种情况下，如果坚持把理由的**相关性**问题与相应的保证的**适用性**问题分开，未免过于迂腐，所以我们很少对它们进行区分。

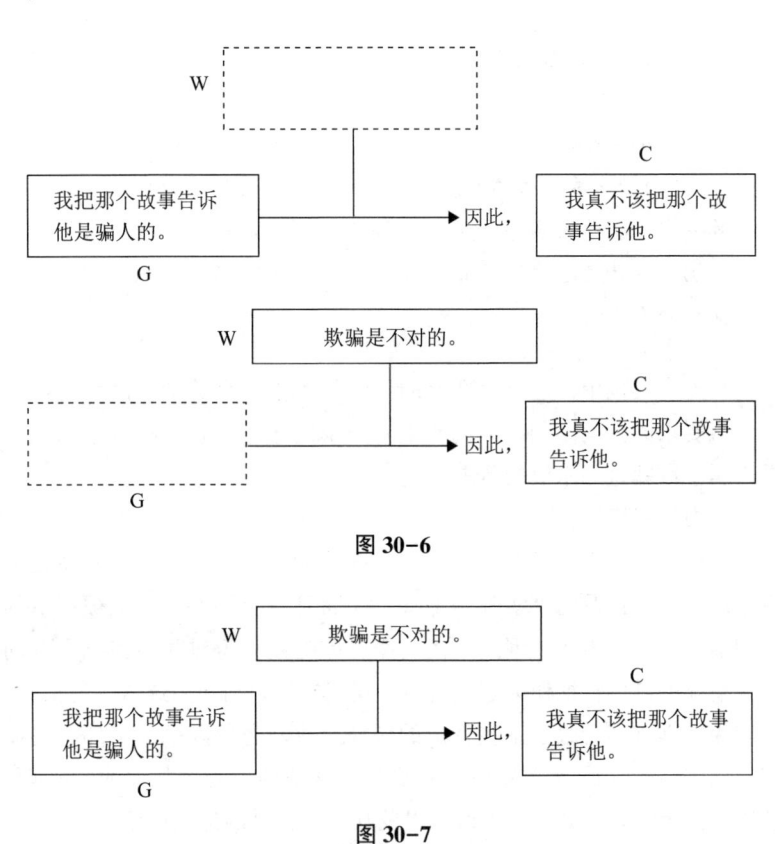

```
        W
    ┌───────┐
    │       │
    └───┬───┘
        │
┌──────────────┐         ┌──────────────┐
│ 我把那个故事告诉 │         │ 我真不该把那个故 │
│ 他是骗人的。  ├──► 因此， │ 事告诉他。    │
└──────────────┘         └──────────────┘
       G                       C
```

```
            W
        ┌──────────┐
        │ 欺骗是不对的。│
        └─────┬────┘
              │
┌ ─ ─ ─ ─ ─┐  │         ┌──────────────┐
            ├──► 因此， │ 我真不该把那个故 │
└ ─ ─ ─ ─ ─┘            │ 事告诉他。    │
     G                  └──────────────┘
                              C
```

图 30-6

```
            W
        ┌──────────┐
        │ 欺骗是不对的。│
        └─────┬────┘
              │
┌──────────────┐         ┌──────────────┐
│ 我把那个故事告诉 ├──► 因此， │ 我真不该把那个故 │
│ 他是骗人的。  │         │ 事告诉他。    │
└──────────────┘         └──────────────┘
       G                       C
```

图 30-7

举例来说，问"一个战俘误导敌方审讯人员是否具有欺骗性？"实际上等于问："'欺骗是错误的'这一准则是否适用于敌方情报人员对战俘的审讯？"在这种情况下，判定有争端的行为是否构成欺骗——欺骗的事实作为理由是否相关——也就解决了这种情况是否属于相应保证的范围的问题。

第 30 章 伦理推理

如果我们能共同就有争议的情况的**描述**达成一致，那么这种描述的伦理意义通常就是非常显而易见的。把我们的战俘例子和下面的例子比较一下。

在常规的身体检查过程中，医生发现患者有轻微的肿胀，这可能是癌症的早期迹象，她说服患者进行额外的实验室检查，但谨慎地避免解释这些检查的真正目的。

一个孩子的父母组织了一场惊喜的生日聚会，并通过向孩子说出一些暗示他们有不同想法的东西来掩饰他们的计划。

我们要将医生或父母的行为描述为"欺骗"吗？
有两种方法可以回答这个问题。一方面，我们可以说：

"我承认，这有点骗人，但这是一种无罪的欺骗——如果你愿意，可以称之为'善意的谎言'。"

也就是说，我们可以承认对事件的消极描述，并为反驳阶段保留借口。或者，我们可以说：

"你不能称其为欺骗。在额外的病理测试完成之前，让他担心是毫无意义的。"或者，"让他猜到我们在计划什么会破坏这个惊喜。"

也就是说，我们可以将**欺骗**这个词和"欺骗是错误的"这一准则的范围缩小到只涵盖那些给某人提供**对他不利**的误导性信息的情况。过早提及患癌症的可能性或放弃生日计划是"没有好处的"——因此医生或父母可以为自己的行为辩护，认为这样做是为了保护他们"受监护者"的利益。因此，在接受或拒绝使用**欺骗**一词来描述这些行为时，就已经决定了所要采取的行动的伦理意义。

支撑

区分伦理理由和伦理保证所涉及的困难一直延续到对伦理支撑的讨论。在日常的辩论过程中，我们通常认为标准的伦理准则是**没有争**

议的,因此不需要明确的支持。健康令人向往,疾病令人遗憾;我们必须遵守真理、忠诚和为人类着想的义务;以及反对欺骗、不公正和残忍。一般说来,我们怎么会质疑这些事呢?

因此,我们质疑伦理原则的支撑,会再次改变主题。它是把辩论中的问题从实际层面转移到了更哲学的层面上。例如:

"在一个容忍如此多商业欺诈行为的社会里,我们其他人为什么要如此强烈地要求个人诚实呢?"

"跟我说说这个猪肉和贝类、肉和奶制品的生意。**犹太洁食**(Kosher)在今天到底意味着什么?"

"关于疼痛的烦恼是什么呢?我自己不觉得一点健康的痛苦都不能忍受。所以我为什么要担心伤害别人呢?"

"据我所知,在早期,男女在社会中扮演不同的角色从来没有被认为是不公平的,那么为什么我们要开始担心雇佣行为,或者对关注性别差异而感到羞耻呢?"

这样的问题通常是用来弱化最初的论证,而不是要挑战它:

"诚实仍然是一种美德,但它还能保持它原有的分量吗?"

"总的来说,公平是好的,但它真的迫使我们去追求两性之间机会的绝对平等吗?"

"一个虔诚的犹太人如今在洁食规范的延续中领会到什么意义了吗?"

这些都是辩论性问题,而不是实际上的反对。实际上,几乎没有人会质疑关于疼痛、诚实、公平等常见的伦理准则的**普遍**可靠性,就像是科学中已经确立的自然法则、法律中的法规和判例,或者商业中的投资策略规则的可靠性一样。因此,认真对待这些问题,就意味着要从修辞或者哲学的角度来探讨它们。

由这些熟悉的准则所涵盖的**所有**行为在很多不同的方面都可以在

哲学上被证明为，要么是普遍强制性的，要么是普遍不可接受的：

——因为它们已获得普遍一致的认可。
——因为它们的结果被认为是普遍可取的或不可接受的。
——因为特定社群或群体所选择的"生活方式"要求以这样的方式来看待它们。

但是，在进一步探究这些关于"支撑"的问题时，我们会发现，与其说**任何人**都应该接受这些准则作为可靠的保证的基本理由是合理的，不如说是**特定的个人**认为这些准则符合他们自己对美好和令人羡慕的生活的观念方式：

"对我来说，简单的诚实是所有人类信任的基础：我们没有理由在日常生活中效仿商业广告客户的恶习。"

"对我来说，遵守洁食规矩是犹太传统的重要组成部分，作为一个犹太人，我认为这是我个人信仰的基本表现。"

"我担心的不是疼痛本身，而是拒绝让别人自己决定自己想要忍受多少痛苦。"

"如果我们不尊重人类两个自然部分的公平要求，我看不出，在较小群体的利益受到影响的情况下，我们怎么能指望公平得到认真对待。"

在每种情况下，这些表述的效果都是作为**支撑**图 30-8 中所示形式的一般主张。这样的主张表明了相应准则或**保证**的伦理意义（图 30-9）。反之，这些准则又可以被引用来解释特定事实描述的相关性，作为支持相应**主张**的**理由**（参见图 30-10）。

B	考虑到人类生活(在我看来)的基本价值，例如：在个人事务上的正直；忠于个人信仰；尊重人的自主权；公平待人。

图 30-8

```
┌─────────────────────────────────────────────────────┐
│ 例如,一个人应该注意,避免以一种愤世嫉俗的方式对待其他人;尊重 │
W │ 自己的宗教顾虑;让别人自己决定要忍受什么样的痛苦;公平、公正地 │
│ 与他人相处。                                          │
└─────────────────────────────────────────────────────┘
```

图 30-9

```
┌─────────────────────────────────┐        ┌──────────┐
│ 这样对待她,就不厚道了。             │        │ 所以,你不应该 │
│ 这将不符合犹太教规。               │──────→ │ 那样做。    │
│ 这将是对他自己选择权利的一种极大的不尊重。│        │          │
│ 这将是完全不公平的。               │        │    C     │
└─────────────────────────────────┘        └──────────┘
              G
```

图 30-10

模态限定词与反驳

尽管与**理由**相比,**保证**和**支撑**在伦理论证中所起的作用很小,但**模态限定词**和**反驳**就不是那么回事了。很少有伦理方面的考量能以绝对的方式提出。相反,他们几乎总是有借口和例外,并因此而受到质疑:

"把那个故事告诉他将是种欺骗,所以**想必**我不应该给他讲那个故事。"

"保留我们以前的招聘政策将是歧视性的,所以**显然**我们应该改变这些政策。"

"我不能确定这顿饭是否符合犹太教规,所以**除非迫不得已**,否则我不应该参加。"

在这种情况下,我们往往认为需要限定条件或特殊豁免:

"在检查还没有完成之前就让他担心癌症是没有好处的,**所以在这个阶段,不存在欺骗的问题**。"

"在这个特定的社群中,年轻黑人男性的就业机会甚至比那些女性的就业机会还要更少,**所以**现在就喊性别歧视还为时过早。"

"考虑到这顿晚餐的政治重要性,你出席晚宴是可以被谅解的,**即使**这意味着有违反饮食规矩的风险。"

如果我们能够**绝对**尊重大多数伦理规则,也就是说,不需要例外或限制条件,我们可能更愿意这样做。但是生活并不总是允许我们这样选择。人们反复发现自己面对着这样的情况:**两个**这样的规则指向相反的方向——比如他们可以避免给朋友带来严重的痛苦,但必须以不诚实为代价。因此,伦理推理的目标是设计出行动路线,以便尽可能在相互对立但又互不相容的准则的要求之间行走——在不太严重地违背任何一条准则的情况下,公正地对待激发这两种准则的潜在精神。

在这种情况下,通常有可能以不同的方式呈现相同的伦理困境,这些方式强调了如图 30-11 和图 30-12 所示情况的不同方面。因此,相互平衡的问题实际上可以以如下形式提出:"不参加晚餐会严重违反忠诚度,以至于超过违反饮食规矩的风险吗?"或者,以另一种形式提出:"我的饮食顾虑的风险会让人无法忍受,以至于超过对政党忠诚的所有主张吗?"然而,无论问题以何种方式提出,其要点显然是相同的:如何在忠诚与顾忌这两种截然相反的主张之间行走?如何对不同类型的主张和义务的**优先顺序**(priorities)进行排序?

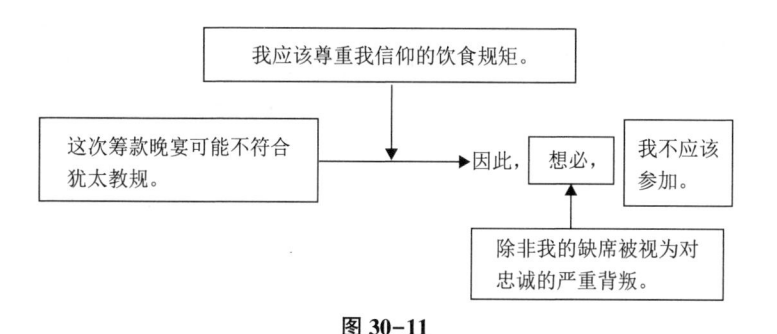

图 30-11

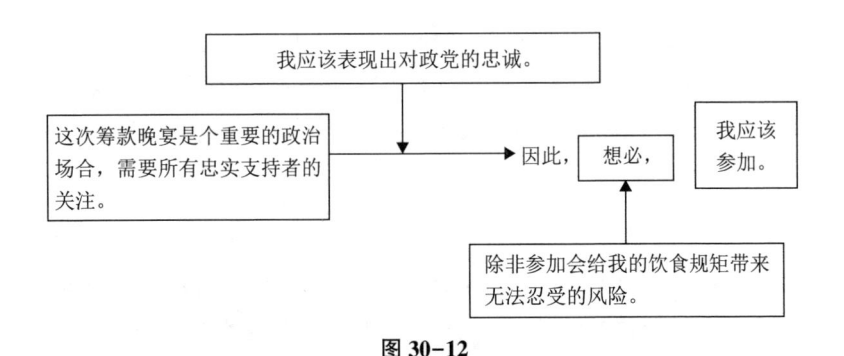

```
┌─────────────────────────┐
│  我应该表现出对政党的忠诚。  │
└─────────────────────────┘
           │
           ▼
┌──────────────┐                          ┌────────┐
│这次筹款晚宴是个│                          │我应该  │
│重要的政治场合,│ ──→ 因此, 想必,  ──→    │参加。  │
│需要所有忠实支 │                          │        │
│持者的关注。   │           ▲              └────────┘
└──────────────┘           │
                ┌─────────────────────────┐
                │除非参加会给我的饮食规矩带来│
                │无法忍受的风险。           │
                └─────────────────────────┘
```

图 30-12

实际上,不同的人会倾向于用不同的方式来处理这些边缘决策。一个人会倾向于严格遵从顾忌的要求,另一个人则会倾向于尊重忠诚的要求。事实上,我们用来描述人的个性和性格的词汇中,有很多都反映了这样的倾向——这个人十分正统,那个人过分忠诚,第三个人非常谨慎,或者也许一点也不谨慎。

伦理的普遍性

最后,值得一提的是伦理及伦理论证的最后一个特征。正如我们已经提到过的,伦理问题在各种情况下都会出现并得到处理。伦理不像法律和科学那样,有专门的讨论**论坛**。对于有资格讨论和提出有关伦理问题论证的**人的阶层**(classes of people),也没有任何明确的限制。(诚然,一些宗教教派保留对指定的祭司或牧师就道德问题发表权威言论的权利,但这一限制仅适用于有关教派**内部**的伦理讨论,并无普遍适用性。)

就此而言,对于伦理讨论的**主题**也没有任何正式的限制。伦理问题同样可以出现在以下方面:

——专业或商业事务。
——与家人和朋友的关系。
——过去或未来的行为。

第30章 伦理推理

——个性和动机。
——职业选择。
——社会立法。
——公共管理。
——个人的自我理解。

实际上，在谈到伦理时，问题不在于避免将其定义得过于狭窄，而在于防止它扩大并吞没所有其他实践推理和论证的领域。

如果从足够广泛的意义上来探究**伦理**一词，我们可能会倾向于去讨论以下问题，作为定义伦理的核心关注点：

——应该做什么和应该避免做什么？
——有什么好的理由以任何特定的方式行动或避免行动？

但这样的定义将使我们无法将伦理上的问题及论证与其他类型的问题及论证区分开。因为在整本书中，我们在讨论和评价实际论证时所面临的中心问题都具有相同的形式：

——什么主张应该接受或避免接受？
——有什么好的理由以任何特定方式接受或避免接受任何特定的主张？

因此，我们必须找到进一步的方法，从出现在科学、法律、艺术、管理等领域的所有问题及论证中划分出更狭义的**具体伦理问题及论证**。

进一步划分这些差别并不意味着将这些理性事业的专业行为**排除**在伦理审查之外。相反，恪尽职守地履行职业责任——如医生、法官、机车工程师、商店经理等——本身就可以被视为一种基本的伦理义务。相应地，任何在我们的某个理性事业中承担责任的个人：

——科学期刊的编辑。
——检察官。

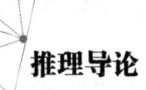

——美术学院的老师。

——职业会计师。

如果**未能履行**某些最低标准的专业职责，就会受到伦理批评。一个粗心的医生、一个草率的编辑、一个闲聊的牧师、一个受贿的警察，或者一个懒惰的音乐老师——这些人都是在他们的专业任务上失败的人——不仅显示了他们自己的无能；他们也应该为自己的表现感到羞愧。他们的失败不仅仅是**专业上的**失败，也是**伦理上的失败。**

即使如此，把与职业地位相关的具体美德和义务区分开来，并将其与伦理美德和义务区分开来，往往是有益的。对于医生（或法官、编辑，或其他什么人）执行专业任务的方式，令人钦佩或遗憾的不是这些行动的细节特征，因为用四环素而不是青霉素治疗上呼吸道感染在伦理上没有任何好处。**具体**令人钦佩或令人遗憾的是医生的态度，这种态度导致他对每个病人的个人特点给予了足够的关注，或者说没有给予足够的关注，例如病人对青霉素的过敏。因此，**伦理上**对任何专业人员的要求是，**无论**他作为医生、法官、编辑或其他职业的人承担了**什么专业任务**，他都应该恪尽职守。

所以当我们开始时，就可以结束这一章。从更广泛的意义上说，伦理的领域足够大，足以在其范围内涵盖我们所有的理性事业。但从更狭义的意义上讲，这些事业的实际行为只在有限的情况下才会产生伦理问题。我们可能要在不同理性事业的专业主张之间进行仲裁。或者，为了其他更广泛的人类考虑，我们可能不得不超越专业考虑。

（1）在前一种情况下，所要处理的伦理问题通常与比较沿着某一方向或另一方向前进的**后果**有关——选择技术上更有效的路线而不是政治上可接受的路线，或者与之相反。

在这种情况下，一个越来越常用的术语是**影响**。在平衡一个或另一个社会决策所带来的不同**种类**的后果时，我们有义务更好地关注"经济影响""环境影响""社会影响"以及其他影响。如果这些需求十分紧迫并且足够广泛，那么平衡经济和技术、环境保护和人权的任

第30章 伦理推理

务就只能借助于一些商定的确定优先次序，即确定哪些人类主张应该比其他主张更重要（例如，印度传统狩猎场的保护与为横跨山脉的大都市提供水源哪个更重要）的标准，才能完成。

（2）在第二种情况下，需要处理的伦理问题出现在更个人的层面上。它们与个人的行为有关，与专业从业者有关。在这种情况下，**职业伦理**和**商业伦理**等术语是最常见的。它们是指对任何专业的从业者所提出的具体要求，因为从业者有认真行事的一般义务，并有对其客户和其他受其专业行为影响的人的利益的考量。

无论我们关注的是个体或个人伦理，还是集体或职业伦理，至少有一点是明确的：无论哪种方式，作为一项实践论证，我们都可以将与任何**伦理**判断或决策相关的**考虑因素**（即理由、保证、反驳等）以一种公开接受公众批评的形式，直接和明确地阐述出来，就像我们在对待一项科学或法律论证时那样。某些伦理决策可能是个人选择或个性承诺的问题，特别是那些宗教信仰和顾虑；但这一事实并不需要将相关的论证从公众批评的范围中移除。举个例子来说，作为一名新教徒，我完全可以提请一位朋友注意适用于他而不是我的个人行为的伦理考量；"作为一个传统的天主教徒，你也许不应该参加下周五的俱乐部晚宴。晚宴将在牛排馆举行，并且他们的菜单上没有任何鱼类。"因此，某些伦理态度和决策的**个人特征**并没有降低它们对**理性讨论和批评**的开放性。

当你听到人们谈论所谓的伦理问题的"主观性"时，这一点值得牢记。毫无疑问，伦理部分涉及我们对事物的感觉方式，以及我们个人对选择和行动的反应，因此，人们经常会得出这样的结论：伦理观点超出了"理性"的范围。但这一结论并不成立，因为我们总是会提出这样的问题："我们对这个行动的感觉**恰当**吗？""我们的反应**合理**吗？"一旦这些问题被阐明，整个理性批判和实践论证的机制就可以立即重新发挥作用。

推理导论

一个例子

例如，考虑以下案例，正如最新一期《海斯汀中心报告》（Harvey Kushner, Daniel Callahan, Eric J. Cassell, and Robert M. Veatch, "The Homosexual Husband and Physician Confidentiality", *Hastings Center Report*, April 1977, pp. 15-17）中所写的：

案例 251

大卫是一个富裕制造商的儿子，也是三个孩子中的长子。大卫的父亲很看重身体素质和运动成绩，而大卫对这些方面几乎不感兴趣。当大卫十二三岁的时候，他和父亲的冲突导致他们几乎每晚都要争吵。很明显，大卫的父亲开始担心大卫的行为举止，认为他是个娘娘腔。

大卫的功课变得很差，人也变得孤僻起来。他父亲决定送他去军校，但他只在那里待了六个月。此时，大卫告诉他的父母他是一个同性恋者，已经并且正在进行同性恋行为。他回到家，完成了高中学业，但没有上大学，而是继续住在家里。

他接受了淋病、哮喘和传染性肝炎的治疗。21岁时，为了免于服兵役，他的医生证明了他是同性恋的事实。

五年后，琼去找她的家庭医生做婚前血清检查，她的医生就是给大卫治病的那个医生。她当时24岁，并且从14岁起就接受这位医生的治疗。医生和琼的家人之间建立了一种亲密而温暖的关系。当医生说起她的未婚夫时，认为他是正常的。当医生这么说的时候，他知道她要嫁给大卫了。她和大卫的认识时间虽然不长，但她对自己的选择是有把握的。医生当时也没有再说什么。

大卫和琼不久后就结婚了，并在一起生活了六个月。这段婚姻因没有性生活而被取消。大卫告诉琼他有同性恋倾向，她也了解到他们不仅共用一个医生，而且那个医生也知道大卫是同性恋。她后来因为这段经历患上了抑郁症，并对她的医生对大卫的事情

第30章 伦理推理

保持沉默而感到愤怒。她觉得她本可以避免生命中这一可怕的插曲——告诉她实情是医生的责任。医生未能做到这一点，是一种过失行为，从而对琼造成了深深的情感创伤。

医生应该优先对谁忠诚？一个病人的利益是否高于另一个病人的保密要求？

——哈维·库什纳

作者：丹尼尔·卡拉汉

为什么会有保密的一般规则？这似乎是研究这类案件的细节之前首先要问的问题。我相信这个规则有三个目的：第一，是建立一个情境，从病人那里引出病人最真实的病情，这是有效诊断的主要要求。第二，要以一种有效的方式认识到，病人的生活并不是与他们的身体分离的，疾病的起因和治疗都有个人和社会背景，有效的诊断和治疗仅仅需要超越身体的界限。第三，是最大限度地增加病人的信任，从而加强医生和病人之间的联系。从这个角度来看，保密规则是很有道理的。

但这是否应该是一个统一的规则，不允许任何例外？显然，我们的社会并不这么认为，因为它已经规定了一些情况，要求医生向公共当局报告病人的病情，例如危险的传染病和枪伤。这些都是合理的例外，它们只是承认一些其他私人状况具有重大的公共影响。这种情况不仅关系到一个病人的福祉，而且也关系到其他个人的福祉。

最重要的是，必须违反保密规定的条件是公共法律和知识的问题。因此，披露并不代表任意强加或表达医生的个人价值观。它们是公共规则，对所有人都有约束力，正因为如此，它们才不会危及医患信任的总体目标（没有证据表明它们危及了）。

在我们面前的案例中，没有强制性的社会规则来规定例外。然而很明显，这种情况不仅威胁着一个人（大卫）的幸福，同时也威胁着另一个人（琼）的幸福。在其他（但未公开规定的）情况下，这些条件至少是隐含地存在的，一个人的福利可以因对其他人的福利考虑被推翻。因此，从某种意义上讲，可以说医师本来就能违反保密性，并且根据非任意且合理的原则这样做。

然而，我想说的是，在这个案例中，关键的问题不是医生本可以承担一个合法的道德原则，而是在于，在这个特殊类型的案例中，没有任何已知的关于泄露秘密的**公众**道德规则。如果大卫是带着枪伤出现的话，他就没什么可抱怨的；这是一个众所周知的违反保密规定的情况。这样的推理并不适用于同性恋的案例，大卫很可能觉得这位医生是在创造他自己的一套道德准则，并将其强加于他。

那么，我们是否可以得出结论：在这种情况下，应该遵守保密规则？我想恐怕是这样的，不管这对琼未来的生活有多不堪的影响。如果要有一个保密规则，那么它必须是一个清晰而又干脆的规则，不承认模棱两可和不明确的例外，更不允许设计个人和特殊的解释。大卫的秘密会被泄露，医生会把他自己的私心强加于道德准则之上，而我们公众也会因为我们中间一个本应保护我们的一般原则的破坏而受到伤害。

我对这样一个僵化的结果满意吗？嗯，肯定不满意。作为一个摇摆不定的道德推理学派的一员，让我提出两个可能的解决办法。首先是我允许医生披露秘密的条件。如果这位医生告诉大卫，他出于道德上的顾虑，认为他必须披露秘密，他会公开告诉别人他这样做，并且愿意接受可能导致的社会惩罚（例如，渎职诉讼），那么我会认为医生这么做得很体面。关键在于，即使是最死板的规则，也会有被打破的道德上的原因，而僵化是因为它们在社会上非常重要。但是，当规则被打破时，对道德正义性的考验是，它可以在光天化日之下被打破，而打破规则的人做好了接受社会惩罚的准备。只有打破黑暗但逃避个人后果，才是医患信任的真正威胁。

另一种解决方法是更危险的，但考虑到医生与大卫和琼的特殊亲密关系，这种方法在本案中也许是合理的。他本可以请求大卫允许他披露秘密，并试图说服大卫同意。或者他可以说服大卫亲自告诉琼。他本可以回到琼身边，问她对大卫究竟了解多少，以一般的方式一直谈论夫妻婚前尽可能多了解对方的重要性——这是最模糊的暗示，也就是说，她应该更多地了解大卫。或者，最后，他本可以单独和他们交谈。尽管这种故意但有针对性的含糊做法是在走一条危险的路线，但我认为在本案中它是合理的。

作者：埃里克·J. 卡塞尔

我们再也不能简单地区分道德问题和医学问题了，至少在内科医生的办公室里是这样。我们过去所说的"医学事实"和"个人事实"是无法区分的。例如，在本案中，大卫患有淋病和传染性肝炎，这两种疾病在男性同性恋者中的患病率都在上升；他在学校和工作方面存在问题，在这一群体中也很常见。但更重要的是，医疗和个人问题都属于道德范畴，因为这里的问题与两个人的福利有关。

在这个案例中真正造成困境的是，医生长期以来一直照顾着这两个病人，而且对这两个病人都负有同样的长期义务。我认为他应该探索所有可能导致信息披露的可能性，但最终不会破坏保密性。

医生至少有义务对大卫说："你告诉琼你是同性恋了吗？如果没有，那你真的应该去告诉她。"这样做之后，他可能会被免除他的义务，就像医生问一个即将结婚、家庭有遗传病病史的男人的新娘是否知道新郎的这些情况一样。

而后，我认为医生有义务在婚前与琼讨论她的性取向，以便获得一些知识、问题、期望和需求。也许琼很清楚大卫是个同性恋。事实上，这种认识可能是婚姻及其最终失败的条件之一。正如大卫通过学校和其他问题表达了他对父亲的敌意一样，琼也有可能和同性恋结婚时表现得很相似。

推理导论

和其他医生一样,我想,在我16年的执业生涯中,我发现这个世界和人们生活在其中的方式一点都不像我刚开始时所想的那样,这让我感到震惊。在我自己的实践中也出现过类似的情况。我认识一对夫妇已经14年了,他们都是我的病人,尽管妻子本来不是我的病人。丈夫经历过一系列纠缠不清的风流韵事,有过几次淋病、梅毒和其他各种疾病和灾难,但这个只有一个孩子的家庭仍然完好无损。在我看来,这是一个相当奇怪的家庭,但这对夫妇设法适应了这个最复杂的迷宫。

我告诉夫妻们,婚姻由三个个体组成:男人、女人和婚姻,每一个都应该得到隐私和关心。我不喜欢丈夫或妻子自动地陪着对方走进医生的办公室。

我对父母和孩子也有同感。我告诉青少年的父母,在我的办公室里,一条绝对的规则是,孩子可以来看我,而我没必要告诉家长孩子来看我的目的(未经孩子许可),除非我认为孩子有生命危险。如果父母不能忍受,那我就不想做孩子的医生。我有一种感觉,从长远来看,这种绝对保密的规则最有利于智慧。它确实使医生无法根据自己有限的知识来决定在复杂的问题上什么才是真正符合患者利益的。

作者:罗伯特·M. 维奇

医生和非专业人士的共同原则是,至少在不复杂的情况下,医生应向患者传达任何可能对医疗决策有意义或有用的医学相关信息。医生的希波克拉底伦理告诉他,他应该做他认为有利于病人的事。非专业人士从其他伦理体系中得出了类似的结论,这些体系关注的是自主和诚信原则。

关于保密的医德传统一点也不清楚。含糊得令人称奇的希波克拉底誓言(Hippocratic Oath)说:医生应该对自己在执业过程中学到的不应该"外传"的东西保密。但这些东西是什么,却没有明确说明。世界医学协会20世纪版的希波克拉底誓言简单地说，医生将严守委托于他的秘密。

另一方面，美国医学会（AMA）采取了完全不同的方法。它的伦理原则规定，医生不应该披露在保密情况下所学的东西，只有在以下三种情况下除外：法律要求披露，符合病人利益，或者符合其他人的利益。美国医学会认为医生对病人以外的人负有责任，因此，他们采取了一种更加社会化的方式。但它为更广泛的披露打开了大门。

传统的医生伦理没有提到如何解决两个病人之间的责任冲突，他们的利益可能不一样，他们的价值观和利益可能与医生的不同。

当医生在这个男人和女人的案例中陷入两难时，可能根本没有道德上可以接受的解决办法。如果早一点面对可能的冲突问题，那么有几种解决办法可能是可以接受的。无论是作为一个个体的医生，还是作为一种职业的医生，还是作为一个整体的社会采取了这样一个政策，即医生不会泄露任何秘密获得的信息，除非生命处于危急之中，那么这个问题就不会出现。另一方面，可以采纳美国医学会有关在有利于他人利益的情况下可以披露秘密的规定，这也会消除伦理冲突。如果这个问题到现在还没有很好的解决方案，那么医生能做些什么来最大限度地解决这个不可能的情况吗？我想是的。

假设医生确信这些信息对女性很重要，他可以向她未来的配偶解释他对情况的看法，确定她是否知道他是同性恋，并试图说服他告诉她这一点的重要性。如果他同意，医生的问题就消失了。如果他不同意，医生有三个选择：

第一，他可以在不透露秘密的情况下继续维持医患关系。在我看来，这似乎是最不能接受的选择，基本上违反了基于信任和保密的隐性契约。

第二，他可以在向那个人解释他有道德义务这样做之后，无论如何都进行披露。（尽管我确信可能会出现这种情况，但我不认为这种情况符合上述描述。）

第三，他可以退出其中一种或两种关系。他可能会说，自己的业务太忙了，不得不把其中一个或两个都转给同事——这是一种公然欺骗的解释。他可以公开说，因为这个信息是私下里得到的，所以他不得不断绝这段关系。这会激起太多的好奇心，并且可能会导致对信任的侵犯。他也可以含糊地说，在他的执业条件下，他不得不将其中一个或两个都转给同事。尽管这一解决办法不能令人满意，但我认为这可能是现有的最好的道德妥协。

在把这个女人转到另一个医生那里时，他不再有责任做对他病人有益的事情。这符合希波克拉底规则，但不知何故，在我看来，这在道德上仍然很不令人满意。事实上，从我作为非医生的立场来看，披露信息的责任是很重大的，即使可能从披露中获益的人不再是医生的病人。然而，打破这种关系比继续维持这种必须建立在信任基础上而不泄露秘密的关系要好。

这个案例表明，在一段关系开始时，清楚地知道什么是道德的基本准则是多么重要。我更喜欢公开和披露，即使隐私偶尔会受到侵犯。如果患者事先知道医生可能会因为良心而被迫在某些有限的情况下披露秘密，我认为患者不应该反对这种披露。

练 习

1. 找出《海斯汀中心报告》案例中三位评论员认为与伦理相关的事实考量，并陈述他们的论证所依据的保证。

2. 是什么样的基本义务冲突使这一特殊案例成为一个边缘和困难的案件？三位评论员对这场冲突的性质是否在各方面意见一致？如果是，是什么导致他们以不同的方式解决问题？如果不是，我们如何分析他们各自立场之间的差异？

3. 通过找到作为各自论证支撑的一般伦理断言，试着描述作为每个评论员讨论本案的基础的总体"人生观"或优先事项。

4. 说明如何在这种情况下确定所涉及的义务冲突，或者，用前面

第 30 章 伦理推理

关于模态限定词与反驳一节中指出的两种方式中的一种来确定。

5. 三位评论员提出的论证在哪些方面似乎表达了作家的**个人情感**？这些感觉是如何与他们提出的特定主张和论证联系在一起的？在讨论结束时，由于这些感受的个人（或主观）特征，他们有义务在多大程度上"同意不同意见（agree to differ）"？

索 引

A

Abbreviation, fallacies and, 谬误及缩写

Abstraction, as language strategy, 作为语言策略的抽象

Accent, fallacy of, 重音谬误

Adverbial phrases, as qualifiers, 充当限定词的副词短语

Adversary procedures, 辩论程序, 抗辩程序, 对抗程序
   in legal arguments, 法律论证中的对抗程序
   in scientific arguments, 科学论证中的对抗程序

Advertisements, appeal to consumers, 诉诸消费者的广告

Advocacy, 宣传, 辩护

Aesthetics. See Arts, arguments in agreement, principle of, 美学; 参见协议中的论证, 美学原理

Ambiguity, fallacies resulting from, 歧义性/歧义谬误
   accent, 重音谬误
   amphiboly, 模棱两可
   avoiding, 避免歧义
   in claims, 主张中的歧义
   composition, 合成谬误
   division, 分解谬误
   equivocation, 含糊其辞
   figure of speech, 比喻

Amphiboly, fallacy of, 模棱两可谬误

Analogy, arguing from, 类比论证
   fallacy of false, 虚假谬误
   in management, 管理中的类比

Anomalies, in science, 科学中的异常

Appeal to compassion, as fallacy, 诉诸同情谬误

Appeal to force, fallacy of, 诉诸强力谬误

Appeal to the people, fallacy of, 诉诸大众谬误

Appeals to authority, fallacy of, 诉诸权威谬误

Appellate courts 上诉法院
   as forum for legal reasoning, 作为法律推理论坛的上诉法院
   reasoning and argumentation characteristic of, 上诉法院的推理与论证特征

Appraisal. See Critical evaluation 评估;

索 引

参见批判性评估
Arguing a claim, 提出主张
Argument 论证；论点
  chains of, 论证链
  complete, 完整论证
  constructing an, 构建一个论证，立论
  critical, 批判性论证
  definition, 论证定义
  elements of, see also Backings; Claims; Discoveries; Grounds; Warrants 论证要素，又见支撑，主张，发现，理由，保证
  criticizing, 检讨论证要素
  interdependence of, 论证要素的相互依赖（性）
  ethics of, 论证伦理学
  formal, 形式论证
  goals of, 论证的目标
  internal structure of, 论证的内部结构
  occasions for, 论证场合
  practical, 实际论证；实践论证
  rational merits of, 论证的理性优点（价值）
  regular, 常规论证
  sample, 论证样本
  sub, 子论证
  usage of, 论证的运用（论证之用）
  see also Classification of arguments; Fields of reasoning; Forums of arguments; Pattern of analysis; Rational merits of arguments; Reasoning; Soundness of argument; Strength of argument 又见论证分类；推理领域；论证论坛；分析模式；论证的理性优点；推理；论证可靠性；论证强度
Argument against the person, as fallacy, 人身攻击的谬误
Argument of expediency, threats and, 权宜论证及其威胁
Argument from ignorance, fallacy of, 诉诸无知谬误
Argumentative use, of language, 语言的论证性用法
Arts, arguments in, 艺术中的论证
  consensus in, 艺术中论证的一致性（共识）
  creation and criticism in arts and, 艺术创造与批评和艺术中的论证
  forums of, 艺术论证论坛
    critical theories, 艺术论证论坛的批判理论
    interpretive exchanges, 艺术论证论坛的解释性交流
    technical discussions, 艺术论证论坛的技术性讨论
  issue, 艺术论证问题
    essentially contested, 本质上有争议的艺术论证问题
    interpretive, 艺术论证的解释性问题
    technical, 艺术论证的技术性问题
    theoretical, 艺术论证的理论问题
  multiplicity of interpretations in, 艺术论证的多元解释
  peripheral role in, 艺术论证的外围作用（辅助角色）
  rationality of, 艺术论证的合理性
  scientific and legal argumentation distinct from, 艺术论证与科学和法律

473

论证的区别
    warrants in, 艺术论证中的保证
Association, guilt by, 株连
Assumptions 假设
    fallacies and, see Unwarranted assumptions, fallacies resulting from 谬误与假设, 见无保证假设谬误
    of reasoning, see Classification of arguments 推理的假设, 见论证分类
Atypical examples, as fallacy of hasty generalization, 轻率概括谬误的非典型例子
Authority, reasoning from 诉诸权威的推理
    fallacy of appeals to authority, 诉诸权威谬误
    in management arguments, 管理论证中诉诸权威的推理

B

Backing, 支撑
    choosing between warrants and, 保证与支撑的选择
    common sense as, 充当支撑的常识
    definition, 支撑定义
    in ethical arguments, 伦理论证中的支撑
    experience and, 经验与支撑
    generality of theories and, 理论与支撑的普遍性
    kinds of, 支撑的种类
    in law, 法律中的支撑
    in management arguments, 管理论证中的支撑
    in real-life arguments, 日常论证中的支撑
    sample, 支撑样本
    in scientific arguments, 科学论证中的支撑
    in sports, 体育运动中的支撑
    sub, 子支撑
    see also Fallacies 又见谬误
Begging the question, fallacy of, 乞题谬误
Best evidence, in legal evidence, 法律证据中的最佳证据
Blue sky, 蓝天
Brainstorming, 头脑风暴
Burden of proof, 举证责任
    as ethical consideration, 作为伦理考量的举证责任
    in legal reasoning, 法律推理中的举证责任
Business 交易, 商业, 工作, 业务, 职责
    adversary and consensus procedures in, 商业中的对抗与共识程序
    ethics in, 商业伦理
    formality in, 商业礼节
    initial presumptions in, 商业中的初始预设
    precision in, 商业精确度
    understanding, 理解商业(业务)
    see also Management arguments 又见管理论证

C

Capitalism, in management, 管理中的

索　引

资本主义
Causal generalizations, methods for generating, 因果概括法，因果归纳法
Cause 原因
　　fallacy of, 原因谬误
　　mistaken, 错因
　　reasoning from, 借因推理
Cause and effect, reasoning from, 因果推理
Certainty, 确定性
Chains of arguments, 论证链
Circular definition, 循环定义
Circumstantial evidence, in legal arguments, 法律论证中的间接证据（旁证）
Claims, 主张
　　ambiguous or unclear, 含糊或不明确的主张
　　in appellate decision making, 上诉决策中的主张
　　arguing, 提出主张
　　critical evaluation of, 主张的批判性评估
　　definition, 主张定义
　　fallacies eliminated by modifying, 通过修改主张而消除谬误
　　in legal arguments, 法律论证中的主张
　　in management arguments, 管理论证中的主张
　　qualified, 限定性主张，有限定条件的主张
　　in real-life arguments, 日常论证中的主张
　　sample, 主张样本

　　in scientific arguments, 科学论证中的主张
　　sub, 子主张
　　supporting 支持
　　　　grounds for, 支持理由
　　　　information, 信息支持
　　　　procedures for, 支持程序
　　varying force of, 主张的变化力
　　see also Defective grounds, fallacies resulting from 又见理由缺陷谬误
Classification, arguments from, 分类论证
Classification of arguments, 论证分类
　　from analogy 基于类比的论证分类
　　from authority, 基于权威的论证分类
　　from cause, 基于原因的论证分类
　　from classification, 基于分类的论证分类
　　from degree 基于程度的论证分类
　　from dilemma, 基于二难的论证分类
　　from generalization, 基于概括的论证分类
　　from opposites, 基于对手的论证分类
　　from sign, 基于符号的论证分类
Clauses, within sentences, 句内从句
Collective truisms, 集体看法
Colloquial adverbs, as qualifiers, 作限定词的口语副词
Colloquial use, of warrants, 保证的口语运用
Common ground, 共同点
Common law tradition, 普通法传统
Common sense, 常识
Communication, reasoning as, 作为交流的推理

475

see also Language 又见语言
Comparisons, interfiled versus intrafield, 域际与域内比较，领域间与领域内比较
Compassion, fallacy of appealing to, 诉诸同情谬误
Complete argument, 完整论证
Complex question, fallacies of, 复杂问句谬误
Composition, as fallacy of ambiguity, 作为歧义性谬误的合成谬误
Conclusion, unwarranted, 无保证结论
Concomitant variations, method of, 共变法
Conditions, 条件
　　see also Rebuttals 又见反驳
Conditions of relevance, 相关条件，相关性条件
Conflict of obligations, as ethical consideration, 作为伦理考量的义务冲突
Consensus procedures, 共识程序，协商一致程序
　　in arts 艺术中的共识程序
　　in labor/management arbitration, 劳资仲裁中的共识程序
　　in scientific arguments, 科学论证中的共识程序
Conservation, of matter, 物质守恒
Content, in scientific and legal arguments, 科学和法律论证的内容
Context, fallacy of accent relating to, 与语境相关的重音谬误
Context dependence, of rational judgments, 理性判断的语境依赖性
Control, management decisions on, 有关控制的管理决策

Cooperation, ethics of, 合作伦理学
Cooperative principles, 合作性原则
Correlation, method of, 相关法，关联法，关联方法
Critical arguments, 批判性论证
Critical evaluation, 批判性评估
　　context dependence of, 批判性评估的语境依赖性
　　of different arguments, 不同论证的批判性评估
　　cross-type comparisons, 跨类型比较
　　of film criticisms, 电影评论的批判性评估
　　of legal claims, 法律主张的批判性评估
　　of public policy decisions, 公共决策的批判性评估
　　of elements of argument, 论证要素的批判性评估
　　of purpose and standpoint of argument, 论证目的和立场的批判性评估
　　of rational merits, 理性优点的批判性评估
　　varying force of claims and, 主张的变化力和批判性评估
Critical scientific arguments. See Scientific arguments 批判性科学论证；参见科学论证
Critical theories, in arts, 艺术中的批判理论
Cross-type comparisons, of different arguments, 不同论证的跨类型比较
Cultures, reasoning embedded in, 嵌入于文化中的推理

D

Decision making, 决策
  in management, 管理中的决策
Defective grounds, fallacies resulting from, 理由缺陷谬误, 有缺陷的理由导致的谬误
  accident, 偶性谬误
  atypical examples, 非典型例子
  hasty generalization, 轻率概括
  inadequate samples, 不当样本
Definition 定义
  argument and, 论证和定义
  question-begging in, 定义中的乞题谬误
Degree, arguments from, 基于程度的论证
Development, explanation in terms of, 根据发展所做的解释
Difference, method of, 求异法, 差异法
Dilemma, argument from, 基于两难的论证
Diplomacy, arguments from sign in, 外交中的符号论证
  see also Political arguments 又见政治论证
Discoveries, 发现
  brainstorming for, 头脑风暴
  tentative, 初步发现
Dissents, in appellate decision making, 上诉决策中的异议（不同意见）
Diversionary tactics 声东击西战术
  red herring, 红鲱鱼, 浑水摸鱼, 扯开话题
  straw man, 稻草人, 稻草人谬误
Division, as fallacy of ambiguity, 作为歧义性谬误的分解谬误
Division of resources, in management, 管理中的资源分配
Documents, in legal arguments, 法律论证文件
Doubt, grounds for, 怀疑的理由

E

Economics, arguments in, 经济学中的论证
  from sign, 基于符号的经济学论证
Elements of an argument. See Argument 论证要素；参见论证
Endorsements, as fallacious appeals to authority, 作为诉诸权威谬误的代言
Engineering, warrants in epithets, fallacy of question-begging, 乞题称谓中的保证
Equilibrium 均衡
  explanation by goal and, 目标和均衡解释
  in management, 管理中的均衡
Equity, as ethical consideration, 作为伦理考量的公平
Equivocation, fallacy of, 模棱两可谬误
Essentially contested issues 本质上有争议的问题
  in art, 艺术中本质上有争议的问题
  in ethical arguments, 伦理论证中本质上有争议的问题
  see also Legal arguments; Management arguments 又见法律论证；管理论证
Ethical reasoning, 伦理推理
  of arguments, 论证的伦理推理

considerations in, 伦理推理中的考量因素
 conflict of obligation, 伦理推理中的义务冲突考虑
 ethically contested issues, 伦理推理中的伦理争议问题
 "good" and "bad", 伦理推理中的"好"与"坏"
 justice and equity, 伦理推理中的公正与公平
 "right" and "wrong", 伦理推理中的"对"与"错"
elements in, 伦理推理中的要素
 backing, 伦理推理中的支撑要素
 grounds, 伦理推理中的理由要素
 modals, 伦理推理中的模态限定词要素
 rebuttals, 伦理推理中的反驳要素
 warrants, 伦理推理中的保证要素
example of, 伦理推理的例子
formality in, 伦理推理的形式性, 伦理推理的正式程度
impact of, 伦理推理的作用（影响）
occasions of, 伦理推理的场合
patterns of analysis in, 伦理推理的分析模式
professional, 职业伦理推理
rationality in, 伦理推理的合理性
subjectivity of, 伦理推理的主体性
ubiquity of, 伦理推理的普及（普遍性）
warrants in, 伦理推理中的保证
Evading the issue, fallacy of, 回避问题谬误
Evaluation. See Critical evaluation 评估。见批判性评估
Evidence 证据
 best, 最佳证据
 circumstantial, 间接证据, 旁证
 hearsay, 传闻证据
 physical, 实物证据, 物证
 real, 实物证据, 实证
Exceptions, 例外
 in everyday argumentation, 日常论证中的例外
 normal distinguished from, 正常与异常
Executive power of president, as essentially contested issue, 作为本质上有争议的问题的总统执行力
Experience, backing and, 支撑与经验
Expert opinion, in legal arguments, 法律论证中的专家意见
Expertise, relevance and, 相关性与专业知识
Explanations. See Scientific arguments 解释; 见科学论证
External relations, management decisions on, 基于外部关系的管理决策
External relevance, 外部相关性

F

Facts, 事实
 as common ground, 作为共同点的事实
 management issues dealing with, 处理事实的管理问题
 questions of, 事实问题
  interplay of questions of law with,

法律问题与事实问题的相互作用
relevancy of, 事实相关性
Fallacies, 谬误
　　abbreviation and 缩略语和谬误
　　detecting, 发现谬误
　　eliminating, 消除谬误
　　sophisms, 诡辩谬误,
　　see also Ambiguities, fallacies resulting from; Defective grounds, fallacies resulting from; Irrelevant grounds, fallacies resulting from; Missing grounds, fallacies resulting from; Unwarranted assumptions, fallacies resulting from 又见歧义性谬误；理由缺陷谬误；理由不相干谬误；理由缺失谬误；无保证假设谬误
False analogy, fallacy of, 错误类比谬误
False cause, fallacy of, 虚假原因谬误, 假因谬误
Field‑dependent rules, 域依赖规则, 领域依赖规则
Field‑invariant rules, 域不同规则, 领域独立规则
Fields of reasoning, 推理域, 推理领域
　　critical arguments, 批判性论点, 批判性论证
　　formality in, 推理域的形式, 推理领域中的正式程度
　　goals of argumentation in, 推理域中的论证目标
　　interfield and intrafield comparisons, 域间和域内比较, 领域间和领域内比较
　　precision in, 推理领域中的精确性（度）

regular arguments, 推理域中的常规论证
resolution mode of, 推理域的解决方式
see also Arts, arguments in; Business; Economics, arguments in; Ethical reasoning; Mathematical arguments; Medical arguments; Political arguments; Scientific arguments; Sports arguments 又见艺术中的论证；商业；经济学中的论证；伦理推理；数学论证；医学论证；政治论证；科学论证；体育论证
Figurative analogies, 比喻类比
Figurative language, 比喻性语言, 修辞语言
Figure of speech, fallacy of, 修辞谬误
Films, criticisms of 电影评论, 影评
　　evaluating, 影评评价
　　force of claims in, 影评中主张的效力
　　formality in, 电影评论的形式
Finance, management decisions on, 金融管理决策
Fine arts. See Arts, arguments in 美术；见艺术中的论证
First Amendment rights, as essentially contested issue, 作为本质上有争议问题的第一修正案权
Force, appeal to, 诉诸权力, 诉诸强力, 诉诸武力
Formal arguments, 形式论证
Formality, of reasoning procedures, 推理程序的形式
Forums of arguments, 论证论坛
　　in management, 管理中的论证论坛

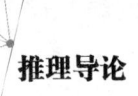

in science, 科学论证论坛

see also Arts, arguments in; Legal arguments 又见艺术中的论证；法律论证

Freedom of speech, press, and religion, as essentially contested issue, 作为本质上有争议问题的言论、新闻和宗教自由

Functions, explanation by goal and, 目标与功能解释

G

Generality, of theories, 理论的普遍性（一般性）

Generalization 概括
    fallacy of, 概括谬误
    fallacy of hasty, 轻率概括谬误
    reasoning from, 概括推理

Goal, explanation in science by, 科学中的目标解释

"Good" and "bad," as ethical considerations, 作为伦理考量的"好"与"坏"

Grammar, fallacies of ambiguity resulting from 语法导致的歧义性谬误
    accent, 重音
    amphiboly, 模棱两可
    figure of speech, 修辞
    see also Language, 又见语言

Grounds, 理由
    in appellate decision making, 上诉决策中的理由
    claims supported with, 有理由支持的主张
    criticizing, 批评理由
    definition, 理由定义
    for doubt, 用于质疑的理由，怀疑的理由
    in ethical arguments, 伦理论证中的理由
    facts as common, 常见事实理由
    fallacies and, see Defective grounds, fallacies resulting from; Irrelevant grounds, fallacies resulting from; Missing grounds, fallacies resulting from 谬误与理由，见理由缺陷谬误；理由不相干谬误；理由缺失谬误
    fallacies eliminated by modifying, 通过调整理由消除谬误
    in legal arguments, 法律论证中的理由
    in management arguments, 管理论证中的理由
    in real-life arguments, 日常生活论证中的理由
    sample, 理由样本
    in scientific arguments, 科学论证中的理由
    stating, 陈述理由
    sub, 子理由
    variety of, 不同的理由
    warrants different from, 不同于保证的理由

Guilt by association, as arguing against the person, 针对个人的株连

H

Hasty generalization, fallacy of, 轻率概

括谬误
Hearsay evidence, in legal arguments, 法律论证中的传闻证据
History 历史
　　explanation in science by, 科学中的历史解释
　　of practical reasoning, 实践推理史
　　　variability and skepticism and, 可变性、怀疑主义和实践推理史
Homeostasis, explanation by goal and, 目标解释和内稳态
Homeostatic mechanisms, explanation by goal and, 目标解释和自我平衡机制
Hypothesis, ambiguous, 含糊的假说

I

Ideas, testing of, 观念测试, 想法实验
Ignorance, fallacy of argument from 因无知导致的论证谬误, 诉诸无知谬误
Impact, of ethical decisions, 伦理决策的影响（作用）
Inadequate samples, as hasty generalization fallacy, 作为轻率概括谬误的不当样本
Initial presumptions, 初步推定, 初步假设
Inquiry, 调查, 追问
Instrumental use, of language, 语言的工具性用法
Intensity, of language, 语言的强度
Interpretive issues, in artistic debate, 艺术争论中的解释性问题
Intrafield comparisons, 域内比较, 领域内比较

Ir relevant grounds, fallacies resulting from, 不相干理由导致的谬误, 理由不相干谬误
　　appeal to compassion, 诉诸同情
　　appeal to force, 诉诸权力, 诉诸强力
　　appeal to the people, 诉诸大众
　　appeals to authority, 诉诸权威
　　argument against the person, 人身攻击
　　argument from ignorance, 诉诸无知
　　evading the issue, 回避问题
Issue, fallacy of evading the, 回避问题谬误

J

Judgments, 判断
Judicial arguments, 法律判断, 法律判决; See Legal arguments 见法律论证
Justice, as ethical consideration, 作为伦理考量的公正

L

Language 语言
　　abstraction in, 语言中的抽象
　　argumentative uses of, 语言的论证性用法
　　instrumental uses of, 语言的工具性用法
　　intensity of, 语言的强度
　　precision of, 语言的精度
　　reasoning and, 推理与语言
　　　communication and, 交流和推理与语言
　　　definition and, 推理与语言的定义

推理导论

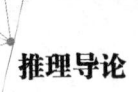

development of, 推理与语言的发展
interaction and, 推理与语言的相互作用
linguistic strategies, 推理与语言的语言策略
reasoning strategies, 推理与语言的推理策略
sentence order, 语序
strategies of, 语言的策略
tropes in, 语言中的比兴

Law 法律
as forum for legal arguments, 作为法律论证论坛的法律
questions of, 法律问题
interplay of questions of fact with, 事实问题与法律问题的相互作用
see also Legal arguments, 又见法律论证

Leadership styles, as essentially contested management issues, 作为本质上有争议的管理问题的领导风格

Legal arguments, 法律论证
adversary procedures in, 法律论证中的对抗程序
amphiboly in, 法律论证中的模棱两可
from analogy, 基于类比的法律论证
argumentation in arts distinct from, 艺术论辩与法律论证的区别
backing in, 法律论证中的支撑
burden of proof in, 法律论证中的举证责任
characteristics of, 法律论证的特点
claims in, 法律论证中的主张
in appellate decision making, 上诉决策中的法律论证主张
common law tradition and, 公共法传统与法律论证
content and procedure in, 法律论证的内容和程序
critical evaluation of, 法律论证的批判性评估
essentially contested issues, 法律论证中本质上有争议的问题
executive power of the president, 总统执行力
freedom of speech, press, and religion, 言论、新闻和宗教自由
ethics of, 法律论证伦理学
in everyday life, 日常生活中的法律论证
force of claims in, 法律论证中主张的效力
formality in, 法律论证的形式性
forums for 法律论证论坛
appellate courts, 上诉法院
law, 法
goals of, 法律论证的目标
grounds in, 法律论证中的理由
in appellate decision making, 上诉决策中的法律论证理由
history of, 法律论证的历史
initial presumption in, 法律论证的初始预设
law evolution, 法律论证的法演变
legal decisions, 法律论证的法决策
legal issues, 法律问题
interplay of law and fact, 法与事实的相互作用
questions of fact, 事实问题

索引

questions of law, 法律问题
    modalities in, 法律论证中的模态限定词
        in appellate decision making, 上诉决策中法律论证的模态限定词
    precedent in, 法律论证中的先例
    presumption in, 法律论证中的推定
    prima facie case in, 法律论证中表面上证据确凿的案件
    qualifiers in, 法律论证中的限定词
    rational standpoint of, 法律论证的理性立场
    rebuttals in, 法律论证中的反驳
        in appellate decision making, 上诉决策中法律论证的反驳
    res ipsa loquitur, 事实自证制度, 不言自明
    rule-oriented character of, 法律论证的规则导向特征
    from sign, 基于符号的法律论证
    stare decisis in, 法律论证中的遵循先例原则
    strength of, 法律论证强度
    Supreme Court reasoning as example of, 作为法律论证例证的最高法院推理
    understanding, 理解法律论证
    warrants in, 法律论证中的保证
        in appellate decision making, 上诉决策中法律论证的保证
Legal decisions, nature of, 法律决定, 法律论证的本质
Legal issues. See Legal arguments 法律问题; 见法律论证
Licenses, warrants as, 许可, 法律论证的保证
Loners, chains of argument and, 论证链和单独思考（者）

M

Management arguments, 管理论证
    characteristics, 管理论证的特点
        backing, 支撑
        claims, 主张
        grounds, 理由
        modalities, 模态限定词
        rebuttals, 反驳
        warrants, 保证
    decision making and, 决策与管理论证
        in management issues, 管理问题中的决策与管理论证
        nature of, 决策与管理论证的性质
        research and development and, 研发和决策与管理论证
        scanning in, 决策与管理论证中的筛选
        systems analysis for, 决策与管理论证的系统分析
    essentially contested issues, 决策与管理论证本质上有争议的问题
        capitalism, socialism and "profit motive," 资本主义, 社会主义和"利润动机"
        division of resources, 资源分配
        leadership style, 领导风格
        organizational equilibrium, 组织均衡
        organizational structure, 组织结构

example，决策与管理论证实例
issues in, see also essentially contested issues, above 决策与管理论证中的问题；又见上述本质上有争议的问题
management as forum for argument, see also Business 作为论证论坛的管理；又见商业
Marketing, management decisions on, 营销管理决策
Material composition, explanation in science by, 科学中的材料成分解释
Material evidence, 物证
Mathematical arguments, 数学论证
　amphiboly in, 数学论证中的模棱两可
　history of, 数学论证的历史
　pattern of analysis in, 数学论证的分析模式
Medical arguments 医学论证
　goals of, 医学论证的目标
　history of, 医学论证的历史
　presumptions in, 医学论证中的推定
　qualifiers in, 医学论证中的限定词
　rational standpoint of, 医学论证的理性立场
　rebuttals in, 医学论证中的反驳
　from sign, 基于符号的医学论证
　strength of, 医学论证强度
　understanding, 理解医学论证
　warrants in, 医学论证中的保证
Metaphors, 隐喻
Missing grounds, fallacies resulting from, 理由缺失谬误
　begging the question, 乞题谬误

question-begging epithets, 乞题称谓
Mistaken cause, fallacy of, 错因谬误
Modal qualifiers, see also Qualifiers 模态限定词；又见限定词
Modalities 模态限定词
　in ethical arguments, 伦理论证中的模态限定词
　in legal arguments, 法律论证中的模态限定词
　in management arguments, 管理论证中的模态限定词
　in scientific arguments, 科学论证中的模态限定词

N

Name calling, argument against the person as, 骂人，人身攻击
Necessity, 必要性，必需品
Normality, exceptions distinguished from, 异于正常的例外
Nouns, fallacy of figure of speech relating to, 与名词有关的修辞谬误

O

Obscenity, 淫秽
Occasions for argument, 论证场合
Opinion, in legal arguments, 法律论证中的意见
Opposites, arguments from, 对手的论证
Organizational equilibrium, management maintaining, 管理维持的组织均衡
Organizational structure, as essentially contested management issue, 作为本质上有争议的管理问题的组织结构

索引

Origins, historical explanation using, 基于起源的历史解释

Oversimplification, fallacy of false cause and, 虚假理由和简单化谬误

P

Pattern of analysis 分析模式
  in ethical arguments, 伦理论证中的分析模式
  grounds and, 理由与分析模式
  in mathematical arguments, 数学论证中的分析模式
  samples of, 分析模式样本
  in sports arguments, 体育论证中的分析模式
  warrants and, 保证与分析模式

People, fallacy of appeal to the, 诉诸大众谬误

Person, fallacy of argument against the, 人身攻击谬误

Personification, as language strategy, 作为语言策略的拟人化

Personnel, management decisions on, 人事管理决策

Phenomena. See Scientific arguments, 现象；见科学论证

Physical evidence, in legal arguments, 法律论证中的物证

Political arguments 政治论证
  history of, 政治论证的历史
  precision in, 政治论证的精度
  rational standpoint of, 政治论证的理性立场

Poisoning the wells, fallacy of, 井下投毒谬误

Practical reasoning, 实践推理，实际推理，现实推理
  history of, 实践推理史
  variability and skepticism and, 可变性、怀疑论和实践推理史
  interests and procedures in, 实践推理的利益和程序
  see also Fields of reasoning, 又见推理域

Precedent, reasoning from, 基于先例的推理

Precision, 精度
  of arguments, 论证的精度
  as language strategy, 作为语言策略的精度

President, executive power of as essentially contested issue, 作为本质上有争议问题的总统执行力

Press, freedom of as essentially contested issue, 作为本质上有争议问题的新闻自由

Presumption, 预设，推定
  in business arguments, 商业论证中的推定
  in everyday arguments, 日常论证中的推定
  initial, 初步预设，初步推定
  in legal arguments, 法律论证中的推定
  in medical arguments, 医学论证中的推定
  in scientific arguments, 科学论证中的预设

Prima facie case, in legal reasoning, 法

律推理中的表面上证据确凿的案件
Probability, 或然性, 概率
Procedures, in scientific and legal arguments, 科学与法律论证中的程序
 see also Adversary procedures; Consensus procedures 又见对抗程序；一致程序
Production, management decisions on, 生产管理决策
Professional ethics, 职业伦理
Profit motive, in management, 管理中的利润动机
Pseudo arguments, 伪论证, 虚假论证
 see also Missing grounds, fallacies resulting from 又见理由缺失谬误
Psychological goals, explanation by goal and, 目标解释和心理目标
Psychology, warrants in, 心理学中的保证
Public policy decisions, 公共政策决策
 adversary and consensus procedures in, 公共政策决策中的对抗和一致程序
 evaluating merits of, 公共政策决策评优
Purpose of argument, clarifying, 明确论证目的
Purpose of behavior, explanation by goal and, 目标解释和行为目的
Puzzles, quandaries and, 困境与迷惑

Q

Qualified claims, 限制性主张
Qualifiers, 限定词
 in everyday life, 日常生活中的限定词
 in legal arguments, 法律论证中的限定词
 in medical arguments, 医学论证中的限定词
 modal, 模态限定词
 nature of, 限定词的性质
 in scientific arguments, 科学论证中的限定词
Quandaries, 困境
Question, fallacies of, 问题谬误
Question-begging, fallacy of, 乞题谬误
Question-begging epithets, fallacy of, 乞题称谓谬误
Question of law, as legal issue, 作为法律问题的法律问题
Questions of fact, as legal issue, 作为法律问题的事实问题

R

Rational criticism. See Critical evaluation 理性评价；见批判性评价
Rational enterprises, 理性事业
 see also Fields of reasoning, 又见推理域, 推理领域
Rational merits, of arguments, 论证的理性优点, 论证的理性价值
Rationality 合理性, 理性
 of arguments, 论证的合理性
 in art, 艺术中的合理性
 definition, 合理性定义
 in legal arguments, 法律论证中的合理性

timeliness and, 时效性和合理性
Real evidence, in legal arguments, 法律论证中的实物证据
Reasoning 推理
 as communication, 作为交际的推理
 as a critical transaction, 作为关键事务的推理
 culture and, 文化与推理
 definition, 推理定义
 development of, 推理的发展
  cooperative principle in, 推理发展中的合作原则
  linguistic strategies, 推理发展的语言学策略
  strategies, 推理发展策略
 goals of, 推理的目标
 language and, see Language 语言与推理, 见语言
 purposes of, 推理的目的
 see also Arguments; Fields of reasoning; Trains of reasoning 又见论证; 推理域; 系列推理
Rebuttals, 反驳
 in appellate decision making, 上诉决策中的反驳
 in ethical arguments, 伦理论证中的反驳
 in everyday arguments, 日常论证中的反驳
 in legal arguments, 法律论证中的反驳
 in management arguments, 管理论证中的反驳
 normal distinguished from exceptional and, 正常和异常反驳
 in scientific arguments, 科学论证中的反驳
Red herring, as diversionary tactic, 作为牵制战术的红鲱鱼策略
Regular arguments, 常规论证
Regular scientific arguments. See Scientific arguments 常规科学论证。见科学论证
Reifications, 具体化, 物化
Relevance, 相关性
 expertise and, 专业知识和相关性
 external, 外部相关性
 fallacy and, see Irrelevant grounds, fallacies resulting from 谬误与相关性, 见理由不相干谬误
 interdependence of the elements in argument and, 论证要素和相关性的相互依赖
Religion, freedom of as essentially contested issue, 作为本质上有争议问题的宗教自由
Res ipsa loquitur, 事实自证制度, 事实不言自明
Research and development, management decisions on, 研发管理决策
Residues, method of, 剩余法
Resolution, modes of, 解决方式
Resources, management and, 管理与资源
"Right" and "wrong," as ethical consideration, 作为伦理考量的"对"与"错"
Royal warrants, 皇家授权, 皇室授权书
Rules. See Warrants 规则。见保证

S

Samples 样本
  inadequate, 样本不足
  reasoning from generalization needing, 需要样本的概括推理
Scanning, in management arguments, 管理论证中的筛选
Science. See Scientific arguments 科学。见科学论证
Scientific arguments, 科学论证
  adversary procedure in, 科学论证中的对抗程序
  anomalies, 科学论证中的异常
  arguments in arts distinct from, 科学论证与艺术论证的区别
  backing in, 科学论证中的支撑
  consensus in, 科学论证中的共识
  constituent elements of, 科学论证的构成要素
  see also critical; regular, below 又见下述,批判性科学论证,常规科学论证
  content and procedures in, 科学论证的内容和程序
  critical, 批判性科学论证
    backing, 支撑
    claims, 主张
    grounds, 理由
    modalities, 模态限定词
    rebuttals, 反驳
    warrants, 保证
  culture and, 文化与科学论证
  ethics in, 科学论证中的伦理学
  example of, 科学论证实例
  explanations, 解释
    by development, 通过发展解释
    distinctions made by, 通过解释区别
    by goal, 通过目标解释
    by history, 通过历史解释
    integration by, 解释整合
    issues and, 问题和解释
    by material composition, 通过材料成分解释
    restricted, 限制性解释
    scientific world view from, 基于解释的科学世界观
    by type, 类型解释
    up to a point, 一定程度的解释
  formality in, 科学论证的形式性
  forums of, 科学论证论坛
  history of in,
  initial presumptions in, 科学论证中的初步推定
  phenomena, see also explanations, above 现象,又见上述解释
  precision in, 科学论证的精度
  regular, 常规科学论证,常见的科学论证
    backing, 支撑
    claims, 主张
    grounds, 理由
    modalities, 模态限定词
    rebuttals, 反驳
    warrants, 保证
  science and, 科学与科学论证
    body of ideas of, 科学论证的思想体
    issues of, 科学论证问题
    organizations for, 科学论证组织
    scope of, 科学论证的范围

scientific issues, 科学论证的科学问题
  scope of science and, 科学的范围与科学论证
  strength of, 科学论证强度
  understanding, 理解科学论证
  warrants in, 科学论证中的保证
Scientific issues. See Scientific arguments 科学问题。见科学论证
Scientific world, building of, 科学世界的建构
Sentence order, as language strategy, 作为语言策略的语序
Sign, reasoning from, 符号推理
Similes, 明喻
Sob stories, as fallacy, 作为谬误的哭泣故事
Socialism, in management, 管理中的社会主义
Sophisms, 诡辩
Soundness of argument, 论证可靠性
  common sense and, see also Critical evaluation 常识和论证可靠性；又见批判性评估
Speech 言论
  fallacies of figures of, 修辞谬误
  freedom of as essentially contested issue, 作为本质上有争议问题的言论自由
Sports arguments 体育论证
  backing in, 体育论证中的支撑
  force of claims in, 体育论证中主张的效力
  pattern of analysis in, 体育论证中的分析模式
Standpoint of an argument, clarifying, 阐明一个论证的立场
Stare decisis, 遵循先例原则
Straw-man argument, 稻草人论证
Strength of argument, 论证强度
  legal arguments, 法律论证强度
  medical arguments, 医学论证强度
  scientific arguments, 科学论证强度
  see also Burden of proof; Critical evaluation; Exceptions; Presumptions; Qualifiers; Quandaries; Rebuttals; Relevance 又见举证责任；批判性评估；例外；推定；限定词；困境；反驳；相关性
Subarguments, in chains of arguments, 论证链中的子论证
Sub-backing, 子支撑
Sub-claim, 子主张
Sub-grounds, 子理由
Sub-warrant, 子保证
Subjectivity 主体性
  in arts arguments, 艺术论证的主体性
  in ethical arguments, 伦理论证的主体性
Supreme Court, reasoning of the, 最高法院推理
Systems analysis, for management decision making, 管理决策的系统分析

T

Technical issues, in artistic debate, 艺术争论中的技术问题
  ethics and, 伦理与艺术争论中的技术问题
Temporal succession and causation, as

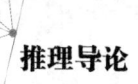

fallacy of false cause, 时间序列和因果联系, 错因谬误
Tentative discoveries, 初步发现, 尝试性发现
Testimony, 证词, 证言
Theories, generality of, 理论的普遍性
  art and, 艺术与理论的普遍性
Threats, as appeals to force, 作为诉诸强力的威胁
Timeliness, rationality and, 合理性与时效性
Times series, explanation in science by history and, 科学中的历史和时序解释
Trains of reasoning, 系列推理, 推理列
  truth and, 真（理）与系列推理
  varying with situations, 随情境变化的系列推理
  see also Argument 又见论证
Tropes, in language, 语言中的修辞
Truisms, 自明, 不言而喻
Truth, trains of reasoning and, 系列推理与真（理）
Type, explanations by in scientific arguments, 科学论证中的类型解释

U

Unwarranted assumptions, fallacies resulting in, 无保证假设谬误
  common sense and, 常识与无保证假设
  complex question, 复杂问句, 复杂问语
  false analogy, 虚假类比

false cause, 假因
mistaken cause, 错因
poisoning the wells, 井下投毒
temporal succession and causation, 时间序列和因果联系
Unwarranted conclusion, 无保证结论

V

Values, as warrants for arguments, 作为论证保证的价值

W

Warrants 保证
  in appellate reasoning, 上诉推理中的保证
  in arts arguments, 艺术论证中的保证
  choice of, 保证的选择
  claims supported with, 有保证支持的主张
  colloquial, 口头保证
  criticizing, 评价保证
  definition, 保证的定义
  in ethical arguments, 伦理论证中的保证
  fallacies eliminated by articulating, 通过明确保证而消除谬误
  as general procedures, 作为一般程序的保证
  in legal arguments, 法律论证中的保证
  as licenses, 作为许可的保证
  in management agreements, 管理协议中的保证

in medical arguments, 医学论证中的保证
in psychology, 心理学中的保证
in real-life arguments, 日常生活论证中的保证
regular versus critical arguments and, 常规和批判性论证与保证
royal, 皇家授权, 皇家授权书
rules as basis of, 作为保证基础的规则
sample, 保证样本
in scientific arguments, 科学论证中的保证
scope of, 保证的范围
sub, 子保证
values for, 保证的价值
see also Classification of arguments; Fallacies 又见论证分类; 谬误

声　明　1. 版权所有，侵权必究。

　　　　2. 如有缺页、倒装问题，由出版社负责退换。

图书在版编目（ＣＩＰ）数据

推理导论：原书第二版/（英）斯蒂芬·图尔敏，（美）理查德·雷克，（美）艾伦·亚尼克著；李继东，李佳明译.—北京：中国政法大学出版社，2023.12
书名原文：An Introduction to Reasoning (Second Edition)
ISBN 978-7-5764-0915-4

Ⅰ.①推… Ⅱ.①斯… ②理… ③艾… ④李… ⑤李… Ⅲ.①推理—研究 Ⅳ.①B812.23

中国国家版本馆CIP数据核字(2023)第116070号

出 版 者	中国政法大学出版社
地　　址	北京市海淀区西土城路25号
邮寄地址	北京 100088 信箱 8034 分箱　邮编 100088
网　　址	http://www.cuplpress.com（网络实名：中国政法大学出版社）
电　　话	010-58908289（编辑部）58908334（邮购部）
承　　印	固安华明印业有限公司
开　　本	880mm×1230mm　1/32
印　　张	16
字　　数	450 千字
版　　次	2023 年 12 月第 1 版
印　　次	2023 年 12 月第 1 次印刷
定　　价	85.00 元